高等职业教育“十四五”规划教材
智慧农业专业群系列规划教材

农机导航与自动驾驶技术

张双侠　田多林◎主编

NONGJI DAOHANG YU ZIDONG JIASHI JISHU

中国农业大学出版社
China Agricultural University Press
·北京·

内 容 简 介

教材紧密围绕农机导航与自动驾驶技术领域“产品选型、安装调试、技术应用、诊断排除、维护保养”五个核心工作岗位，按照生产流程梳理典型工作任务，融入行业企业“四新”技术。教材针对实际生产应用中可能遇到的问题，提供了相应的解决方法和建议，具有较强的实用性和指导性。本教材分为 7 个项目，主要内容为：项目一 走进农机导航与自动驾驶技术；项目二 选配农机导航系统；项目三 安装农机导航系统；项目四 应用农机导航系统；项目五 应用农机自动驾驶技术；项目六 诊断与排除农机导航系统故障；项目七 维护保养农机导航系统。本教材可供从事现代农业装备应用领域的科技工作者、生产应用管理人员、职业院校师生、行业培训使用与参考。

图书在版编目(CIP)数据

农机导航与自动驾驶技术/张双侠，田多林主编． --北京：中国农业大学出版社，2025. 1. --ISBN 978-7-5655-3352-5

Ⅰ. S22

中国国家版本馆 CIP 数据核字第 2025E9P538 号

书　名 农机导航与自动驾驶技术

作　者 张双侠　田多林　主编

策划编辑 张　玉　　**责任编辑** 贾梦婕

封面设计 李尘工作室

出版发行 中国农业大学出版社

社　址 北京市海淀区圆明园西路 2 号　　**邮政编码** 100193

电　话 发行部 010-62733489，1190　　读者服务部 010-62732336

编辑部 010-62732617，2618　　出　版　部 010-62733440

网　址 http://www.caupress.cn　　**E-mail** cbsszs@cau.edu.cn

经　销 新华书店

印　刷 北京溢漾印刷有限公司

版　次 2025 年 5 月第 1 版　2025 年 5 月第 1 次印刷

规　格 210 mm×285 mm　16 开本　23.5 印张　687 千字

定　价 69.00 元

编审人员

主　编：张双侠　田多林

副主编：刘化君　王杰华　李　丹　刘新军
　　　　刘　丹

参　编：刘胜崇　杨晓军　赵　瑛　杨海涛
　　　　沈　霞　孙雪梅　程晓琳　钟　兴
　　　　杨　涛　崔成成　曹士蕾　李　英
　　　　唐　伟　秦　硕　杨中原　施　坦

主　审：邓双义

前言

“农机导航与自动驾驶技术”课程是现代农业装备应用技术专业的专业核心课程。随着新技术、新工艺、新材料、新设备在农业装备领域的应用，农机自动化驾驶系统的应用逐渐成为农业生产技术的新热点。党的二十大报告指出，加快建设农业强国，扎实推动乡村产业、人才、文化、生态、组织振兴。强化农业科技和装备支撑。截至2023年年底，全国安装北斗终端的农机数量已达220万台，作业效率和作业精度达到国际先进水平。北斗农机自动驾驶应用实现了农田精准化、标准化、智能化作业，将传统地块使用率从80%提升到了95%，有效提升了土地利用率和产出率，降本增效作用显著。但针对农机导航与自动驾驶技术课程的教材不多，且理论性强，适合高职层次的教材更是相对较少。

本书在编写前期对农机企业、农机专业合作社、农机行业专家、农机管理部门和农机领域院校做了大量调研，收集了足量的一线材料，梳理了农机导航与自动驾驶技术领域工作岗位能力要求，并且依据职业标准，绘制出知识、技能图谱，将理论知识点融入具体的任务中，增加了学生动手、动脑环节，提高学生的学习兴趣，增强教材的针对性和实用性。

本书分为7个项目，采用项目任务制模式编写，主要内容为：走进农机导航与自动驾驶技术、选配农机导航系统、安装农机导航系统、应用农机导航系统、应用农机自动驾驶技术、诊断与排除农机导航系统故障、维护保养农机导航系统。

本书由新疆农业职业技术大学张双侠、田多林担任主编并统稿，新疆农业职业技术大学刘化君、王杰华、李丹、刘新军、刘丹任副主编，新疆农业职业技术大学刘胜崇、杨晓军、赵瑛、杨海涛、沈霞，黑龙江农业工程职业学院孙雪梅、程晓琳，江苏农林职业技术学院钟兴，成都农业科技职业学院杨涛，重庆三峡职业学院崔成成参与了编写。上海联适导航技术股份有限公司曹士蕾、李英等人及其公司，上海华测导航技术股份有限公司唐伟等人及其公司，丰疆智能科技股份有限公司秦硕、杨中原等人及其公司，武汉施沃德教育信息技术有限公司施坦等人及其公司等提供了相关素材。邓双义为本书主审。

本教材可供从事现代农业装备应用领域的科技工作者、生产应用管理人员、职业院校师生、行业培训使用与参考。

编　者

2025年1月

目录

项目一　走进农机导航与自动驾驶技术

能力图谱

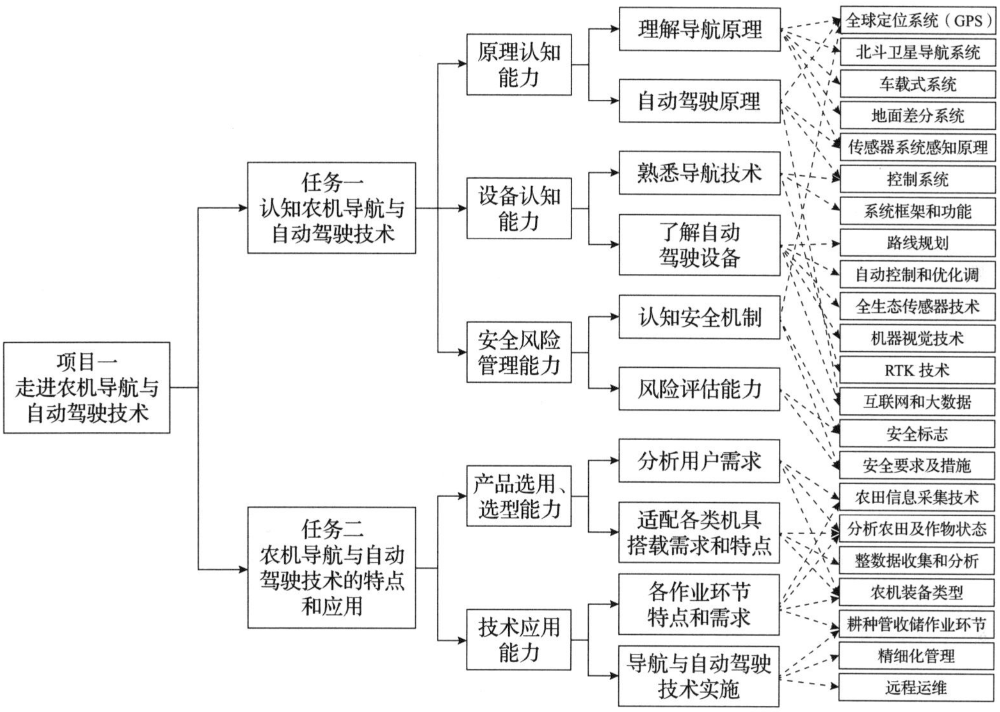

项目描述

农机导航与自动驾驶系统利用先进的导航技术和全球定位系统来实现农机的自动导航和驾驶，通过精确的定位和路径规划，农机可以在田间自动行驶，实现种植、耕作、采收等过程的自动化。这不仅减轻了农民的劳动强度，还大大提高了作业的准确性和精细度。

农机导航与自动驾驶技术基于地理空间技术等高新技术，是当前实现现代农业可持续发展的重要途径，其技术思想就是在农业生产过程中，充分获取作物和环境信息，因地制宜地做出决策，并准确地付诸实施，达到节约投入、增加产出、提高要素利用率、减少环境污染的目的。

农机导航与自动驾驶技术的应用领域极其广泛，在一定程度上替代了高技能的劳动力。该技术可实现农机装备在田间严苛工作环境的全地形、全功能、全适配的作业，能切实解决成本大、耗时久等问题，广泛用于起垄、耕地、整地、播种、植保、采收等各个环节的农业作业，并可实现在不同作物和地块之间的快速转场。现阶段，农机导航与自动驾驶系统与其他农业技术相结合，以进一步提高农田管理的效率和精确性。

本项目主要介绍农机导航与自动驾驶的相关概念和技术、发展历程、发展趋势、特点和应用。

任务一　认知农机导航与自动驾驶技术

任务描述

小李入职新疆兴农农机专业合作社，主要负责农机专业合作社农机导航与自动驾驶设备的相关工作。小李需要了解农机导航与自动驾驶技术哪些方面的知识和技能，才能胜任这份工作？

任务目标

能力目标

- 依据功能和应用范围，能够正确分类农机导航与自动驾驶系统。
- 梳理农机导航与自动驾驶技术中的核心技术。

知识目标

- 了解农机导航与自动驾驶技术的发展历程。
- 理解现代农业生产运用农机导航与自动驾驶技术的意义。
- 了解农机导航与自动驾驶技术的发展趋势。

素养目标

- 立志强农兴农、践行知农爱农，培养思辨、敬业、严谨的职业素养。
- 农机安全生产素养，遵守农业机械安全生产的法规、规章，提高安全生产意识，养成良好的操作习惯。

任务分析

作为初入职场的农机导航与自动驾驶学徒，小李需要对农机导航与自动驾驶技术有一个全面且深入的了解。以下是一些关键的知识和技能，对小李胜任相关工作至关重要。

首先，小李需要了解农机导航与自动驾驶的基本原理，包括导航系统的构成和工作原理，自动驾驶系统的基本框架和功能等。这有助于小李更好地理解整个系统的运行机制和实现方式。

其次，小李需要熟悉各种导航设备、传感器和执行器的使用方法，包括如何正确安装、调试和维护这些设备。同时，小李还需要掌握自动驾驶系统的控制算法和参数调整技巧，以确保系统能够稳定、准确地运行。

然后，在农机导航与自动驾驶的实际应用中，安全始终是首要考虑的因素。小李需要了解相关的安全规范和操作规程，确保在操作过程中严格遵守，避免发生任何安全事故。

最后，小李需要通过实际操作和案例分析，不断积累实践经验，提高解决实际问题的能力。同时，也需要关注行业的发展动态和技术更新，不断学习和提升自己的专业技能。

除了以上提到的知识和技能，小李还应该注重培养自己的团队合作精神和沟通能力。在农机导航与自动驾驶领域，与其他团队成员的紧密合作和有效沟通是非常重要的。通过积极参与团队讨论和项目合作，小李可以不断提升自己的团队协作能力和沟通技巧。

作为初入职场的农机导航与自动驾驶学徒，小李需要全面了解并掌握农机导航与自动驾驶技术的相关知识和技能。通过不断学习和实践，小李可以逐渐提高自己的专业技能和综合素质，为未来的职业发展打下坚实的基础。

知识学习

一、农机导航与自动驾驶技术概述

农机导航与自动驾驶系统利用先进的导航技术和全球定位系统来实现农机的自动导航和驾驶。通过精确的定位和路径规划，农机可以在田间自动行驶，实现种植、耕作、采收等过程的自动化。这在减轻了农民劳动强度的同时，还大大提高了作业的准确性和精细度。新疆高标准棉田中，使用无人驾驶北斗导航精量播种，如图 1-1 所示；北大荒集团黑龙江胜利农场内，装有北斗导航自动辅助驾驶系统的植保机在农田内打药，如图 1-2 所示。

图 1-1　使用无人驾驶北斗导航精量播种

图 1-2　装有北斗导航自动辅助驾驶系统的植保机在农田内打药

农机导航与自动驾驶技术的特征是定点、定时、定量，其核心技术包括定位技术、传感器系统和控制系统。

(1)定位技术主要通过全球定位系统和地面差分系统来提供农机的精确定位，确保其在田间的准确导航和自动驾驶。

(2)传感器系统负责感知农田环境和农机状态，通过收集数据并与导航系统进行实时交互，实现对农机行驶状态的监测和控制。

(3)控制系统根据传感器系统的数据和导航目标，自动调整农机的行驶速度、方向和作业深度，以取得最佳的作业效果。

二、农机导航与自动驾驶技术的发展历程

农机导航与自动驾驶技术起源于20世纪80年代，当时主要应用于农业航空作业。随着全球定位技术的发展和普及，农机导航与自动驾驶技术得到了快速推广。2000年左右，全球定位导航系统在农机操作中开始得到广泛应用，通过定位技术和无线通信技术，实现了农机的自动导航和互联互通。随着计算机和传感器技术的不断进步，农机导航与自动驾驶技术逐渐向智能化和自动化发展。目前，农机导航与自动驾驶技术已经应用于种植、施肥、喷洒、收获等农田生产环节。北京中科原动力科技有限公司“智牛”NCT1404采用了北斗高精度定位技术、5G移动通信网络、自主规划算法和智能避障系统，可以实现全程无人化自主作业，如图1-3所示；潍柴雷沃CVT无人驾驶拖拉机耙地作业场景，如图1-4所示。

图1-3　全程无人化自主作业

图1-4　潍柴雷沃CVT无人驾驶拖拉机耙地作业场景

三、农机导航与自动驾驶系统的分类

根据农机导航与自动驾驶系统的功能和应用范围，可以将其分为手持式系统、移动式系统和车载式系统3种。

(1)手持式系统主要用于小型农机的控制和管理，具有移动灵活、价格低廉的特点。

(2)移动式系统可以直接与农机相连，实现对大型农机的远程操控和监测。

(3)车载式系统是现代化高端农机的标配，可以实现自主驾驶、自动识别和处理农田信息等多种功能，提高生产效率和经济效益。

四、农业机械中运用农机导航与自动驾驶技术的意义

(1)减轻农机操作人员的工作强度。农机导航与自动驾驶技术被应用在农业机械之后,农机操作人员无须集中精力于农业机械的行驶方向,只需要简单的几步操作就可以完成作业要求。在作业之余,农机操作人员还可以更多地关注作业的量化成果。与传统的劳动力作业相比,有效降低了农机操作人员的劳动强度和劳动风险。

(2)提高农业生产效率。在传统的农业生产活动中,一方面,一个生产作业的完成往往需要大量的人力、物力和时间,农业生产质量也受到一些人为失误等因素的影响。另一方面,传统的农业种植区域比较分散,土地资源利用不集中,农业生产活动过程不连续,工作效率低。在农机中引用导航与自动驾驶技术后,通过整体规划就可以实现规模化作业,从播种到收获的整个过程实现机械化、自动化,大幅度提升了农业生产效率。

(3)降低收获损耗。在过去的农业生产活动中,由于人为操作不当或者对成熟时机的把握不够准确等,很容易造成农作物的损害或者遗漏部分农作物,导致产量直接下降。采用自动导航技术之后,可以精准地进行农业的播种与收割,通过这种先进的技术来处理诸多细节问题,可提高农作物采收的质量与效率。

五、新时期农机导航与自动驾驶技术的发展趋势

(1)轻量化设计。农机导航与自动驾驶系统的迭代主要体现在轻量化发展。随着技术的进步,农机导航与自动驾驶系统的结构类型正在向轻量型、简单化方向发展。摆脱了以往现代农机导航与自动驾驶系统附件多,安装、使用较为复杂等常见问题。这种轻量化的设计大幅度降低了农户的安装、使用难度系数。

(2)更高的定位精度。农机导航与自动驾驶技术的核心是定位技术,未来的发展趋势是提高农机导航与自动驾驶系统的定位精度,依靠北斗卫星导航系统和高精度差分 GPS 技术,可以实现更高精度的定位,提高农机作业的准确性和效率。

(3)智能化控制系统。随着人工智能技术的发展,农机导航与自动驾驶技术也逐渐向智能化控制系统发展。智能化控制系统可以实现对农机作业过程的自动控制和优化调整,提高农田作业的效果和农机的利用率。智能化控制系统还可以根据不同的农田条件和作物需求,自动调整施肥、喷洒等操作参数,降低农药和化肥的使用量,实现精准农业。

(4)全生态传感器技术的应用。传感器技术是农机导航与自动驾驶技术中的关键技术之一。传感器可以实时监测农田环境参数,如土壤湿度、温度、光照强度等,为农机作业提供实时数据支持。传感器还可以监测农机设备的工作状态,提前发现故障和异常,避免作业中断和损失。新时期农机导航与自动驾驶技术的发展离不开传感器技术的不断进步和应用。

(5)互联网和大数据的应用。随着互联网和大数据技术的发展,农机导航与自动驾驶技术面临着更广阔的应用前景。如图 1-5 所示,互联网可以实现农机和农业信息的互联互通,农机可以通过无线通信和云计算技术获取农田生产的实时信息和历史数据,为作业提供更准确的参考和决策支持。大数据技术可以对农田环境和农机作业数据进行深入分析和挖掘,提取有价值的农业信息,为农业生产提供科学的建议和决策。

(6)机器视觉技术的应用。机器视觉技术可以实现对农田作物和土地的图像识别和分析。通过机器视觉技术,农机可以实时观测农田作物的生长状况和病虫害情况,为农机的决策和操作提供参考。机器视觉技术还可以用于农机的路径规划和避障,提高农机作业的安全性和效率。

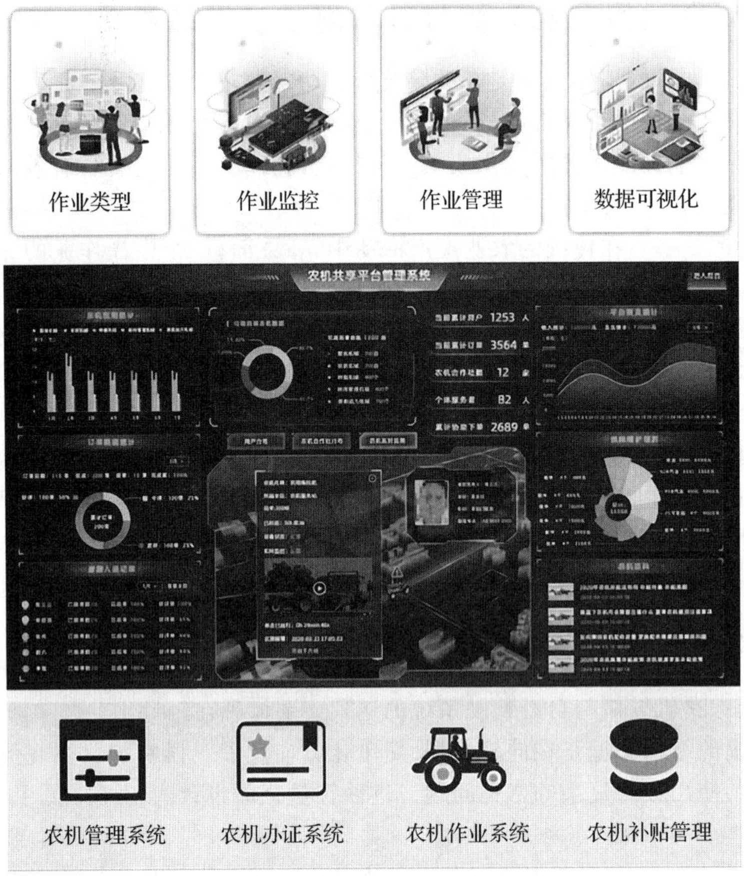

图 1-5　农机信息化管理平台

任务实施

一、任务准备

(1)充分了解班级学生学情。

(2)准备安装有华测导航设备的拖拉机(挂接农具)或联合收割机和说明书。

(3)确定参观学习地点:昌吉国家农业高新技术产业示范区老龙河基地。

(4)教材、农机导航与自动驾驶设备培训材料。

二、安全教育

(1)识别、讲解、学习拖拉机、农具危险源和警告标识。

(2)开展路途师生交通安全培训。

(3)佩戴安全帽、劳保鞋,穿工作服。

(4)农具处于悬空且有动力输出状态时,避免靠近、接触。

(5)近距离时间学习需断开动力输出且停止运转。

三、展示、学习农机导航与自动驾驶技术不同阶段的设备和技术

在昌吉国家农业高新技术产业示范区老龙河基地,企业师傅和教师一同向学生展示、学习不同阶段

导航设备的组成和核心技术。

(1)配备基本导航系统的小型农用机械，这些导航系统通常是基于GPS的简易导航装置，精度可能相对较低，可以实现基本的直线导航和简单的转弯操作。

(2)中型和大型农用机械，中型轮式拖拉机、联合收割机等装备高精度GPS导航系统。这些系统的定位精度可以达到厘米级，能够更精准地沿着预设的复杂路径行驶。

(3)智能化的大型农机设备群，包括拖拉机、播种机、收割机等多种农机通过物联网(IoT)技术相互连接。这些设备可以共享数据，协同完成复杂的农田作业任务。

四、展示、学习不同类型农机导航与自动驾驶设备

(1)不同类型农机导航与自动驾驶设备：基于北斗系统的导航设备、激光导航设备、视觉导航设备等

(2)农机导航与自动驾驶系统的功能和应用范围。

自动路径规划功能。系统可以根据农田的形状、大小、作物种植模式等因素，自动生成最优的作业路径。对于大面积的长方形麦田，系统可以规划出平行的直线收割路径，减少收割机的空驶时间；对于不规则形状的农田，系统能够采用自适应的路径规划算法，使农机充分覆盖整个作业区域。

应用范围：适用于各种类型的农田和农机作业，包括耕地、播种、施肥、喷药、收割等。在大规模农业生产中，能够提高农机作业效率，节约时间和能源。

自动转向功能。农机导航与自动驾驶系统通过控制农机的转向机构(如电动或液压转向系统)，实现农机的自动转向。系统根据导航设备提供的位置信息和预设的路径，精确控制转向角度和时间，使农机沿着规划好的路线行驶。

应用范围：主要应用于需要精准行驶路径的农机作业，在播种作业中，保证播种机沿着直线或预设的曲线播种，确保种子分布均匀；在精准喷药作业中，使喷药机械准确地沿着作物行或规定的区域进行喷药，避免药物浪费和对非目标区域的污染。

作业质量监测功能。系统可以通过安装在农机上的各种传感器，播种传感器、施肥量传感器、收获产量传感器等，实时监测作业质量。例如，在播种作业中，监测种子的播种深度、间距和播种量；在施肥作业中，监测施肥量是否符合预设要求；在收获作业中，统计农作物的产量等。

应用范围：对于精准农业至关重要。在种子、化肥、农药等农资的精准投放方面发挥重要作用，确保农业生产的质量和效益。同时，在农产品收获阶段，通过产量监测功能，可以为农业生产决策提供数据支持，如评估不同地块的产量差异，分析原因，为下一季的种植计划提供参考。

远程监控与管理功能。借助物联网和通信技术，农机导航与自动驾驶系统可以实现远程监控。操作人员可以通过手机应用或电脑软件，在远程查看农机的位置、状态、作业进度等信息。还可以对农机进行远程控制，如启动、停止、调整作业参数等。

应用范围：在大型农场或农业合作社的集中管理中非常实用。管理人员可以在办公室或家中远程调度多台农机，提高农机的使用效率。在遇到突发情况(如天气变化、农机故障等)时，能够及时采取措施，减少损失。

五、展示华测农机导航与自动驾驶棉花播种作业。

(1)设备安装与准备阶段。拖拉机、导航与自动驾驶设备准备。

(2)作业前设置阶段。路径规划、作业参数设置。

(3)播种作业进行阶段。自动导航与行驶、精准播种执行。

(4)作业监控与调整阶段。实时监控、及时调整。

六、整理工位

整理工位，清点工具，清洁场地，设备断电。

七、完成任务报告单

按照本组分析、讨论、归纳的结果完成任务报告单。

知识拓展与提升

一、智慧农业与精准农业

智慧农业正在逐渐改变着传统农业的生产方式和管理模式，为农业的可持续发展注入新的活力。智慧农业，顾名思义，是一种充分利用现代信息技术、物联网、大数据、云计算等高新技术，实现农业生产全过程智能化、信息化、精准化的新型农业模式。它将科技与农业紧密结合，通过智能化的手段提高农业生产的效率和质量，为现代农业的发展开辟了新的道路。

在智慧农业的生产过程中，各种传感器和监测设备被广泛应用于农田、温室、养殖场等农业生产现场，实时采集环境参数、作物生长情况、病虫害状况等信息。通过物联网技术，这些信息被实时传输到数据中心进行分析和处理，从而为农业生产提供科学、准确的决策支持。比如，在种植环节，智慧农业系统可以根据土壤湿度、温度、光照等数据，自动调整灌溉和施肥方案，确保作物在最佳状态下生长。在养殖环节，智慧农业系统可以实时监测动物的健康状况和饲养环境，自动调整饲料配方和饲养密度，提高养殖效益。

智慧农业的应用不仅提高了农业生产的效率和质量，还有效地节约了水资源、化肥和农药等农业投入品的使用量，减少了农业面源污染的发生。智慧农业还促进了农产品的质量安全和可追溯性，为消费者提供了更加安全、健康的农产品。

与智慧农业相辅相成的是精准农业。精准农业是基于地理信息系统、遥感技术、智能装备等现代科技手段，对农田环境、作物生长等进行实时监测和调控的一种农业生产方式。它通过获取农田的空间变异信息，分析影响农田环境、作物生长的各种因素，从而制订出针对性的管理措施，实现农业生产的高效、节约和环保。

精准农业的核心是“精准”，即根据农田的实际情况进行精确的管理和调控。在播种环节，精准农业系统可以根据土壤肥力和作物需求，精确计算每块土地的播种量和施肥量，避免浪费和污染。在灌溉环节，精准农业系统可以根据土壤湿度和作物生长情况，精确控制每个灌溉区域的灌溉时间和水量，确保作物得到充足的水分供应。在病虫害防治环节，精准农业系统可以根据病虫害的发生情况和作物生长阶段，精确制订防治方案，减少农药的使用量和防治成本。

精准农业的应用不仅提高了农业生产的效益和竞争力，还有效地保护了农业生态环境。通过精确的管理和调控，精准农业可以减少化肥、农药等农业投入品的使用量，降低农业面源污染的风险。精准农业还可以提高农田的土壤质量和生物多样性，促进农业生态系统的健康和稳定。

智慧农业和精准农业作为现代农业的两大重要发展方向，正在引领着农业生产的变革和创新。它们通过科技与农业的紧密结合，提高了农业生产的效率和质量，节约了资源，保护了环境，为农业的可持续发展注入了新的动力。在未来，随着科技的不断进步和应用范围的不断扩大，智慧农业和精准农业将会在农业生产中发挥更加重要的作用，为人类创造更加美好的农业未来。

智慧农业和精准农业的发展离不开政府、企业和科研机构的共同努力。政府需要出台相关政策和规划，引导和支持智慧农业和精准农业的发展。企业需要加大科技研发投入，推动技术创新和成果转化。科研机构需要加强基础研究和技术攻关，为智慧农业和精准农业的发展提供有力的科技支撑。只有各方共同努力，才能推动智慧农业和精准农业的快速发展，为现代农业的可持续发展做出更大的贡献。

二、智慧农业与精准农业的重要性

智慧农业与精准农业作为现代农业发展的两大重要支柱，正日益显现其不可或缺的价值。它们通过引入智能化和精准化的技术手段，为农业生产带来了革命性的变革，极大地提升了生产效率，优化了资源配置。

在传统农业中，人力和物力的投入往往受到诸多因素的限制，如天气、土壤条件、作物品种等，这些因素的不确定性导致了农业生产的高风险和低效率。随着智慧农业和精准农业的兴起，这些问题正在逐步得到解决。智能化技术的应用使农业生产过程变得更加可控和可预测，通过对环境因素的实时监测和精准调控，为作物生长创造了最佳的生长环境，从而显著提高了农产品的产量和品质。

智慧农业的核心在于数据的收集和分析。通过各种传感器和监测设备，智慧农业能够实时收集农田环境中的温度、湿度、光照、土壤养分等数据，并通过智能分析系统对这些数据进行处理和分析，为农业生产提供科学决策支持。比如，在灌溉方面，智慧农业系统可以根据土壤湿度和作物需水量的数据，精准控制灌溉量和灌溉时间，避免水资源的浪费和土壤盐碱化的风险；在施肥方面，通过对土壤养分数据的分析，智慧农业系统可以制订精准的施肥方案，确保作物获得均衡的营养供给，提高肥料利用率的同时减少环境污染。

精准农业则更注重个体差异化和精细化管理。它利用遥感技术、地理信息系统、全球定位系统等高科技手段，对农田进行高精度的测绘和定位，为每一块土地、每一株作物提供量身定制的管理方案。比如，在病虫害防治方面，精准农业系统可以通过对病虫害发生情况的实时监测和预警，为农户提供精准的防治建议，避免大规模使用农药带来的环境污染和食品安全问题；在种植规划方面，通过对土地资源的精细评估和利用规划，精准农业可以实现土地的高效利用和作物的合理布局，提高土地产出率和农业生产效益。

除了提高生产效率和优化资源配置外，智慧农业和精准农业还对保障农产品质量安全具有重要意义。在传统农业中，由于信息不对称和监管手段有限，农产品质量安全问题时有发生。而智慧农业和精准农业通过建立完善的质量追溯体系和监管机制，实现了对农产品生产全过程的可视化管理和实时监控，有效保障了农产品的品质和安全。消费者可以通过扫描产品上的二维码或查询相关网站，了解农产品的生产信息、质量检测结果等信息，从而更加放心地购买和消费农产品。

智慧农业和精准农业的实施还有助于减少农业活动对环境的负面影响。在传统农业中，过度开垦、过量施肥、滥用农药等行为往往导致土壤退化、水体污染等环境问题。而智慧农业和精准农业通过精准控制投入品的使用量和使用时间，减少了对环境的压力。此外，还通过引入循环农业、生态农业等理念和技术手段，推动农业与生态环境的和谐共生，为农业的可持续发展奠定了坚实的基础。

智慧农业与精准农业在现代农业发展中扮演着举足轻重的角色。它们通过引入智能化、精准化的技术手段，提升了农业生产的效率和质量安全水平，优化了资源配置方式，减少了环境压力，为农业的可持续发展提供了有力支撑。随着科技的不断进步和应用领域的不断拓展，智慧农业与精准农业将在未来发挥更加重要的作用，为人类创造更加美好的农业未来。

三、智慧农业与精准农业的核心技术

在深入探讨智慧农业与精准农业的领域里，不得不提及那些构成其核心技术支柱的先进科技。遥感技术作为这一领域的重要组成部分，正通过卫星和无人机等高端平台，有效地捕获农田的各项关键数据。这些数据并非简单的数字或图像，而是农业决策者们赖以制订策略、调整方案的重要依据。它们为人们提供了一个宏观而又精确的视角,使农田的每一寸土地、每一株作物都尽在掌握之中。

地理信息系统也在智慧农业与精准农业中发挥着不可或缺的作用。GIS 技术的运用,使人们能够对农田的空间数据进行高效、准确的处理和分析。这些空间数据不仅揭示了农田的地理特征,还揭示了作物生长与地理环境之间的微妙关系。基于这些宝贵的信息,农田管理者们能够制订出更加科学、合理的农田管理方案,从而确保作物的健康生长和高产优质。

物联网技术作为当今科技领域的热门话题,同样在智慧农业与精准农业中扮演着重要角色。通过各种传感器和智能设备的广泛应用,物联网技术为人们构建了一个实时、高效的农田监控体系。这个体系能够持续不断地监测农田环境中的温度、湿度、光照等各项指标,确保作物始终处于最佳的生长条件之中,这大大提高了作物的抗逆性和产量。

大数据分析技术的应用,为挖掘农田数据的深层价值提供了有力工具。通过对海量数据的深入挖掘和分析,能够准确预测作物的产量和品质,为农业生产的精细化、智能化提供有力保障。这种基于数据的决策模式,不仅提高了农业生产的效率和效益,还为农业的未来发展指明了方向。

这些核心技术的相互融合与协同作用,共同推动了智慧农业与精准农业的快速发展。它们为现代农业带来了新的革命性变革,使得农业生产更加智能、高效、可持续。在这个科技日新月异的时代,精准农业将成为未来农业发展的重要趋势和方向。

遥感技术在智慧农业与精准农业中的应用已经越来越广泛。通过卫星遥感技术,可以实现对农田的大范围、高频率监测,从而获取作物的生长情况、病虫害分布等关键信息。这些信息对于农业生产的管理者来说具有极高的价值,可以帮助他们及时调整生产策略、采取有效的防治措施。无人机遥感技术的应用也提供了一种更加灵活、便捷的农田监测方式。无人机可以搭载各种传感器和设备,对农田进行低空飞行和近距离观测,获取更加详细、准确的农田数据。这些数据不仅可以用于农业生产的决策支持,还可以为农田的科学研究提供有力支撑。

地理信息系统在智慧农业与精准农业中的作用也同样重要。通过 GIS 技术,可以将农田的各种空间数据进行整合、分析和可视化展示,为农田管理者提供更加直观、便捷的管理工具。基于 GIS 技术的农田信息管理系统已经广泛应用于农业生产实践中,成为农田科学管理的重要支撑。这些系统不仅可以实现对农田数据的集中管理和共享利用,还可以为农田的规划设计、作物种植、施肥灌溉等农业生产环节提供科学决策支持。

物联网技术在智慧农业与精准农业中的应用。通过各种智能传感器和设备的广泛应用,可以实现对农田环境的实时监测和智能控制。土壤湿度传感器可以实时监测土壤的湿度情况,为灌溉决策提供数据支持;气象站可以实时监测农田的气象条件,为作物生长提供最佳的环境保障。这些智能设备的应用不仅提高了农业生产的自动化和智能化水平,还为农田的精细化管理提供了有力保障。

大数据分析技术则是智慧农业与精准农业发展的又一重要推动力。通过对海量农田数据的深入挖掘和分析,可以发现隐藏在数据背后的规律和趋势,为农业生产的决策提供更加科学、准确的依据。基于大数据分析技术的作物生长模型可以预测作物的生长趋势和产量情况;基于大数据分析技术的病虫害预测模型可以预测病虫害的发生时间和危害程度。这些预测模型的应用不仅提高了农业生产的预见性和主动性,还为农业生产的减灾防灾提供了有力支持。

地理信息系统、物联网技术、大数据分析技术、遥感技术等核心技术共同构成了智慧农业与精准农业的强大技术体系。这些技术的应用不仅提高了农业生产的效率和效益,还为农业的未来发展指明了方向。在这些核心技术的推动下,智慧农业与精准农业将迎来更加广阔的发展前景和更加美好的未来。

任务测验

一、选择题

1. 农业机械中运用农机导航与自动驾驶技术的意义是（　　）。

A. 降低农机操作人员的工作强度　　B. 降低收获损耗

C. 提高农业生产效率　　D. 提高农作物产量

2. 农机导航与自动驾驶技术的发展趋势是（　　）。

A. 轻量化设计　　B. 更高的定位精度

C. 智能化控制系统　　D. 全生态传感器技术的应用

3. 农机导航与自动驾驶系统的核心技术包括（　　）。

A. 定位　　B. 传感器　　C. 控制系统　　D. 执行系统

二、判断题

1. 定位技术主要是通过全球定位系统（GPS）和地面差分系统（DGPS）来提供农机的精确定位的。（　　）

2. 根据农机导航与自动驾驶系统的功能和应用范围，可以将其分为手持式系统、移动式系统和车载式系统 3 种。（　　）

3. 机器视觉技术还可以用于农机的路径规划和避障，提高农机作业的安全性和效率。（　　）

4. 农机导航与自动驾驶技术的特征是定点、定时、定量。（　　）

三、填空题

1. 智慧农业的特点是__________、__________、__________等。

2. 农机导航与自动驾驶技术主要应用于__________、__________、__________、__________、__________、__________等作业。

3. 农机导航与自动驾驶技术发展趋势中核心技术包括__________、__________、__________等。

四、实践题

1. 智慧农业由哪些技术支撑？

2. 农机导航与自动驾驶系统有哪些分类？

任务二　农机导航与自动驾驶技术的特点和应用

任务描述

农户正在选购农机导航与自动驾驶设备，作为导航技术股份有限公司技术人员，需要你向农户介绍导航与自动驾驶技术的特点和应用场景。

任务目标

能力目标

◆ 运用农机导航与自动驾驶系统开展简单的田间作业。

知识目标

◆ 掌握农机导航与自动驾驶系统的特点。

◆ 了解现代农业生产中农机导航与自动驾驶技术的应用机型和作业环节。

素养目标

◆ 团队协作能力、学习与创新能力、信息分析处理与表达能力、交往与合作能力和心理调适能力。

◆ 介绍我国北斗导航系统与农业应用，家国情怀与中华民族自豪感。

任务分析

当今农业领域，农机导航与自动驾驶技术正处于从示范推广到大面积应用的重要阶段，是农业生产中不可或缺的关键技术支撑。农机导航与自动驾驶技术在一定程度上有效替代了高技能的劳动力，农机装备可以在田间各种严苛的工作环境中自如运行。无论是复杂多变的地形，还是多样化的功能需求和不同类型的适配要求，农机导航与自动驾驶技术都能完美应对，真正实现了全地形、全功能、全适配的作业。

在实际农业作业过程中，农机导航与自动驾驶技术切实解决了一系列长期困扰农户的难题，以往作业中常常出现的路线不直问题，导致土地利用效率不高，而农机导航与自动驾驶技术的应用则精准地规划了农机作业路径，大大提高了土地的耕种质量。同时，农机导航与自动驾驶技术还显著降低了作业成本，通过自动化作业，有效减少了人力、物力和土地的浪费，极大地缩短了作业时间，保证了“耕、种、管、收”的全过程每环节的作业效率和质量。农机导航与自动驾驶技术进一步提升了农田管理的效率和精确性，为农业现代化发展注入了强大动力，推动着农业生产朝着更加高效、智能、精准的方向迈进，为促进现代农业高质量、可持续发展提供技术支撑。

作为一名农机导航与自动驾驶技术的从业者，需要学习农机导航与自动驾驶技术特点、应用等方面知识。

知识学习

一、农机导航与自动驾驶系统特点

农机导航与自动驾驶系统为农具的运行控制提供实时、高精度的位置和导航信息，可以有效提高农机作业质量和作业效率。结合惯导和液压等技术，可以实现农业机械的自动驾驶，从而有效提高播种与农资施用精度，减少作业重叠和遗漏，提高土地利用率。使用自动驾驶导航系统，农民可以不受时间和气候的限制，不必日出而作、日落而息，在夜晚或能见度较差的情况下也可以作业。

农机导航与自动驾驶系统有以下特点：

(1)精准自动驾驶效率高。现阶段，农机导航与自动驾驶系统支持曲线、直线作业模式，可实现全无人驾驶模式。交接行、直线度可达±2.5 cm，并且可实现接行自动计算，掉头灵活，对行准。

(2)多种作业模式。在实现常规田间作业模式的情况下，还可实现低速自动驾驶、多车协调、对角耙地等特殊作业要求。不仅可以实现全天候作业，还能有效避免土地浪费，同时减少田间管理、收获期间的作业损耗，提升作物产量。

(3)适配多品牌、多机型。如图 1-6 所示，农机导航与自动驾驶系统一般可适配各品牌各种机型，如拖拉机、高插机、植保机、收割机等，适用于开沟、耙地、播种、耕作、施肥、喷洒和收获等各种农业作业环节。安装方便，操作简单，容易上手，能切实改善农民作业环境。

图 1-6　农机导航与自动驾驶系统可搭载多种农具

(4)信号稳定、覆盖广。采用 RTK 技术进行精确定位，定位速度快、精度高，同时可配备移动基站，做到网络基站和移动基站双覆盖，并且支持超长时间断连续航，还可升级双卡双待。支持一卡全网通，无惧掉线、断网风险，能最大程度保障信号稳定，为用户的高效作业保驾护航。

(5)远程调试，维护轻松。支持智能引导、远程协助、远程升级。

二、农机导航与自动驾驶技术的应用

在现代农业的浪潮中，农机导航与自动驾驶技术正以其独特的优势和巨大的潜力，引领着农业生产模式的革新。这一领域不仅汇集了众多先进的技术手段，更体现了对农业生产全过程的精细化、个性化管理。

农机导航与自动驾驶技术的实践应用，宛如一场农业生产的革命。它摒弃了传统农业中“一刀切”的粗放管理方式，转而采用更加科学、精准的方法来优化生产的每一个环节。在这场革命中，精准播种、精准施肥、精准灌溉以及精准病虫害防治等关键环节，都扮演着至关重要的角色。

(一)精准导航

农机导航与自动驾驶技术通过北斗卫星导航系统与农机导航系统的结合，可以使农机精确地按照预设路线和既定轨迹自动行驶。整个过程不需要人工干涉就能够自主完成。它还可以快速地锁定行驶路线，适应不同地形作业，从而解放操作人员的双手，取得更好的农机作业效果。这样不仅延长了有效作业时间，还提高了农机作业质量，增产增收。

（二）精准作业

农机导航与自动驾驶技术可以对田间作业实现精确化的控制，使农机在工作的过程中做到不重复作业，大幅度提高农机作业的质量和土地资源利用率。在田间生产活动中，采用我国自主研制的北斗高精度定位系统，误差范围小，能够减少农机作业的重复面积、提高作业率、自动计算面积，作业面积一目了然。

农机导航与自动驾驶技术使农具有精准把控行进路线和控制行间距的能力，从而实现精准的平地、播种、植保、采收等农业生产环节，如图 1-7 所示。它可以有效提高土地中的阳光和水分的利用率，使每棵植株均匀分布，享受同等空间的阳光和水分，减少弱势植株。

图 1-7　自动导航技术应用于平地、播种、植保、采收作业

农机导航与自动驾驶技术中的视觉导航系统可以将周围的农业生产环境反映在显示屏中，实现环境可视化。视觉导航系统应用于农业机械生产中，可以针对每一垄、每一亩田地进行精准的探测，精确田地的位置和实际信息，以便更好地针对生产进行操作。自动导航技术的应用实现了精准作业，有利于实现农业机械作业标准化，是我国现代化农业的重要内容。

（三）精细管理

如图 1-8 所示，农机导航与自动驾驶技术为农田及作物状态信息的获取提供位置信息，为精准农业实施变量作业提供必要条件。农机导航与自动驾驶技术与农田信息采集技术相结合，可以实现定点采集和分析农田及作物状态信息，如农田中的肥、水、病、虫、草和产量的分布情况，生成农田及作物状态分布图。农艺人员进而根据状态分布图，做出相应的决策并付诸实施。

农机导航与自动驾驶技术为农具提供实时位置信息，使得农具可以调用处方图信息，实现行进间变量投入，从而实现按需投入水、种子、肥料和农药等生产要素，既保证作物的生长需求，又可以节约投入和减轻环境污染。

农机导航与自动驾驶技术为农业生产提供远程管理手段，基于农机位置、工况等参数，可以实时监控农机位置、统计作业进度、防范非计划性作业等，形成农机作业档案，实现农机作业的精细化管理。

基于卫星定位功能的智能手机和平板电脑，除可实现信息采集与传输外，还可以增强田间管理能力，实现随时随地移动监测、控制与管理。农机导航与自动驾驶技术提供农机作业数据和位置信息，计算稳定可靠，定位精确度高，能够轻松帮助政府监管部门、农业合作社、驾驶员、农民等实现自动核算，便捷查询，实现精细化管理。

农机导航与自动驾驶技术适配市场各品牌各类农机，作业数据可全程查看，并入物联网（IOT）生态系统，可以收集、处理、传输和分析数据，从而提供智能化的服务，实现耕、种、管、收全生命周期服务。未来，随着技术的不断创新和应用，农机导航与自动驾驶技术将在农田作业中起到更加重要的作用，为实现农业现代化和农机智能化提供强大的支持。

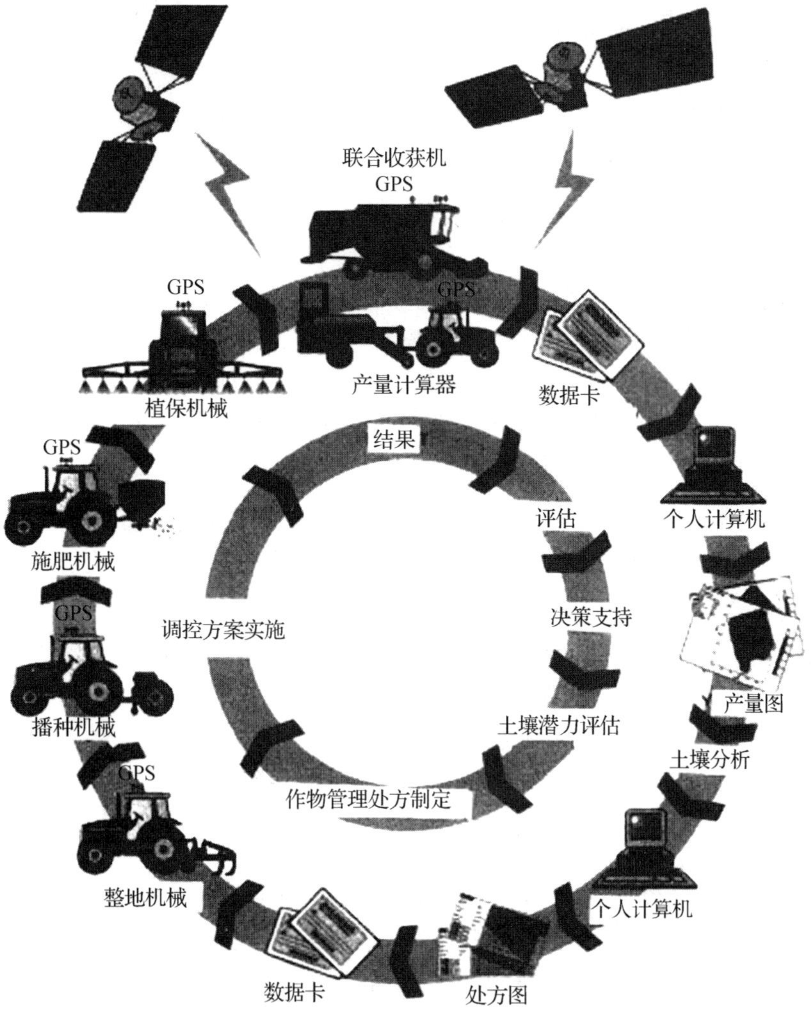

图 1-8　农机导航与自动驾驶技术实现现代农业的精细管理

任务实施

一、任务准备

（1）充分了解班级学生学情。

（2）准备安装有华测导航设备的拖拉机（挂接农机具）或联合收割机及说明书。

（3）确定参观学习地点：昌吉国家农业高新技术产业示范区老龙河基地。

（4）教材、农机导航与自动驾驶设备培训材料。

二、安全教育

(1)识别、讲解、学习拖拉机、农机具危险源和警告标识。

(2)开展路途师生交通安全培训。

(3)佩戴安全帽、劳保鞋,穿工作服。

(4)农机具处于悬空且有动力输出状态时,避免靠近、接触。

(5)近距离时间学习需断开动力输出且停止运转。

三、学习农机导航与自动驾驶安全要求及措施

(一)安全要求及措施

1. 控制和显示

(1)控制器的位置、标记和操作方法,学习 ISO15077 农业用拖拉机和自推进机械操纵器操纵力、位移、位置和操作方法的要求。

(2)熟悉显示器的设计和安装位置和操作,并且不干扰操作者操作机器。显示器可以有不同的安装位置,如考虑田间作业和道路行驶时留有充足的观察视野。

(3)视觉指示器在多屏和多页显示时,该指示器不需要存在于每个屏幕或页面上,而应存在于至少一个指定的屏幕或页面上。指定的屏幕或页面应在使用说明书中描述。

2. 操作者在位系统

通过机械/电气/电子装置检测操作者是否在操作位中,或者可以通过监视系统或其他技术方案检测操作者是否在位。

3. 状态要求

(1)在发动机起动时,自动导航系统应处于关闭状态。

(2)应熟悉改变以下状态的装置,如接触开关、按键或其他类似装置:在关闭和开启状态之间切换;从开启状态切换到活动状态;从活动状态切换到关闭状态。

(3)应熟悉显示系统当前状态(关闭,开启或活动)的视觉指示器。

(4)应熟悉听觉指示器,当系统进入或离开活动状态时,该指示器应发出声音指示。

(5)系统需要操作者的命令才能从禁止或启用状态变为活动状态。

(6)拖拉机或自走式机械静止时,由自动导航系统控制的转向部件不应移动。

(7)在以下任何一种情况下,系统应自动从活动状态切换到开启或关闭状态。

①操作者转动方向盘,可以通过转动的速度或范围、液压压力或流量的增量来判断:

如果通过转动速度判断,当方向盘以 50°/s 或更快的转动角速度转动时,自动导航系统应改变状态。

如果通过转动范围判断,当方向盘转动 30°以上时,自动导航系统应改变状态。

对于没有方向盘的车辆,当操作者操纵主转向控制时,自动导航系统应退出活动状态。

②对于带有方向盘的车辆,离开活动状态所需的转向力不应超过 250 N。

③对于仅依靠卫星信号的系统,当卫星信号提供的数据不足以保证农机定位精度时。

④对于不仅依赖于卫星信号的系统,当全部信号(如,作物喂入数据和卫星信号)都丢失时。

⑤指示显示操作者不在操作位或在操作位中没有活动迹象,最长 10 s 内要切换状态。

(二)安全指示标志

(1)学习 ISO11684 拖拉机、农林机械、草坪和花园动力设备安全标签一般原则要求的安全标志,以

提醒操作者及其他人在正常运行和维修期间有人身伤害的危险。

(2)安全标志可以固定在设备上,也可以暂时显示为电子图像,也可以在整个操作期间显示。

(3)与设备操作、维修和保养相关的指示标志应具有不同于安装在设备上的安全标志或显示为电子图像的外观。

四、展示、学习华测农机导航与自动驾驶设备应用机型

展示、学习华测农机导航与自动驾驶技术适配各品牌适配拖拉机、插秧机、自走式喷药机、收割机的应用。

五、学习农机导航与自动驾驶设备应用场景

(1)阅读农机和农机导航与自动驾驶设备使用说明书。

(2)操作安装有农机导航于自动驾驶设备的拖拉机,挂接农具,开展开沟、耙地、播种、耕作、施肥、喷洒和收获等农业作业环节操作。

(3)当拖拉机或自走式机械在公共道路上行驶时,操作者应关闭(即设定为关闭状态)自动导航系统。

六、整理工位

整理工位,清点工具,清洁场地,设备断电。

七、完成任务报告单

按照本组分析、讨论、归纳的结果完成任务报告单。

知识拓展与提升

一、北斗卫星导航技术在农业生产中的应用

北斗卫星导航系统在多个行业领域中的充分应用,极大地推动了相关应用行业领域的发展与进步。北斗卫星导航系统具有诸多优势、优点,将其应用在农业生产活动中,也能够从多个方面推动我国农业生产水平提高,促进我国农业向智能化、科技化、机械化的方向发展。

如图 1-9 所示,北斗卫星导航系统与农业机械相结合,能够实现农业机械的无人驾驶,有效代替人工操作,减少人力劳动强度,降低人力成本;北斗卫星导航技术能够减少农业机械受自然环境因素影响的程度,提高农业生产作业效率,并能够对农业机械进行适时的调整,保证农业作业质量与作业精度。

(一)土壤环境勘察

在实际的农业生产活动中,农作物在进行种植前需要对农田种植环境进行充分而全面的检测,对土壤环境进行技术勘察,并根据勘察所获得的相关参数信息,科学、合理地选择农作物的种植方案与种植计划。传统的人工土壤环境勘察作业效率较低,勘察结果准确性较差,导致农作物的种植方案科学性降低,不利于农业生产水平的提高。而将北斗卫星导航技术应用于土壤环境勘察中,能够准确地获取土壤采样位置信息,并将化验后的土壤相关信息与采样位置信息进行结合,从而获得准确的土壤肥力分布图,实现对土壤环境的检测与分析;能够全面地收集土壤中营养物质、水分以及化学结构信息,为农作物选择与种植提供数据保障与信息支持。

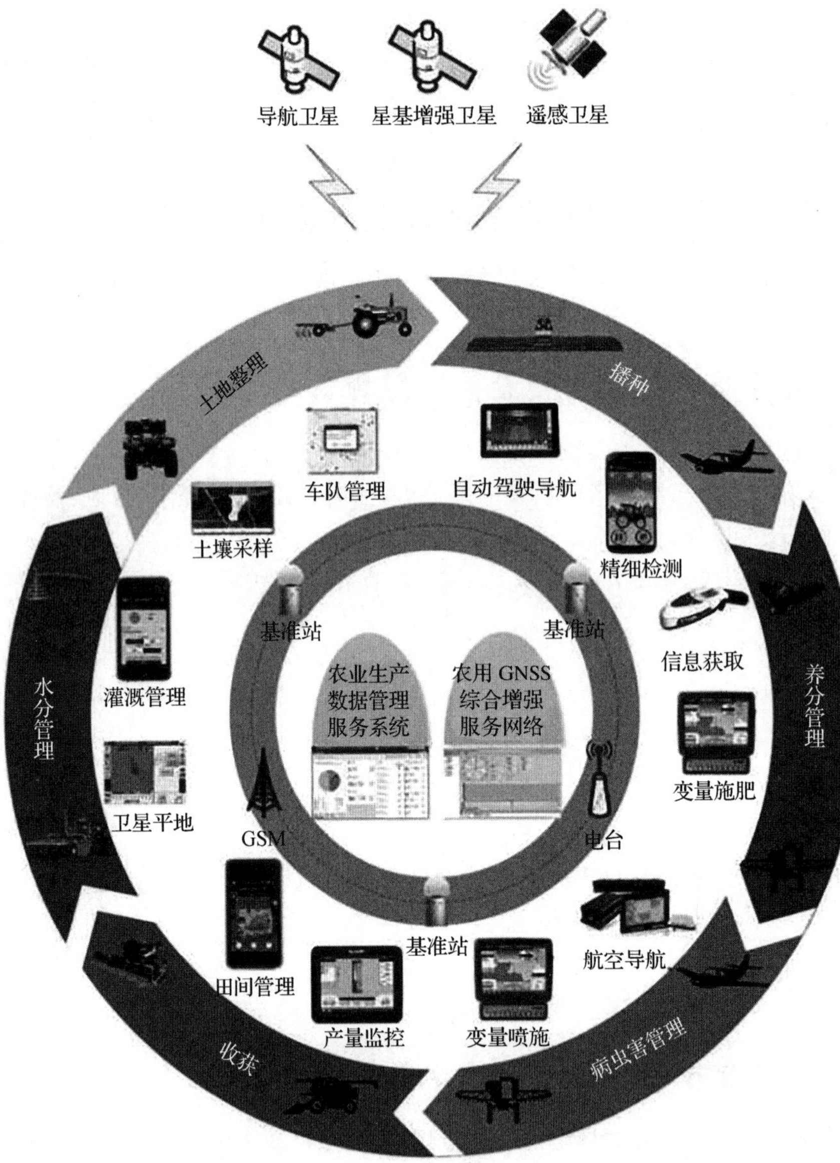

图 1-9　北斗卫星导航技术在智慧农业中的应用

(二)无人驾驶农机

北斗卫星导航技术还能够应用于农业机械的远程控制中,通过远程操控农业机械,做到农机现场无人驾驶。农业机械无人驾驶的工作原理不同于人工智能控制,而是利用北斗卫星导航系统定位技术以及在农业机械上所安装的摄像机,实现农业机械运行信息参数的实时采集与上传,使控制中心的技术人员或个体农业生产者能够实时掌握农业机械的工作运行状态,进行对应操作。通过安装在农业机械上的北斗导航终端,能够将农田数据信息与相应标准划分为不同区域,从而根据不同区域特点进行精确耕种,实现无人操作的精准农业作业。无人驾驶农机的应用极大地提高了农业生产耕作效率,减少了农业劳动者的工作量,并在保证高质量农业耕作作业的同时能够减少能源消耗与肥料的使用量。

(三)农业航空

北斗导航技术同样可以应用于农业生产航空中,主要应用的方式为无人机自动喷施作业。利用北斗导航技术，能够根据不同农田区域存在的差异与区别，适当地施用化肥或是农药。当农用喷施无人机到达指定农田作业区域时，北斗卫星导航技术会对该农田作业区域基本信息进行分析，并将相关信息传递至控制中心，对区域进行精准定位与自动导航；控制中心对农田作业区域发出命令指令，使无人机对指定区域进行药物喷洒。北斗导航技术与农业航空的深度融合，在很大程度上促进了我国农业机械领域的发展。从实际应用效果角度进行分析，北斗卫星导航系统在农业航空中的应用，不仅节省了农业劳动力，减少了农业劳动时间，也减少了农药与化肥的浪费，降低了农业生产成本。

(四)收割机与播种机

当前，我国北斗卫星导航技术仍有发展、应用的空间，将北斗卫星导航技术应用于收割机与播种机中，其原理是利用相关传感器将农田区域进行数字化处理并进行分区，通过数据中心计算，获得整体农田农作物产量以及其他相关数据，从而获得产量分布图。在产量分布图数据信息的基础上，对收割机或播种机的运行参数进行调整，从而获得最佳的播种或收割方案，提高农作物播种或提升收割质量与效率。在具体应用中，需要依照按需分配的方式合理配置机械设备，保证耕地科学性。

(五)农机管理

传统农业生产活动中，农机作业监控工作的效率较为低下，应用现代化科技能力不足，农田作业机械化发展水平受到很大限制。将北斗卫星导航技术应用到农业机械管理中，能够提升农田作业监控能力。北斗卫星导航技术在应用过程中，有着多种应用方法，如将农业机械导航感知单元安装在农业机械耕深传感器中，可以实现对农田现场作业的质量监控，并能够通过后台算法实现对农业机械作业面积的统计与计算。同时，北斗卫星导航技术的应用，能够全面地掌握每一台机器的具体位置以及每一台农业机械当前工作状态，通过计算机整理、分析整体农业机械的应用情况，保证农业机械作业的可靠性。相关技术人员也能够第一时间获知农业机械出现的故障问题，以便迅速进行处理和解决。

从当前我国农业发展角度以及北斗卫星导航技术的发展来看，其未来发展趋势主要有两个方面：第一，向高适应能力方向发展。由于农业机械在实际应用中的工作环境较为恶劣，因此北斗卫星导航技术的应用需要具有较强的适应性，才能满足不同条件与情况下的农业机械操作。只有保证北斗卫星导航技术在农业机械中具有一定的适应性，才能够尽可能减少农业机械应用中受到各方面因素的影响，从而保证农业机械的工作和运行效率。第二，向实用方向发展。北斗卫星导航技术在农业生产中应用，必须向更加实用的方向发展，在北斗卫星导航系统定位与导航控制下，农业机械正朝着自动化、无人化、智能化运行方向发展。例如，在我国平原地区大面积的农田中，应用北斗卫星导航技术对农田状态进行绘图，并利用相关处理技术配合标准化农业，能够获得农田区域的整体信息情况，获取农田土壤的相关参数指标，如土壤湿度、温度、化学成分等。同时，北斗卫星导航技术也可以很好地应用在农业气象上，如利用北斗卫星导航技术进行天气预报等，从而更好地对农业生产进行指导。

任务测验

一、选择题

1. 农机导航与自动驾驶系统特点是(　　)。

   A. 精准自动驾驶，效率高　　B. 多种作业模式

   C. 适配多品牌、多机型　　D. 信号稳定、覆盖广

2. 农机导航与自动驾驶技术一般可适配各品牌、适配各种机型，如(　　)。

   A. 拖拉机　　B. 插秧机　　C. 自走式喷药机　　D. 收割机

3. 农机导航与自动驾驶技术适用于(　　)等各种农业作业环节。

A. 开沟　　B. 耙地　　C. 播种　　D. 耕作

二、判断题

1. 农机导航与自动驾驶技术为农具的运行、控制提供实时、高精度的位置和导航信息,可以有效提高农机作业质量和作业效率。(　　)

2. 农机导航与自动驾驶技术可以对田间作业实现精确化的控制,使农机在工作的过程中做到不重复作业,大幅度提高农机作业的质量和土地资源利用率。(　　)

3. 北斗卫星导航技术应用于土壤环境勘察中,能够准确地获取土壤采样位置信息,将化验后的土壤相关信息与采样位置信息结合,从而获得准确的土壤肥力分布图,实现对土壤环境的检测与分析。并能够全面地收集土壤中营养物质、水分以及化学结构信息,为农作物选择与种植提供数据保障与信息支持。(　　)

三、填空题

1. 农机导航与自动驾驶技术支持________________、________________作业模式,可实现全无人驾驶模式。

2. 农机导航与自动驾驶技术交接行、直线度可达________________。

3. 使用自动驾驶导航系统,农民可以不受________________和________________的限制,不必________________,在夜晚或________________的情况下也可以作业。

四、实践题

应用农机导航与自动驾驶技术开展田间耕地作业。

项目二　选配农机导航系统

能力图谱

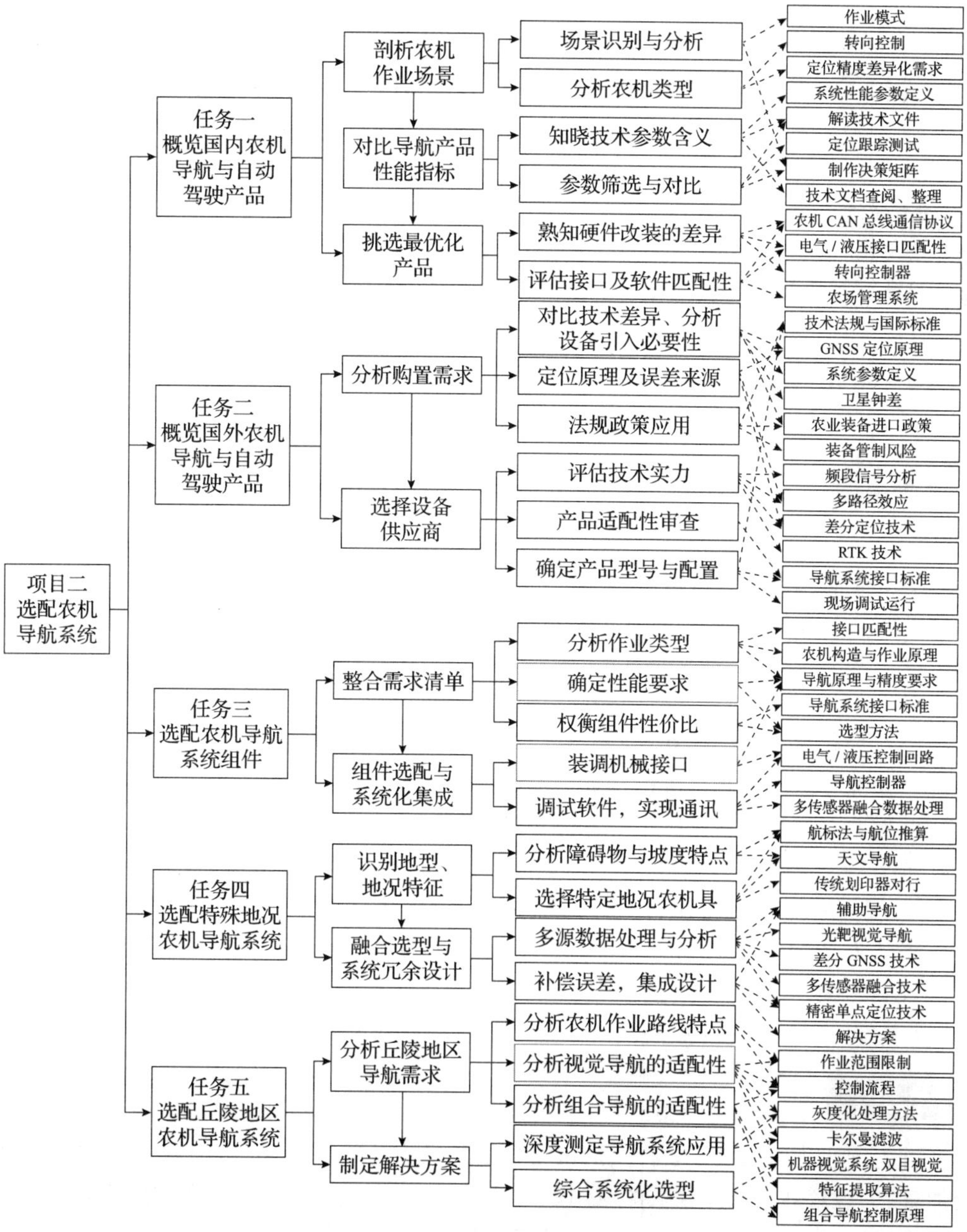

项目描述

高标准农田建设是利当前、管长远的大事。当前，农田从“小田”变“大田”，利用智慧赋能的履带拖拉机、履带机、插秧机等农机新质生产力在提单产、应急减灾方面都展现出了更大的潜能。

为实现农田的精准作业、提质增效，选择一个合适的农机导航产品和厂商具有重要意义，农户需要一个可靠、高效的系统来适应并处理传统的农田作业、山区、林区等复杂地形和特殊环境作业场景的要求。在选择过程中需要综合考虑品牌实力、产品功能、适配性和售后服务等因素，以确保选择到最适合自己需求的产品和厂商。同时，也有助于保障国家粮食安全和促进农村经济的繁荣与发展。

任务一　概览国内农机导航与自动驾驶产品

任务描述

北斗卫星导航系统是我国自主建设的空间基础设施，为高精度定位、高标准作业、精准耕地与播种作业提供了有效平台。在设备自主研发的大势所趋下，作为农机导航与自动驾驶的从业人员，需要认知国内农机导航与自动驾驶产品。

任务目标

能力目标

- 了解农业机械自动驾驶市场，进行竞品分析。
- 熟知北斗导航原理、技术与产品发展现状。
- 掌握农业生产环节中的应用案例与实现流程。

知识目标

- 了解导航系统的市场背景、发展趋势、产品分析。
- 掌握北斗卫星导航系统的构成与原理。
- 掌握北斗卫星导航系统在农业等领域的应用。

素养目标

- 立志强农兴农、践行知农爱农，注重思辨、敬业、严谨素养的培养。
- 农机安全生产素养，遵守农业机械安全生产的法规、规章，提高安全生产意识，养成良好的操作习惯。

任务分析

本任务首先阐述我国农机导航行业的市场背景及供应链的发展势头，随后解析北斗卫星导航系统的构成与原理，为理解其在农业领域的应用奠定基础。结合农业生产环节，探讨北斗导航技术的实际应用案例与实现流程，突出北斗导航系统的特点与农业应用。同时培养强农兴农的情怀，思辨、敬业与严谨的职业素养，以及农机安全生产意识，为农业现代化建设贡献力量。

知识学习

一、我国农机自动驾驶行业产业链

我国农机自动驾驶行业产业链包括上游供应商、中游农机自动驾驶品牌商以及下游消费者，如图 2-1 所示。上游供应商提供基础硬件设备、技术以及数据服务，中游农机自动驾驶品牌商为下游消费者提供产品及配套的保养、维修、排故等服务。

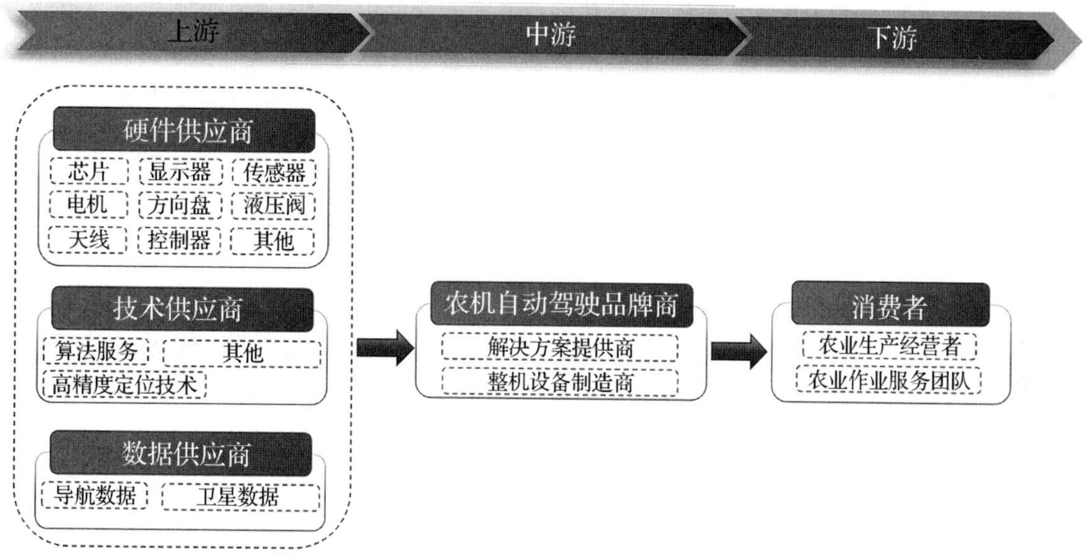

图 2-1　我国农机自动驾驶行业产业链

(一)上游供应商

1. 硬件供应商

芯片供应商的典型代表企业有 NVIDIA(英伟达)、Intel(英特尔)、中科寒武纪、西井科技、地平线等。高运算能力、高数据传输能力的芯片可以适应算法的要求，提升农业机械自动化作业路线的精准度，优化控制能力。目前国内芯片受制于加工工业与技术创新的难题，中高端芯片产出较低。

角速度传感器的供应商厂商代表有博世光电、意法半导体等。

电机供应商以湖南科力尔、金龙机电、中山大洋电机等为代表，主要生产伺服电机和步进电机。当前政策性导向明确表示，将电机系统节能列入重点节能九大工程，引导产业的高效节能绿色化，提升电机运行的综合性能。

2. 技术供应商

技术供应商主要指算法服务供应商与高精度定位技术供应商。前者主要有中科慧眼、前向启创等，为农机自动导航的深度算法提供技术咨询和模块化的开发部署服务。后者典型企业有千寻位置、中海达等，依托卫星以及地面基站的高精度定位、系统农田数据的采集，向农机导航系统提供云端智能修正数据服务，为下游消费者提供网络精准定位技术服务，赋能农机导航系统自动化修正农田数据，实现高精度自主作业，保证作业安全。

3. 数据供应商

数据供应商可分为GIS数据供应商和导航地图供应商。超图软件、中地数码、武大吉奥等GIS数据供应商为农机自动驾驶品牌商提供较为完备的农田周边环境信息以及精准的农田定位信息，保障自主路径规划，高德地图、四维图新、凯立德以及百度地图等导航地图供应商为构建自动驾驶深度学习模型、提升农机自动驾驶的作业精准度提供有效保障。

（二）中游农机自动驾驶品牌商

中游参与主体有解决方案提供商以及整机设备制造商。

主要提供解决方案服务及设备产品，典型代表企业为合众思壮、华测导航、联适导航，根据农业机械的需求实现系统的安装，优化农用机械作业效率。

整机设备制造商为下游消费者提供一体化的自动导航农业机械设备，典型企业有雷沃重工、中国一拖、约翰迪尔等。整机设备制造商在农业机械出厂前预装自动驾驶系统，进一步提升了农业机械的作业安全性与稳定性。

（三）导航控制企业

与海外市场相比，我国农机自动驾驶行业的起步较晚，但在北斗卫星导航系统的高速发展背景下，中国的农业机械信息化与智能化逐步提升。我国导航控制企业，如合众思壮、华测导航、中海达等，纷纷布局并占领了自动驾驶市场。合众思壮在高精度卫星导航定位的基础上开展研究，以解决方案提供商的形式切入农机领域。在国家农机导航系统补贴政策、北斗三号全球组网成功、“无人农场”推广项目等多因素的积极推动下，我国农机自动驾驶产业已进入快速发展期。图2-2为我国农机自动驾驶行业企业布局。

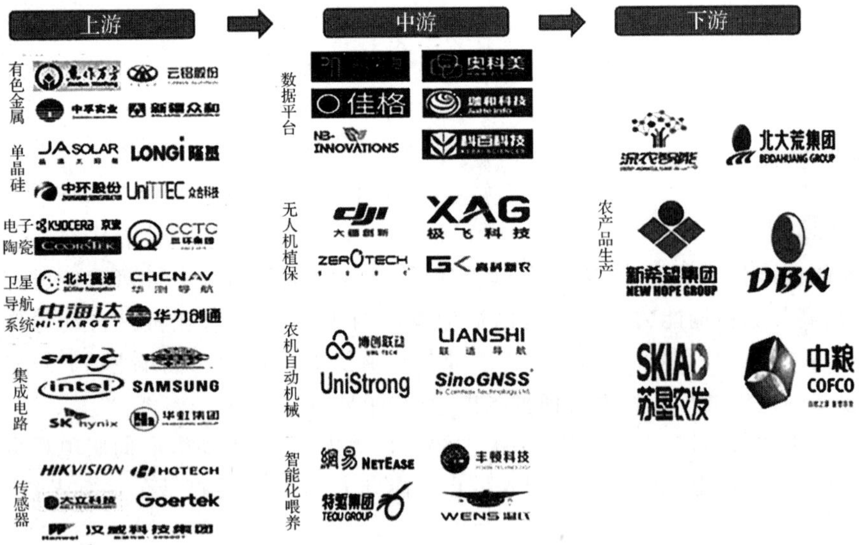

图2-2 我国农机自动驾驶行业企业布局

二、北斗卫星导航系统的构成与原理

（一）北斗卫星导航系统的构成

北斗卫星导航系统（BeiDou Navigation Satellite System，简称BDS或北斗系统）是我国自行研制的全球卫星导航系统，也是继GPS、GLONASS之后的第3个成熟的卫星导航系统。北斗系统（BDS）、美国 GPS、俄罗斯 GLONASS 和欧盟 Galileo 是联合国卫星导航委员会已认定的供应商。北斗导航农机导航系统集成卫星定位、惯性导航、机械控制、人机交互等关键技术，以农机为载体，对农机转向装置进行精准控制，使车辆严格按既定路线行驶，满足农业场景的作业需求。

全球导航卫星系统由 3 部分构成：地面控制部分、空间卫星星座部分和地面用户设备（终端部分），以上 3 部分共同协调配合，定位工作才得以完成。北斗属于四大全球卫星导航之一，其地面控制部分构成如图 2-3 所示。

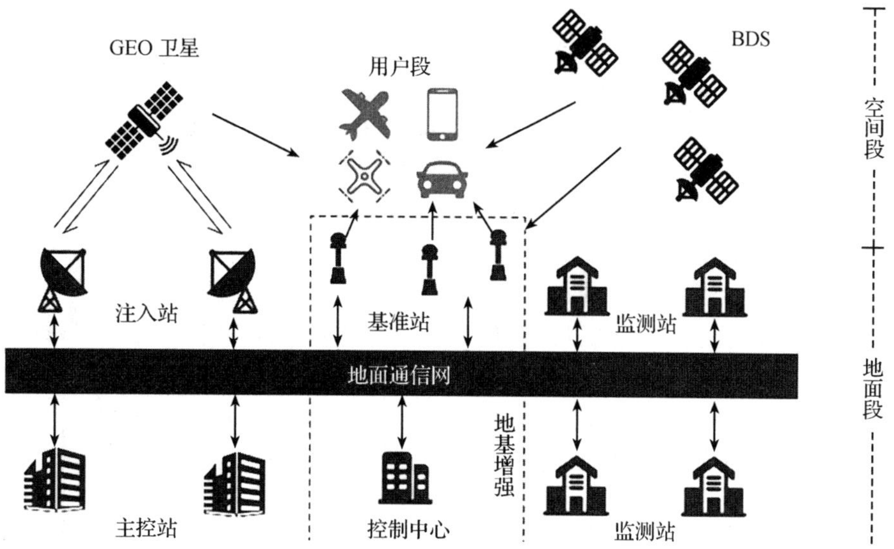

图 2-3　北斗系统地面控制部分构成

1. 地面控制部分

地面控制部分由主控站、监测站、地面天线和其他通信辅助系统组成。

主控站：负责对地面监测系统的全面控制，收集并处理监控站跟踪数据并计算卫星轨道和时钟参数，用系统固定格式进行编写并传递到地面的发射中心，由发射中心传送给卫星，并且主控站还需要实时修改每颗卫星的星历，对时钟数值进行修正。此外，主控站还负责管理、协调整个地面控制系统的工作。

监测站：每个北斗系统都设有数量不等的监测站，配备有精密的原子时间标准和可连续测定到所有可见卫星伪距的接收机，用以实时观测所有导航卫星下行的导航信号。监测站将电离层和气象参数对测得的伪距进行改正后，生成具有一定时间间隔的数据并发送到主控站。

地面天线：在监测站的同址上安置专用的地面天线。地面天线配置了将命令和数据发送到卫星并接收卫星遥测数据和测距数据的设备。

其他通信辅助系统：主要负责数据传输。

2. 空间卫星星座部分

北斗系统的空间卫星一般运行在距离地面 20 000 km 左右的太空，24～30 颗卫星组成星座，依据其结构设计分布在 3 个或 6 个轨道平面上，相邻轨道间的夹角相同。为保证系统的连续运行，一般在每个轨道上还部署一颗备份卫星，一旦有卫星发生故障，则可以立即替代。

3. 地面用户设备

用户设备部分即导航信号接收机。其主要功能是能够捕获到卫星，并跟踪这些卫星的运行。当接收机捕获到跟踪的卫星信号后，即可测量出接收天线至卫星的伪距离和距离的变化率，解调出卫星轨道参数等数据。根据这些数据，接收机中的微处理计算机就可按定位解算方法进行定位计算，计算出用户所在地理位置的经纬度、高度、速度、时间等信息。

（二）北斗系统卫星分布及工作原理

人造卫星依靠地球的引力运行，当卫星具有了一定的速度时，便可以绕着地球做圆周运动，而不会从天上“掉下来”。按照卫星运行的高度划分，卫星轨道有以下 3 类。

（1）低轨道（Low Earth Orbit，LEO）：卫星飞行高度＜2 000 km。

（2）中高轨道（Medium Earth Orbit，MEO）：卫星飞行高度在 2 000～35 786 km。

（3）高轨道（High Earth Orbit，HEO）：卫星飞行高度≥35 786 km。

卫星轨道平面与地球赤道平面的夹角称为轨道倾角，它是另一个确定卫星轨道空间位置的重要参数，如图 2-4 所示。

考虑轨道倾角因素，除以上 3 种卫星轨道外，还有 2 种特殊的轨道：当轨道高度为 35 786 km 时，卫星的运行周期和地球的自转周期相同，这种轨道称为地球同步轨道；如果地球同步轨道的倾角为 0°，则卫星正好在地球赤道上空，以与地球自转相同的角速度绕地球飞行，从地面上看好像是静止的，这种卫星轨道称为地球静止轨道（GEO），它是地球同步轨道的特例。注意，地球静止轨道有且只有 1 条。如果地球同步轨道的倾角不为 0°，则称为倾斜地球同步轨道（IGSO）。

北斗三号采用了地球静止轨道 GEO、倾斜地球同步轨道 IGSO、中高轨道 MEO 混合导航星座，抗遮挡能力更强。全星座有星间链路功能，信号精度高。北斗系统融定位、导航、通信于一体，具备星基增强、短报文通信能力，是四大卫星导航系统中唯一可双向通信文字、语音、图片的系统，在远洋航行、国际搜救中有重要的应用。

第一代区域导航系统是基于“二球交会”原理进行定位的。先将“北斗一号”与“北斗二号”位置坐标定为圆心，分别以卫星至用户终端的距离为半径，形成 2 个球面。则终端所在位置，必然位于这 2 个球面交线的圆弧上。同时，地面主控站的电子高程地图库提供 1 个以地心为球心、以球心至用户机的距离为半径的球面。通过求解圆弧线与该球面的交点，并根据用户在赤道平面北侧的实际情况，即可获得用户的二维位置坐标。

第二代、第三代的卫星导航定位采用“三球定位”原理，如图 2-5 所示，事先确定 3 颗卫星的空间位置并定为球心，以测定的空间距离为半径，三球的交点为用户位置。考虑传输时差，一般需 4 颗卫星确定用户端的三维位置。

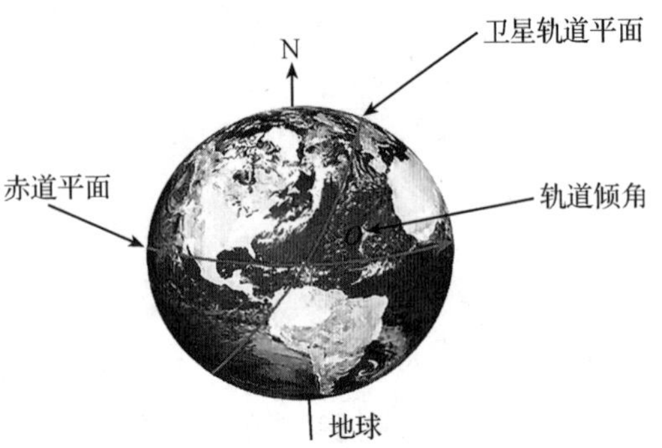

图 2-4　轨道倾角

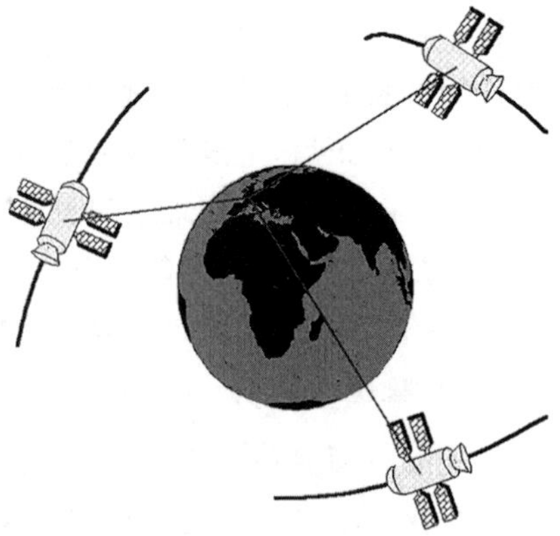

图 2-5　“三球定位”原理

（三）北斗卫星导航系统实现农机导航与自动驾驶的作业路径

农机无人作业系统设备一般由定位单元、传感单元、控制单元、计算单元、通信单元和人机交互单元

6 部分组成，各研发单元可根据农机设备功能和性能要求进行选择。北斗赋能农机无人作业设备组成如图 2-6 所示。

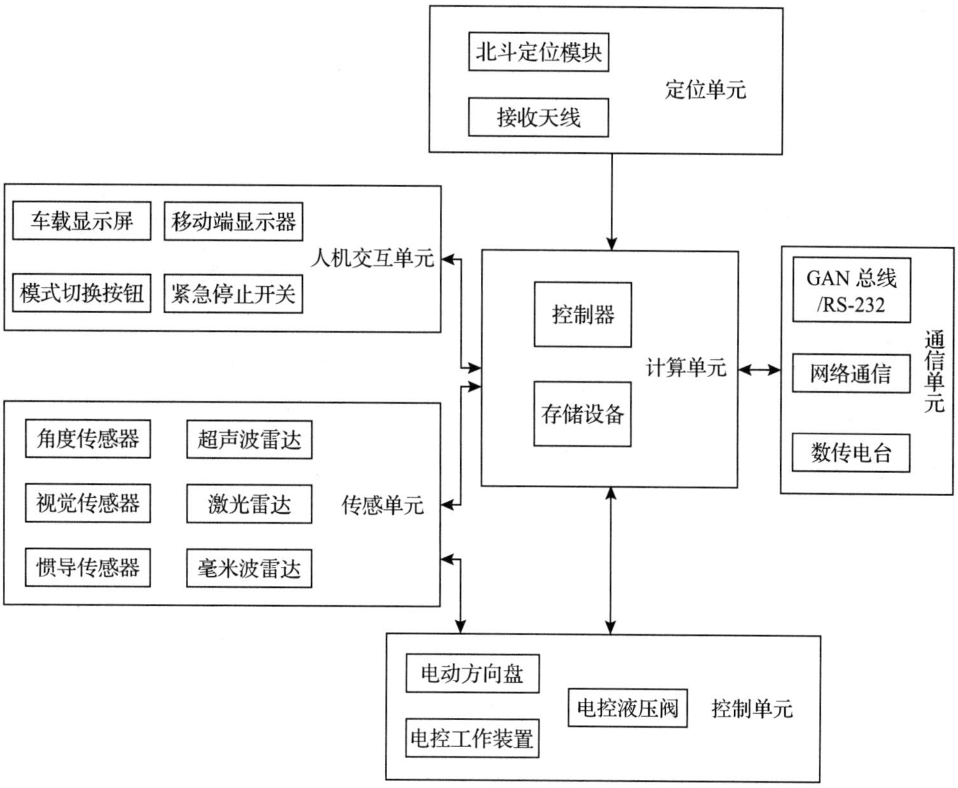

图 2-6　北斗赋能农机无人作业设备组成

(1)定位单元主要用于精确测量农业机械的空间位置(经度、纬度和高程)、速度和运动方向等，并进行实时动态测量。

(2)传感单元主要用于自身状态感知和周围环境感知。

(3)控制单元泛指无人驾驶作业车辆电控部分，可实现行驶控制(前进、后退、转向、速度和制动)、工作装置控制(如农机 PTO、农机机具升降、收获机割台升降、喷雾机喷杆展开升降等)等功能。接收计算单元的指令进行相应动作，并实时反馈工作状态参数。

(4)计算单元通过获取定位、速度、转向角度、农机轨迹、环境、作业任务和故障等信息，采用决策和规划算法，形成无人驾驶和作业决策指令，控制或干预系统运行。

(5)通信单元主要实现车辆内部与外部之间的通信，实现和整车、平台、移动端显示器等设备之间的信息交互。

(6)人机交互单元主要用于实现农业机械与人的信息交互，如卫星信号接收情况以及信号质量、行驶速度、作业面积、作业行、报警与提示等。人机交互单元还可以用于设备操控，包括机器参数配置、差分信号配置、接行调整、作业路径设置、禁止/暂停/开始导航驾驶切换、手动模式/自动模式切换等。

三、北斗卫星导航系统在农业等领域的应用

应用是北斗系统发展的生命线，而农业是北斗系统应用的重点领域。近年来，北斗系统支撑我国精准农业快速发展。截至 2023 年年底，全国安装北斗终端的农机数量已达 220 万台，作业效率和作业精度达到国际先进水平。在农业生产中，北斗系统被广泛应用于农机作业精准定位、智能调度和作业数据

管理等各个领域。

(1)农机调度。北斗系统可以精准地定位农机的位置和行驶轨迹,为农机智能调度提供数据支持。可以通过实时监测农机位置和作业情况,实现对农机的智能调度,从而提高农机的使用效率,降低农业生产成本。

(2)作业监测。可以实时监测作业数据,如作业面积、作业时间、作业效率等,为农业生产提供数据支持,帮助农民科学决策、提高生产效益,如图 2-7 所示。

图 2-7　北斗系统应用在农业

(3)辅助作业。辅助驾驶系统可以实现自动拖拉机,即将拖拉机自动驾驶到目的地,并实现挂/卸挂农机等操作,从而减轻农民的劳动强度。北斗系统还可以与农机设备进行数据交互,实现农机作业的智能化。例如,在农机作业中,北斗系统可以与自动驾驶系统等技术相结合,实现农机自动驾驶,提高农机作业的效率和精度。

(4)自动驾驶。如图 2-8 所示,农机通过辅助驾驶系统实现自动驾驶,不仅可以提高行驶效率,减少人工干预,还可以保证农机作业的稳定性和精度。通过前视摄像头、雷达等传感器实时采集农机周围环境信息,通过数据分析和处理,提供自动驾驶、智能化种植、农机智能调度等功能,可以有效提高农业机械化的效率和精度,减轻农民的劳动强度,降低农业生产成本。

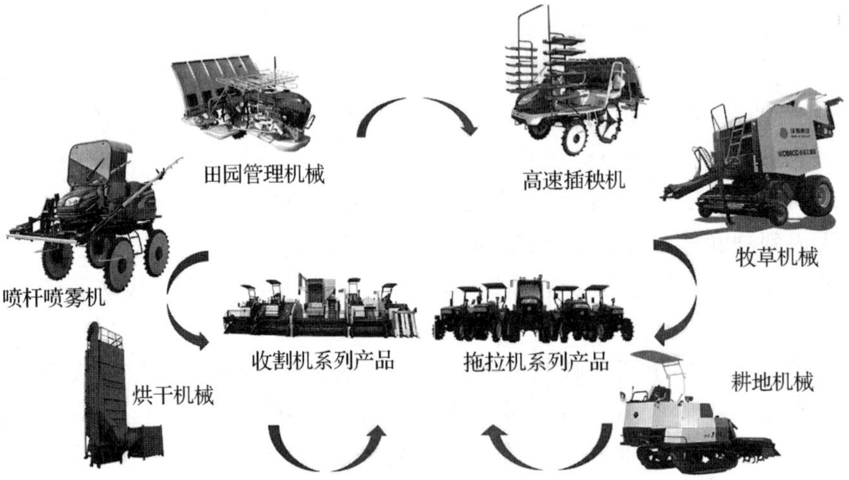

图 2-8　北斗系统与自动驾驶技术在农机上的应用

(5)智能化种植。辅助驾驶系统可以实现对种植过程的监控和调节,如种子的种植深度、密度、排列方式等,从而提高种植的效率和精度,提高产量和质量。

10 年来,北斗产业始终保持了高速增长和快速发展态势,在市场化、产业化、国际化发展以及大众应用等方面均获得了巨大提升,产业发展水平已经达到了新的高度。至 2023 年上半年,北斗产业链和供应链安全稳健，基础持续夯实。国产芯片出货量超亿级规模，国外同类芯片支持北斗系统，形成良性发展态势，我国各种类型的北斗终端设备（不含消费类电子）应用总量接近 2 300 万台/套，较去年同期增加超过 727 万台/套，同比增长 46.93%，北斗应用渗透率超过 50%。支持北斗短报文功能的手机出货量从 350 万增加到 800 万，同比增长超过 128%。

与此同时，北斗国际化发展持续推进。在联合国框架下，推动实现与 GPS、Galileo 的多系统兼容共用；与东盟、阿拉伯国家、非洲地区实施卫星导航合作行动计划；持续推动北斗系统进入民航、海事、移动通信、搜救等领域国际标准。北斗产品已在全球半数以上国家和地区得到应用，出口产品种类更加丰富，应用领域不断拓展。

任务实施

一、北斗农机无人驾驶与自动导航产品选型任务准备

(1)查阅主流北斗设备产品官网，了解各厂商设备种类及应用场景。
(2)按小组整理农机无人驾驶技术要求的性能参数并形成意见。

二、安全教育

(一)农机无人驾驶与自动导航产品的安全要求

(1)电器设备应具有过流、过压、短路、电源瞬间变化和偶然极性反接的保护功能，电器接口应有防静电功能。

(2)在产生危险和自动驾驶系统失灵(如超速、意外偏离导向路径、随车控制装置失调、电压不稳或导向信号故障)时应立即限制或停止其相关动作，使自动驾驶系统回到可控参数范围而不产生新的危险。自动驾驶系统失灵不应阻碍手动操作的使用。

(3)所有农机导航系统自动功能只应通过单独采用操作控制器进行操作。当农机导航系统关闭时，自动功能应自动恢复到手动控制状态或关闭状态。应使操作人员随时都可撤销自动功能，自动功能只准许由操作人员重启。

(4)当使用手动控制功能时，自动导航功能的自动控制应自动解除。自动驾驶系统的自动功能控制装置应明显表示出其用途。农机导航系统电器线路的连接应正确、可靠、无漏电。

(5)导线应捆扎成束、布置整齐、固定卡紧、接头牢固并有绝缘套。导线穿越孔洞时应设绝缘套管。电器线路的布置应避免摩擦和接触发热部件。

(6)严禁在自动驾驶行驶过程中上下车。在自动导航状态时，操作人员应时刻观察前方障碍物并判断潜在危险。禁止疲劳驾驶。

(二)检查装配与外观质量

(1)各部件装配应良好、紧固、无松动，调节应方便自如，控制器开关、按键的操作应灵活可靠。
(2)各部件表面应光洁，无明显划痕、刮伤、毛刺及其他的机械损伤，各部分的涂镀层应光滑、色泽均匀。

三、学习国产农机导航与自动驾驶技术的设备参数和技术

学习不同品牌的导航设备的参数与技术规格要求。

四、总结归纳品牌参数及作业要求参数

针对目前主流农机导航系统分小组总结归纳参数，并思考参数对农机导航系统性能的影响。

五、案例应用

以 AG502 BD-2. 5GD 北斗/GNSS 农业自动导航驾驶系统性能参数(图 2-9)为例，总结分析其参数含义及使用场合。

卫星系统	
GPS	L1C/A, L2C, L2P
BDS-2	B1I, B2I, B3I, B2b
BDS-3	L1C/A
GLONASS	G1, G2
Galileo	E1, E5b
QZSS	L1C/A, L2C
平板电脑	
尺寸	10.1 英寸波显示屏
分辨率	1 280×800
存储	16 GB

系统精度	
直线精度	±2.5 cm
作业速度	0.1~20 km/h
作业模式	支持超低速，高速，坡地，曲线作业
环境特性	
工作环境温度	−30~70 ℃
储存环境温度	−40~85 ℃
温度	95% 非冷凝，全密封单元
系统防护等级	IP65
供电	12~24 V 输入

图 2-9　AG502 BD-2. 5GD 北斗/GNSS 农业自动导航驾驶系统性能参数

知识拓展与提升

一、北斗卫星导航系统的特点及实现原理

(一)导航定位授时服务能力

北斗系统最基本的能力就是为用户提供导航定位授时服务(PNT)。这个技能利用了卫星导航最基本的原理，将太空中 4 颗已知飞行轨道参数的卫星作为 4 个参考点，地面接收端的用户终端位置作为未知点，利用卫星发出信号的时刻 T_1 与接收机接收到信号的时刻 T_2 之间的时间差乘以光速，便可以得到卫星与接收机之间的距离，进而可以很容易地解算出接收机的坐标和时刻。

(二)短报文通信服务能力

北斗系统是全球首个提供区域短报文通信服务和全球短报文通信服务的卫星导航系统。北斗双星导航定位系统又称为 RDSS 系统，即用户至卫星的距离测量和位置计算不是由用户自身独立完成，而是由用户外的系统(地面中心)完成的。其特点是通过用户应答，在完成定位的同时，完成了向外部系统的用户位置报告，还可实现定位与通信的深度集成。这项国际首创的思想，真正实现了“既能够知道你在哪里，也能够知道我在哪里”的独特功能。上述功能在北斗三号中被设计为两类服务，即区域短报文通信(RSMC)和全球短报文通信(GSMC)。

1. 区域短报文通信(RSMC)

区域短报文通信是指利用 3 颗 GEO 卫星(地球静止轨道卫星)，实现终端用户与北斗地面运控系统之间的通信。终端位置由北斗地面运行控制中心进行解算。

目前，北斗三号系统通过星上载荷扩容，能够支持文字、图片、语音等传输服务，单次短报文长度为 1 000 个汉字，最大单次报文长度 14 000 bit。具有区域短报文功能的智能手机已经进入市场，成为北斗服务于应急通信的一大特色服务。

2. 全球短报文通信(GSMC)

北斗三号系统全面提升了短报文通信的服务能力,服务区域从亚太地区扩展到了全球,具备为用户提供一定频度的单向位置报告服务和“端到端”双向报文通信服务的能力。其基本原理是,通过14颗MEO卫星(中高地球轨道卫星)的星间链路完成全星座间的数据通信,进而实现全球终端数据联网通信功能。目前的服务性能为最大单次报文长度560 bit,约40个汉字。

全球短报文通信能力让北斗具备为全球终端提供位置报告、应急搜救和报文通信3项基本功能,让北斗在国际舞台上尽显风采。一个典型的应用是北斗三号系统助力空间科学探测,将GECAM卫星探测到的伽马射线暴观测警报下传至其科学运行中心。这是北斗系统服务于空间探测领域的开端,未来将有更多深空探测工程能够借力北斗系统。

(三)精密单点定位服务

精密单点定位(PPP)是指利用载波相位观测值以及IGS等组织提供的高精度卫星星历和卫星钟差来进行高精度单点定位的方法。该技术主要是利用单个GNSS接收机伪距和载波相位观测值,加上高精度轨道和钟差产品,利用模型修正法或参数估计法对各种误差项进行修正,以此来解算高精度的位置坐标的。精密单点定位服务也是北斗三号一大特色服务,基本原理为使用北斗三号PPP-B2b信号作为数据广播信道,由北斗三号的3颗GEO卫星在我国及周边地区播发北斗三号系统和其他全球卫星导航系统的轨道、钟差等改正信息,可以为用户提供公开、免费的静态厘米级、动态分米级高精度服务。

(四)星基增强服务

星基增强系统(SBAS)是指通过地面差分站对导航卫星进行监测,获取原始定位数据并发送给主控站进行处理,计算出各个卫星的定位修正信息并发送给GEO卫星,再把这些定位修正信息发送给用户接收机,进行位置解算结果修正,从而提高定位精度和完好性。对于民航等高价值用户,需要提供增强和完好性服务,一旦系统发生问题导致服务能力降级,在定位精度下降超过阈值时,系统应在一定时间内向用户报警,确保用户使用安全。北斗星基增强服务按照国际民航标准要求,提供高精度、高完好性的导航服务,支持单频及双频多星座两种增强服务模式。目前,北斗星基增强系统服务平台已基本建成,正面向民航、海事、铁路等有高完好性需求的用户提供试运行服务。

任务测验

一、选择题

1. 北斗卫星定位系统在定位过程中,主要依赖(　　)信号来确定接收器的位置。
   A. 无线电波　　B. 红外线　　C. 可见光　　D. 激光
2. 北斗卫星定位系统的定位精度通常受到(　　)的影响。(多选)
   A. 卫星数量　　B. 接收器性能　　C. 大气条件　　D. 地球自转
3. 北斗卫星定位系统在高精度导航应用中,其定位精度可以达到(　　)级别。
   A. 米级　　B. 亚米级　　C. 厘米级　　D. 毫米级

二、判断题

1. 北斗系统最基本的能力是PNT。　　(　　)
2. 北斗系统被广泛应用于农机作业精准定位、智能调度和作业数据管理等各个领域。　　(　　)

三、填空题

1. 在车辆管理中，北斗系统通过结合________________技术，可以实现车辆的安全驾驶管理与调度。

2. 在农业领域，北斗系统可以应用于________________和________________等方面，提升农业生产的效率和质量。

3. 北斗系统的定位原理基于________________和________________的测量，通过计算得出接收器的三维位置。

四、简答题

一家农业科技公司计划使用北斗系统进行精准农业实践。请分析北斗系统在精准农业中的应用优势，并讨论如何克服实际应用中可能遇到的挑战。

任务二　概览国外农机导航与自动驾驶产品

任务描述

随着全球农业科技的不断进步，农机导航与自动驾驶技术成为推动农业现代化、提高农业生产效率的重要力量。若想深入了解国外农机导航与自动驾驶产品的现状和发展趋势，就要了解国外主流农机导航与自动驾驶产品。

任务目标

能力目标

- 熟知全球导航卫星系统导航原理、技术与产品发展现状。
- 掌握精度辅助定位与全球导航卫星系统融合的农业生产环节中的应用案例和实现流程。

知识目标

- 能说出全球导航卫星系统的定义、原理。
- 对全球导航卫星系统的发展历程有基础认知。
- 能区分四大卫星导航，熟知各系统的应用领域与优势。

素养目标

- 提升思辨、敬业、严谨的素养，培养对国际农机导航市场的认知能力。
- 通过了解国外农机导航产品，激发科技报国的热情。

任务分析

在全球导航卫星系统技术日新月异的今天，掌握其定义、原理、分类及发展历程，是提升专业素养、拓宽国际视野的重要一环。同时，理解高精度辅助定位的原理，以及国外卫星导航产品的基础知识，对培养具备国际竞争力的专业人才具有重要意义。深入理解全球导航卫星系统的定义，掌握其工作原理，了解分类（如 BDS、GPS、GLONASS、Galileo 等）及其特点；梳理全球导航卫星系统的发展历程，分析其对现代社会的影响和贡献；培养对国际导航市场的认知能力，为未来从事相关领域的研究和应用奠定坚实基础。

知识学习

一、全球导航卫星系统概述

1. 定义

全球导航卫星系统（GNSS）是在海、陆、空进行全方位、实时三维导航与定位能力的新一代卫星导航与定位系统。由卫星定位导航授时系统和用户终端系统制造产业、卫星定位系统运营维护和导航信息服务等方面组成的卫星导航产业作为新兴高技术产业，在交通运输、农林渔业、水文监测、气象测报、通信系统、电力调度、救灾减灾、公共安全等众多领域得到广泛应用，产生了显著的经济效益和社会效益。

2. 原理

（1）导航定位原理。导航定位，是指通过卫星来确定用户的位置。卫星定位可以通过 3 个步骤实现。

①确定空间的参考点（S），这些参考点就是导航卫星所在位置，在确定的时刻，卫星位置是已知的。

②测量待定点到各个导航卫星的距离（R）。

③根据几何关系，计算待定点的位置（X）。

根据卫星的轨道和地面测控站的数据，就可以确定任一时刻卫星的位置（S）。

（2）待定点到卫星的距离确定方法。单线的距离确定方法是将电磁波从卫星传输到用户（待定点）所用的时间乘以光速。在具体操作过程中，导航卫星在太空中连续发送带有时间和位置信息的无线电信号，供导航接收机接收。由于传输的距离因素，接收机接收到信号的时刻要比卫星发送信号的时刻延迟，通常称之为时延。利用导航电文中的卫星星历数据所处的坐标数值，结合两点间距离公式，列出方程式即可算出用户机所在的三维坐标值。由于接收机与卫星存在钟差，需要把它作为一个未知参数。因此，在一个观测点，至少需要同时观测 4 颗卫星，实时求解 4 个未知参数（即观测点的三维坐标及 1 个钟差参数），才可获得较为准确的时间、空间信息。

（3）导航卫星定位原理小结。

①由轨道参数和地面站测控数据确定导航卫星的位置。

②待定点到卫星的距离由信号的延迟时间乘以光速确定。

③考虑到传输时延，若已知待定点到 4 颗卫星的距离，则可准确计算出待定点所在的位置和当时的时间（x,y,z,t），其中 x、y、z 是位置坐标。

二、全球导航卫星系统发展历程

全球卫星导航系统的发展历程可以追溯到 20 世纪中期，以下是其主要的里程碑事件。

(一)子午仪系统(Transit)

这是全球导航卫星系统的早期形式,由 6 颗工作卫星构成,于 1964 年 1 月建成。该系统通过卫星连续发射无线电信号,传递包括卫星星历、时间信号以及用于多普勒频移测量的载波频率等导航信息。

(二)美国的 GPS

GPS 的发展始于 1958 年,其初衷是满足美国军方的作战和航行需求。然而,随着技术的进步,GPS 的民用化也逐渐得到认可。1978 年,美国开始将 GPS 系统部署到卫星上,成为全球第一个导航卫星系统。1989 年,第一颗 GPS 导航卫星成功发射。1993 年,GPS 系统组网成功,实现了全球覆盖。

1. 空间部分

GPS 的空间部分由 24 颗卫星组成,其中 21 颗为工作卫星,3 颗为备用卫星。24 颗卫星均匀分布在 6 个轨道平面上,即每个轨道面上有 4 颗卫星。卫星轨道面相对于地球赤道面的倾角为 55°。这种布局的目的是保证在全球任何地点、任何时刻至少可以观测到 4 颗卫星。卫星的轨道高度 20 200 km,轨道周期 11 h 58 min。GPS 卫星主要部件包括星载原子钟(铯原子钟、铷原子钟和氢原子钟)、天线(有 12 个单元的多波束定向天线和全向遥测遥控天线)以及太阳能电池板与蓄电池。其核心设备是高精度铯原子钟,具有抗辐射性能,它发射的标准频率信号为 GPS 定位提供高精度的时间标准。GPS 卫星产生两组电码,一组称为 C/A 码,一组称为 P(Y)码。P(Y)码频率较高,不易受干扰,定位精度高,受军方管制,并设有密码,主要为美国军方服务。C/A 码在被人为采取措施而刻意降低精度后,主要开放作为民用。

2. 地面监控部分

地面监控部分由 1 个主控站、3 个注入站和 5 个监测站构成,分布于地面的 5 个地点。主控站又称联合空间执行中心,位于美国科罗拉多州斯普林斯附近的佛肯空军基地。其主要任务是:

(1)采集数据,推算、编制导航电文。

(2)给定 GPS 系统时间基准。

(3)负责协调和管理所有地面监控站和注入站系统,诊断所有地面支撑系统和天空卫星的健康状况,并加以编码向用户发送指示,使整个系统正常工作。

(4)调整卫星运动状态,启动备用卫星。

注入站将主控站传来的卫星星历、钟差信息、导航电文和其他控制指令等注入卫星的存储器中,使卫星的广播信号获得更高的精度,从而满足用户的需求。监测站共有 5 个,配备高精度铯原子钟和双频 GPS 接收机,在主控站的直接控制下,自动对卫星进行持续不断的跟踪测量,将接收到的数据进行处理和存储,然后传送到主控站。

3. GPS 系统的地面监控部分

由 GPS 接收机、数据处理软件及相应的用户设备(如计算机等)组成。用户设备的作用是接收 GPS 卫星发出的信号,利用这些信号进行导航定位等工作。这些设备随着用户使用目的的不同而有各种各样的型号。图 2-10 为部分接收机的外观及参数。

(三)俄罗斯的 GLONASS

GLONASS 是苏联在 1976 年开始研发的全球导航系统,并于 1982 年发射了第一颗组网卫星。最初,GLONASS 主要是为苏联军队提供作战和指挥部署的支持,但在 1990 年代后,该系统也逐渐向民用开放。苏联解体后,俄罗斯继承了 GLONASS。在技术方面,GLONASS 与 GPS 相比,有以下几点不同之处。

(1)卫星发射频率不同。基于这个原因,GLONASS 可以防止整个导航卫星系统被敌方干扰,因而具有更强的抗干扰能力。

(2)坐标系不同。GPS使用世界大地坐标系(WGS-84),而GLONASS使用苏联地心坐标系(PZ-90)。

(3)时间标准不同。GPS系统时与世界协调时相关联,而GLONASS系统时则与莫斯科标准时相关联。

图 2-10 部分接收机的性能

(四)欧盟的Galileo

伽利略导航卫星系统(Galileo)是欧洲为打破美国在导航卫星系统上的垄断局面而启动的项目。2002年,该项目正式启动,并在之后的几年中陆续发射了导航卫星。Galileo的目标是提供高精度、高可靠性的定位、导航和授时服务。Galileo的卫星星座由27颗工作卫星和3颗在轨备用卫星组成,这30颗卫星将均匀地分布在3个轨道平面上,轨道高度23 616 km,轨道倾角为56°。卫星寿命预期在12年以上。由于Galileo卫星数量多,轨道位置高,覆盖面积将是GPS的2倍,因此其测量精度高,抗干扰性能强,并且能够与GPS、GLONASS系统兼容。Galileo将提供以下4种导航服务。

(1)开放服务。为全球广大用户免费提供定位、导航和定时服务,而且能够达到GPS的标准服务水平。

(2)商业服务。以发送加密的相关导航数据的方式,为导航和定时的特需用户提供定位、导航和定时信息。

(3)公共管制服务。使用一种特定而被管制的导航定位信号,为欧洲及盟国提供国家安全保障服务。

(4)人身安全服务。依据航空、航海和铁路、公路运输的安全要求,为这三大领域的广大用户提供完全可靠的人身安全服务保障。

任务实施

一、卫星导航定位原理的任务引出与准备

农业机械中应用的导航定位原理,在日常生活中经常被用到。例如,A 要到 B 家做客,但 A 不知道 B 家的确切位置和怎样乘车。于是 B 告诉 A,在某处坐公共汽车,到哪里下车,下车后又往什么方向走,大约走多少米就到达地点。B 的指引就是在为 A 导航,B 能承担起导航的任务是因为 B 具备了 2 个条件:B 知道 A 的位置以及自己家的确切位置;B 知道从 A 所在处到自己家的行车路线或行走路线。由于 B 具备了这 2 个条件,因此所传达的导航所信息基本上是准确的。

图 2-11 车载导航仪

导航定位的日常应用还有车载导航仪(图 2-11)。假设自驾从 A 地到 B 地,车上带有卫星导航设备,那么要做的工作非常简单:将导航系统设置好,如出发地和目标地,剩下的工作都由导航设备完成。从 A 地到 B 地有多条路线,导航软件会推荐一条最佳路线。在旅途中,导航设备可以随时显示车辆位置、预计当前路况以及提示下一步动作,这都是由导航卫星系统配合导航控制软件去实现的。那么,导航卫星系统是如何定位到具体的位置信息的?

二、特定的建筑物定位方法分析

以 A 与 B 相约广场南门集合为例。若 A 问 B 现在在什么位置,B 回答说:距离雕像 300 m。用几何的语言分析他的位置,应当在以雕像为中心,半径为 300 m 的圆周上,即图 2-12 中蓝色虚线。按照 B 目前给出的信息,A 还无法准确知道他的位置。如果 A 再问:你现在离广场南门有多远? B 回答说:大约 500 m。这时,又可以确定,B 在以广场南门为中心,半径为 500 m 的圆周上,即图 2-12 中紫色虚线。

因为 B 同时在 2 个圆的圆周上,所以他一定位于这 2 个圆的交点上,即 D_1、D_2 上。现在虽然还不知道这个朋友的准确位置,但目标范围缩小了,只有 2 个点。为了确定他的准确位置,B 可以再明确一下,位于广场中轴线以东或以西,或者,距离商场东门 200 m。这时,他的位置就完全确定下来了(3 个圆的交点)。上面的叙述就是定位的基本原理,即根据到已知点的方向和距离,确定待定点的位置。

现实生活中,不仅要在陆地上定位,还要在海上和空中定位,如飞机在某个时刻处于什么位置,这种属于三维情况。此时采用的方法与前面叙述的完全类似,只是从平面问题变为球面(三维立体)问题。若已知待定点到 1 颗卫星的距离为 L,则待定点在以卫星所在处为中心、以 L 为半径的球面上(图 2-13a)。

若知道待定点到 2 颗卫星的距离,则待定点一定在 2 个球面的交接处,是一个圆环(图 2-13b)。这种情况下,从数学的角度看,待定点的解不具有唯一性,但对多个解进行误差数据处理,可以得到最佳精度的解。若知道待定点到第 3 颗卫星的距离,则待定点一定在第 3 个球面与圆环的交界处,即 2 个点(图 2-13c)。如果再知道待定点到第 4 颗卫星的距离,则可准确确定待定点位置,即图中的闪光点(图 2-13d)。综上,导航卫星定位采用三球定位原理,事先确定 3 颗卫星的空间位置并定为球心,以测定的空间距离为半径,三球的交点为用户位置。考虑传输时差,一般需 4 颗卫星确定用户端的三维位置。一般来说,在同一点接收到的卫星信号越多,定位精度越高。

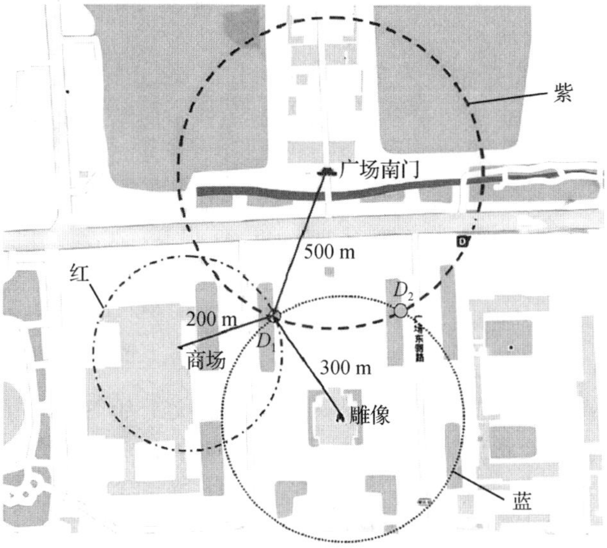

图 2-12　用特定的建筑物定位

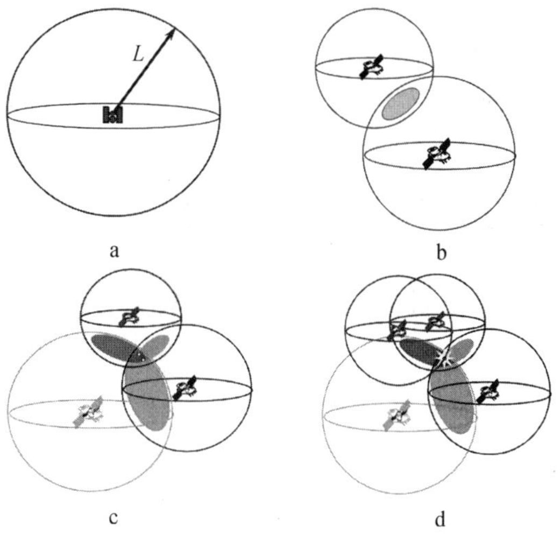

图 2-13　导航定位原理

a. 单球定位；b. 双球定位；c. 三球定位；d. 四球定位

三、卫星定位技术的实际应用

（一）智能交通领域

卫星定位技术优化了交通管理系统，还赋予汽车以自动驾驶的力量。将车视为流动数据点，确保各个数据点沿着正确的路线行驶，还能够在复杂的交通环境中进行精确的决策和判断，可实时向交通管理中心传输其精确位置，通过智能算法的分析和处理，系统化地预测交通流量的变化趋势，及时发现潜在的拥堵点，并制订出相应的疏导策略。

如若卫星定位技术、地理信息系统（GIS）与大数据分析技术结合，GIS 就会如同一张魔法地图，将城市的道路网络、交通设施、人口分布等信息一一呈现。大数据分析技术可以发现隐藏在其中的规律和趋势，实现有效的信息分析与处理。例如，什么时间段、哪些道路是拥堵区域，哪些交通设施的使用率最高，哪些路段的交通事故频发。

通过接收来自卫星的信号，自动驾驶汽车能够实时获取自身的位置信息，并结合车载传感器和地图数据进行综合处理。这样一来，车辆就能够实现自主导航和驾驶，无须人为干预。

（二）农牧业领域

卫星定位技术目前可适应精准农田、动物迁徙观测、精确播种、智能施肥灌溉等农业需求。通过农田卫星定位系统的精准监测，实时掌握农田的养分状况和水分需求，精确地为农田施肥和灌溉。既保证了作物的健康成长，又避免了化肥和农药的过量使用。此外，当给动物佩戴上特制的定位装置，便能够实时追踪动植物的迁徙情况，监测种群数量与分布。通过这些宝贵的数据，可以更加准确地了解动植物的生存状态。

（三）环保领域

传统的环境监测方法往往需要在地面上设立大量的监测站点，易受到地域和人为因素的干扰且成本高昂。卫星定位技术则能通过精确获取环境参数数据，提供一幅全面而准确的环境质量图谱，实时监测大气中的污染物浓度、水质状况、土壤侵蚀情况等关键环境指标。在海洋保护方面，卫星定位技术实时监测海洋垃圾的分布和漂流情况，为海洋环境治理提供有力支持。在森林防火方面，卫星定位技术可发现火情并精确定位火源位置，为灭火工作提供宝贵的时间和信息支持。

任何技术的应用都需要人们持理性态度。在享受卫星定位技术带来的便利和高效的同时，也应该关注其可能带来的问题和挑战。比如，如何确保数据的准确性和安全性？如何避免技术的滥用和误用？这些问题都需要我们在实际应用中认真思考和解决。

知识拓展与提升

一、GPS卫星导航系统实现原理

GPS卫星传输的信号主要由3个部分组成：载波、测距码（伪随机码）、导航电文。如图2-14所示，每颗卫星使用2种不同的测距码来对导航电文进行扩频，粗略码（C/A），也称为民码，免费提供给全球用户使用；精细码（P），也称为军码，主要用于政府和军事机构中的高精度应用。C/A码是长度为1 023 bit的伪随机码，传输速率为1.023 Mbit/s，即每毫秒重复1次。如图2-15所示，GPS系统采用码分多址技术，每颗卫星使用不同C/A码，在同一频率上传输信号，接收机通过对C/A码的识别来确定信号来自哪颗卫星。P码是码长为6.187 1×1 012 bit的伪随机码，传输速率为10.23 Mbit/s，P码的周期很长，每周重复1次。

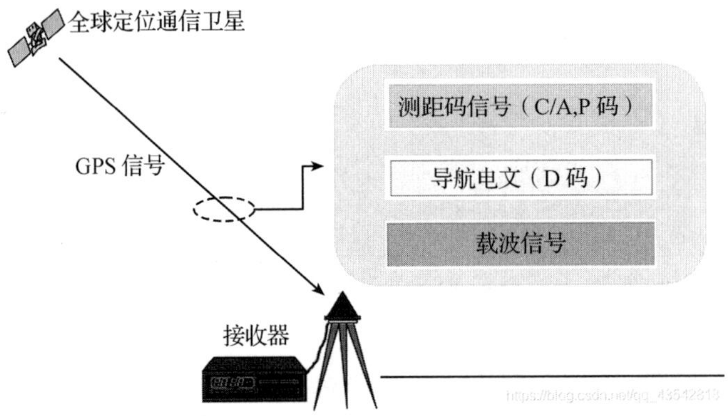

图2-14　GPS卫星传输的信号组成

自1994年起，为了反电子欺骗，P码被W码加密得到Y码，通常称为P(Y)码，仅限于军事应用。

导航电文，经测距码扩频后，调制到射频载波上。L1载波1 575.42 MHz频带上同时调制了C/A和P(Y)码信号。L2载波1 227.6 MHz频带上只调制了P(Y)码信号。

（一）GPS导航电文

导航电文由一个含有37 500 bit的主帧组成，传输速率为50 bit/s，电文的传送时间为12.5 min。主帧分成25个页面或帧，每帧由5个子帧构成，包括时间和钟差改正数、卫星健康状况、当前卫星的星历或精密的轨道信息以及一部分历书（包含所有卫星粗略轨道信息）。

接收机通过接收每颗卫星的星历数据，来确定卫星的位置。它还需要传输时间和钟差改正数来计算伪距，进而确定接收机的位置。这些信息在前3个子帧中传输，接收机至少需要16 s（在最坏情况下是30 s）来获取这些必要信息，如图2-16所示。

（二）A-GPS

手机通过使用A-GPS（辅助GPS）可以更快速地完成定位。A-GPS系统是由美国的E911法案以及其他国家的类似服务所推动的，旨在提供快速、精确的手机定位。这种系统在室内或是在可见卫星数量不足的情况下，尤为重要。在 A-GPS 系统中，GPS 辅助服务器持续监测 GPS 卫星，接收 GPS 信号，获取导航电文，生成 GPS 辅助数据。GPS 辅助数据发送到蜂窝网络的基站中，并通过蜂窝网络传输到手机，从而使手机迅速确定自身大致位置以及所在位置的可见卫星。

随着其他 GNSS 系统的应用，3GPP 和 3GPP2 标准组织正在开发新的标准，以扩展 A-GPS 功能，实现 A-GNSS(辅助 GNSS)定位。

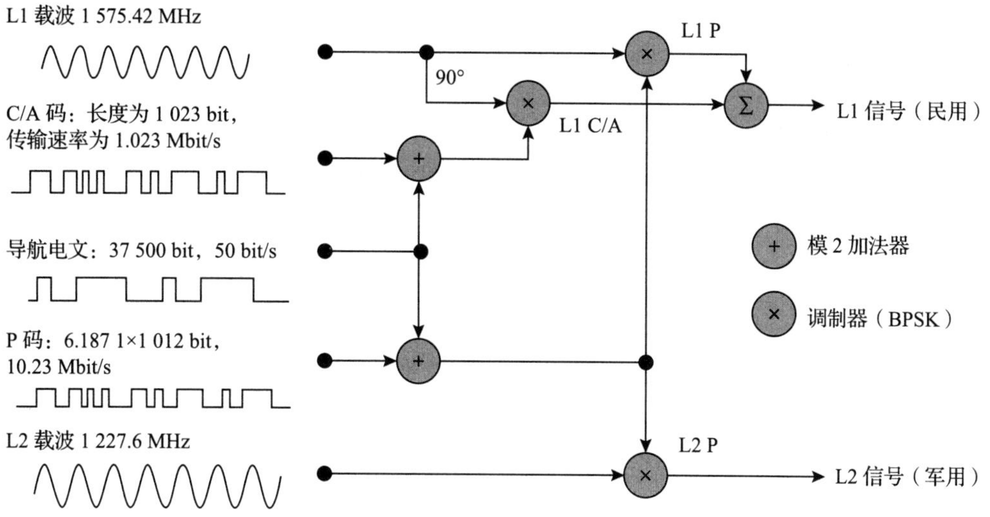

图 2-15　GPS 信号

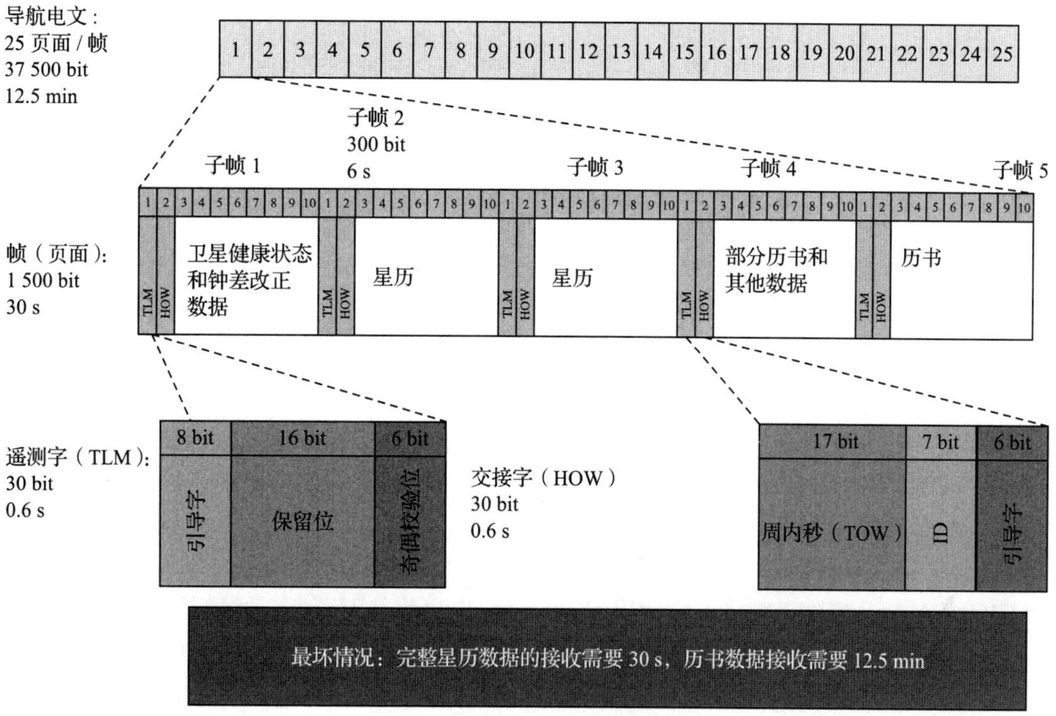

图 2-16　GPS 导航信息

二、GLONASS 卫星导航系统实现原理

目前，支持 GPS+GLONASS 双系统的导航设备得到了普遍的应用，通过支持 GPS 和 GLONASS 两个系统，接收机可以使用更多的可见卫星。特别是在类似城市峡谷的区域，高楼大厦可能会遮挡某些卫星，双模设备更能发挥作用。通过双系统，接收机可以更迅速更精确地获得位置信息。

（一）GLONASS 信号

GLONASS-M 卫星使用相同的伪随机码，在不同的频率（14 个频率）通道上，发送信号，因此 GLONASS 系统实际上是频分多址（FDMA）系统。由于位于同一轨道面对径上的 2 颗卫星可以分配同一通道来实现，因此使用 14 种频率通道足以支持 24 颗卫星。与 GPS 类似，GLONASS 提供适合公众使用的标准精度信号和适合特定用户群（国防和军事应用领域）的高精度信号。2 种信号都在 L1 和 L2 频段内传输。图 2-17 为 GPS 和 GLONASS 的 L1 标准精度（C/A）信号的比较。

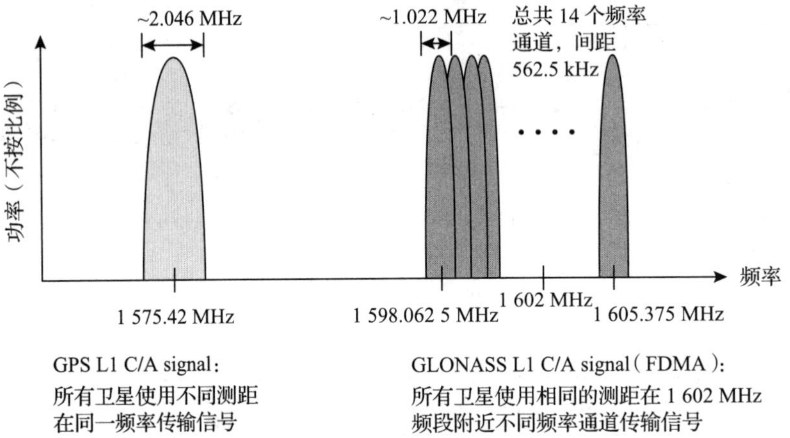

图 2-17 GPS 和 GLONASS 的 L1 标准精度（C/A）信号的比较

注：图中为频谱的简化图，没有显示信号边带。

L1 频段：

（1）信号在 1 602 MHz 频率传输，相邻通道频率间距为 562.5 kHz（～1 597-1 606 MHz）。

（2）L1 频率＝1 602 MHz＋（K×562.5 kHz），其中，通道 K＝－7，－6，…，5，6。

L2 频段：

（1）信号在 1 246 MHz 频率传输，相邻通道频率间距为 437.5 kHz（～1 238-1 254 MHz）。

（2）L2 频率＝1 246 MHz＋（K×437.5 kHz），其中通道 K＝－7，－6。

新一代 GLONASS-K 卫星同时传输这种 FDMA 信号和最新的 CDMA 信号。CDMA 信号与 GPS、Galileo 系统类似，不同卫星使用不同的测距码（伪随机码），在同一频率上传输信号。要使用新的 CDMA 信号提供定位服务，可能还需要几年的时间才能有足够数量的 GLONASS-K 卫星在轨运行。现在，所有 GLONASS 接收机都将继续使用 FDMA 信号，也就是下面所介绍的信号。

GLONASS 信号的大部分都与 GPS 相似，但也有非常大的不同。正如前文所述，GLONASS 每颗卫星都会使用不同的 L1 和 L2 载波频率，主要取决于信号传输所选择的频率通道。再有就是测距码和导航电文。GPS 系统中，不同的卫星使用不同的测距码，包括 C/A 码和 P 码，而所有的 GLONASS 卫星则使用相同的测距码。GLONASS 系统的 C/A 码长度比 GPS 系统的 C/A 码短，码速率为 511 kbit/s，而 P 码的码速率为 5.11 Mbit/s。明德码是 GLONASS 独有的组成部分，通过模二加法器与测距码、导航电文合并。图 2-18 为 GLONASS 信号的生成过程。

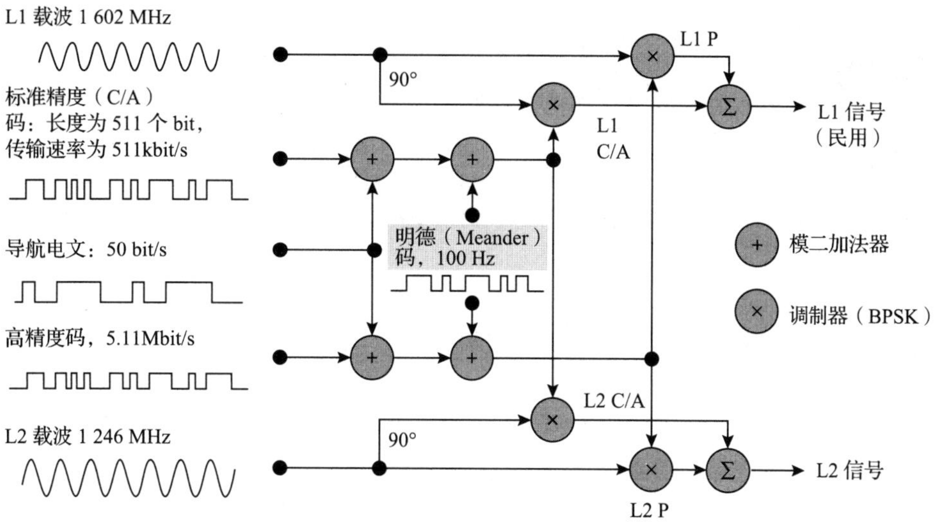

图 2-18　GLONASS 信号的生成过程

注：高精度码的详细信息尚未公布。

（二）GLONASS 导航电文

标准精度 GLONASS 信号的导航电文具有超帧结构。1 个超帧持续 2.5 min，分为 5 帧，每帧 30 s，由 15 个串（String）组成。如图 2-19 所示，每帧的前 4 个串包含发射卫星的星历数据、卫星钟改正、卫星健康状况以及卫星载波频率与标准值的偏差。其余的串包含系统中所有卫星的历书数据。每个串包含导航数据和明德码模二加、校验位和时间标记。时间标记为固定长度为 30 bit 的伪随机序列，传输速率为 100 bit/s。

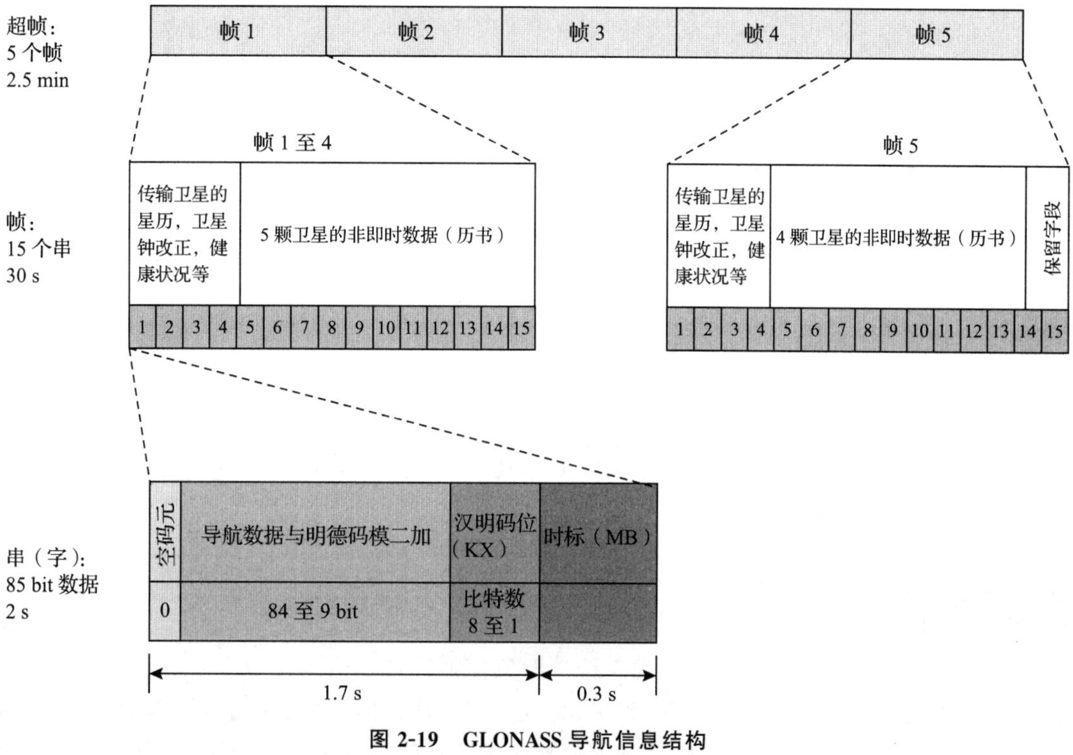

图 2-19　GLONASS 导航信息结构

任务测验

一、选择题

1. 全球导航卫星系统(GNSS)主要依赖(　　)技术来实现全球范围内的导航定位服务。
   A. 无线电通信　　B. 卫星通信
   C. 卫星无线电导航　　D. 地面基站
2. (　　)不是全球导航卫星系统(GNSS)的组成部分。
   A. 导航卫星　　B. 地面控制系统
   C. 用户接收设备　　D. 移动通信基站
3. 美国的全球定位系统(GPS)是(　　)类型的 GNSS。
   A. 区域性导航系统　　B. 单系统导航
   C. 军民两用导航系统　　D. 多国合作导航系统

二、填空题

1. 全球导航卫星系统(GNSS)通常由____________、地面控制系统和____________3 部分组成。
2. 导航卫星利用____________信号进行测距,从而实现用户的定位。

三、简答题

1. 简述全球导航卫星系统(GNSS)的基本原理。

2. 结合实际应用,说明全球导航卫星系统(GNSS)在交通领域的应用。

任务三　选配农机导航系统组件

任务描述

精准农业的实现过程中需要“农机导航系统选型工程师”的助力,该岗位主要负责根据农业生产的实际需求,对农机导航系统进行选型、配置和优化。小李作为农机导航系统选型工程师,现需完成某拖拉机的需求分析、方案建议与评估,并按照选型流程完成产品选型与软硬件设备的改进任务。本任务围绕以上知识及技能点展开。

任务目标

能力目标

- 掌握农机导航系统组件的功能和特点。
- 能选型并比较农机导航与自动驾驶产品。
- 能分析导航系统参数，并进行配件的适配选型。
- 能概括总结主流品牌的导航配件的异同点。

知识目标

- 掌握农机导航系统组件作用与分类。
- 掌握农机导航系统的质量与安全要求。
- 了解组件关系与安装布局。
- 了解系统选型参数与适配原则。

素养目标

- 提升注重细节管理的意识，引导关注农机导航系统组件的细节。
- 提升在选型学习中发现问题、解决问题的能力。

任务分析

在农机导航与自动驾驶技术课程的深入学习中，农机导航系统组件的学习，将带领人们走进现代农业技术的核心。本任务旨在全面理解农机导航系统的构建与工作原理，以及它在提高农业生产效率中的作用。

首先是农机导航系统组件的主要构成，包括传感器、控制器和执行器等关键部件。引导分析工作原理，并且完成传感器和执行器选型，以适应不同的农田环境和作业需求。全面掌握农机导航系统组件的构建、配置、调试和实验技能，为后续课程配置和调试这些组件，确保它们能够准确地感知环境信息并有效执行控制命令奠定基础。

在任务的拓展部分，将深入研究导航算法和控制策略的制订。通过常见的案例分析，理解设备选型的方法。若具备条件，可通过模拟或实地实验，以验证农机导航系统组件的性能。通过实验结果的分析，进一步了解农机导航系统的优缺点和改进方向。

知识学习

一、农机导航技术概述

（一）农机导航技术的定义与分类

随着科技的飞速发展，智能化、精准化已成为现代农业发展的重要趋势。农机导航技术作为智能农业的关键组成部分，正日益受到广泛关注和应用。农机导航技术是指利用先进的导航技术和传感器，使农业机械具备自主导航和行驶能力的一种技术。它结合了卫星导航系统、地理信息系统、惯性导航系统等多种技术，通过制订作业计划、自主行驶、空间制导、移栽植、作业控制、方案执行、数据处理等功能，实现农业机械化生产全自动化作业。按照其获取信息的介质、工作原理及应用领域的不同，可进行如下分类：

(1)根据其导航信息传输的介质不同,可分为无线电导航、卫星导航、天文导航、惯性导航、地形辅助导航、机器视觉导航、多传感器信息融合导航与组合导航。

(2)根据工作原理的不同,可分为自备式导航、他备式导航系统。如果运动体导航定位的数据仅仅依靠装在运动体自身上的导航设备就能获取,采用推算原理工作,那么称为自备式导航或自主式导航,如惯性导航;如果要靠接收地面导航台或空中卫星等所发播的导航信息才能定出运动体位置,那么称为他备式导航,无线电导航和卫星导航等为典型的他备式导航。

(二)农机导航技术的核心目标

农机导航技术的核心目标主要体现在提高农业生产效率、提升农业生产质量、降低农业生产成本以及推动农业现代化发展等方面。通过实现自动化、精准化的作业,农机导航技术能够显著减少人工操作,优化作业路径,提高作业效率和作物产量,同时降低化肥和农药的使用,减少对环境的污染。

农机导航技术的核心在于利用精确定位和路径规划解决农用机械在哪里、到哪里、何时去、怎么去等问题,即通过某种手段或方式,引导航行体安全、准确、经济、在既定时间、按照既定的航行路线、准时到达目的地。

GNSS系统便是其中一种方式,利用GNSS系统的定位/导航/授时功能,实现农机的起点、终点的定位,规定时间、规定动作的有效执行。简单来说,就是利用卫星定位、机械控制、惯性导航等技术,使农机按照规划好的路线,准时且自主调整行进方向,从而减少操作人员工作强度,提高农业生产效率,降低收获损耗。其中的精确定位依赖于全球卫星定位系统、惯性导航、机器视觉等多种技术手段,确保农机在作业过程中能够准确识别自身位置和运动方向。路径规划则根据农田地形、作物分布、作业要求等因素,为农机设备规划出最优的作业路径。

(三)农机导航技术的发展前沿

农业装备的自动定位与导航技术是实现农机自动驾驶的基础,研究重点包括位置定位、行线检测两方面。

1. 位置定位技术

位置定位技术主要有GNSS定位技术和视觉定位技术,现有的研究与应用有:

(1)日本东京大学使用增强现实技术构建环境的三维图像,来确定拖拉机在环境中的位置。

(2)美国斯坦福大学将高精度RTK-GPS应用于农机导航中。

(3)美国林肯大学使用全向视觉传感器来确定农业移动机器人在环境中的位置。

(4)罗锡文团队(华南农业大学)在东方红X-804型拖拉机上开发了基于RTK-DGPS的自动导航控制系统,设计了基于PID算法的导航控制器;在雷沃M904-D型拖拉机上开发了基于预瞄追踪模型的农机导航路径跟踪控制方法。

随着GNSS导航定位技术向民用领域的开放,利用载波相位差分技术的实时动态定位(RTK)精度已小于2.5 cm,RTK-GPS和RTK-BDS在精准农业领域得到了广泛推广、应用,并促进了农业装备自动导航技术的发展。

2. 行线检测技术

行线检测技术有激光法和视觉法两种,主要用来识别作物行、确定导航的基准线,现有的研究与应用有:

(1)美国德州农工大学最早将Hough变换引入农机导航特征提取中,提出了一种基于Hough变换的作物行参数提取方法。

(2)美国华盛顿州立大学将光纤陀螺仪、RTK-GPS和机器视觉3种传感器融合,实现行线检测和定位导航。

(3)法国昂热大学研究了使用激光雷达从2D点云中提取行线的技术,使用了PEARL算法。

(4)澳大利亚昆士兰科技大学研究了一种基于纹理特征的视觉行线检测方法,在夜间也可以准确检测行线。

(5)韩国高等科学技术学院研究了一种基于形态学特征的视觉行线检测方法,形态学特征包括农作物的叶片、茎的方向和密度等。

(6)姬长英团队(南京农业大学)基于光照无关图提出一种农业机器人视觉导航算法。

3. 国内外相关企业的定位导航产品

(1)凯斯公司 AFS AccuStar 系列 GPS 定位接收机,配合 AFS AccuGuide 程序完成农机的定位导航。

(2)科乐收公司推出高精度 GPS 接收机配合激光传感器,后者作用是检测已收割作物和未收割作物之间边缘的精确位置。

(3)约翰迪尔公司推出了 RadioRTK 系列接收机,使用 RTK-GPS 技术的解决方案。

(4)芬特公司(Fent)推出了 Vario、Katana、Rogator 等多个系列的农机定位解决方案,适用于不同的场合。

(5)拓普康(Topcon)公司 Hiper、NET 系列;AutoFarm 公司 GR 系列;天宝公司 NAV 和 GFX 系列;AgLeader 公司 GPS6000 系列。

(6)国内农业装备导航产品有合众思壮(北京)的 G9 系列、联适导航(上海)的 R 系列、博创联动(北京)的 HOMER 系列、华测导航(上海)的 X 系列和 T 系列等。

目前农机卫星导航定位技术相对成熟,并得到了广泛应用,在高端农机中成为标配。而基于视觉和激光的行线检测目前仅是一种辅助手段,尤其是视觉行线检测的环境鲁棒性是影响其实际应用的重要因素。未来卫星定位与视觉导航结合将可以满足更多作业场景的需求。

(四)农机导航与定位的应用与实践

案例一:智能施肥系统

某大型农场采用了基于农机导航技术的智能施肥系统。该系统通过对农田土壤的采样和分析,准确判断作物所需的肥料种类和用量,并利用导航技术实现自动施肥。相比传统施肥方式,该系统不仅减少了肥料的浪费,还提高了施肥的均匀性和效率,从而提升了作物的产量和品质。

案例二:精准播种机器人

一家农业科技公司研发了一款精准播种机器人,该机器人配备了高精度定位系统和摄像头。通过图像识别技术,机器人能够判断土地的状态和植物的生长情况,从而根据需求进行准确的播种操作。在实际应用中,该机器人在播种精度和均匀性方面表现出色,极大地提高了播种效率,降低了农民的劳动强度。

案例三:智能化喷药机器人

针对传统喷药方式存在的药剂使用不当、喷洒不均匀等问题,某农机制造企业开发了一款智能化喷药机器人。该机器人利用农机导航技术实现精准定位和路径规划,确保药剂能够均匀喷洒在作物上。同时,机器人还配备了传感器和控制系统,能够实时监测作物的生长情况和病虫害情况,从而调整喷药策略,提高防治效果。

案例四:博创联动自动驾驶系统

博创联动自动驾驶系统是使用北斗导航系统可提供精准定位及延展服务的一套系统。某地区的山药种植采用了该系统后,不仅实现了 0.15 km/h 的超低速作业,保证了土地开沟的直线行驶和土地利用率,还通过厘米级误差精度提高了作业质量。此外,该系统还降低了对人工的依赖,突破了夜晚作业的限制,提高了作业效率。农机导航的应用方向如图 2-20 所示。

农机自动驾驶

农机作业监测

农机运维管理

农机精准作业

图 2-20　农机导航的应用方向

二、农机导航系统的组件

概括来说,农机导航技术的定义是:使自走式农用机械设备按照预设轨迹自动行驶的控制技术。故而农机导航系统需要具备可实时且连续地采集设备位置、速度、姿态角、加速度、航向等的传感器。当感知到周围环境和车体的信息后,需要将获取的信息处理,并进行导航决策与控制,最终完成相应的播种、插秧、开沟、起垄、植保等较大规模的自动化机械作业。

(一)导航系统之"手"——传感器模块

自动驾驶导航系统在农业机械设备作业的过程中,通过不断进行"测量—控制"动作,使得设备的行走路线无限接近于期望和预设的作业路径。实现"测量"的部件是惯导转角传感器,能够实时检测方向轮的转向方向和转向角度,它一般被安装于农机的两个方向轮之间,在实施过程中利用微硅陀螺仪中设计的前轮转角测量系统,能够精确地输出正比于旋转速度的模拟直流电压。

农机导航自动驾驶系统需对车轮转角状态进行感知,目前普遍采用机械式与非接触式两种类型的角度传感器(图 2-21)。机械式角度传感器目前应用较为广泛,主要由霍尔传感器及机械部件、数据接口组成。目前,角度传感器的安装主要有平行四边形与同轴式两种。电机式的北斗导航农机自动驾驶仪主要安装在自走式的农机上,为了增加农机的适应性,一般会使用平行四边形的角度传感器。但这种传感器对转向系统的空间提出了一定的要求,主要是平行四边形机构与车轮及转向系统容易发生空间上的干涉,实际安装时需要不断调试。同轴式的传感器存在对中要求高、适应性差的问题。由于机械式角度传感器的信号来源均为与车轮转轴的刚性连接,一旦发生磕碰或拆卸等状况,就会造成传感器部件与初始标定状态不一致,角度传感器均需要进行重新校正和标定。机械式角度传感器可以满足自动驾驶系统对于车轮转角的测量要求,但是存在稳定性差且易受外界干扰的问题。

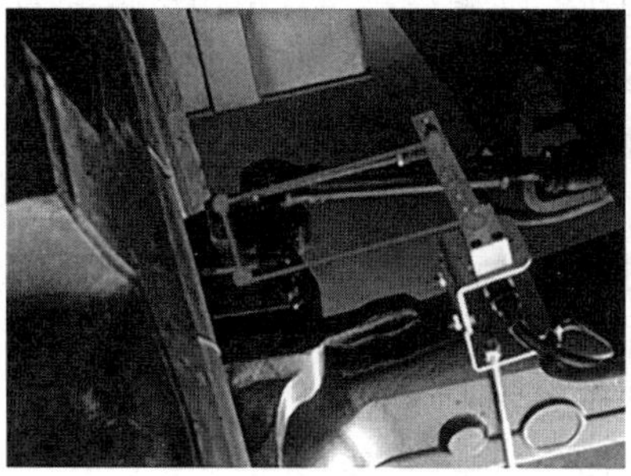
平行四边形的角度传感器

同轴式的角度传感器

非接触式角度传感器

图 2-21 角度传感器

（二）导航系统之“脑”——导航决策模块

在农业机械的实际作业中，由于地形起伏，会出现侧滑、俯仰及偏航等现象，因此农机自动化导航系统对于农机的定位会产生较大的偏差。当农业机械接收到传感器的信息后，能够遵循既定的程序指令，自动执行并完成一系列的动作。控制精度的高低主要取决于使用传感器的类型和数量、传感器的安装位置以及控制算法的可行性。一般将实现“控制”的部件称为导航控制器，其通过内置高灵敏度惯性测量传感器进行地形补偿，以实现高精度定位，接收并处理转角传感器、GNSS 接收机和导航路径信息，向步进电机或液压阀等转向控制器输出控制信号。

（三）导航系统之“躯”——转向控制模块

如图 2-22 所示，农机自动驾驶导航系统的转向控制模块，主要分为电机驱动、液压驱动两类，分别由电动方向盘式或液压式实现转向控制模块的操控。

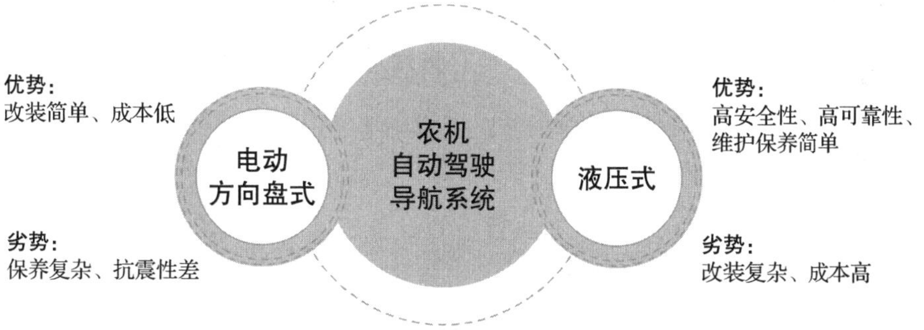

图 2-22 农机自动驾驶导航系统的转向控制模块

电动方向盘式农机自动驾驶导航系统由农业辅助导航迭代升级而来，其核心组成包括自动驾驶控制器、电动方向盘、显示器以及天线，典型代表产品为惠农 EAS100、联适 AF300 等。电动方向盘式农机自动驾驶导航系统的改造工艺较为简单，且安装与测试时间为 1～2 h，安装成本较低，多应用于现有农业机械改装。但由于电动方向盘式农机自动驾驶导航系统的电动方向盘由电机构成，部分电动方向盘内置减速齿轮组，其维护与保养较为复杂。电动方向盘式农机自动驾驶导航系统固定在农业机械方向盘安装轴上，抗震性较差。

液压式农机自动驾驶导航系统由液压阀、传感器、自动驾驶控制器、显示器以及北斗天线等部分组成，典型代表产品为惠农 RinoSteer、司南 AG300 等。液压式农机自动驾驶导航系统由于改造工艺较为复杂，安装与测试时间超过 3 h，多用于车厂预装。液压式农机自动驾驶导航系统按照控制器给出的信号改变转向控制模块中液压油的流量、流向，进而改变车辆的行驶方向，安全性和可靠性较高。

机械辅助驾驶系统由变频信号源、步进电机、摩擦轮传动3部分构成。变频信号源是由门电路和双稳态触发器组成的逻辑电路，它根据指令把脉冲信号按一定的逻辑关系加到放大器上，使步进电机按一定的运行方式运转；步进电机将电脉冲信号转换成角位移或线位移，每接收到1个电脉冲信号，就驱动步进电机按设定的方向转动1个固定的角度，功率放大电路用放大后的信号去驱动步进电机；摩擦轮传动类似车辆中的离合器，通过2个或2个以上互相压紧的轮子间的摩擦力实现电机动力和运动的传递。在实际应用中，一般将步进电机套件固定在方向盘的下方，由导航控制器驱动步进电机，替代手工转动方向盘。液压式自动驾驶导航系统将农机原有转向系统并联一些导航阀组，如比例流量换向阀、压力补偿器等，通过上位机发布信号，驱动被测液压阀带动油路压力、流量、换向等改变。

（四）导航系统之“眼”——导航监控系统

导航显示终端由计算单元、显控屏幕、I/O接口等硬件组成，部分显示终端与卫星接收机、光靶及管道系统集成在一起。

任务实施

一、明确学习目标

明确农机导航系统组件的学习目标，了解农机导航系统的基本原理、组成以及应用场景。

二、收集资料

在学习前及任务实施环节，通过搜索网络、学术数据库等途径获取最新的研究成果和技术动态，收集相关的教材、课件、视频等资源，以便在过程中查阅和参考。

三、课堂准备(物料)

确保所有实验组成及仿真平台使用正常，包括农机模型、导航传感器（如GPS接收器、惯性测量单元等）、控制器和执行器等。

四、课堂准备(人员)

组建学习小组，将导航传感器、控制器和执行器等设备按照实验要求进行连接。确保所有连接牢固、可靠，并检查是否可实现通信。共同学习、讨论和解决问题。

五、虚拟仿真配置农机导航系统组件

（1）根据实际需求和实验条件，配置农机导航系统组件。

（2）模拟平台选择合适的传感器和执行器、设置参数和校准设备等。

（3）进行模拟实验，使用仿真软件或模拟器进行农机导航的模拟实验，验证设备选型的正确性和有效性，并调整参数以优化系统性能。

六、拓展练习——实物认知

开箱并整理农机导航系统组件包，包含电动方向盘组件、控制器组件、配件包（线缆、螺栓、花键、扎带、双面胶、说明书等），如图2-23所示，完成实物认知与功能对应讲解。

七、整理实验数据

整理实验过程中收集的数据，包括传感器数据、控制程序日志等。

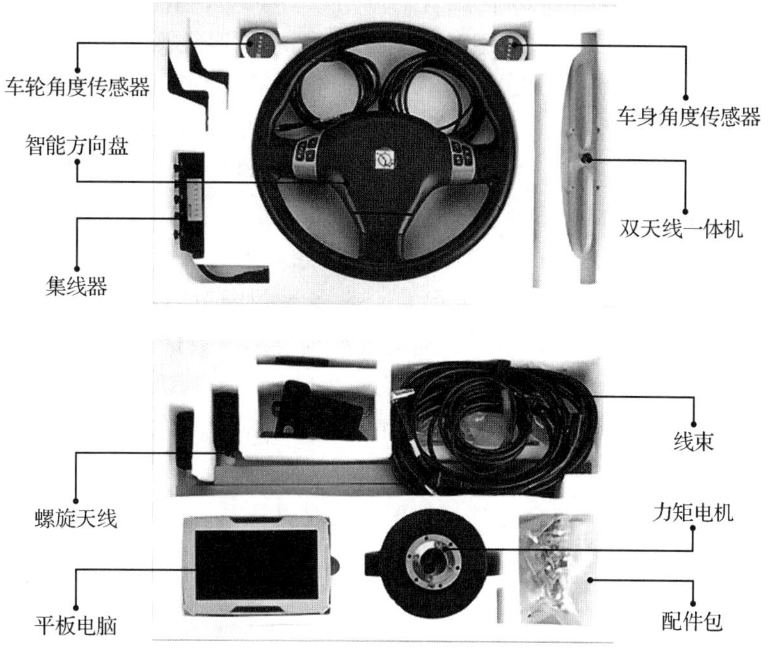

图 2-23　农机导航系统组件包的拆箱实物

八、撰写实验报告

总结实验过程、分析实验结果并提出改进建议。

知识拓展与提升

(一)农机导航系统的组成

农机导航系统的组成主要包括导航感知系统、导航决策系统、运动执行操控系统、监控系统四大模块。

第一模块是利用传感器和导航感知系统实现准确定位的导航感知系统,目前国内常用的导航感知方式为北斗、GPS、机器视觉、惯性导航以及多传感器融合的组合导航方法。在确定车身姿态环节中,农机导航自动驾驶系统一般采用 GNSS 双天线测姿或 GNSS/INS 组合导航两种方式(图 2-24)。

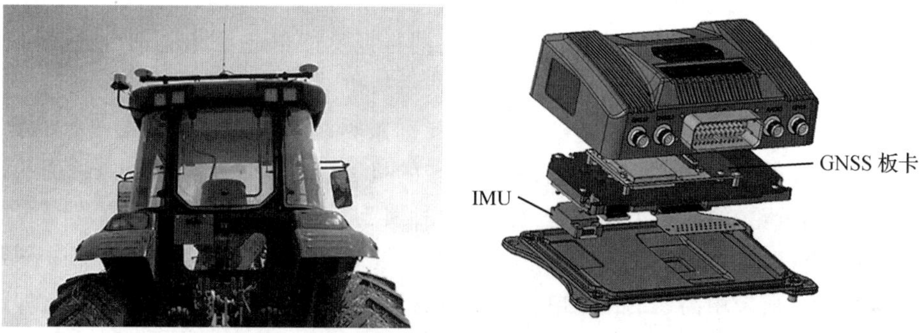

图 2-24　GNSS 双天线测姿与 GNSS/INS 组合导航

GNSS 双天线测姿是在农机车辆的不同位置上分别设置 GNSS 信号接收天线，一般在平行或垂直于车辆中轴线的方向固定 2 个天线。利用载波相位作为观测值，通过测量多颗卫星在 2 个天线上的载波相位差，解得 2 个天线组成的基线向量，然后解算出车辆的三维姿态参数。GNSS 双天线测姿具有成本较低、初始化快、误差相对稳定且不累计等特点，相对于惯性设备，在中低精度领域具有一定优势。然而这种测姿方式与卫星信号强相关，存在更新率较低和精度差的特点，一旦发生卫星信号受到屏蔽或遮挡、接收机无法定位等导致失锁的状况时，GNSS 观测信息不可用，测姿功能也不复存在。

GNSS/INS 组合导航数据处理的内容涵盖面较广，在组合模式、误差分析与处理、数据融合算法等各方面均有不同处理方式。常见组合系统多将 GNSS 多天线姿态测量值与 INS 元件测量值进行组合，在 GNSS 姿态测量值精度能够保证的情况下，组合系统姿态参数估值的准确性能够得到一定提高。发生失锁时，INS 可以进行单独导航。GNSS/INS 组合导航可以控制误差积累，降低系统对惯性器件精度的依赖；可发现并标校惯导系统误差，提高导航精度；弥补卫星导航的信号缺损问题，提高导航连续性。

第二模块是运用控制算法对采集信号进行处理的导航决策系统，用以调节农机的车轮转角较少行驶路径和预设路径之间的偏差，常用的控制方式方法有 PID 控制、模糊控制和神经网络等智能化控制算法以及多种算法融合的控制算法。

第三模块是运动执行操控系统，是实现车辆转向或掉头的操作模块，目前常用的控制形式有机电控制及液压控制。

第四模块是用于实时监测的导航显示终端，也就是监控系统，一般由计算单元、显控屏幕、I/O 接口等硬件与卫星接收机、光靶及管道系统高度集成而成。

农机导航系统的四大模块构成与关系见图 2-25。

（二）机电控制中的步进电机与伺服电机

相较于其他类型的农机导航自动驾驶系统，一线用户对电动方向盘式导航的接受程度较高。目前主流驱动电机分为步进电机和伺服电机。

步进电机是将电脉冲信号转变为角位移或线位移的开环控制步进电机元件，在非超载的情况下，电机的转速、停止的位置只取决于脉冲信号的频率和脉冲个数，而不受负载变化的影响。当步进驱动器接收到一个脉冲信号，它就会驱动步进电机按设定的方向转动一个固定的角度，称为“步距角”。其旋转是以固定的角度一步一步运行的。可以通过控制脉冲个数来控制角位移量，从而达到准确定位的目的。同时也可以通过控制脉冲频率来控制电机转动的速度和加速度，从而达到调速的目的。步进电机适合终端负载稳定、动作简单且低速运转的机械。

伺服电机内部的转子是永磁铁，驱动器控制的 U/V/W 三相电形成电磁场，转子在此磁场的作用下转动，同时电机自带的编码器反馈信号给驱动器，驱动器根据反馈值与目标值进行比较，从而调整转子转动的角度。伺服电机的精度决定于编码器的精度（线数），也就是说，伺服电机本身具备发出脉冲的功能，它每旋转一个角度，都会发出对应数量的脉冲，这样伺服驱动器和伺服电机编码器的脉冲就形成了呼应。伺服电机适合终端负载波动范围较大、高速运转的机械。力矩电机是伺服电机的一种，可直接驱动负载，省去减速传动齿轮，消除了齿槽效应。这是一种具有软机械特性和宽调速范围的特种电机，也是一种低速、大力矩电机，其转速直接受控制信号电压的控制，一般在自动控制系统中作为执行元件。采用力矩电机拖动负载与采用高速的伺服电机经过减速装置拖动负载相比有很多优点，如响应快、精度高、转矩与转速波动小、能在低速场合下长期稳定运行、机械特性和调节特性的线性度好等，尤其突出表现在低速运行时，转速可低到 0.000 17 r/min，其调速范围（最高转速与最低转速之比）可以高达几万、几十万。力矩电机适合终端精度要求高、要求扭矩较大的机械。

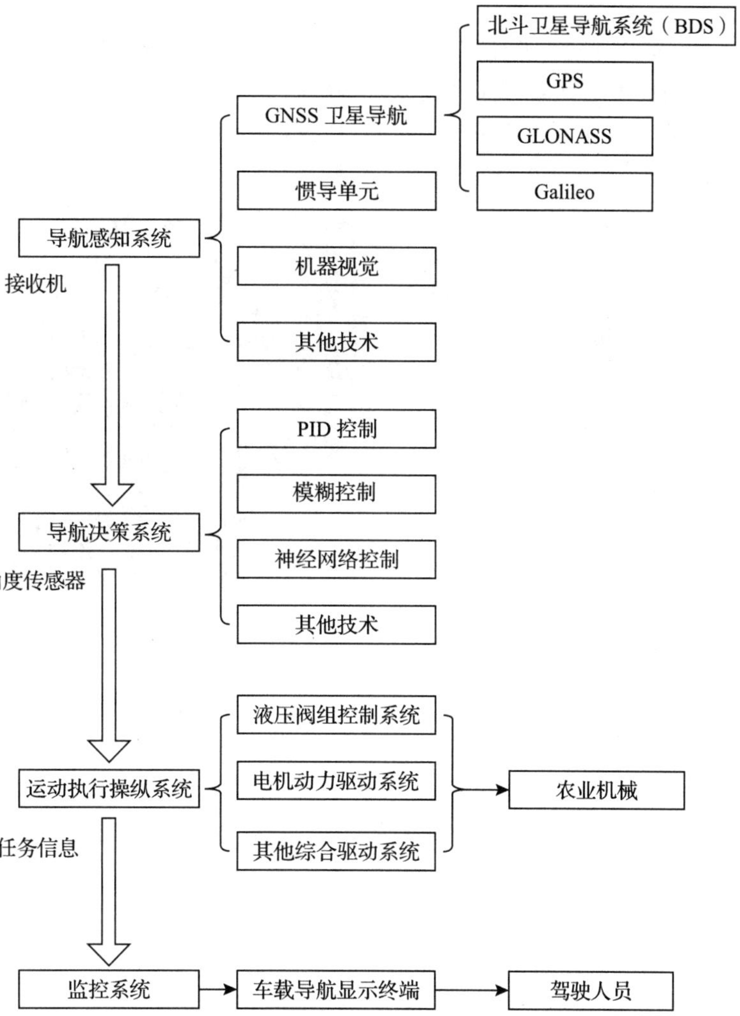

图 2-25　农机导航系统的四大模块构成与关系

(三)设备基本选型方法

1. 按照研发类型适配农机自动驾驶产品

如今的农机导航系统品牌众多,其中有一些厂家把核心部件进口作为产品的主要宣传卖点。因自动驾驶系统是集卫星接收、定位解算、控制于一体的综合性系统,对系统硬件的集成度、软硬件的兼容性都有较高的要求,并最终体现在产品在实际使用中的稳定性上。一些不具备完全自主研发能力的企业在核心部件上选择了进口或外购,在用户使用过程中容易因为设备兼容性差而出现运行异常的情况。对于系统故障,由于缺少自主把控,往往无法做到及时解决。而具备自主研发能力的企业,由于对系统各结构部件拥有自主权,因此可以更好地把控部件和解决故障,软硬件的兼容性和系统的稳定性也会表现得更出色。

2. 按照控制类型适配农机自动驾驶产品

目前应用于市场的农机自动驾驶产品,按控制类型分为液压式和方向盘式两种,如图 2-26 所示。那么该如何选择并安装适合自己车辆的产品呢?

液压式,即通过电磁液压阀接收控制指令直接作用在车辆的液压转向油路上,使车辆实现转向控制。液压式的自动驾驶系统拥有精度高、对车辆的使用年限和原车转向系统磨损程度无要求等优点,但安装时需要改装原车油路。

方向盘式，即利用电磁方向盘替换掉车辆原有方向盘，使车辆实现转向控制，优点是不需要改装原车油路、安装便捷，但控制精度会随着原车转向系统的磨损而变低。

如果对作业精度要求较高且车辆使用年限较长，建议选用液压式的导航产品；如果车辆使用年限不高或对精度没有很高的要求，可以选择方向盘式的导航产品。

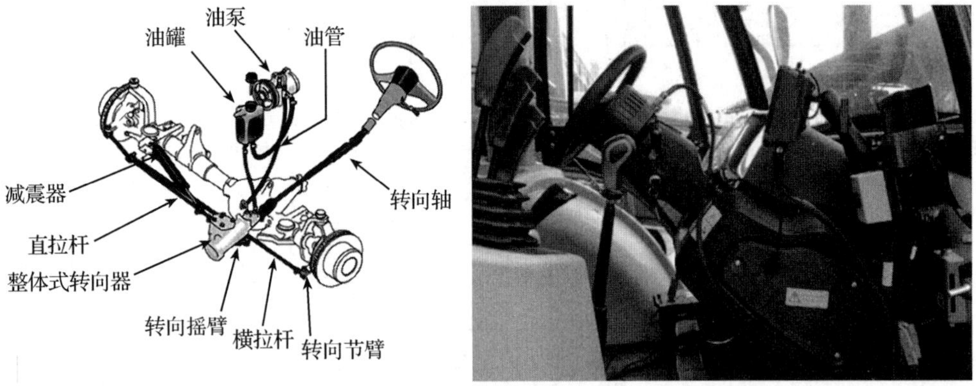

液压式　　方向盘式

图 2-26　农机自动驾驶产品控制类型

3. 按照差分控制方式适配农机自动驾驶产品

农机自动驾驶在使用过程中需要通过接收基站的差分信号获取高精度的定位信息，从而对作业车辆实现轨迹控制。现有的农机导航系统常用的有电台基站与千寻位置。市面上普遍采用的电台基站，存在基站携带不方便、覆盖范围有限、作业轨迹无法保存、电台信号干扰等缺陷。千寻位置地基配备增强系统，地区级的网络覆盖可满足用户跨区域作业需求。

4. 按照传感器的不同方式适配农机自动驾驶产品

大多数导航产品应用的转向角度传感器，尽管机械结构各不相同，但大多都是利用电位计原理通过机械结构的传动实现对车辆转向角度的测量的。这种类型的角度传感器安装后需要大片的场地进行对中校准。随着机械结构在使用过程中的磨损和变位，会导致传感器测量精度的下降甚至损坏。设备不可自行拆卸，需专业人员重新进行对中校准。实际应用中需要定期更换不同型号的车轮、改变轮距，以适用不同作业。基于地理方位识别角度信息的陀螺仪角度传感器，具备安装后无须校准、可自行拆装等优点，一体化的结构可有效避免传感器在使用过程中易损坏的问题。图 2-27 是电位计角度传感器与陀螺仪角度传感器实物。

图 2-27　电位计角度传感器与陀螺仪角度传感器实物

任务测验

一、选择题

1. 农机导航系统的主要功能是(　　)。
   A. 提供娱乐音乐　　B. 导航和定位农机
   C. 天气预报　　D. 土壤分析
2. 农机导航系统中,负责实时监测和调整农机位置和运动状态的部件是(　　)。
   A. 位置传感器　　B. 执行单元
   C. 导航控制单元　　D. 计算机
3. 农机导航技术主要依赖于(　　)来实现。
   A. 视觉识别　　B. 雷达探测　　C. 卫星定位　　D. 声波传导

二、判断题

1. 农机导航系统的组成主要包括导航感知系统、导航决策系统、运动执行操控系统、监控系统四大模块。(　　)

2. 农机导航自动驾驶系统按照传感器的不同,可分为 GNSS 双天线测姿或 GNSS/INS 组合导航两种方式。(　　)

3. 农机导航技术的定义是:使自走式农用机械设备按照预设轨迹自动行驶的控制技术。(　　)

三、填空题

1. 农机导航系统中的________________是执行导航指令的关键部件,它负责控制农机的转向、加速和制动等动作,实现自主驾驶。

2. 农机导航系统通过________________和传感器等感知系统获得农机的绝对位置信息和运动状态,实现农机的自动导航。

3. 农机导航系统的功能主要包括导航、定位、________________、智能诊断和数据管理等。

四、简答题

1. 绘制农机导航系统的组成框图与实现流程。

2. 概述自动驾驶导航系统的工作原理。

任务四　选配特殊地况农机导航系统

任务描述

精准作业与信息化引领着农业机械的发展，由于农作物的形态在整个生长期内不断变化，因此针对农作物的播种、中耕和收获等环节的应用，需要融合应用多种导航控制技术。作为农机导航设备的技术支撑人员，需要向农户介绍各类导航与自动驾驶技术的选配方法和应用场景。

任务目标

能力目标

- 能根据特定地形特征（如坡度、高度差等）对导航系统进行功能配置。
- 能根据农机辅助定位的实现原理，结合实际案例分析优化或创新的可能性。

知识目标

- 了解农机辅助定位系统发展历程与现状。
- 熟悉农机辅助导航实现原理。
- 掌握农机辅助定位的实现流程。
- 知晓多传感器信息融合的导航定位及其应用。

素养目标

- 在特殊地况农机导航系统实际应用过程中，勇于创新、敢于实践，不断探索适应复杂地况的新技术、新方法。

任务分析

对于一般的导航系统，在给定命令的前提下，需结合环境中的各种探测信息，根据自身位姿信息做出决策，使运动物体到达目标，并在运动过程中，不断优化全局路径。导航系统需要完成的任务包括3点：获取信息；处理信息；做出决策（即路径规划）。目前广泛使用的导航方法有：航标法、航位推算法、天文导航法、惯性导航法、无线电导航法、卫星定位导航和组合导航等。本节课针对组合导航技术展开说明。

知识学习

一、导航方法的分类

导航方法主要分为航标法、航位推算法、天文导航法、无线电导航法与惯性导航法。

（1）航标法。人们习惯称之为目视方法，它借助于信标和参照物对运动物体进行引导。但是这种方法过于依赖经验，并且会受天气、地理条件的影响。

（2）航位推算法。通过一系列的速度增量来确定位置的自主导航方法，保密性强。缺点是随着时间推移会产生误差积累。

（3）天文导航法。通过仪器设备对天体的位置精确测定，根据地理关系算出位置的相对导航方法。

缺点是误差积累受时间和气象条件限制，定位时间长，操作计算复杂。

（4）无线电导航法。通过测量信号的相位和相角定位，但易受干扰。卫星导航利用卫星发射无线电波到地面接收器的时间来推算地面接收器所在的经纬度，前述的 GNSS 系统均属于本类。

（5）惯性导航法。通过加速度测量技术和积分技术的综合应用得到运动体的速度和位置信息。技术完全依靠载体上的设备自主完成导航任务，因此隐蔽性好，不受外界条件限制。但加速度、精度和误差积累严重限制该方法的应用。目前，惯性导航常常和其他系统综合使用。

二、农机定位系统发展历程与现状

农业机械作业的自动化与智能化从最早的机械导向、圆周导向与地埋金属线导向，到当前的卫星定位导航，多传感融合导航控制已经历了近百年历史。

20 世纪 20 年代，拖拉机可以在无人驾驶的情况下沿着犁沟自动行走。20 世纪 40 年代，通过在农田中央扎下木桩，然后将缆绳一端固定在木桩上，另一端绑在拖拉机上，引导其绕木桩做圆周运动。20 世纪 70 年代，人们又在农田铺下电缆来引导拖拉机。这一系列的尝试最终都失败了，因为这些导航方法代价过高，操作不便，难以推广。20 世纪 80 年代，美国的农用车辆制造商将电子技术、液压驱动技术引入拖拉机的设计与制造中，为在农业机械上研究现代导航控制方法提供了可能。20 世纪 90 年代之后，信息技术在农业机械装备上开始获得广泛应用。信息技术成为现代导航控制系统研究的重要基础。随后出现的机器视觉导航、卫星导航、多传感器信息融合导航等现代导航控制技术，为农业机械自动导航与辅助驾驶技术的发展提供了基础。下面以传统对行方法与辅助导航方法为例，讲解农机导航技术的发展历程。

（一）传统对行方法

在辅助导航与自动导航应用以前，为实现作物行播直，在较大的田块首次作业时，一般采用在地块远端插上标志杆，驾驶员利用三点一线的基本原理，通过目视瞄准方法，驾驶播种机组进行直线作业。移动的同时，利用播种机一侧的划印器（两侧各有一个划印器）在邻近作业条带的地面上划出痕迹，如图 2-28 所示。当机组进入该条带作业时，驾驶员再利用“眼睛—瞄准器—痕迹”成三点一线行进，从而提高作业直线度和交接行精度。在传统的播种作业，特别是宽行播种作业中，对驾驶员的驾驶技能要求很高，驾驶员的劳动强度很大。

图 2-28　利用划印器进行播种作业

(二)辅助导航方法

在基于 GNSS 的农业机械自动导航出现之前,基于 GNSS 的辅助导航曾经得到广泛应用。光靶辅助导航系统的工作原理是在机载田间计算机中设定导航线,通过 GNSS 接收机获取农业机械的实时位置,然后通过 LED 指示灯提示农业机械与导航线的偏离程度,提醒驾驶员正确操作方向盘。

光靶辅助导航系统也需要分米级或厘米级的高精度定位,以减少作业重叠或遗漏。光靶辅助导航系统可以有效地减少驾驶员的行驶观察行为,提高作业行走精度和接行精度。特别是在机具幅宽较大、夜晚或天气昏暗时,可以引导农业机械正常作业。

基于 GNSS 的光靶辅助导航系统,通过光配和 LED 显示屏实现平行导航,其导航精度取决于 GNSS 定位精度和驾驶员的技能,因此没有划印器也可以正常工作。不过,光靶辅助导航系统仍然依赖人工操纵方向盘,未能将驾驶员从索然无味和繁重的驾驶工作中释放出来。如今,智能农机导航在经典农机自动导航框架的基础上,结合了传感器、物联网、云计算、深度学习等技术,旨在提高农机在自动导航作业过程中的安全性与协同性,其核心技术包括自主避障与多机协同等。自主避障可实现对复杂间农田环境中的机器、行人等障碍物的识别与避让,保证人机安全作业;多机协同可在复杂作业需求下,通过对农机状态信息监测,进行任务调配、多机路径规划,提高农机机群整体作业效率。

将农机智慧化的历程分为 4 个阶段,如图 2-29 所示,1.0 阶段:采集智慧农业数据的数字农业阶段,利用传感器、摄像头、智能穿成设备等,将农业对象、环境以及全过程进行可视化表达、数字化展现和信息化管理,这一阶段的核心是信息的采集、展示和应用。当采集到了相关的数据,借助传感器,可实现 2.0 阶段:农业物联网,将数据进行系统化的集成管理,实现自动化、智能化以及远程控制的作用,比如智能大棚,借助手机形成农业物联网,呈现大棚水分、温度、酸碱度、植物生长情况,并进行人工干预或智能化自动进行决策。3.0 阶段:智能农业与精准农业,农业机械的智能化,借助 3S 手段,实现无人机、智能机器人、农机自动导航复合农业方案,这也是目前的大势所趋。4.0 阶段:融合应用智能互联、物联网、大数据、电子商务等互联网技术,最终实现的智慧农场的目标。

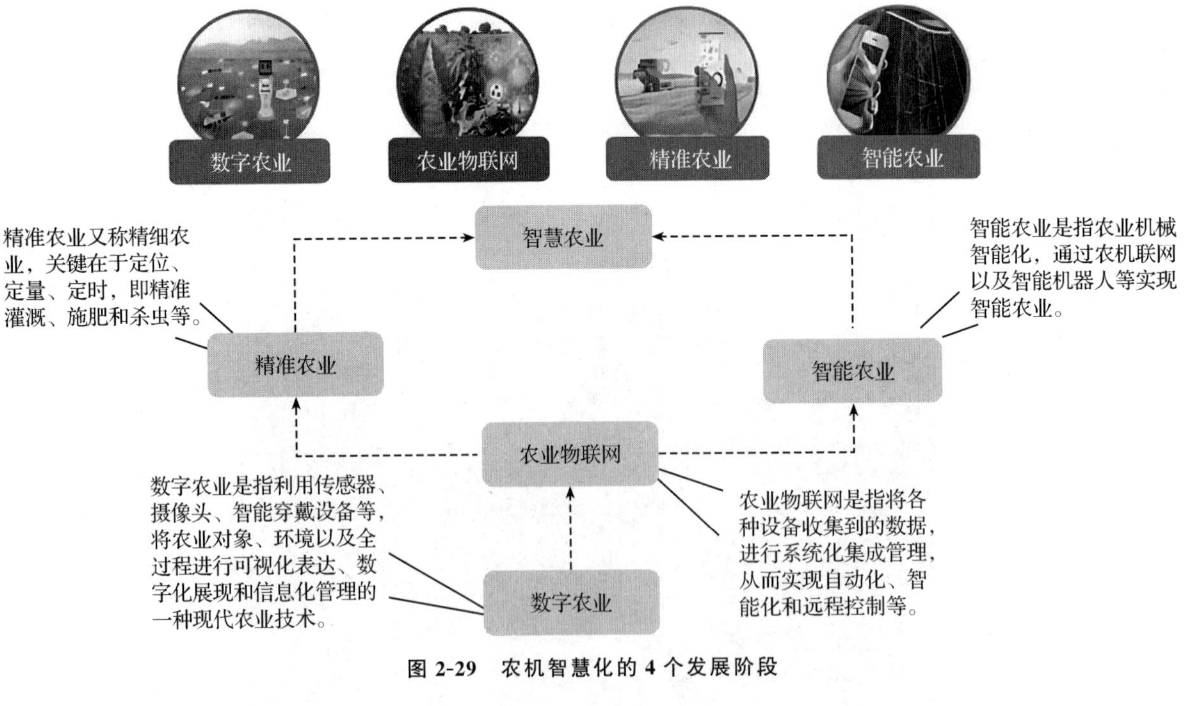

图 2-29 农机智慧化的 4 个发展阶段

三、农机辅助导航实现基本原理

(一)差分 GNSS 技术

农机自动驾驶过程中的精细作业,要求获取分米级甚至厘米级的定位数据。GNSS 可提供全天时、全天候的绝对位置与航向信息,但极端天气或遮挡造成的 GNSS 信号丢失,限制了其在复杂农田环境中的应用。一般采用差分 GNSS 技术实现将位置已知基准站测量的伪距修正值或相位信息发送到辅助的移动站来提高精度。根据 GNSS 接收机获取农机的航向信息的测量原理,分为双天线测向法和单天线测向法,见表 2-1。

表 2-1 测向方法对比

天线配置	航向基线	测量姿态	优点	缺点
双天线	横向 纵向	航向角、横滚角 航向角、俯仰角	不受农机运动速度影响	移动站需两套 GNSS 采集硬件、成本较高
单天线	运动方向	航向角	不增加额外的硬件成本	速度过低会导致航向测量误差较大

(二)惯性导航系统

惯性导航系统(Inertial Navigation System,INS)是指以陀螺仪和加速度计为敏感元件的相对参数解算系统,不依赖外部信息、也不向外部辐射能量的自主式导航系统,通过航迹推测获取位置与姿态,可适应空中、地面、水下的工作环境,已发展出挠性惯导、光纤惯导、激光惯导、微固态惯性仪表等多种方式。

1. 惯性导航系统的特点

优点:隐蔽性好,不受外界电磁干扰的影响;可全天候、全时间地工作于空中、地球表面乃至水下;能提供位置、速度、航向和姿态角数据,所产生的导航信息连续性好而且噪声低;数据更新率高、短期精度和稳定性好。

缺点:由于导航信息经过积分而产生,定位误差随时间而增大,因此长期精度差;每次使用之前需要较长的初始对准时间;设备的价格较昂贵;不能给出时间信息。

惯导有固定的漂移率,这样会造成物体运动的误差,因此,射程远的武器通常会采用指令、GPS 等对惯导系统进行定时修正,以获取持续、准确的位置参数。

2. 惯性导航系统的分类

惯性导航系统分为平台式惯导和捷联式惯导。前者有实体的物理平台,陀螺和加速度计置于由陀螺稳定的平台上,该平台跟踪导航坐标系,以实现速度和位置解算,姿态数据直接取自于平台的环架;在捷联式惯导中,陀螺仪、加速度计、磁偏计被按笛卡儿空间直角坐标系三轴方向组合,构成复合式传感器,直接固连在载体上。惯性平台的功能由计算机完成,故有时也称作“数学平台”,它的姿态数据是通过计算得到的,见表 2-2。

表 2-2 捷联式惯导特性对比

类型	敏感器件	输出
惯性测量单元	陀螺仪、加速度计	角速度、加速度
垂直陀螺	陀螺仪、加速度计	角速度、加速度、横滚角、俯仰角
航姿参考系统	陀螺仪、加速度计、磁偏计	角速度、加速度、横滚角、俯仰角、航向角

惯性导航的基本工作原理是，以牛顿力学定律为基础，通过测量载体在惯性参考系的加速度，将它对时间进行积分，且把它变换到导航坐标系中，就能够得到在导航坐标系中的速度、偏航角和位置等信息。惯性导航系统属于一种推算导航方式，即从一已知点的位置根据连续测得的运载体的航向角和速度推算出其下一点的位置，因而可连续测出运动物体的当前位置。惯性导航系统中的陀螺仪用来形成一个导航坐标系，使加速度计的测量轴稳定在该坐标系中并给出航向和姿态角；加速度计用来测量运动物体的加速度，经过对时间的一次积分得到速度，速度再经过对时间的一次积分即可得到距离。

(1)陀螺仪。

传统意义上的陀螺仪是安装在框架中绕回转体的对轴高速旋转的物体。陀螺仪具有稳定性和进动性，人们利用这些特性制成了敏感角速度的速率陀螺和敏感角偏差的位置陀螺。由于光学、微机电陀螺仪(MEMS)等技术被引入陀螺仪的研制，现在习惯上把能够完成陀螺功能的装置称为陀螺。可输出参考轴向的角速度，通过积分计算出角度。

目前，陀螺仪主要包括机械陀螺仪、光纤陀螺仪(FOG)、微机电陀螺仪(MEMS)和激光陀螺仪。激光陀螺仪测量动态范围宽，线性度好，性能稳定，具有良好的温度稳定性和重复性，在高精度的应用领域中一直占据着主导位置。表 2-3 对比了 3 种常用陀螺仪的特性。

表 2-3　3 种常用陀螺仪的特性

类型	测量原理	优点	缺点
机械陀螺仪	角动量守恒	精度高	制造维护困难、成本较高
光纤陀螺仪	萨格纳克效应	精度高、灵敏度好、可靠性高	成本较高
微机电陀螺仪	科氏力	体积小、能耗低	精度较低

由于陀螺仪测量角度的本质在于对角速度积分，故具有漂移误差，且陀螺仪受温度影响较大，因此需要对温度变化进行补偿。

(2)加速度计。

加速度计是惯性导航系统的核心元件之一。依靠它对力(作用在敏感器上每单位质量的惯性力和万有引力的矢量和)的测量，完成惯导系统确定载体的位置、速度以及产生跟踪信号的任务。载体加速度的测量必须十分准确地进行，而且是在由陀螺稳定的参考坐标系中进行。在不需要进行高度控制的惯导系统中，只要 2 个加速度计就可以完成上述任务，否则应该需要 3 个加速度计。加速度计的基本工作原理为牛顿第二定律。

加速度计基于惯性原理，可输出参考轴向的加速度，通过积分计算出速度，通过二次积分计算出位移。加速度计具有较好的偏差稳定性，以及对冲击、振动和温度的适应性，且成本较低，因而广泛应用于惯性测量系统。

(3)磁偏计。

磁偏计通过检测地球磁场，输出行进方向与磁北的偏角，是航姿参考系统等设备的重要航向参考。磁偏计的主要误差包括自身误差、地磁场变化、周围环境磁效应等，需要进行磁场映射校准，以降低环境干扰。

(4)多传感器融合。

在农田复杂的非结构化环境中，地形、光照、气候条件多变，使用 GNSS、INS、MV 单独提供的农机位姿信息均有一定局限性，如 GNSS 受遮挡产生信号丢失、INS 随时间出现漂移、MV 受外界光照和阴影的影响等。因此，单传感器难以应对复杂的农田环境，多传感器间的数据融合是必要手段。目前，在农机导航系统中应用的信息融合方法，应用广泛的是卡尔曼滤波与粒子滤波。

多传感器信息融合的定义为：融合来自多个传感器(或信源)的信息或数据，进行自动检测、关联、相关、估计和组合等多层次、多方面的处理,以获取对目标参数、特征、事件、行为等更加精确的描述和身份估计。其基本原理就像人脑综合处理信息的过程一样,通过对各种传感器及其观测信息的合理支配与使用,将各种传感器在空间和时间上的互补与冗余信息,依据某种优化准则组合起来,使其相互渗透、相互利用,取长补短、优化配置,从而获得更加有效、可靠的信息。多传感器信息融合技术可以提高测量精度,增强系统的自适应性和鲁棒性,使系统在时间和空间上的观测范围得到扩展,增强系统的分辨力和数据的可信度。多传感器信息融合技术可以替代精度高但价格昂贵的单一传感器,从而降低系统成本,提高运行效率。农业机械智能导航技术是多传感器信息融合应用的一个重要方面。基于多传感器信息融合的导航定位的主要方式有以下 2 种。

①GNSS/INS 传感器融合。GNSS 受信号中断、信号干扰和多径效应影响,精度可能降低。INS 可高频更新,不受环境条件的影响,但漂移效应会导致测量误差累积。GNSS/INS 传感器融合了二者的数据特性,适用于农机在农田环境中的定位测姿。表 2-4 为传感器特点对比。

表 2-4　传感器特点对比

传感器	定位参考	数据漂移	测量频率/Hz	环境适应性
GNSS	绝对	无	1～20	受遮挡影响
INS	相对	有	100～400	不受外界影响
MV	相对	无	1～50	受光照、阴影影响

②GNSS/机器视觉/激光雷达融合。机器视觉是指用视觉传感器代替人眼来做测量和判断,用于障碍物检测,可分为单目相机、多目相机和双目相机。单目相机在非特定环境中只能得到二维信息,在喷药播种施肥、地头识别、田间路径检测中有所应用;多目相机需要用到 3 个及以上的相机,因构造、价格、运算强度等的限制,较少运用在农机的自动导航系统中;双目视觉技术利用 2 台位置固定(一般平行)的相机,在 2 个不同的视角下得到 2 幅图像,通过几何原理计算视差(2 幅图像中同一像素点的位置差),从而确定三维空间点的深度信息,目前使用最为广泛,但存在受环境光的影响较大,在没有良好光照的条件下障碍物不易被检测的缺点。

激光雷达通过向目标发射激光束,并把接收到的反射信号与发射信号比较,得到目标距离、方向、速度、形状参数等参数信息。因为采用的是光束,所以具有分辨率高、抗有源干扰能力强、光束窄的优点。

激光雷达的工作原理与雷达非常相近,即由激光器发射出的脉冲激光由空中入射到地面上、打到树木上、道路上、桥梁上、房子上,引起散射,一部分光波会经过反射返回到到激光雷达的接收器中。接收器通常是一个光电倍增管或一个光电二极管,它将光信号转变为电信号,记录下来。同时由所配备的计时器记录下同一个脉冲光信号由发射到被接收的时间 T。于是,就能得到由飞机上的激光雷达到地面上的目标物的距离 R 为:$R=CT/2$。这里 C 代表光速,是一个常数,即 $C=300\ 000$ km/s。

综上,这 2 种技术的结合使用一方面能通过激光雷达弥补视觉相机检测距离短的问题,另一方面能通过相机弥补二维激光雷达检测视角小的缺点。二者融合,既可以获得深度信息,又可以获取形状信息,提高了障碍物检测的可靠性。

任务实施

如果想让农机利用辅助导航系统实现准确无误的作业,还要做一系列技术准备工作,即农机与农艺深度结合。结合区域过往种植数据、地图、气象等基础数据,实际无人农机作业指导方案,通过系统反馈,在形式过程中,同步采集数据并进行分析,实时完善方案。

一、地块数字化规划

对完整的田间地图进行处理，结合算法提取细化特征点，建立变换矩阵提取农田边界和障碍物。根据图像对应的 GPS 信息，生成边界和障碍物的位置信息，从而生成电子地图，实现对作业地块勘察；根据地块、地力、种植计划等统筹对地块进行划区，采集边界、障碍物、配套设施数据，形成地块地形图。如图 2-30 所示。

图 2-30　低空对地成像技术的电子地图生成

二、测土配方

对土壤养分情况进行取样与检测分析，结合种植经验，给出氮磷钾施肥建议。根据不同区域肥力情况，制作变量施肥图，为精量施肥奠定基础。

三、任务规划

基于 RTK、INS、LIDAR 等辅助定位技术，实现田块打点、路径跟踪与导航决策，形成面向联合机收割作业的直角转弯、跨行“回字形”收割路径，以及自动跨行转弯＋AB 线嵌套的多形式全田块无人驾驶自动导航规划。根据地形图及各环节作业机具幅宽与作业方式进行路径规划，并上传至自动导航驾驶系统中，使农机按照规划路线行驶及作业。如图 2-31 所示。

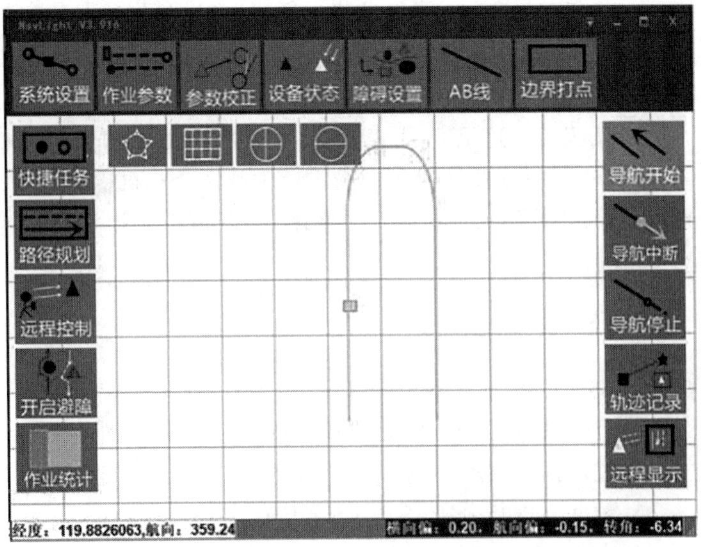

图 2-31　农机自动驾驶路径规划与导航决策系统

四、硬件的融合与升级

如图 2-32 所示，自动导航硬件系统进行了模块化集成，如双天线定位定向系统和 RTK 基准站系统，可将双天线 RTK 定位定向系统的成本及硬件体积缩减一半。

图 2-32 农机自动驾驶导航系统芯片级自主集成开发

五、集成系统的融合实现

融合现有技术与系统，实现平台的集成。如图 2-33 所示，可集成国产北斗定位模块和传感器，实现收割机电控化。

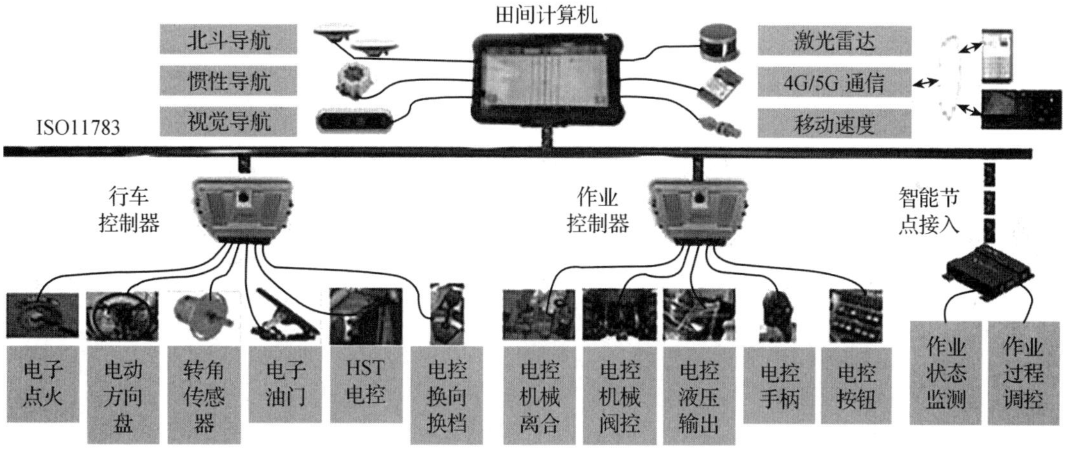

图 2-33 农机无人驾驶通用控制平台

知识拓展与提升

一、卡尔曼滤波概述

在农机导航系统中应用的信息融合方法，应用广泛的是卡尔曼滤波。高精度的 GNSS 接收机测景精度能够达到厘米级，价格相对较高，限制了其在农业中的应用。低成本的 GNSS 接收机只能达到米级或亚米级精度，不能满足多数农业机械智能导航定位精度的要求。为解决这个问题，结合了航位推算法的相对定位和 GNSS 绝对定位的卡尔曼滤波经典算法，这种方法在农业机械智能导航的多传感器信息融合方面的应用较为广泛。

二、卡尔曼滤波基本原理

卡尔曼滤波算法是 1960 年由卡尔曼首次提出的，它是一种线性、无偏、最小方差估计的递推算法，如图 2-34 所示，通过线性数学模型算出预测值与传感测量值的融合，实现更准确的测量值。

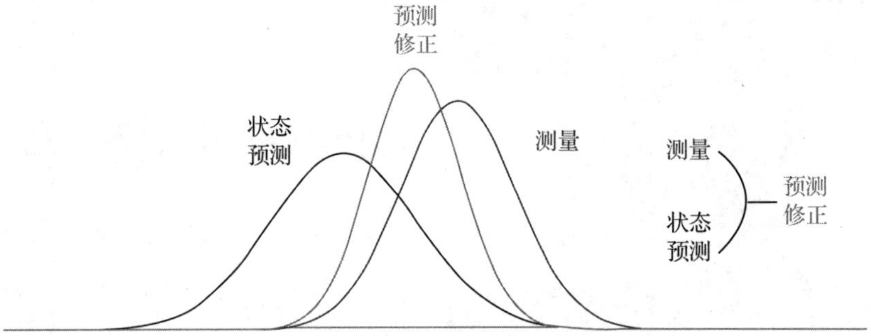

图 2-34 滤波优化求解过程

为便于理解，可以从一个现实中的实例开始卡尔曼滤波的方程推导。

假如现在有一辆在路上做直线运动的小汽车，该小汽车在 t 时刻的状态可以用一个向量来表示，用 $\boldsymbol{p}_t$ 表示车当前的位置，$\boldsymbol{v}_t$ 表示该车当前的速度。实际行驶过程中，司机还可以踩油门或刹车来给车一个加速度 $\boldsymbol{u}_t$，$\boldsymbol{u}_t$ 相当于一个对车的控制量。显然，如果司机既没有踩油门也没有踩刹车，那么 $\boldsymbol{u}_t$ 就等于 0。此时车就会做匀速直线运动。

如果已知上一时刻 $t-1$ 小汽车的状态，现在来考虑当前时刻 t 小汽车的状态，那么有：

$$\boldsymbol{p}_t=\boldsymbol{p}_{t-1}+\boldsymbol{v}_{t-1}\times\Delta t+\frac{1}{2}\boldsymbol{u}_t\times\Delta t^2 \tag{2-1}$$

$$\boldsymbol{v}_t=\boldsymbol{v}_{t-1}+\boldsymbol{u}_t\times\Delta t \tag{2-2}$$

上述 2 个公式中，输出变量都是输入变量的线性组合，这也就是称卡尔曼滤波器为线性滤波器的原因所在。既然上述公式表征了一种线性关系，那么就可以用一个矩阵来表示它，则有：

$$\begin{bmatrix}\boldsymbol{p}_t\\ \boldsymbol{v}_t\end{bmatrix}=\begin{bmatrix}1 & \Delta t\\ 0 & 1\end{bmatrix}\begin{bmatrix}\boldsymbol{p}_{t-1}\\ \boldsymbol{v}_{t-1}\end{bmatrix}+\begin{bmatrix}\Delta t^2/2\\ \Delta t\end{bmatrix}\boldsymbol{u}_t \tag{2-3}$$

如果令其中的：

$$\boldsymbol{F}_t=\begin{bmatrix}1 & \Delta t\\ 0 & 1\end{bmatrix},\boldsymbol{B}_t=\begin{bmatrix}\Delta t^2/2\\ \Delta t\end{bmatrix} \tag{2-4}$$

则得到卡尔曼滤波方程组中的第 1 条公式状态预测公式，而 $\boldsymbol{F}$ 就是状态转移矩阵，它表示我们如何从上一状态来推测当前状态；$\boldsymbol{B}$ 则是控制矩阵，它表示控制量 $\boldsymbol{u}$ 如何作用于当前状态。

$$\hat{x}\bar{t}=\boldsymbol{F}_t\hat{\boldsymbol{x}}_{t-1}+\boldsymbol{B}_t\boldsymbol{u}_t \tag{2-5}$$

上式 $\hat{x}$ 为估计值(而非真实值)。等式左端部分的右上标“$\bar{t}$”表示该状态是根据上一状态推测而来的，对其进行修正以得到最优估计，可以将“－”去掉。

既然是在对真实值进行估计，那么就理应考虑到噪声的影响。实践中，通常都是假设噪声服从一个 0 均值的高斯分布。例如，对 1 个一维的数据进行估计时，若要引入噪声的影响，那么只要考虑其中的方差 σ 即可。当将维度提高之后，为了综合考虑各个维度偏离其均值的程度，就需要引入协方差矩阵。

系统中每一个时刻的不确定性都是通过协方差矩阵 Σ 来给出的。而且这种不确定性在每个时刻间还会进行传递。也就是说，不仅当前物体的状态（如位置或速度）会（在每个时刻间）进行传递，而且物体状态的不确定性也会（在每个时刻间）进行传递。这种不确定性的传递就可以用状态转移矩阵来表示，即（注意，这里用到了前面给出的关于协方差矩阵的性质）：

$$\sum \bar{t} = \boldsymbol{F} \sum\nolimits_{t-1} \boldsymbol{F}^{\mathrm{T}} \tag{2-6}$$

但是还应该考虑到，预测模型本身也并不是绝对准确的，所以要引入一个协方差矩阵 $\boldsymbol{Q}$ 来表示预测模型本身的噪声（噪声在传递过程中的不确定性），则有：

$$\sum \bar{t} = \boldsymbol{F} \sum\nolimits_{t-1} \boldsymbol{F}^{\mathrm{T}} + \boldsymbol{Q} \tag{2-7}$$

这就是卡尔曼滤波方程组中的第 2 条公式，它表示不确定性在各个时刻间的传递关系。

继续小汽车的例子。前面所讨论的内容都是围绕小汽车的真实状态展开的。而真实状态其实是无法得知的，只能通过观测值来对真实值进行估计。所以现在在路上布设了一个装置来测定小汽车的位置，观测到的值记为 $\boldsymbol{V}(t)$。而且从小汽车的真实状态到其观测状态还有一个变换关系，这个变换关系记为 $h(\cdot)$，$h(\cdot)$ 是一个线性函数。此时便有：

$$\boldsymbol{Y}(t) = h[X(t)] + \boldsymbol{V}(t) \tag{2-8}$$

其中，$\boldsymbol{V}(t)$ 表示观测的误差。

既然 $h(\cdot)$ 还是一个线性函数，所以同样可以把式(2-8)改写成矩阵的形式，则有：

$$\boldsymbol{Y}_t = \boldsymbol{H}_{xt} + \boldsymbol{v} \tag{2-9}$$

就本例而言，观测矩阵 $\boldsymbol{H} = [1 \quad 0]$，$\boldsymbol{x}$ 和 z 的维度不一定非得相同。$\boldsymbol{x}$ 是一个二维的列向量，而 z 只是一个标量。当把 $\boldsymbol{x}$ 与上面给出的 $\boldsymbol{H}$ 相乘，就会得出一个标量，此时得到的 $\boldsymbol{Y}$ 就是 $\boldsymbol{x}$ 中的首个元素，也就是小车的位置。同样，还需要用一个协方差矩阵 $\boldsymbol{R}$ 来取代上述式子中的 $\boldsymbol{v}$ 来表示观测中的不确定性。当然，由于 $\boldsymbol{Z}$ 是 1 个一维的值，因此此时协方差矩阵 $\boldsymbol{R}$ 也只是一维，也就是只有 1 个值，即观测噪声之高斯分布的参数 σ。如果有很多装置来测量小汽车的不同状态，那么 $\boldsymbol{Z}$ 就是一个包含所有观测值的向量。

接下来要做的事情就是对前面得出的状态估计进行修正，具体而言就是利用下面这个式子：

$$\hat{\boldsymbol{x}}_t = \hat{\boldsymbol{x}}_{\bar{t}} + \boldsymbol{K}_t (y_t - \boldsymbol{H}\hat{\boldsymbol{x}}_{\bar{t}}) \tag{2-10}$$

前面提到，$\hat{\boldsymbol{x}}_{\bar{t}}$ 是根据上一状态推测而来的，那么它与“最优”估计值之间的差距就是等式右端加号右侧的部分。$(y_t - \boldsymbol{H}\hat{x}_{\bar{t}})$ 表示实际观察值与预估的观测值之间的残差。这个残差再乘以一个系数 $\boldsymbol{K}$ 就可以用来对估计值进行修正。$\boldsymbol{K}$ 称为卡尔曼系数，它也是一个矩阵——对残差的加权矩阵，有的资料上称其为滤波增益矩阵。

$$\boldsymbol{K}_t = \frac{\sum \bar{t} \boldsymbol{H}^{\mathrm{T}}}{(\boldsymbol{H} \sum_{\bar{t}} \boldsymbol{H}^{\mathrm{T}} + \boldsymbol{R})^{-1}} \tag{2-11}$$

现在仍然可以定性地对这个系数进行解读：滤波增益矩阵首先权衡预测状态协方差矩阵 Σ 和观测值矩阵 $\boldsymbol{R}$ 的大小，并以此来决定是更倾向于相信预测模型还是相信观测模型。如果相信预测模型多一点，那么这个残差的权重就会小一点。反之亦然，如果相信观测模型多一点，那么这个残差的权重就会大一点。不仅如此，滤波增益矩阵还负责把残差的表现形式从观测域转换到状态域。例如，本题中观测值 z 仅仅是 1 个一维的向量，状态 $\boldsymbol{x}$ 是 1 个二维的向量。所以在实际应用中，观测值与状态值所采用的描述特征或单位都有可能不同，显然直接用观测值的残差去更新状态值是不合理的。而利用卡尔曼系数，就可以完成这种转换。例如，在小车运动这个例子中，只观察到了汽车的位置，但 $\boldsymbol{K}$ 里面已经包含了协方差矩阵 $\boldsymbol{P}$ 的信息（$\boldsymbol{P}$ 里面就给出了速度和位置的相关性），所以利用速度和位置 2 个维度的相关性，从位置的残差中推算出了速度的残差，从而可以对状态值 $\boldsymbol{x}$ 的 2 个维度同时进行修正。

最后，还需对最优估计值的噪声分布进行更新。所使用的公式为：

$$\sum t=(\boldsymbol{I}-\boldsymbol{K}_t\boldsymbol{H})\sum \bar{t} \tag{2-12}$$

至此，便获得了实现卡尔曼滤波所需的 5 个公式，将这 5 个公式分成预测组和更新组。预测组总是根据前一个状态来估计当前状态；更新组则根据观测信息来对预测信息进行修正，以期达到最优估计的目的。

任务测验

一、选择题

1. 农机辅助定位系统最初是基于（　　）技术发展的。

A. GPS　　B. 北斗　　C. 惯性导航　　D. 视觉识别

2. 农机辅助导航系统中，（　　）传感器主要用于测量航向和姿态。

A. 激光雷达　　B. 惯性测量单元（IMU）

C. 超声波传感器　　D. 摄像头

3. 农机辅助定位系统中，多传感器信息融合的主要目的是（　　）。

A. 降低成本　　B. 提高定位精度

C. 增加传感器数量　　D. 简化系统结构

二、判断题

1. 农机辅助定位系统的发展完全依赖于卫星导航技术的进步。（　　）
2. 农机辅助导航系统中，多传感器信息融合可以消除单一传感器带来的误差。（　　）
3. 农机辅助定位系统的实现流程中，环境感知是最关键的一步。（　　）

三、简答题

1. 简述多传感器信息融合技术在导航定位中的应用，并说明其相较于单一传感器的优势。

2. 分小组查阅某型号农机，结合实例，讨论多传感器信息融合技术在提高导航定位准确性、鲁棒性和实时性方面的应用效果，并提出可能的优化或创新方向。

任务五　选配丘陵地区农机导航系统

任务描述

在东北平原、华北平原，随处可见大型农业机械作业，但在生产了全国五成以上油菜、六成以上水果、近八成土豆、九成以上茶叶的7亿亩(1亩=666.67 m^2)丘陵山地，适合山地作业的“微农机”却成为农业机械化率的短板。掌握在坡地上实现智能化耕作的原理是本任务的重点。

任务目标

能力目标

- 能区分丘陵地区、大田农机导航与自动驾驶系统应用的异同。
- 掌握各类地形、地况下的农业导航系统选型。

知识目标

- 知道机械视觉导航定位系统。
- 知道机器视觉与计算机视觉的区别。
- 知道机器视觉在农业机械中的典型应用。

素养目标

- 提升服务与统筹思考意识。
- 以案例为引导，强调为农业服务的思想，技术人员和操作人员能够积极解决在特殊地况下使用农机导航系统中遇到的问题。

任务分析

丘陵地貌的地块细碎、高地不平等特殊性，造成了机械化水平低、生产成本高的不利局面。伴随着农业劳动力不断减少、老龄化困境加剧，作业条件不好的丘陵地存在撂荒的风险，作为农机导航的技术技能人才，发展丘陵山区农机化迫在眉睫。本任务围绕丘陵地区农业机械的政策导向与需求技术展开讲解，掌握机器视觉在农业机械中的典型应用，通过学习案例和实践经验，了解机器视觉在农机自动驾驶、作物识别、病虫害检测等方面的应用，并理解其在提高农业生产效率、减少人工干预方面的作用。最后引导区分丘陵地区、大田农机导航与自动驾驶系统应用的异同，分析不同地形对农机导航与自动驾驶系统的要求，掌握丘陵地区与大田在导航系统选型、算法优化、传感器配置等方面的差异，以适应不同地形的导航需求。

知识学习

(一)丘陵地区农机导航概述

《国务院关于加快推进农业机械化和农机装备产业转型升级的指导意见》《“十四五”全国农业机械化发展规划》等文件均提出了丘陵山区农机化发展的重要思路和举措，确定了“以地适机”和“以机适地”两条腿走路的总方针。丘陵山区农机生产企业一般规模小、供需对接信息不对称，出现了“无机可用”

“无好机用”的局面。山地丘陵地形复杂多样,对农机的要求更高。比如拖拉机,就要具备较高的转场机动性、坡地作业安全性、陡峭狭小空间通过性、复杂地面环境适应性、机具配套多样性等,这使山地丘陵农机的研发难度、制造成本陡然升高。

1. 丘陵山区农机导航发展道路

“以地适机”也称为土地宜机化改造,以广西、重庆、四川、云南等地为代表,在政府部门的支持下,实施高标准农田建设,推动农田地块小并大、短并长、陡变平、弯变直和互联互通,使其更加适合农业机械作业。“以机适地”是指提供农机装备供应,解决部分地区机械化作业问题,以微耕机的轻量化、舒适化、绿色化、智能化满足丘陵山区农业生产需要。

2. “以机适地”“改地宜机”

丘陵山区农业机械化道路分两种,一是改变农机以主动适应丘陵山区崎岖、陡峭不平的自然土地资源现状。例如,以丘陵山地为主的重庆,政策补贴下重庆市的微耕机得到广泛应用,但后期机耕率与机播率、机收率差距较大,且随着市场发展依靠研发适应丘陵山区多样化地形地貌的农机工作后续推进工作艰难,持续性的政策补贴下,产业形成严重依赖外界补给以至于无法依靠自身独立发展的畸形状态,以机适地道路发展逐渐出现堵点,主要原因是小型农机本身的低效率造成低性能与低性价比,导致市场与消费者无法实现自身“效用或利润最大化”。

二是通过人为地为农机在丘陵山区的作业制造耕作环境,对丘陵山区地形地貌“连接地块、消除死角、并小为大、优化布局”等内容建设,对耕地坡度、细碎度、基础设施进行改善,可以让大中型农具进行耕作而形成规模化种植。其核心思想是“丘陵地区农业机械化受限的主要因素并非在于机器或机械技术融合,而是由于自然条件的制约”。“改地宜机”是我国高标准农田建设的重要内容,通过土木工程手段将耕地打造成机械化高、旱涝保收的集中连片良田,涵盖土地平整、灌溉排水、田间道路和生态环境保护等多方面内容。仍以重庆为例,2015 年重庆市开始将丘陵山区农业机械化的重心从“以机适地”转向“改地宜机”,2020 年中央一号文件首次提出“支持丘陵山区农田宜机化改造”。

从实践效果看,“以机适地”的农机工作效率低、作业条件差,只能部分替代人畜劳动力,是丘陵山区农机化的过渡形式和权宜之计,适合高附加值特色效益农业;随着农村劳动力稀缺,劳动机会成本不断攀升,丘陵山区农业机械化的根本出路还是“改地宜机”,主动解决丘陵山区农机作业条件差的问题。为提高农业经营主体参与“改地宜机”意愿,根据宜机化改造耕地条件采取差异化财政补贴,降低农业经营主体“改地宜机”投入成本、缩短投资回本年限,对坡度超过 15°的土地原则应退耕还林还草,不宜高成本进行宜机化改造。

(二)机械视觉导航定位系统的基本构成

机器视觉主要用计算机来模拟人的视觉功能,但该技术并不仅仅是人眼的简单延伸,更重要的是它同时具有人脑的一部分功能:从图像中提取信息,进行处理并加以理解,最终用于实际检测,测量和控制。机器视觉已广泛应用于农用机械的定位与导航。根据视觉传感器数量的不同,视觉定位技术可以分为单目视觉定位技术、双目视觉定位技术和全方位视觉定位技术。

农机领域的视觉导航主要是应用在引导农业机械自动行走,并开展对靶施药、种子和果实分级检测、杂草和虫害监测、重型农机设备自动化、植保无人机等精准作业。与传统的人工作业相比,可以减少作物损坏,更加高效。

一个典型的工业机器视觉应用系统硬件构成主要包括图像采集与图像处理两部分。视觉导航的控制流程如图 2-35 所示,包括光源、目标物、光学成像系统、图像捕捉系统(包括 CCD 相机和 CMOS 相机)、图像采集与处理单元(或图像捕获卡)等。

首先,通过图像捕捉系统将被摄取的目标转化成为图像信号,传送给专用的图像采集与处理系统，根据像素分布、亮度和颜色等信息，转变成响应的数字化信号。然后，智能工作站对这些信号进行运算来抽取目标的特征，如长度、数量、位置等。最后，根据预设的容许度和其他条件输出结果最终作用于目标物，可对机器视觉作出如下定义：机器视觉是指通过光学装置和非接触传感器自动接收和处理一个真实物体的图像，以获得所需信息或用于控制机器人运动的装置。

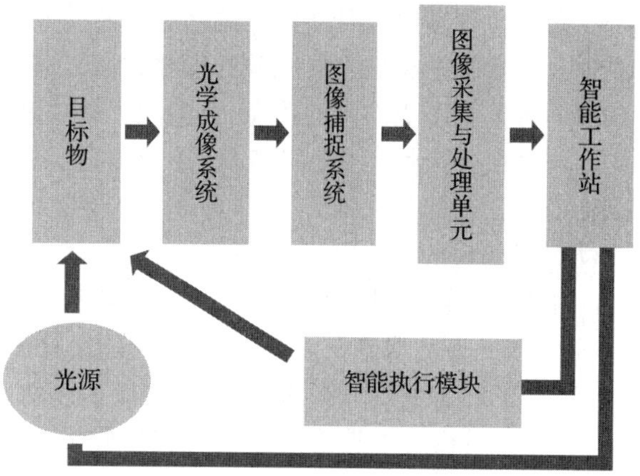

图 2-35 视觉导航的控制流程

典型的工业机器视觉应用系统软件构成主要包括图像处理算法、模式识别算法、深度学习算法等内容，当前形成了集图形处理、模式识别、机器学习等各类函数的“软件平台＋视觉开发包”于一体的视觉开发包模式。

（三）机械视觉导航定位系统的原理

如图 2-36 所示，机械视觉导航的实现流程为：构建合适的图像成像系统采集目标图像→运用图像处理技术对采集到的样本图像进行预处理，以增强图像质量→将目标对象从图像背景中分割出来并运用相关特征计算方法提取特征信息，得到目标对象颜色、形态、纹理等表征能力较强的特征参数组成的特征向量→为避免过多的冗余信息给系统带来较大计算量，影响系统识别精度与效率，对得到的特征向量进行筛选与优化→选择合适的分类器进行训练并给出识别结果。该过程中的图像处理效果、选取的特征、分类器的设计直接决定了系统识别效果，是机器视觉技术的核心。

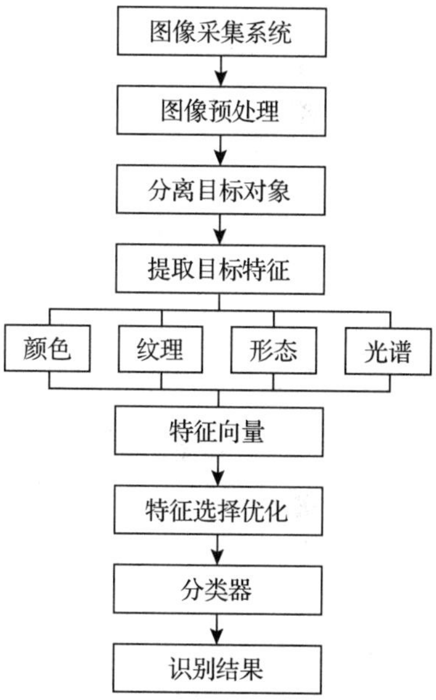

图 2-36 机械视觉导航的实现流程

图像处理技术相对较成熟，常见的图像预处理过程为：灰度化→几何变换（裁剪、平移、旋转等）→图像增强（滤波、平滑、锐化等）。目标分割方法有阈值分割法（全局阈值、局部阈值、Otsu）、区域分割法、分水岭分割法以及 K-means 聚类分割等。特征提取方法有颜色（颜色矩、颜色集、颜色直方图、颜色聚合向量等）、纹理（灰度共生矩阵法、几何法、模型法、小波变换等）、形状（傅立叶变换、Hough 变换、面积、周长、矩形度、似圆度、最小外接矩形长宽比、Hu 不变矩等）、空间关系等。特征选择与优化方法有主成分分析（PCA）、线性判别分析（LDA）、多维尺度法（MDS）、流型学习法等。识别与分类方法是研究者们研究的热点，传统的统计模式识别方法有支持向量机（SVM）、贝叶斯、判别函数等，随着机器学习（Machine Learning，ML）技术的发展，人工神经网络（ANN）、遗传算法、聚类算法、迁移学习等方法的应用，大幅提高了机器视觉系统的识别准确率、稳定性、鲁棒性。

（四）丘陵地区农业机器人定位导航

现代农业机器人自动导航系统包含环境感知单元、控制单元与执行单元 3 个部分。机器视觉市场还在不断扩大，新标准、新技术也正在以前所未有的速度发布，智慧农业、无人农场、跨行业协作、高光谱应用都将促进机器视觉技术的进一步应用。

1. 3D 视觉技术的应用

获取或重构目标三维图像（3D 图像）的方法，通常分为基于 RGB-D 深度相机（结构光或 TOF）与基于三角定位原理的双目立体视觉两类。将传统的二维图像(2D 图像)升级到具有更多信息的 3D 图像或许是机器视觉突破发展瓶颈的重要方向。3D 图像带来的信息颠覆了 2D 图像感知世界的方式,使得获取的图像具备更丰富的信息,且消除了外部环境与复杂光线的影响。不但稳定性较好,还能提升用户体验与系统安全性。在智能安防、工业测量、汽车电子、新零售、智慧农业等领域发挥着重要作用,堪称赋能产业创新的最大推力。2D 到 3D 的转变或将成为继黑白到彩色、低分辨率到高分辨率、静态图像到动态影像后的第 4 次革命。

中国 3D 视觉独角兽奥比中光是国内唯一实现量产的结构光 3D 传感器摄像头企业,与苹果、微软等全球巨头并驾齐驱。其 3D 视觉模组、算法、配套的解决方案可广泛适配于多品牌、多形态的智能终端,正逐步发展开拓农业机器人自主导航、无人机、AR/VR、植物生长信息监测、农产品检测等领域,势必会助力农业生产方式的转型升级,为农业生产带来一场以 3D 视觉为核心技术的农业生产革命。

2. 5G 通信技术深度融合

5G 移动通信技术解决了机器视觉实时性问题,使得高清图像实时传输、多机协同集群作业、高清视频处理成为可能。2019 年 9 月,海尔联合华为、中国移动、荟萃视觉共同发布全球首个 5G+机器视觉解决方案并在海尔冰箱互联工厂率先落地应用。抢先实现 5G 机器视觉云化、5G 智能设备管控、5G+AR 远程运维指导等创新应用。2020 年 3 月,华为发布了视觉计划,将“华为安防”更名为“华为机器视觉”,布局了 5G 在机器视觉领域的应用。5G 与机器视觉深度融合解决了视觉系统海量数据实时传输,满足多相机、多场地协同作业的要求,赋能智能制造、智能物流、无人超市、无人农场等行业。

在智慧农业方面,融合 5G 移动通信技术的视觉系统具备实时通信、实时数据传输的功能,使得农业装备远程作业、协同作业、实时监测等现代农业作业方式得到进一步应用,为实现现代农业装备高度自动化、智能化甚至无人化提供了技术支撑。进而,加速无人农场的建设,使其有望在 5~10 年内大面积推广,促进智慧农业项目落地。

3. 多传感器融合的视觉系统将得到进一步应用

农业场景视觉系统虽然已经涉及农业生产全过程,但是,单一的视觉算法难以满足复杂多变的农业户外场景对视觉系统的要求。多传感器融合的视觉系统正好解决了单一视觉系统难以适应变化场景的要求,在农业场景中已经有一定程度的应用。在农作物病虫草害与生长信息监测方面,融合高光谱信息的视觉系统得到广泛应用;在作物生长信息监测与产量估计方面,融合空间遥感、无人机多光谱成像技术以及基于 RGB-D 深度相机的 3D 视觉系统正在逐步得到应用;在果蔬识别定位与采摘方面,基于果蔬成熟度、表面缺陷检测技术的视觉系统也正在崛起;在种子产前检测与果蔬分级方面,融合近红外光谱、机器嗅觉、声学以及核磁共振等先进信息技术的视觉系统,在区分水果成熟度、含糖量、表面缺陷等外观与内在品质方面,正逐步替代传统机械筛选、分级方法;在农业机器人或无人机定位导航方面,基于 RTK 技术的视觉系统得到广泛应用。此外,融合光谱信息的视觉系统以及视觉 SLAM 系统已经成为学术界研究的热点,并且,围绕农业场景的应用研究已经取得了一定的成果。未来,多传感器融合的视觉系统势必会得到进一步应用,进而推动机器视觉行业的发展。

任务实施

本任务通过视觉识别的自动采摘机器人设计与实践,加深对于丘陵地区农业机械导航与自动技术中视觉识别的认知。

一、任务功能介绍

基于视觉识别的自动采摘机器人设计与实践项目旨在解决传统农业中人工采摘的瓶颈问题，通过人工智能与自动化技术的深度融合，提高果园管理的智能化水平，如图 2-37 所示。

图 2-37　基于视觉识别的自动采摘机器人

二、分析控制逻辑与实现方法

(1)视觉识别。借助高性能的摄像头和图像处理算法，捕捉到果园中的果实图像，并准确地从中识别出目标果实。

(2)定位与导航。在识别到果实后，系统会通过计算果实的空间坐标和距离，确定机械手臂需要到达的精确位置。同时，机器人会根据果园内的环境信息和路径规划算法，自动导航至目标果实附近。

(3)机械手臂控制。一旦机器人到达目标位置，机械手臂会在系统的精确控制下，自动调整姿态和动作，以轻柔而准确的方式采摘果实。这一过程涉及复杂的机械动力学和协同控制算法，确保采摘动作的高效和安全。

(4)果实收集与处理。采摘下来的果实会被机器人收集到专门的容器中，以便后续的分拣、包装和处理。系统还可以对采摘的果实进行数量统计和质量评估，为农业生产提供有价值的数据支持。

三、设计硬件模块构成

(1)主控板(CPU 处理器)。提供内存和存储空间，以及接口扩展功能。

(2)视觉系统。视觉系统包括高性能的摄像头和图像处理单元。摄像头负责捕捉果园中的图像信息，而图像处理单元则基于百度飞浆的目标识别和分类算法，对图像进行处理和分析，以识别和定位目标果实。

(3)机械手臂。机械手臂是实现自动采摘的关键部件，由多个关节和执行器组成，可以在三维空间内自由移动和旋转。通过精确的控制算法，机械手臂能够准确地到达目标果实的位置，并执行采摘动作。

(4)传感器和导航系统。为了实现自动导航和精确定位，项目中还集成了多种传感器和导航系统。这些传感器可以感知环境信息，如距离、方位、障碍物等，导航系统根据这些信息规划出机器人的最佳路径。

(5)电源和供电系统。为了保证机器人的持续工作,还应该包括电源和供电系统。电源负责为各个硬件模块提供稳定的电力供应,供电系统可以根据实际需要调整电力输出,以满足机器人在不同工作状态下的能耗需求。

四、软件编写与代码设计

查阅某一类 AGV 农用小车及自动采摘机器人的程序。

五、整理完成任务报告单

整理并完成实训任务报告单。

知识拓展与提升

一、视觉测定原理

图像是三维世界的 2D 投影,如果获取 1 张平面图像,那么只能识别出"是什么",却不能感知到物体的距离、深度等立体信息,因此,如何利用采集的图像重建出三维是关键。

第 1 步是采集图像。机器视觉对于距离的判断常用的方法是,发射出一束光,当光遇到物体反射回来,记录下光返回来的时间,并乘以光速。对于深度等立体信息,则通过同时发射很多束光到 1 个凹凸不平的物体上面,如前所述,每一束光都可以得到 1 个点的距离信息,多个点的信息就可以组成 1 个立体的图像,就好像一个个像素点一样,这些点的组合叫作"点云",本质上是大量距离信息的结合,这种办法就叫作飞行时间法,简称 Top 激光雷达。车载激光雷达每秒钟可以向周围发射数百万个激光脉冲,在空间坐标中形成数百万个点,勾勒出空间中的各种物体细节,再经过算法分析,识别出这些物体是什么,距离有多远,从而做出避让行人、转弯、自动泊车等自动驾驶的操作。

双目立体视觉定位原理在前面章节已进行讲解,此处不再赘述。

上面讲的光学方案都有一个明显的缺点,遇到恶劣天气的时候会出现一些状况,比如大雾天、大雨天可能会影响光线的传播和传感器接收到的图像质量。这时就需要配合上其他的方案,比如毫米波雷达和超声波雷达,它们的原理和飞行时间法相似,都是测量传感器和目标之间的距离,只是把发射出去的光改成了毫米波或超声波。相比于光学方案,毫米波适应环境的能力更强,但是测量的距离精度弱一些。

当图像传感器采集完成就进入了第 2 步——把光信号转化为数字信号。以人眼为例,光线从物体表面进入眼睛,投影到视网膜上,视网膜会把这些光信号转化为神经脉冲,传递到大脑中进行图像处理和分析。

而在机器视觉中,图像传感器承担的工作和视网膜一样,负责把光信号转换为数字信号再传递给处理器,对图像进行处理。图像传感器是由成千上万个光敏元件组成的,这些光敏单元就是像素,当光线照射到这些光敏元件的时候,光子会与这些特殊的材料相互作用,激发电子产生电荷,这个过程被称为光电效应。这些产生的电荷会被收集起来,并根据感光元件的设计转化为相应的电压或电流信号,传感器内部的芯片会把这些电压和电流的信号转化为数字信号,然后发送给处理器进行处理。传感器的像素越高,就意味着在单位体积内塞下了更多的光敏单元,可以提供更多的细节和分辨率。

第 3 步是处理图像数据。这一步由计算单元来完成,可以是 CPU 或其他的专用图像处理器,它们通过执行一系列的算法来处理图像数据,这些步骤包括提取图像的特征、对图像进行去噪色彩校正、根据数据库或模型对图像的内容进行识别分类和检测等。

对于更加深度学习的人工智能,还会去理解图像上的内容,并且完成解读和加工等任务,比如给出一条龙的草稿，AI可以画出一个3D龙。把以上3个步骤进行自由组合，就可以得到各种机器视觉方案。

二、机器视觉与计算机视觉的区别

虽然都是视觉定位系统，但是二者有几点不同。

(1)侧重不同。计算机视觉比较侧重于对图像的分析，回答"是什么"的问题；机器视觉更关注图像处理的结果，目的是控制接下来的行为，回答"怎么样"的问题。

(2)图形捕捉系统不同。计算机视觉一般使用相机设备，主要是对人眼的生物视觉进行模拟，其任务是把数字图像转化类似人类对图像的观察和理解。它的核心是给计算机赋能，实现对客观世界中场景的感知、识别和理解。机器视觉是一套光机电计结合的复杂设备，核心在于根据判断的结果来控制现场设备的下一步动作。

(3)计算机视觉更侧重于对理论算法的研究，如深度学习有许多前沿算法，但这些算法在实际应用中仍有各种局限。而机器视觉是落地的技术，它更侧重于实际应用，如在各种恶劣环境下进行高速实时检测。

三、机器视觉在农业机械中的应用任务类型

机器视觉在不断发展过程中，已经在很多场景下大展身手。其在农业领域中的应用主要归为三大类，包括识别、检测、定位与引导。

(1)种子或果蔬等的目标识别。以形状、尺寸、颜色等为特征来识别目标，并识别与区分目标变体的区别，实现农业的自动化采摘。

(2)病虫草害或形状、表面质量检测。通过精确和准确的测量比对，对作物进行病害诊断、杂草识别、农产品质量分级，可以确定农产品品质，提高农产品的商品价值。

(3)农用机械的定位与引导。使用特征计算和匹配方法在预定义的坐标系中确定目标或目标的特定点位置和方向，为农作物行、垄、沟等田间环境的导航提供有力的信息支持。机器视觉可以通过色彩对比度获取边界点、线，有效的图像处理算法可以提取出航向线，从而实现农业机械的引导与产业全自动化。

任务测验

一、选择题

1. 机械视觉导航定位系统主要依赖(　　)来实现对目标的识别和定位。

A. 红外线技术　　B. 超声波技术　　C. 图像处理技术　　D. 雷达技术

2. (　　)不是机器视觉与计算机视觉的主要区别。

A. 处理速度　　B. 使用的硬件设备

C. 处理的图像类型　　D. 处理后的输出结果

3. 在农业机械中，机器视觉通常用于(　　)任务。

A. 作物种植规划　　B. 土壤湿度检测

C. 病虫害识别　　D. 农机驾驶培训

4. 丘陵地区农机导航与自动驾驶系统相比大田农机，通常更需要(　　)功能。

A. 高精度定位　　B. 快速移动能力

C. 复杂地形适应性　　D. 远程监控功能

二、判断题

1. 机械视觉导航定位系统只适用于室内环境，不适用于农田等户外环境。 （ ）
2. 计算机视觉通常用于处理静态图像，而机器视觉更注重对动态图像的处理。 （ ）
3. 在农业机械中，机器视觉的典型应用包括作物生长状态的监测和评估。 （ ）

三、简答题

1. 机器视觉与计算机视觉的主要区别是什么？在农业应用中，这些区别如何影响系统的选择和使用？

2. 丘陵地区与大田农机在导航与自动驾驶系统应用上有哪些异同？请举例说明。

项目三　安装农机导航系统

能力图谱

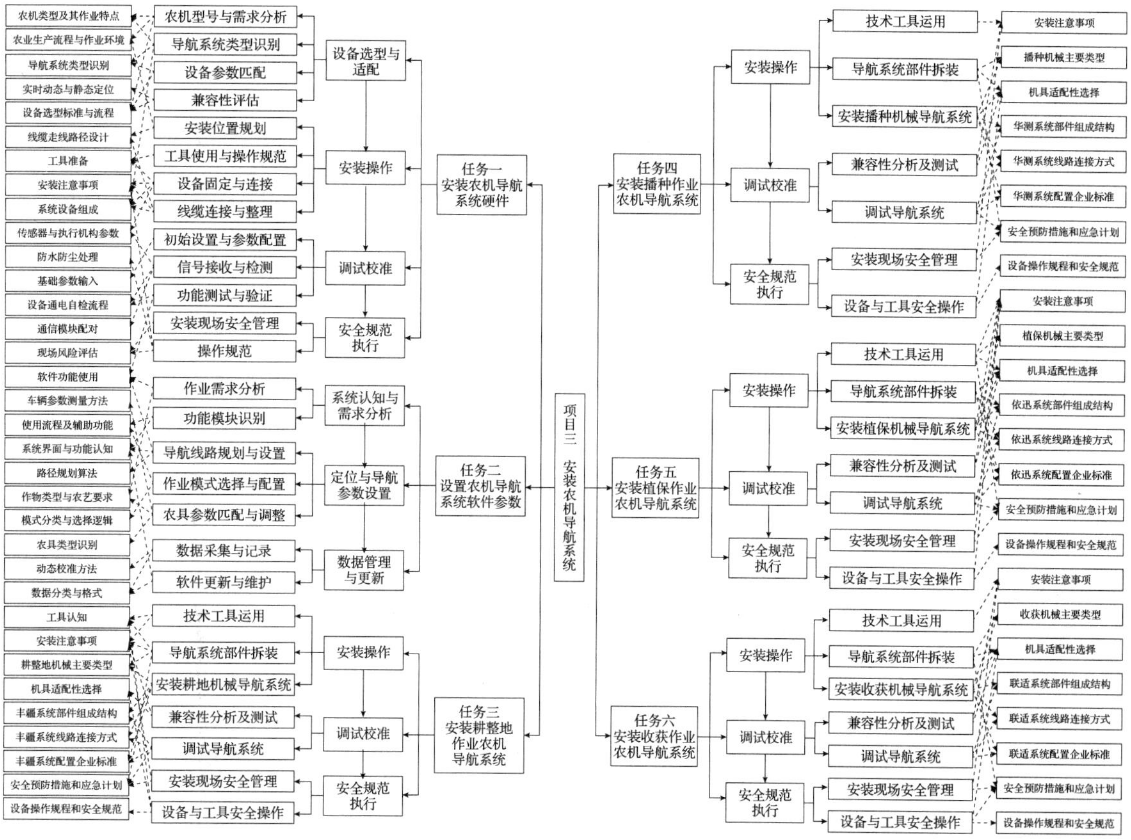

项目描述

随着现代农业技术的不断发展，农机导航系统已成为提高农业生产效率、实现精准农业作业的重要工具。本项目旨在完成农机导航系统的安装、软件设置及不同作业模式下的导航系统配置，以支持耕整地、播种、植保、收获等关键农业作业环节，实现农机作业的自动化、智能化和精准化。通过精确的技术支持和细致的操作流程，为农业生产带来革命性的变化。

农机导航系统安装是项目的基础和起点。这一环节将确保导航系统硬件设备的稳定安装，包括定位天线、导航接收器、显示终端等关键组件。安装过程中，注重细节，确保每一个连接点都牢固可靠，线缆布局合理，避免对农机作业造成干扰，同时，还将对安装完成的设备进行严格测试，以确保其能够准确、稳定地接收和处理卫星信号，为后续的导航作业提供坚实的基础。

农机导航软件设置是项目成功的关键。将根据农机的具体型号和作业需求，安装合适的导航软件，并进行细致的系统配置。通过软件设置，将实现农机位置的准确显示、作业路径的合理规划以及导航指令的精确传达，这将极大地提高农机的作业效率和精准度，为农业生产提供有力支持。

后续任务分别针对耕整地、播种、植保和收获等不同的农业作业环节进行导航系统安装和配置。在耕整地作业中，将安装能够实时监测耕深和作业质量的传感器，确保耕地质量达到最佳状态；在播种作业中，将配置能够精确控制播种量和播种密度的系统，提高播种的精准度和效率；在植保作业中，将安装能够实时监测作物病虫害情况和喷洒量的系统，确保农药使用的科学性和安全性；在收获作业中，将安装能够实时监测作物产量和收获进度的系统，为收获作业提供科学的指导和管理。

任务一　安装农机导航系统硬件

任务描述

小李作为导航技术股份有限公司的员工，其职责主要是农机导航与自动驾驶设备的安装工作。在接到小王采购的 5 台设备订单后，小李被指定为安装技术服务的负责人。为确保安装工作的顺利进行，并保障设备的正常运行，小李需要开展哪些工作？

任务目标

能力目标

- 能熟练评估并确定农机车辆是否适合安装导航系统，包括车辆结构、电源供应、空间布局等因素，识别并解决安装环境中可能存在的潜在问题。
- 能根据导航系统的安装手册，准确地安装导航控制器、传感器、显示屏等核心设备，保证设备安装牢固、稳定。
- 能详细解读导航系统线束连接图，并准确连接各个线缆，包括电源线、信号线、地线等，遵循正确的连接顺序，确保线束连接无误。

知识目标

- 熟悉农机导航系统组成与功能。
- 了解农机导航系统安装注意事项。
- 了解农机导航系统设备的安装方法。

素养目标

- 提升技术精通与创新意识，精通农机导航系统的安装，掌握其工作原理、操作流程和调试方法。
- 提升安全规范与风险意识，在安装过程中严格遵守安全操作规程，确保人身和设备的安全。
- 提升敬业、严谨的职业素养，强调严谨的工作态度。在安装农机导航系统时，严格按照操作规程进行，确保安装质量和安全性。

任务分析

小李作为导航技术股份有限公司的安装技术服务负责人，在接到小王采购的5台农机导航与自动驾驶设备的订单后，面临着确保安装工作顺利进行和保障设备正常运行的双重任务。为了达成这一目的，小李需要开展以下工作。

首要任务是进行前期准备与计划。首先需要完成订单的确认，详细核对设备型号、数量及配件等具体要求，确保无误。然后，对设备进行全面检查，确保设备完好无损且符合订单要求。最后，应亲自前往现场进行安装环境的评估，细致考察农机的使用环境和作业条件，包括安装位置、电源供应及潜在的电磁干扰等因素，以确保设备能在最佳状态下运行。基于这些评估结果和设备的特性，制订一份详尽的安装计划，包括安装步骤、所需工具及人员配置等。

前期准备与计划完成后，应按照安装计划开始设备的固定与安装工作。将设备固定在农机上，并确保安装过程稳定、安全、可靠。设备固定后，进行线缆的连接与调试，包括设备的电源线和信号线，并进行系统调试。在调试过程中，应仔细检查每一个连接点，确保连接牢固，无短路或断路现象。

调试完成后，要对设备进行性能测试与验证，包括定位精度、自动驾驶功能等关键指标。严格按照标准操作进行测试，确保测试结果的准确性和可靠性。

设备安装和测试都顺利完成，应转向用户培训与技术支持环节。为用户进行设备操作和维护的培训，确保用户能够熟练掌握设备的使用方法。同时，提供详细的操作手册和技术支持，方便用户随时查阅和咨询。此外，应提供技术支持热线或在线客服，以便及时解答用户在使用过程中遇到的任何问题。

知识学习

一、农机导航系统控制原理

在导航显示终端（机载田间计算机）中，设定导航线，通过方向轮转角传感器、角度传感、GNSS接收机、惯导系统获取拖拉机的实时位置和姿态，计算拖拉机与预设导航线的偏离距离和航向。然后通过导航控制器，驱动拖拉机的转向系统，即时修正拖拉机方向轮的行驶方向。图3-1为农机导航工作控制原理。

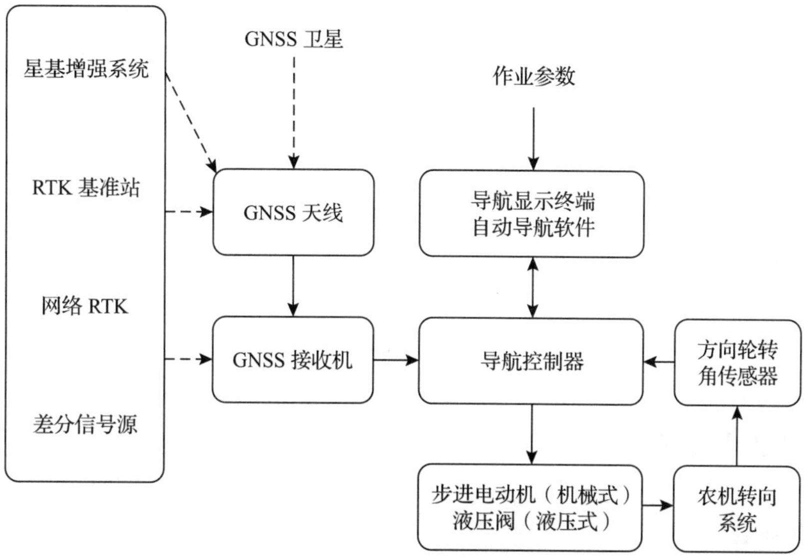

图3-1　农机导航工作控制原理

农机导航系统在拖拉机的作业过程中，不断进行"测量—控制"动作，使得拖拉机的行走路线无限接近于期望和预设的作业路径。根据转向操控原理的不同，拖拉机自动驾驶导航可以分为机械式自动驾驶导航和液压式自动驾驶导航两类，分别通过步进电机和液压阀驱动拖拉机的转向结构。农机导航系统工作各部件如图 3-2 所示。

图 3-2　农机导航系统工作各部件

拖拉机在自动驾驶过程中，通过车载传感器实时获取拖拉机各项运动参数，将车辆的实际位置和航向信息与预定义的路径进行比较，计算横向偏差和航向偏差。导航控制器把横向偏差和航向偏差信号作为输入，通过内置的控制算法计算出预期前轮转角并传输到下位机。下位机控制器控制拖拉机前轮转向跟踪期望前轮转角，以减小横向偏差和航向偏差，从而实现自动导航。农机导航系统实施路径如图 3-3 所示。

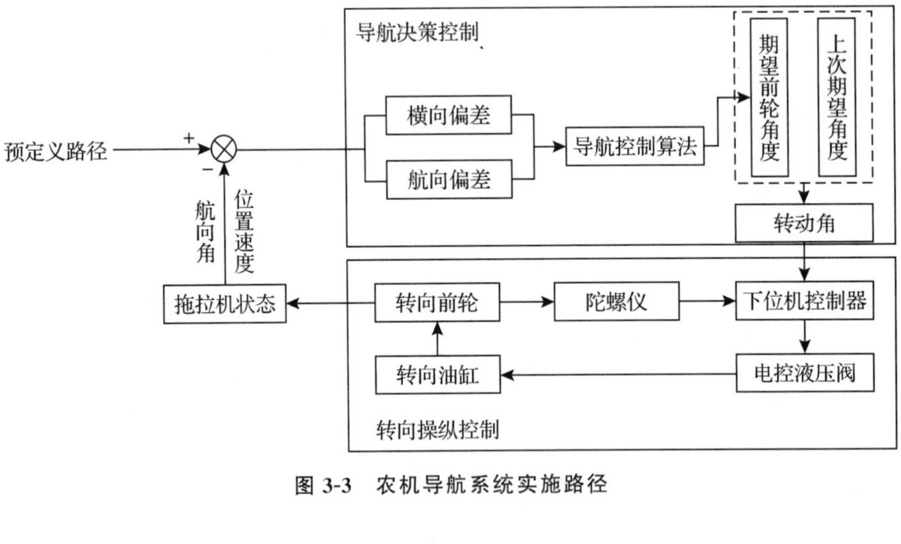

图 3-3　农机导航系统实施路径

二、农机导航产品构成

(一)电动方向盘

电动方向盘由力矩电机、电机安装支架、花键适配套筒、方向盘等组成，代替传统方向盘，根据控制单元指令控制方向盘转动一定角度，保证农机作业过程中按照设定路线行驶。农机导航系统电动方向盘如图 3-4 所示。

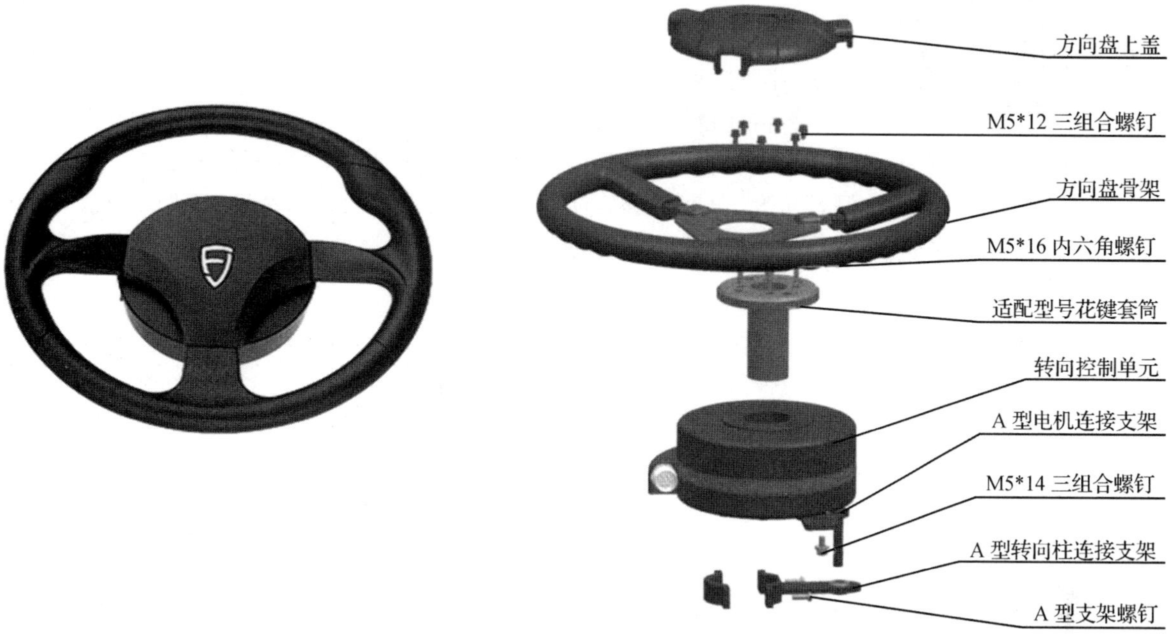

图 3-4　农机导航系统电动方向盘

(二)自动驾驶控制主机

自动驾驶控制主机负责接收和处理来自各种传感器和定位系统的数据，发送精确的定位和控制指令给其他系统，确保农机按照设定的路线行驶。

(1)人机交互界面，显示以及设定相关参数。

(2)信息处理运算中心，解算农机行驶姿态，输出控制信号，控制车辆按照设定的参数行驶。华测导航自动驾驶控制主机如图 3-5 所示。

(三)定位天线

农机导航定位天线主要负责接收来自卫星的导航定位信号，这些信号是农机实现精确导航和定位的基础，通过接收多个卫星的信号并进行解算，天线能够帮助农机实现厘米级的定位精度。这对实现农机的自动驾驶和精准作业至关重要。结合导航控制器和其他传感器，天线能够实时为农机提供导航信息，确保农机按照预设的路线进行作业。导航定位天线如图 3-6 所示。

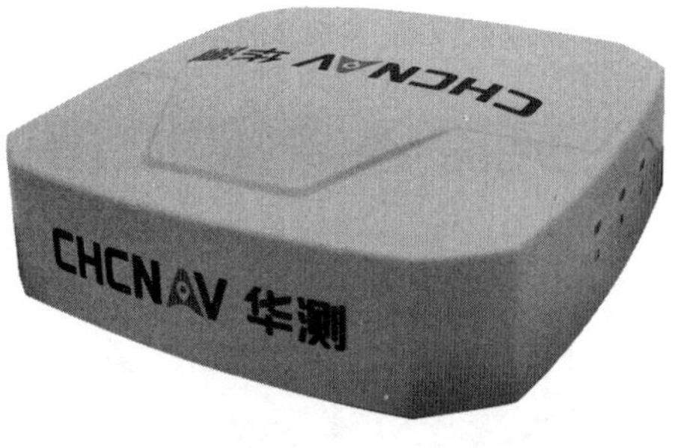

图 3-5　华测导航自动驾驶控制主机

图 3-6　导航定位天线

图 3-7　高精度角度传感器

(四)高精度角度传感器

农机导航中常用的高精度角度传感器(图 3-7)通常基于陀螺仪或加速度传感器等原理进行角度测量,这些传感器通过测量角速度或加速度等物理量,并经过积分等运算,得出角度值。

高精度角度传感器能够实时监测农机在作业过程中的方向角度变化,包括转向、倾斜等,为导航控制系统提供准确的数据支持。通过精确测量角度,角度传感器能够显著提高农机导航的精度,确保农机按照预设的路线和轨迹进行作业,避免偏差和误差。它能够帮助农机自动调整行驶方向,保持稳定的行驶状态。

(五)车载显示终端

配备平板显示系统或其他显示设备(图 3-8),用于显示农机的实时位置、速度、作业状态等信息,操作人员可以通过显示系统对农机进行实时监控和调节。

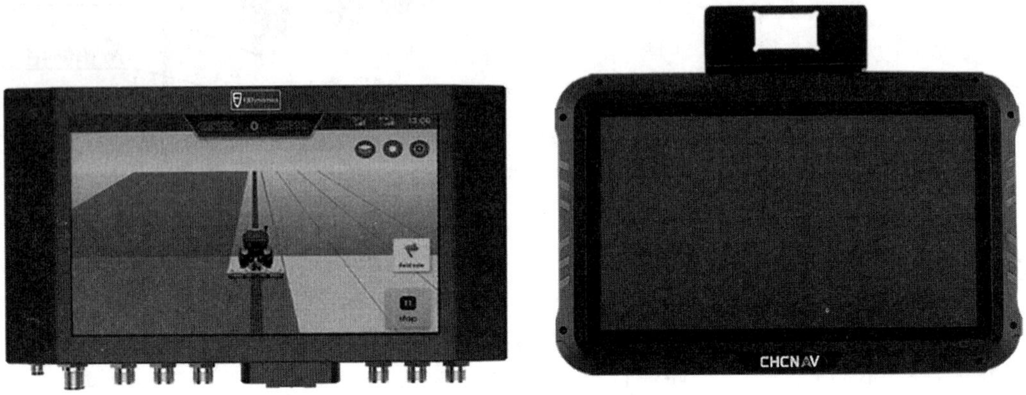

图 3-8　平板显示系统或其他显示设备

除此之外,一般还包括固定架、固定螺丝包、扎带、适配套筒、射频线缆、电源线束、平板通信线束、电机通信线束、IMU(惯导传感器)延长线、快速使用手册、打点器等。

三、安装前车辆检查

在原车基础上加装自动驾驶设备,以下几个常见问题可能会影响自动驾驶作业效果。

(1)查看是否存在方向盘间隙,主要查看前轮羊角、拉杆(两驱)、液压顶杆(四驱)、转向机空程。

(2)查看转向系统泄压状态,泄压是否严重,主要现象:轮胎打死之后方向盘能继续动;打方向轮胎转动不连续或轮胎不动;左右转动不平衡,往一边打方向没问题,往另一边打方向轮胎不动或动得特别小。

(3)车辆向前行进时,方向盘转一圈轮胎转得比较小。

(4)转向器间隙过大,方向盘空转超过 30°。

(5)转向连杆、球头磨损严重。

(6)转向油缸存在渗漏现象。

(7)车辆原地转向时转向重。

(8)车辆行进时转向重。

发现以上问题,请直接联系车主进行车辆维修,避免影响自动驾驶作业的效果,保证安全作业。

四、产品使用注意事项

(1)根据安装方式的不同,车顶卫星天线安装后会比原车高。车辆进出车库或在限高处行驶时,需注意车顶设备安全,防止天线、线缆损坏。

(2)设备长时间不使用时,请将电源线断开连接,防止电瓶电量损失。

(3)非作业时间、非作业区域内,严禁使用自动驾驶系统。

(4)在无信息录入时,设备自动驾驶不能探测到行驶路径上是否有障碍物或其他外部情况,请注意安全并避免外物破坏。

(5)设备使用时,驾驶舱内设备注意防水。进行车辆清洗等工作时,需对设备采取保护措施。

(6)严禁私自拆装设备,除正常操作外的行为,均需根据说明书操作或直接与公司技术人员进行沟通。

五、安全须知

(1)注意设备供电要求(12～14 V),否则会损坏设备。若随车电瓶电压不适合,需增加电压转换稳定模块。

(2)设备供电过程中,请勿拔插电缆,否则可能会损坏设备。

(3)部分导航系统没有配置避障功能,因此工作过程中需要有人在场,避免出现安全事故。

(4)无人驾驶系统使用过程中会接管车辆转向控制系统,接管后车辆可能发生不可判断的移动,因此启动无人驾驶时应清除周围的人和障碍物。

(5)无人驾驶系统不可在公共场所和公共道路上使用,如果在公共场所和公共道路上行驶,请关闭无人驾驶系统的电源。

(6)户外安装基站应注意选择无遮挡、避免雷击、通风良好的环境。注意走线防护,避免紧靠发热元件引起线束损坏。注意安装基站不得松动,使用过程中基站不得发生移动。

(7)严禁在使用自动驾驶系统作业过程中上下车。

六、硬件安装及设备连接注意事项

(一)电动方向盘安装

拆卸方向盘时选择合适的方向盘拆卸工具,将其卡住方向盘,并轻轻晃动,使其逐渐脱离螺丝。拆下方向盘后,检查方向盘固定螺丝,根据转向管柱花键类型,挑选花键套。将不同花键套安装到转向管柱上,左右旋转,无晃动、无间隙为合适。安装好方向盘后,需开动拖拉机进行检查,确保方向盘能够正常转动,并且不会产生异常响声。

电动方向盘的安装要求如下:

(1)电动方向盘转子要与原车转向轴同心。

(2)电机固定支架要方便安装且通用性强。

(二)自动驾驶控制主机安装

(1)安放位置。终端设备严禁放置在发动机舱内,可以放置在驾驶室内,但不要放置在影响驾驶的位置。控制器安装后需要与农机固连,之间的位置变化或晃动均会对产品性能产生较大影响。自动驾驶控制主机安装示意图如图 3-9 所示。

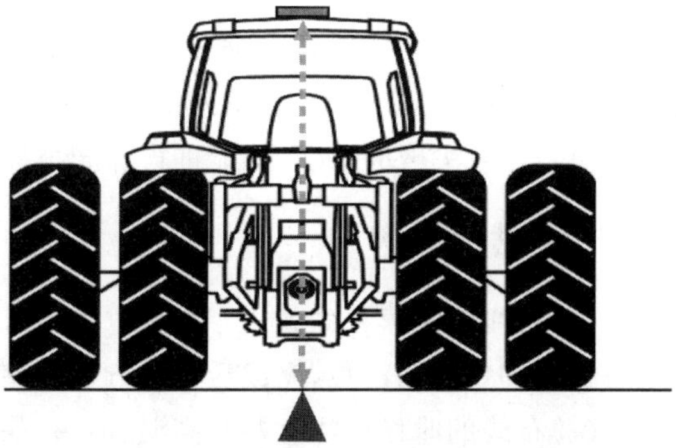

图 3-9　自动驾驶控制主机安装示意图

(2)避免堆叠。终端设备禁止与其他电源线缠绕及和带电设备堆叠，以免终端设备外壳导电，导致电源黑线(负极)短路。

(3)安装环境。在安装终端设备的时候，车辆尽量不要停在地下车库、三角区、室内、金属遮挡物下等，避免定位信号反射与衰减。

(三)定位天线安装

接收机需要安装在车顶，安装方向尽量与拖拉机平行，尽可能安装在拖拉机中轴线上。定位天线安装示意图如图 3-10 所示。

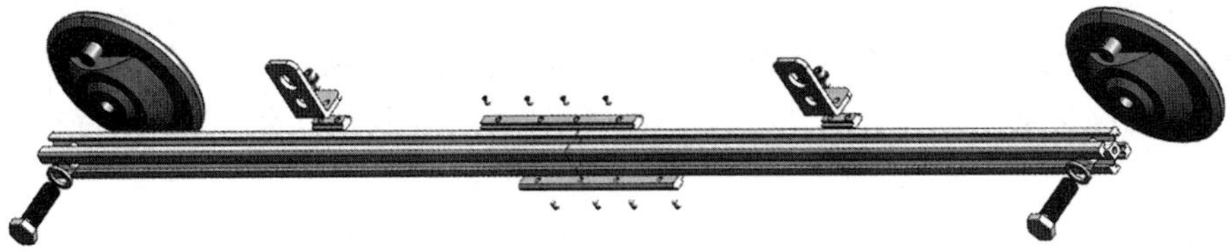

图 3-10　定位天线安装示意图

将天线支架总成安装到整车顶棚上，通过调整套管焊合位置，保证 2 个 GNSS 天线相对车身中心对称并垂直于车身中心。然后通过锁紧螺母保证天线支架总成左右方向无法移动，借用顶棚螺栓将天线支架总成固定。

(四)高精度角度传感器安装

选择一个平稳、无振动、无冲击、无电磁干扰的安装位置，考虑传感器的测量范围和方向，确保传感器能够正确测量所需的角度。根据传感器的尺寸和重量，安装合适的支架或底座，确保支架或底座平整、稳固，并且与传感器尺寸匹配。

将传感器放置在支架或底座上，并使用螺栓或其他紧固件将其固定，在固定过程中，确保传感器轴线与安装面垂直，并且传感器安装牢固、无晃动。

根据传感器的接线图，将电缆连接到传感器的正确端口上，确保电缆连接牢固、无短路或断路现象。如果需要，可以在电缆连接处使用绝缘胶带或热缩管进行保护。

在安装完成后，对传感器进行校准以确保其测量精度。根据传感器的校准方法，使用校准工具或软件对传感器进行校准。记录校准结果，并在需要时进行调整。

在校准完成后，对传感器进行测试以验证其性能和精度。使用已知角度的物体或设备进行测试，并比较传感器测量结果与实际值之间的差异。

如果测试结果不符合要求，检查传感器安装和连接是否正确，并重新进行校准和测试。

(五)车载显示器

车载显示器一般安装在便于驾驶员操作的位置，并且不干扰驾驶员操作机器，技术指标应符合 GB/T 20341—2016 的要求，显示应清晰、准确，信号报警系统和电气照明及其开关的工作应可靠。当差分信号接收失败时，显示屏能进行声光报警。

(六)线束安装

(1)布线的时候首先确认穿线孔位置，将需要布置在驾驶室外的线束依次从穿线孔穿出，布线时要先布置驾驶室外面线束，完成后再布置驾驶室内的线束。

(2)布线的时候要注意避开高温、油污、易剐蹭区域，以及风扇、排气管等附近区域。

(3)布线的时候要预留一定的长度，避免过紧过松；线束布置要顺畅自然，不能拧成麻花状。

(4)电动方向盘会随转轴一起转动，布线的时候要预留足够的长度，并在安装完成后尝试左右打死方向。

(5)线束布置完成后，将多余长度的扎带剪掉。安装完成后，将拆下来的原车配件妥善保管，将装车产生的垃圾清理掉。

任务实施

在任务实施过程中，需确保硬件设备稳定、可靠，设备连接正确、无误，参数配置准确、合理，测试运行顺利、有效。通过本任务的实施，将实现农机导航系统的正常运行和精准作业。

一、硬件安装

(1)准备工作。在硬件安装前，需准备好所需的工具、紧固件、线缆等材料和设备。同时，要查阅并熟悉导航设备的安装指南、使用手册和技术规格，确保安装过程中能够准确操作。

(2)选择安装位置。根据农机型号、结构和作业需求，选择合适的安装位置。一般来说，安装位置应牢固、可靠，避免在作业过程中产生松动或振动。同时，要采取防尘、防水和防雷击等防护措施，确保设备在恶劣环境下能够正常运行。

(3)安装硬件设备。使用适当的工具和紧固件，将导航硬件(如 GPS 接收器、天线、显示屏等)固定在农机上。在安装过程中，要注意设备的方向和角度，确保设备能够正常工作。同时，要检查安装是否牢固、可靠，避免在作业过程中产生松动或脱落。

二、设备连接

(1)确定连接方式。根据设备连接图或手册，确定设备之间的连接方式。一般来说，设备连接包括电源线连接、数据线连接等。要确保连接方式正确和稳定。

(2)连接设备。按照连接方式，将电源线、数据线等正确连接到导航设备和相关传感器、控制器上。在连接过程中，要注意接口的匹配和线缆的长度，确保连接正确、无误。同时，要检查连接是否牢固、可靠，避免在作业过程中产生松动或脱落。

(3)测试连接。连接完成后，要进行测试以确保设备之间的连接正常。可以通过检查设备指示灯、使用测试软件等方式进行测试。如发现问题，要及时进行排查和修复。

三、参数设置

(1)了解参数要求。在配置参数前，要了解导航设备和相关传感器、控制器的参数要求。这些参数包括定位方式、作业模式、作业速度等。要确保参数配置正确、合理。

(2)进行参数设置。根据参数要求，进行参数设置和校准。可以使用导航设备的设置菜单或相关软件进行设置。在设置过程中，要注意参数的单位和范围，确保设置正确、无误。

(3)保存并测试参数。参数设置完成后，要保存并测试参数的有效性。可以通过模拟作业或实际作业的方式进行测试。如发现问题，要及时进行调整和优化。

四、测试运行

(1)选择测试场地。在测试运行前，要选择合适的测试场地。测试场地应具有代表性，能够模拟实际作业环境。同时，要确保测试场地的安全性。

(2)进行测试运行。在测试场地中，按照预定的作业要求进行测试运行。在测试过程中，要观察设备的运行情况、定位精度、作业效率等指标。如发现问题，要及时进行排查和修复。

(3)记录测试结果。测试完成后,要记录测试结果和数据。这些数据可以用于后续的分析和优化工作。同时,要将测试结果与预期目标进行比较,评估导航系统的性能和精度。

通过本任务的实施,可以完成农机导航硬件的安装及设备连接工作。经过测试运行验证,导航系统能够正常运行并满足作业需求。在项目实施过程中,要注重细节和质量控制,确保每个步骤都符合要求。

知识拓展与提升

一、国内农机导航部分品牌

随着农业现代化的高速发展,农民对自动化作业的刚性需求增加,国家各项农机补贴越来越完善,农机导航系统行业也得到快速发展。中国农业大学、华南农业大学、中国农业机械化科学研究院、国家农业信息化工程技术研究中心、中国科学院沈阳自动化研究所和石河子大学等科研院所,是中国较早开展拖拉机自动驾驶导航技术跟踪研究与自主研发的机构。近5年,北京麦格天农科技发展有限公司、北京北斗星通导航技术股份有限公司、北京合众思壮科技股份有限公司、北京盛恒天宝科技有限公司等企业率先引进并推广国外成套自动驾驶导航产品。进而,上海司南导航技术股份有限公司、南京天辰礼达电子科技有限公司、广州中海达定位技术股份有限公司、山东北斗华宸导航技术股份有限公司和上海联适导航技术股份有限公司等陆续进入该行业,并持续开展国产化研发,促进了北斗卫星导航系统的农业应用,提高了农业机械的作业质量。经过国内外十几年来的研发与试验,自动驾驶导航系统已走出实验室,广泛应用到田间作业的拖拉机及自走式农业机械,在农业生产中发挥着重要的作用。

随着现代农业技术的不断发展,农机自动导航已成为农业机械化的新趋势。在未来的农业生产中,北斗农机自动导航必将发挥更为重要的作用,推动中国农业现代化不断向前发展。以下是部分国产农机导航自动驾驶系统品牌的介绍。

1. 丰疆智能科技股份有限公司

丰疆智能科技股份有限公司是一家专注于智能农机导航的企业,成立于2017年。该企业致力于通过智能化、无人化改造推动产业升级,特别是在农业领域。丰疆智能推出的农机导航系统,如疆驭AT2,具备高精度定位、多种作业模式及一键掉头等功能,显著提升了农业作业的标准化和效率化水平。同时,丰疆智能提供完善的售后服务体系,确保用户能够享受到高效高质的支持。丰疆智能导航产品如图3-11所示。

图3-11 丰疆智能导航产品

2. 上海华测导航技术股份有限公司

上海华测导航技术股份有限公司(上海华测)致力于在高精度数据的采集和应用中为客户提供帮助,涵盖精准农业、RTK、GIS、移动测绘、无人机、自动化变形监测系统、智能交通、海洋测绘八大领域的高精度卫星导航定位产品和解决方案。华测导航产品如图 3-12 所示。

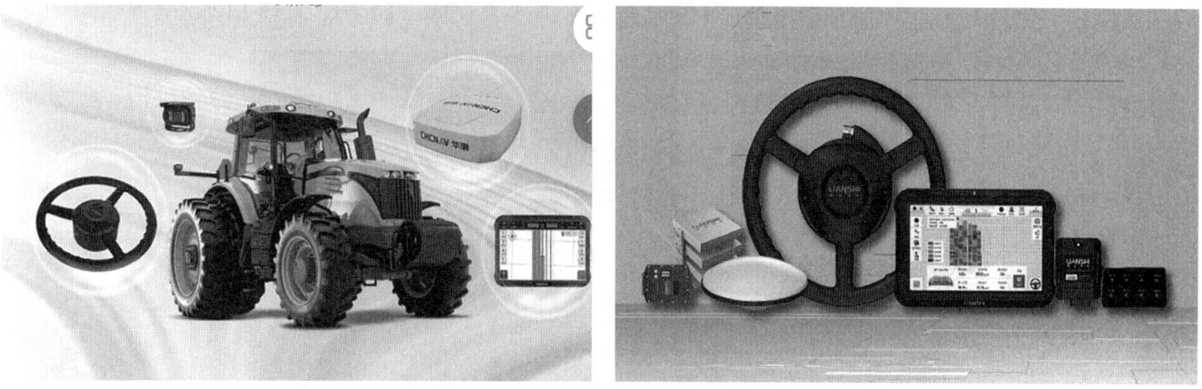

图 3-12　上海华测导航产品

上海华测的产品及解决方案已广泛应用于建筑与基建、地理空间信息、资源与公共事业、机器人与无人驾驶等板块,深入自然资源、建筑施工、交通、水利、电力、农业、教育、环保等行业,并进入智慧城市、数字施工、精准农业、自动驾驶等新兴领域。

3. 上海联适导航技术股份有限公司

上海联适导航技术股份有限公司(联适导航)是一家集研发、生产、销售、服务于一体的高新技术企业,立足于北斗卫星导航,拓展北斗行业应用,致力于为客户提供全方位、多领域的北斗高精度导航定位系统解决方案。联适导航产品如图 3-13 所示。

图 3-13　联适导航产品

联适导航于 2015 年创立于上海,深耕智慧农业领域,是国内较早推出基于北斗卫星导航的电动方向盘自动驾驶系统产品的企业,也是截至目前唯一一家农机无人驾驶系统产品通过推广鉴定的知名高新技术企业,推动了北斗导航在农业领域的大规模应用。产品被认定为国际先进水平,在国内智能农机装备领域占据主导地位,是中国农业机械零部件龙头企业,产品覆盖农业生产的耕种管收全阶段,先后参与包括北大荒农垦集团二道河农场建设首个黑龙江省超千亩的智慧农场项目、建三江农场建设全球首个超万亩的无人化农场等代表性项目。

4. 武汉依迅北斗时空技术股份有限公司

武汉依迅北斗时空技术股份有限公司是一家专注于北斗＋时空智能领域的国家级高新技术企业。在农机导航领域，该企业凭借其核心技术，研发出高精度北斗农机导航系列产品，定位精度达到厘米级。该企业致力于通过技术创新，提供领先的北斗农机自动驾驶解决方案，促进农业现代化和精准化，以科技创新服务农业生产，提升农机作业效率与精准度。依迅北斗导航产品如图 3-14 所示。

图 3-14　依迅北斗导航产品

二、国外农机导航部分品牌

国外在农机导航领域拥有众多知名品牌，这些品牌以其先进的技术和可靠的性能在全球范围内赢得了广泛的认可。以下是部分国外农机导航品牌的介绍。

1. 美国天宝(Trimble)

美国天宝是一家专门从事 GPS 技术的企业，其自动驾驶导航技术被广泛应用于拖拉机和其他农业机械。天宝的农机导航产品具有高精度、高可靠性和易于使用等特点，在全球范围内得到了广泛应用。

尤其是在北美和欧洲的大型农场中，许多农户都选择使用天宝的导航技术来提高作业效率和精度。

美国天宝是一款应用广泛的农机导航产品，其高精度定位技术和稳定的导航性能受到用户的一致好评。该产品能够与多种农机设备无缝集成，实现自动化作业。此外，美国天宝还具有易于操作的用户界面和强大的数据处理能力，能够帮助用户更好地管理和分析作业数据。美国天宝导航产品如图 3-15 所示。

图 3-15　美国天宝导航产品

2. 日本拓普康(Topcon)

日本拓普康是一家专业的定位和测绘设备企业，其农机导航产品在全球范围内也受到了广泛欢迎。这些产品同样具备高精度、高可靠性和易用性，能够满足各种复杂的农机作业需求。

日本拓普康的导航系统在亚洲和欧洲的中小型农场中较为常见，这些农场往往更注重设备的实用性和耐用性。

日本拓普康 Topcon X30(图 3-16)是一款功能强大的农机导航产品，其稳定性和耐用性在业界享有盛誉。该产品适用于各种复杂的农田环境，能够在各种天气条件下提供可靠的导航服务。Topcon X30 还具备智能化的作业监控功能，可以实时记录和分析农机设备的作业状态，帮助用户优化作业流程。

图 3-16　Topcon X30

3. 美国雷文工业(Raven Industries)

美国雷文工业是一家专业从事农业科技创新的企业，其自动驾驶导航技术在北美地区得到了广泛应用。雷文工业的农机导航产品不仅具有高精度和高可靠性，还融入了智能化特性，能够进一步提升农业生产的效率。

雷文工业的导航产品在北美地区的玉米、大豆等大规模种植作物农场中得到了广泛应用。这些农场往往追求更高的自动化和智能化水平，以提高作业效率和产量。

美国雷文工业导航产品(图 3-17)提供了一整套的农机导航和精准农业解决方案，其产品结合了先进的传感器、算法和云服务，为用户提供全面的作业监控和管理功能。美国雷文工业导航产品的导航系统能够实现高度自动化的作业流程，提高作业效率和产量。同时，其精准农业解决方案还能够根据农田的实际情况，为作物提供个性化的养分和水分管理方案。

4. 美国 AG 雷达(AG Leader)

AG 雷达的自动驾驶导航技术也适用于拖拉机和其他农业机械。该企业注重技术创新和产品优化，为农民提供了高效、精准的导航解决方案。

AG 雷达的导航产品在北美和欧洲的多种类型农场中都有应用，尤其适用于那些需要定制化导航解决方案的农场。

除了以上提到的品牌，还有许多其他国外农机导航品牌在市场上占据一席之地，如日本久保田 Kubota、美国 Novariant 等。这些品牌都在不断努力提升产品的性能和技术水平，以满足全球范围内不

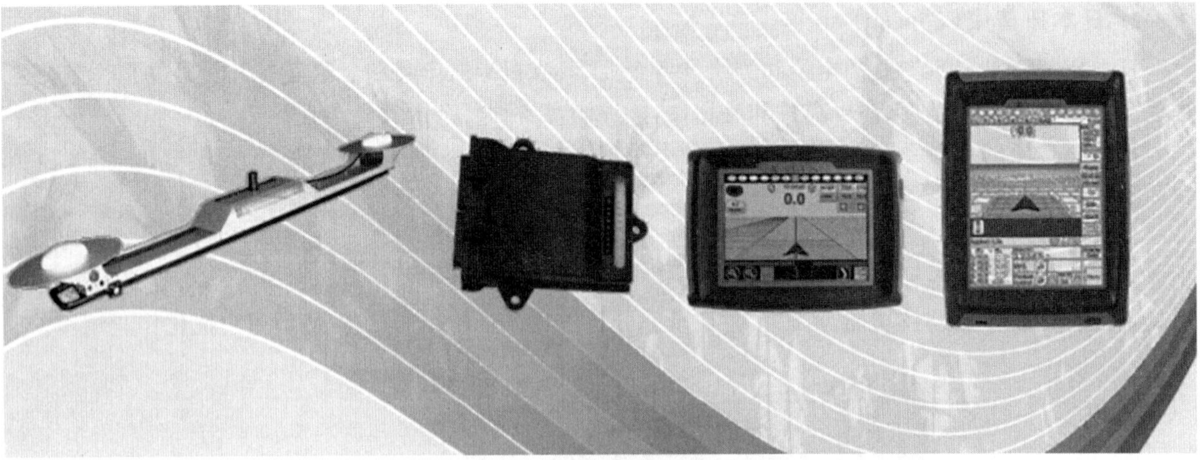

图 3-17 美国雷文工业导航产品

断增长的农业生产需求。

国外农机导航产品在农业生产中扮演着至关重要的角色，它们通过结合先进的定位、导航和传感器技术，为农机设备提供精准、可靠的导航服务，从而显著提高作业效率和精度。

任务测验

一、选择题

1. 农机导航系统安装时，定位天线应安装在(　　)位置以确保最佳信号接收。
   A. 农机顶部中央　　B. 农机侧面
   C. 农机后部　　D. 农机前方
2. 农机导航硬件中，通常用于定位的关键组件是(　　)。
   A. 传感器　　B. GPS 接收器
   C. 控制器　　D. 显示器
3. 关于农机导航硬件的布线，以下说法正确的是(　　)。
   A. 布线应尽可能长，以增加灵活性
   B. 布线应尽量避免弯曲，以保证信号传输质量
   C. 布线颜色无须考虑，只要连接正确即可
   D. 布线应尽可能紧凑，以节省空间

二、判断题

1. 农机导航硬件安装完成后，应立即开机进行长时间测试，以确保其稳定、可靠。(　　)
2. 在进行农机导航硬件安装时，可以随意选择安装位置，只要设备能够正常工作即可。(　　)
3. 布线时，不同颜色的线缆应对应不同的功能，以便后续维护和故障排查。(　　)
4. 农机导航系统安装完成后，即使设备具备防水功能，也不应使用水枪冲洗设备。(　　)

三、填空题

1. 农机导航系统安装时，定位天线应安装在农机____________中央，上方不得有任何遮挡物。

2. 农机导航系统安装时，网络天线由于线束较短，应使用________固定好位置。
3. 为了提高农机导航系统的精度，需要定期校准________，以确保其准确性。

四、实践题

简述农机导航硬件系统的主要组成部分及其功能。

任务二　设置农机导航系统软件参数

任务描述

作为导航技术股份有限公司的员工，小李被指定为安装技术服务的负责人，负责农机导航软件的设置工作。本次任务的目标是确保5台农机设备的导航软件得到正确安装、配置，并能稳定、高效地为农业生产提供服务。

小李需要根据设备型号和配置要求，选择正确的农机导航软件版本，按照安装指南进行安装后，对农机导航软件进行系统配置，包括设置设备的基本参数，以及导入地图数据和作业区域信息，同时，还需要根据农机的实际使用情况，调整软件的运行参数和设置。

任务目标

能力目标

- 精确设置农机导航软件基础信息。
- 准确测量车辆参数，精细录入系统。
- 全面调试农机导航系统，确保其稳定可靠。

知识目标

- 熟悉农机导航软件的功能使用。
- 了解车辆参数测量方法。
- 熟悉系统使用流程及相关的辅助功能。

素养目标

- 在农机导航软件设置过程中，能够根据实际情况进行灵活调整和创新，优化软件配置，提高软件性能，提高实践创新能力。
- 在设置农机导航软件时，始终保持高度的安全意识，确保软件系统的安全性和稳定性。在软件使用过程中，能够及时发现并处理异常情况，确保农机设备的正常运行，提高安全意识与风险防控能力。

任务分析

小李作为导航技术股份有限公司的安装技术服务负责人，肩负着确保 5 台农机设备导航软件正确安装、配置并高效服务农业生产的关键任务。为实现此目标，他需首先深入分析每台农机设备的型号和配置要求，全面了解设备的技术参数和兼容性。基于这些信息，小李能够精确选择最适配的农机导航软件版本，以保证与农机设备完美匹配。他需对导航软件进行系统配置，涵盖设备基本参数，如定位方式和通信协议等的设置，测量各项数据录入系统。

同时，他还需要密切关注农机的实际使用情况，根据农机的作业需求和环境特点，灵活调整软件的运行参数和设置。不断优化、不断调试，只为让导航软件在农业生产中达到最佳的工作效率并保持稳定性。

知识学习

一、农机导航软件注册登录

在现代农业生产中，农机导航软件发挥着越来越重要的作用。丰疆作为知名的农机导航品牌，其软件的注册登录过程对于新用户来说至关重要。下面以丰疆农机导航软件为例，详细解析注册登录步骤，以便用户能够更好地理解和操作。

（一）准备工作

在注册登录丰疆农机导航软件之前，用户需要做好以下准备工作：确保手机已连接互联网，以便能够正常下载和安装丰疆农机导航软件；准备好有效的手机号码，用于接收验证码和后续登录验证。丰疆农机导航软件如图 3-18 所示。

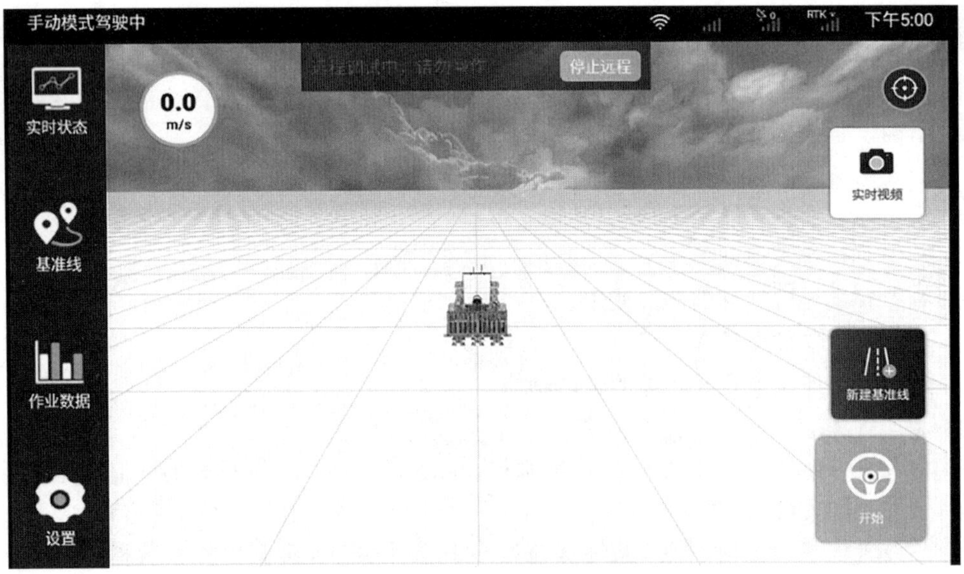

图 3-18　丰疆农机导航软件

(二)注册登录

打开已安装的丰疆农机导航软件,进入应用主界面。在主界面上,点击右下角的【我的】按钮,进入个人中心页面。丰疆农机导航软件登录界面如图 3-19 所示。在个人中心页面上,找到并点击【登录/注册】按钮,进入注册登录页面。

图 3-19 丰疆农机导航软件登录界面

1. 注册步骤

(1)点击【注册】按钮,进入注册页面。

(2)在注册页面上,输入手机号码,并点击【获取验证码】按钮。此时,系统会向用户输入的手机号码发送一条包含 4 位验证码的短信。

(3)用户需要仔细核对短信内容,并准确输入这 4 位验证码。

(4)输入验证码后,用户需要设置一个登录密码。建议密码长度不少于 8 位,包含字母、数字和特殊字符,以提高账号安全性。

(5)完成密码设置后,点击【立即注册】按钮,即可完成注册过程。系统会提示用户注册成功,并自动登录到个人中心页面。

2. 登录步骤

(1)在注册成功后,用户可以直接在个人中心页面上进行登录操作。

(2)点击【登录】按钮,进入登录页面。

(3)在登录页面上,输入已注册的手机号码和密码。

(4)点击【登录】按钮,系统会验证用户输入的信息是否正确。如果信息正确,用户将成功登录到个人中心页面;如果信息错误,系统会提示用户重新输入。

(三)注意事项

(1)在注册和登录过程中,请确保输入的手机号码和密码准确无误,以免因信息错误导致注册登录失败。

(2)请妥善保管好自己的账号密码,不要将账号密码泄露给他人,以免造成不必要的损失。

(3)如果在注册登录过程中遇到问题或疑问,可以联系丰疆客服进行咨询和解决。

二、查询更新软件版本操作

在现代农业的发展中,农机导航软件作为智能化农业的重要工具,其软件版本的更新对提升作业效率、优化用户体验以及保障系统安全至关重要。丰疆作为农机导航领域的知名品牌,其软件的更新操作同样值得用户关注。以下将详细介绍丰疆农机导航软件更新软件版本的操作步骤，以及相关的准备事项。

(一)更新前的准备与检查

在更新丰疆农机导航软件之前，用户需要做好充分的准备工作，以确保更新过程的顺利进行。

(1)确认当前软件版本是关键的一步。用户可以通过进入软件的【设置】或【关于】界面，查看当前版本信息，并了解当前版本的功能和状态。同时，为了避免在更新过程中数据丢失，用户应备份重要的导航数据、作业记录等。这些数据可能包括农机位置信息、作业轨迹、历史数据等，对于用户来说具有重要的价值。

(2)用户需要检查网络连接状态。因为软件更新需要稳定的网络环境，用户应确保手机或平板设备已连接至可靠的 Wi-Fi 或移动网络。网络速度的稳定性和连接性将直接影响软件更新的速度和成功率。

(二)更新操作过程

当用户完成更新前的准备工作后，就可以开始更新软件版本了。

(1)打开已安装在设备上的丰疆农机导航软件。在软件主界面或设置菜单中，找到并点击【检查更新】或类似的选项。软件将自动连接到丰疆的服务器，检查是否有可用的新版本。如果发现有新版本可用，软件将提示用户下载并安装。

(2)用户需要点击【下载】或【立即更新】按钮开始下载过程。下载时间取决于新版本的大小和网络速度。在下载过程中，请确保设备保持连接至网络，并避免进行其他可能影响下载的操作。

(3)下载完成后，软件将自动开始安装新版本。用户需要耐心等待安装完成，期间不要进行其他操作或关闭软件。安装过程中，软件可能会对旧版本的数据进行迁移和整理，以确保新版本能够正常使用。

(4)安装完成后，软件将提示用户重启以应用更新。用户需要按照提示重启软件，并等待软件重新加载和初始化。重启后，用户将进入更新后的软件界面，并可以开始体验新版本的功能和变化。

(三)更新后的检查与总结

在更新完成后，用户需要进行一些必要的检查和总结工作。

(1)用户需要测试软件的各项功能是否正常工作。特别是新版本中新增或改进的功能，用户需要仔细测试并确认其稳定性和可用性。同时，用户还需要关注软件的性能和稳定性，以确保新版本能够正常运行并满足使用需求。

(2)用户需要关注软件的版本信息。在重启软件后，用户应进入【设置】或【关于】界面，确认软件版本已更新为最新版本。这将有助于用户了解当前使用的软件版本信息，并与其他用户进行交流和分享。

(3)用户需要总结更新过程中的经验和问题。如果在更新过程中遇到了问题或困难，用户可以查看丰疆农机导航软件的官方文档或联系客服进行咨询和解决。同时，用户也可以分享自己的更新经验和技巧，以帮助其他用户更好地进行软件更新操作。

三、连接 RTK 操作

农机导航软件的连接 RTK 操作对实现精准农业作业至关重要。以丰疆农机导航软件为例，以下是详细的连接 RTK 操作的步骤。

(一)准备阶段

确保 RTK 基站(图 3-20)和移动站设备已经安装好，并且电池电量充足，基站需要安装在开阔且高程相对稳定的地方，以确保能够稳定接收卫星信号。检查所有设备（包括 GNSS 接收器）的连线和接口，确保无误。

打开丰疆农机导航软件，并熟悉软件界面和操作逻辑。

图 3-20　RTK 基站

（二）设置基站

在软件中选择【基站设置】或类似选项，输入基站的唯一标识信息（如 SN 号或 MAC 地址），设置基站的坐标参考系（如 WGS84），并启动基站的 GNSS 接收器。设置移动站，选择【移动站设置】或类似选项，确保移动站天线与基站天线在同一水平高度，以减少大气干扰。将移动站的 GNSS 接收器设置为 RTK 模式，并连接到基站的无线电透传设备。基站设置如图 3-21 所示。

（三）数据连接与通信设置

确保基站和移动站之间的无线电透传设备连接正常，并能相互通信。设置基站和移动站的通信频率，确保数据能够顺利传输。

（四）启动、测试 RTK

在软件中启动 RTK 功能，等待一段时间，直到基站和移动站之间建立起稳定的 RTK 差分连接。在建立连接后，选择一个已知点进行定位测试，对比软件显示的定位结果与实际位置的差异，确保连接的准确性和可靠性。

一旦连接成功并验证无误，就可以开始使用农机导航软件进行精准作业。在使用过程中，可以根据需要调整参数和设置，以优化定位和导航效果。

通过上述步骤，可以顺利完成丰疆农机导航软件与 RTK 设备的连接操作，为精准作业提供有力支持。

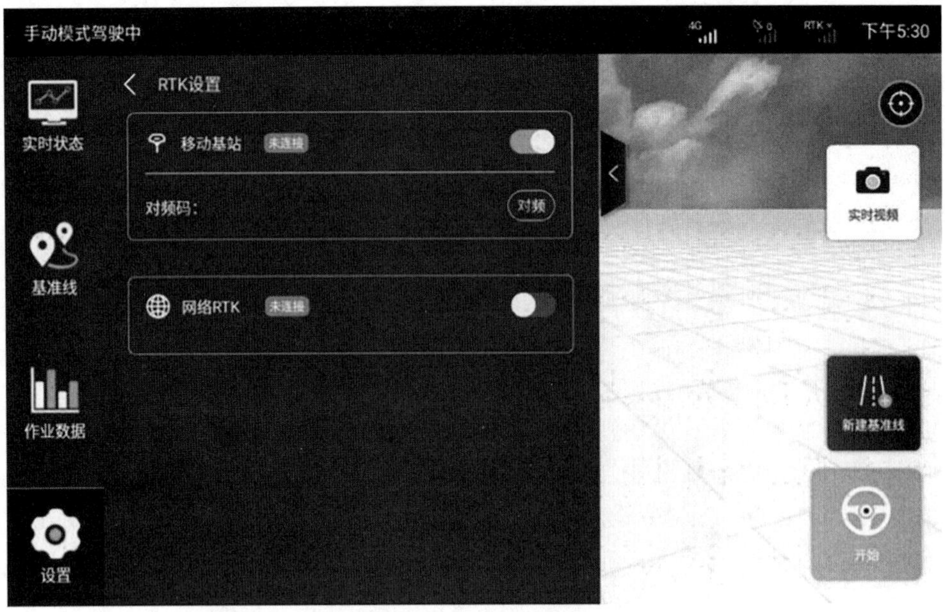

图 3-21　基站设置

四、整车标定与车辆参数设置

（一）整车标定

农机导航软件的整车标定操作对保证农机导航的精准性和稳定性至关重要。整车标定操作软件界面如图 3-22 所示。以丰疆农机导航软件为例，整车标定主要包括以下几个步骤。

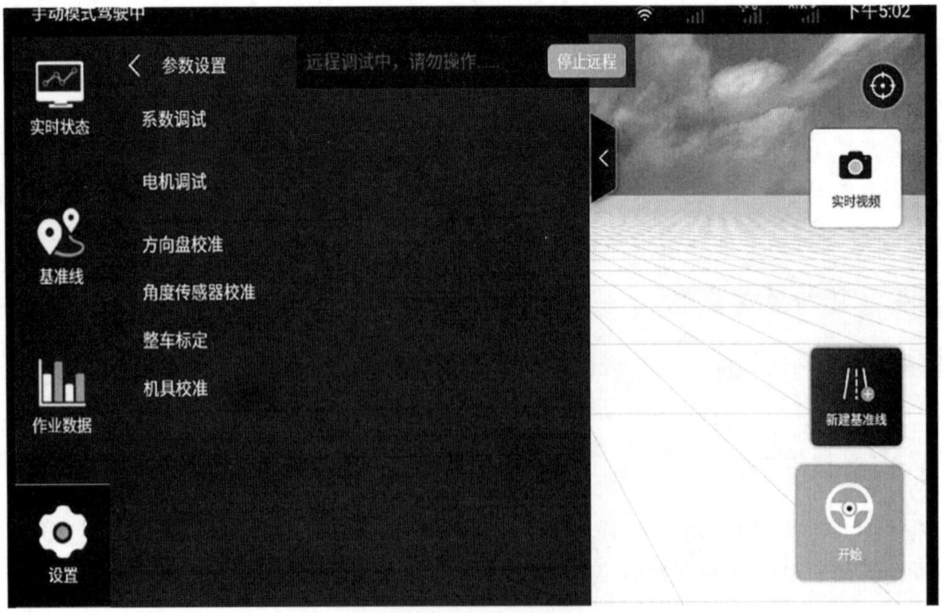

图 3-22　整车标定操作软件界面

(1)准备阶段。首先,确保农机停放在平坦、开阔且无遮挡物的场地上,以便接收清晰的卫星信号。同时,检查农机各部件,如传感器、天线等,确保它们安装正确并处于良好工作状态。

(2)软件启动与设置。打开丰疆农机导航软件,进入整车标定界面。根据软件提示,选择相应的农机型号和配置信息。

(3)参数校准。按照软件要求,进行姿态校准、航向校准、天线对中等参数校准。这些校准操作有助于消除设备误差,提高定位精度。整车标定参数校准软件界面如图 3-23 所示。

图 3-23　整车标定参数校准软件界面

(4)整车标定。在参数校准完成后,进行整车标定。按照软件提示,驾驶农机在指定区域内行驶,以收集并处理相关数据。这一过程通常需要农机在多个不同方向上行驶,以充分测试并优化导航系统的性能。

(5)结果验证。完成整车标定后,对结果进行验证。通过实际作业测试,检查农机导航的精准性和稳定性是否达到预期效果。

通过以上步骤,可以完成丰疆农机导航软件的整车标定操作,确保农机在导航过程中能够实现精准、稳定的作业。

(二)车辆参数设置

农机导航软件的车辆参数测量、录入操作对于保证农机精准导航来说至关重要。

1. 测量操作

(1)前轮轮距测量。

确定位置:确定前轮的 2 个中心点。对于多轮胎的前轮组,应选择最外侧的轮胎作为基准点。

水平测量:使用测量工具从一侧轮胎的中心点到另一侧轮胎的中心点进行水平测量。确保测量尺与地面平行,以获得准确的水平距离。

记录数据:将测量得到的前轮轴距数值记录下来,以便后续录入农机导航软件中。

图 3-24 为前轮轮距测量。

(2)前后轮轴距测量。

确定前后轮中心:分别确定前轮和后轮的中心点。对于多轮胎的轮组,同样选择最外侧的轮胎作为基准点。

直线测量:使用测量工具从前轮中心点沿直线方向测量到后轮中心点的距离。确保测量尺与车辆行驶方向平行,以获得准确的前后轮轴距。

记录数据:将测量得到的前后轮轴距数值记录下来,如图 3-25 所示。

图 3-24 前轮轮距测量

图 3-25 前后轮轴距测量

(3)定位天线—中轴距离测量。

确定中轴线:首先确定车辆的中轴线,即前后轮中心点的连线。

定位天线位置:找到定位天线的安装位置,并确定其中心点。

垂直测量:使用测量工具从定位天线中心点到中轴线进行垂直测量。确保测量尺与地面垂直,以获得准确的定位天线—中轴距离。

记录数据:将测量得到的定位天线—中轴距离数值记录下来,注意标记方向(如左侧或右侧)。

(4)定位天线—后轴距离测量。

确定后轴线:确定车辆后轴的中心线位置。

定位天线位置:同样找到定位天线的安装位置并确定其中心点。

水平测量:使用测量工具从定位天线中心点到后轴中心线进行水平测量。确保测量尺与地面平行,以获得准确的定位天线—后轴距离。

记录数据:将测量得到的定位天线—后轴距离数值记录下来,注意标记方向(如左侧或右侧)。

(5)定位天线高度测量。

确定基准点:选择一个固定的基准点,如地面上的某个标记点或车辆上的某个固定位置。

测量工具:使用激光测距仪或卷尺等测量工具。

垂直测量:从基准点垂直向上测量到定位天线安装位置的高度。确保测量尺与地面垂直,以获得准确的定位天线高度。

记录数据:将测量得到的定位天线高度数值记录下来。

(6)测量注意事项。

在测量过程中,确保测量工具准确、可靠,并按照规范进行操作。对于复杂的农机结构,可能需要多个测量点或多个测量工具来确保数据的准确性。

在记录数据时,注意标记方向、单位等信息,以便后续正确录入到农机导航软件中。

2. 录入操作

以丰疆农机导航软件为例,以下是详细的车辆参数测量录入操作,旨在帮助用户准确、高效地完成此过程。

(1)在开始车辆参数测量录入操作之前，用户应确保已正确安装并启动丰疆农机导航软件。同时，需要准备相应的工具，如测量尺、记录本等，以便准确获取及记录农机的各项参数。

(2)在软件主界面，用户应找到并点击【车辆信息】或类似选项，进入车辆参数管理界面。该界面将展示所有与农机导航相关的车辆参数，用户可以在此进行参数的测量和录入。车辆信息录入软件界面如图 3-26 所示。

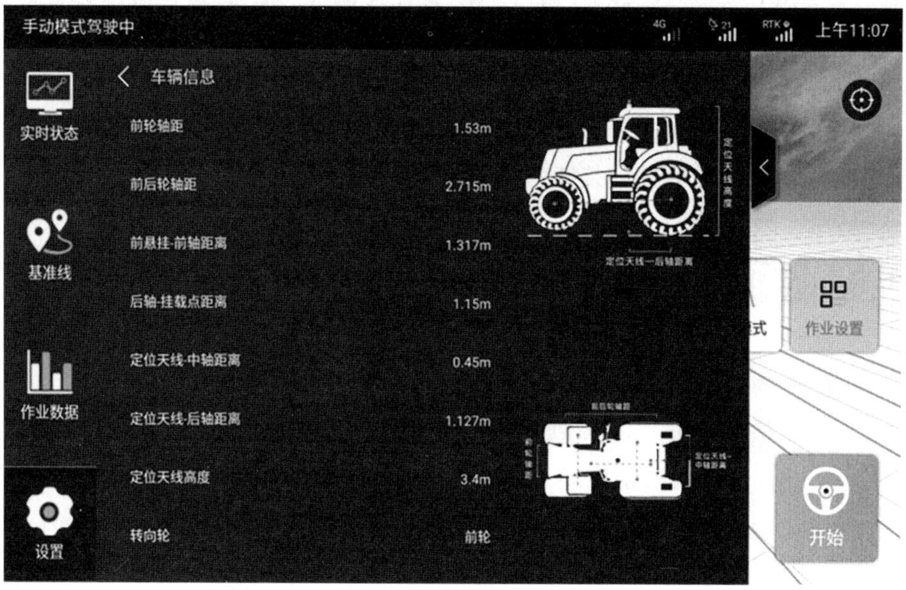

图 3-26　车辆信息录入软件界面

任务实施

作为导航技术股份有限公司的安装技术服务负责人，小李在负责农机导航软件的设置工作时，需要确保每一步都精准无误，以支持农业生产的高效运行。以下是小李为确保任务顺利实施需要开展的工作。

(1)需求分析与版本选择。

小李需要深入了解每台农机设备的型号、硬件配置以及使用需求。基于这些信息，他需要从公司提供的多种导航软件版本中选择最适合的版本，确保软件与硬件的兼容性。

(2)安装与初始设置。

软件安装：按照安装指南，小李需逐台为农机设备安装导航软件，并确保安装过程中不出现任何错误。

基本参数设置：安装完成后，小李需要设置农机设备的基本参数，如前轮轴距、前后轮轴距、定位天线高度等，以确保导航软件能够准确识别农机设备的状态。

(3)地图数据与作业区域配置。

地图数据导入：根据农机作业的区域，小李需要导入相应的地图数据，包括地形、道路、农田布局等信息，为农机设备的导航提供准确的地理定位。

作业区域设置：在地图数据的基础上，小李需要设置农机设备的作业区域，包括作业路径、作业模式等，以确保农机设备能够按照预定的路径和模式进行作业。

(4)运行参数调整与优化。

参数调整：根据农机的实际使用情况，如行驶速度、转向半径等，小李需要调整导航软件的运行参数，以优化农机设备的作业效率。

性能优化：通过调整软件参数和设置，小李还需要确保导航软件在农机设备上能够稳定运行，减少故障率和停机时间。

(5)测试与验证。

完成上述设置后，小李需要对每台农机设备进行实地测试，以验证导航软件的稳定性和高效性。在测试过程中，他需要关注软件的运行状况、定位精度、作业效率等方面，确保导航软件能够满足农业生产的需求。

(6)后期跟进与服务。

任务完成后，小李还需要提供后期跟进与服务，包括定期维护、更新软件版本、解决客户在使用过程中遇到的问题等，以确保导航软件能够持续为农业生产提供稳定、高效的服务。

知识拓展与提升

图 3-27　打点器

打点器(图 3-27)能够精确记录农机行驶的轨迹和关键位置信息，为农业生产的规划、管理和监控提供基础数据。接下来将讲解农机导航设备中打点器的基础知识，包括其功能、工作原理、类型、应用场景以及选择要点等方面。

1. 打点器的功能

(1)位置记录。打点器最主要的功能是实时记录农机在田间的位置信息。通过与卫星定位系统(如 GPS、北斗等)的配合，打点器可以精确获取农机的经纬度坐标，并将其存储下来。这些位置信息对后续的作业规划、面积计算、路径优化等具有重要价值。

(2)边界绘制。在进行农田作业时，需要明确作业区域的边界。打点器可以通过在农田边界行走一圈并记录位置点，绘制出准确的农田边界。这有助于避免农机在作业过程中超出边界，造成不必要的损失和浪费。

(3)关键点标记。除了记录整体的位置轨迹外，打点器还可以对一些特殊的关键点进行标记，如田块的拐角、障碍物位置、水源点等。这些关键点的标记可以帮助用户更好地了解农田的地形和环境，以便在后续作业中进行针对性的处理。

(4)数据存储与传输。打点器记录的位置数据需要进行存储和传输，以便后续的分析和应用。一般来说，打点器会配备一定容量的内部存储，可以存储大量的位置数据。同时，它还可以通过无线通信技术(如蓝牙、Wi-Fi 等)将数据传输到其他设备(如手机、电脑等)上，方便数据的管理和分析。

2. 打点器的工作原理

打点器是基于卫星定位系统来记录数据的。目前常用的卫星定位系统包括 GPS、北斗卫星导航系统等。这些卫星导航系统通过向地面发射无线电信号，农机上的打点器接收这些信号并通过计算得出自身的位置信息。

打点器接收到卫星定位信号后，会对其进行处理和分析，以获取准确的位置坐标。同时，它会将这些位置信息按照一定的时间间隔进行存储，形成一条完整的位置轨迹。

为了方便用户操作和使用打点器，通常会配备一个简单易用的人机交互界面。用户可以通过这个界面进行一些基本的设置，如选择卫星导航系统、设置打点间隔、查看位置数据等。

当需要将打点器记录的数据传输到其他设备时，就需要用到数据传输功能。一般来说，打点器会支持多种数据传输方式，如蓝牙、Wi-Fi 等，以满足不同用户的需求。

3. 打点器的类型

(1)手持打点器。手持打点器是一种便携式的打点器,用户可以手持它在田间行走并进行打点操作。这种打点器通常体积较小、重量较轻,方便携带,但它的定位精度相对较低,适用于一些对精度要求不高的场景。

(2)车载打点器。车载打点器是安装在农机上的打点器,它可以随着农机的行驶自动进行打点操作。这种打点器的定位精度较高,数据记录更加准确,但它需要与农机进行配套安装,使用起来相对不太方便。

(3)智能打点器。智能打点器是一种集成了更多功能的打点器,除了基本的位置记录和边界绘制功能外,它还可以与其他农机设备进行联动,实现更加智能化的作业控制。例如,智能打点器可以根据预设的作业路径自动控制农机的行驶方向,提高作业效率和精度。

4. 打点器的应用场景

(1)农田规划。在进行农田规划时,需要了解农田的实际面积、形状等信息。打点器可以通过在农田边界行走一圈并记录位置点,从而绘制出准确的农田边界,为农田规划提供准确的数据支持。

(2)播种作业。在播种作业中,需要保证播种的行距和株距均匀一致。打点器可以通过记录农机的行驶轨迹,计算出播种的行距和株距,并进行实时调整,确保播种作业的质量。

(3)施肥作业。在施肥作业中,需要根据农田的肥力状况进行精准施肥。打点器可以通过记录农机在不同区域的行驶轨迹,结合土壤肥力监测数据,实现对不同区域的精准施肥,提高肥料利用率。

(4)灌溉作业。在灌溉作业中,需要根据农田的需水情况进行合理灌溉。打点器可以通过记录农机在不同区域的行驶轨迹,结合土壤湿度监测数据,实现对不同区域的精准灌溉,节约水资源。

打点器作为农机导航设备的重要组成部分,在现代农业生产中发挥着越来越重要的作用。通过对打点器的功能、工作原理、类型、应用场景以及选择要点的了解,可以帮助用户更好地选择和使用打点器,提高农业生产的效率和质量。随着科技的不断进步,相信打点器将会不断升级和完善,为现代农业的发展做出更大的贡献。

任务测验

一、选择题

1. 农机导航软件设置时,首先需要进行(　　)操作。

A. 设定行进路线　B. 连接 RTK 网络　C. 设置基本参数　D. 升级软件版本

2. 在农机导航软件中,(　　)用于设置农机作业速度。

A. 导航设置　B. 作业参数　C. 地图管理　D. 系统维护

3. (　　)不是农机导航软件设置中的常见参数。

A. 农机型号　B. 卫星信号接收模式

C. 农田土壤类型　D. 地图比例尺

二、判断题

1. 在农机导航软件中,可以随意更改地图比例尺而不会影响导航精度。(　　)

2. 农机导航软件的导航视角设置只能通过软件内部操作完成,不能通过外部设备调整。(　　)

3. 农机导航软件的设置参数一旦确定,就不能再更改。(　　)

三、填空题

1. 农机导航软件设置时，需要连接____________网络以获取差分信息。
2. 在农机导航软件中，通过____________可以设定行进路线和导航模式。
3. 为了确保农机导航软件的正常运行，需要定期对其进行____________和更新。

四、实践题

简述农机导航软件设置中的“连接 RTK 网络”步骤。

任务三　安装耕整地作业农机导航系统

任务描述

开春了，小李决定对自家耕地进行翻耕，由于计划需要种植的土豆面积比较大，需要耕整地的面积较大，为了节省劳动力，提高农业生产效率，小李决定购买导航系统，安装在拖拉机上。本次的工作任务是耕整地导航系统安装，小李该如何安装导航系统呢？

任务目标

能力目标

- 能正确使用常用工量具。
- 具备丰疆导航系统在耕整地机械中的安装技能。
- 能对安装完成的导航系统进行调试。

知识目标

- 了解主要的耕地机械类型。
- 知道丰疆导航系统在耕整地机械中的安装流程。

素养目标

- 通过在耕整地机械中安装导航系统，培养实操动手能力，以及发现问题和解决问题的能力。
- 通过在拖拉机上选择合适的安装位置，培养沟通能力、语言表达能力、合作能力。

任务分析

本次的工作任务是导航系统在耕整地作业机械拖拉机中的安装。首先要了解各个品牌的导航系统特点，准备好安装工具和场地；其次是根据拖拉机的型号确定导航系统安装位置和固定方式，按照安装流程，将导航系统安装到耕整地作业机械上；最后是进行设备调试。

知识学习

一、安装工具基本知识

（一）常用工具

在机械设备安装中，常见的工具如下。

(1)扳手类。常见的有普通扳手、梅花扳手、叉形扳手、扭力扳手等。普通扳手主要用于拆卸各种规格的螺母和螺栓，适用于位置较狭窄的螺母。梅花扳手和叉形扳手，适用于特定规格和形状的螺母和螺栓。扭力扳手包括普通扭力扳手和电子扭力扳手，前者通过调节扭矩数值来正确调整扭力大小，后者通过电子显示屏实时显示扭矩大小，更加精确。

(2)螺丝刀类。主要有一字槽螺钉旋具(螺丝刀)、十字槽螺钉旋具(螺丝刀)、快速螺钉旋具、弯头螺钉旋具等。电动工具主要有电锤、电动螺丝刀等。

（二）常见量具

常见量具有皮尺、卷尺、游标卡尺、塞尺等。

以上工具和量具的使用，能够提高工作效率和准确性。实际应用中，需要根据具体的拆装需求和设备的类型来选择合适的工具和量具。

二、耕地机械类型

耕地机械主要类型包括铧式犁、深松犁、旋耕机等。这些机械类型涵盖了从基础耕作到深层翻整的不同需求，为农业生产提供了有效的支持。

铧式犁用于破碎土块并耕出槽沟，为播种做准备。深松犁是与大马力拖拉机配套的机器，用于深层土壤耕作，恢复土壤结构，提高蓄水保墒能力。旋耕机(图 3-28)主要是与拖拉机配套完成耕地作业，因为碎土能力强，耕后地表平坦，所以得到了广泛的应用。

图 3-28　旋耕机

任务实施

以丰疆疆驭 AT2 自动驾驶系统为例，将其安装在 XZJ604 型号的拖拉机上，以下是安装流程。

一、准备任务

(一)制订导航系统的安装流程计划

根据丰疆疆驭 AT2 自动驾驶系统的安装操作手册，制订安装流程。

(二)准备工量具

根据丰疆疆驭 AT2 准备必要的工量具，如十字螺丝刀、内六角扳手、外六角扳手、套筒扳手、剪刀、卷尺等。

(三)确保操作环境安全

根据农业机械型号和自身需求，选择合适的导航系统。选择品牌可靠、质量有保障的导航设备，以确保其稳定、安全。准备所需的工具和材料，将农用机械停在安全的地方，断开电池连接以确保安全，遵循操作手册与应急准备。

二、丰疆导航系统在耕整地机械上的安装

如图 3-29 所示，拖拉机安装了丰疆疆驭 AT2 自动驾驶系统后，能实现误差在 2.5 cm 以内的高精度作业，以下是安装步骤。

图 3-29　安装了导航系统的拖拉机

(一)开箱检查

首先，开箱验货；其次，检查一下要安装的机器是否正常无故障，检查、核对智能套件的清单与实件是否一一对应，确认无误；最后，根据机器的前桥类型选择合适的角度传感器底座，安装时需注意安全。部件名称和数量见表 3-1。

表 3-1　部件名称和数量

序号	名称	数量	备注
车载显控终端包装盒			
1	姿态传感器	1	
2	车载显控终端	1	
3	GNSS 天线	2	
4	自封袋 7 号	1	
5	导航系统服务标识	2	
6	说明书	1	
7	合格证	1	
8	自封袋 7 号(姿态传感器安装)	1	装序号 9 螺钉
9	自攻螺钉 ST4.8 * 25	4	
电动方向盘及线束支架包装盒			
1	转向电机	1	
2	防尘盖	1	
3	防尘盖 logo	1	
4	方向盘	1	
5	自封袋 7 号(电机安装)	1	装序号 6～11 标准件
6	垫圈 5	6	
7	垫圈 6	2	
8	平垫圈 6	2	
9	内六角螺钉 M5 * 16	2	
10	内六角螺钉 M6 * 16	6	
11	十字槽沉头螺钉 M4 * 12	6	
12	TNC 直公头转 TNC 弯公头 5.5 m 馈线	2	
13	尼龙扎带	20	
14	智能主线束(Ⅱ)	1	
15	波纹管	1	
16	转向电机连接线	1	
17	转向电机电源总线	1	
18	姿态传感器线束	1	
19	角度传感器总成	1	
20	角度传感器连接支架	1	
21	固定支架	1	
22	软管环箍 165	2	
23	自封袋 9 号(角度传感器安装)	1	装序号 26～30 标准件

续表3-1

序号	名称	数量	备注
24	十字槽沉头螺钉 M5 * 8	4	
25	六角头螺栓 M5 * 16	2	
26	垫圈 5	2	
27	六角螺母 M5	2	
28	平垫圈 5	4	
29	套管焊合	2	
30	天线连接架	1	
31	GNSS 天线支架	2	
32	外六角螺栓	2	
33	自封袋 9 号	1	
34	六角头螺栓 M5 * 16	4	
35	六角头螺栓 M8 * 50	4	
36	平垫圈 8	8	
37	平垫圈 16	4	
38	垫圈 8	4	
39	六角螺母 M5	4	
40	六角螺母 M8	4	
41	车载显控终端支架(Ⅱ型)	1	
42	自封袋 7 号(车载显控终端安装)	1	
43	带弹平垫盘头螺栓 M6 * 14	4	
44	4G 天线	1	吸盘式天线

丰疆疆驭 AT2 自动驾驶系统产品包装箱如图 3-30 所示。对设备的安装位置、供电及走线等进行检查,确认无误后开始安装。

图 3-30　产品包装箱

(二)准备安装工具

安装丰疆疆驭 AT2 自动驾驶系统所需要的装配工具如表 3-2 所示。

表 3-2　装配工具

丰疆疆驭 AT2 自动驾驶系统装配工具				
序号	工具	推荐型号	数量	用途
1	十字螺丝刀	中号	1	花键套安装
2	内六角扳手	5	1	电机下固定支架
3	外六角扳手	8	2	吸盘支架安装
4		10	1	车载显控终端固定 U 型螺栓禁锢
5		13	2	天线支架安装； 转向电机卡箍支架安装
6		24	1	GNSS 天线螺栓
7		12/14	1	电瓶电线安装(不同车螺栓不一样)
8			1	前桥螺栓拆卸安装型号不定,不同桥所用螺栓不一样
9	套筒扳手		1	加长套筒,拆卸方向盘螺栓,套筒型号根据不同的方向柱而定
10		8	1	自攻钉固定姿态传感器
11	工具刀		1	开箱使用
12	剪刀		1	剪扎袋
13	卷尺	5 m	1	测量车身参数

(三)主要部件

丰疆疆驭 AT2 自动驾驶系统主要部件(图 3-31)由车载显控终端、电动方向盘、角度传感器、GNSS 天线等组成。

图 3-31　丰疆疆驭 AT2 自动驾驶系统主要部件

(1)车载显控终端,车机控制与通信终端。

(2)电动方向盘,包括转向电机和方向盘。

(3)角度传感器,监测车轮转动角度,实时判断车辆行驶方向。实时感应车身姿态信息,实现全地形数据补偿,保障车辆在坡地、高速等作业环境中的作业精度。

(4)GNSS 天线,接收北斗卫星数据,获取车辆经纬度坐标、车辆航向信息。4G 天线实现与蜂窝数据通信,电台天线实现与移动基站通信。

图 3-32　牧神 XZJ604 型号拖拉机

(四)安装主要部件

本次安装主要以牧神 XZJ604 型号拖拉机(图 3-32)为主,其发动机标定功率 117.6 kW,转速 2 200 r/min,驱动形式是 4×4,轴距 1 722~2 142 mm。

1. 安装步骤

(1)安装电动方向盘。

电动方向盘安装材料见表 3-3。

表 3-3　电动方向盘安装材料表

序号	名称	数量	序号	名称	数量
1	防尘盖及 logo 黏合	1	6	1# 花键套	1
2	内六角螺钉 M5 * 6	6	7	转向电机	1
3	垫圈 5	6	8	电机支架 2	1
4	方向盘	1	9	内六角螺钉 M6 * 16	2
5	十字槽沉头螺钉	6	10	垫圈 6	2

电动方向盘安装步骤:

①拆卸改制样机方向盘,先拆卸方向盘防护盖,拧出锁紧螺母,保存好螺母,后期还需安装,拔出方向盘。

②根据转向管柱花键类型,挑选花键套,将不同花键套安装到转向管柱上,左右旋转,无晃动、无间隙为合适,示例样车适配花键套为 1# 花键套。

③将 1# 花键套放入转向电机中,并用 6 个十字槽沉头螺钉 M4 * 12 固定。安装方向盘,用 6 个内六角螺钉 M5 * 16 和垫圈 5 固定。

注意:针对不同机型,方向盘下方仪表盘结构不同,选用不同的电机支架。用 2 个内六角螺钉 M6 * 16 和垫圈 6 固定(此处螺栓先不拧紧)。图 3-33 为安装支架。

图 3-33　安装支架

④将上述转向电机方向盘总成安装到已拆方向盘样机上,调整电机插头到方便连接线束的位置。安装转向抱箍块,调整电机安装支架位置。然后拧紧相应的标准件,保证支架牢固、可靠,电机外圈不会跟转即可。如图 3-34 所示,最后拧紧锁紧螺母,扣上防尘盖及 logo 黏合。

(2)安装角度传感器。

观察安装样机前桥转轴安装空间结构,左轮或右轮均可,选择合适的安装支架。安装角度传感器连接支架,用 2 个十字槽沉头螺钉 M5 * 8 固定,如图 3-35 所示。

图 3-34　安装电动方向盘,拧紧锁紧螺母

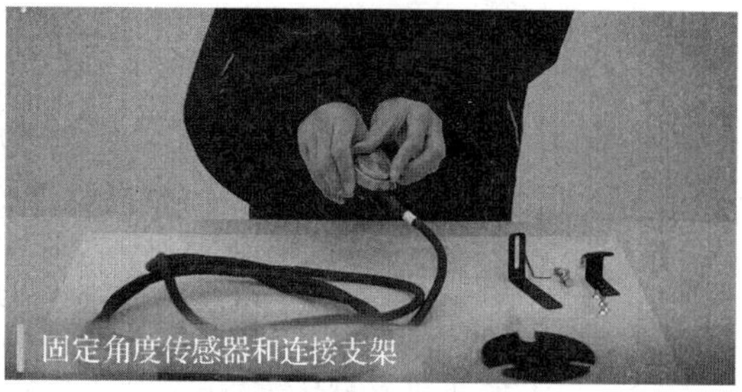

图 3-35　固定角度传感器

(3)安装天线。

安装天线所需材料见表 3-4。

表 3-4　安装天线所需材料

序号	名称	数量	备注
1	套管焊合	2	
2	六角螺母 M5	4	
3	六角头螺栓 M5 * 16	4	
4	GNSS 天线	2	
5	平垫圈 16	4	
6	GNSS 天线支架	2	
7	六角螺母 M8	4	
8	平垫圈 8	4	
9	垫圈 8	4	
10	六角头螺栓 M8 * 50	4	
11	电台天线	1	选配
12	天线连接架	1	
13	4G 天线	1	
14	外六角螺栓 5/8-11 * 45	2	

天线安装步骤:

①拼装天线支架(图 3-36),将 2 根 GNSS 支架穿入天线连接架内,4 孔对齐。用 4 个六角头螺栓 M8 * 50、垫圈 8、平垫圈 8 和六角螺母 M8 固定。将套管焊合从两端穿入,并安装 4 个六角头螺栓 M5 * 16、六角头螺母 M5(无须拧紧),即套管焊合在导航定位天线支架上左右移动。

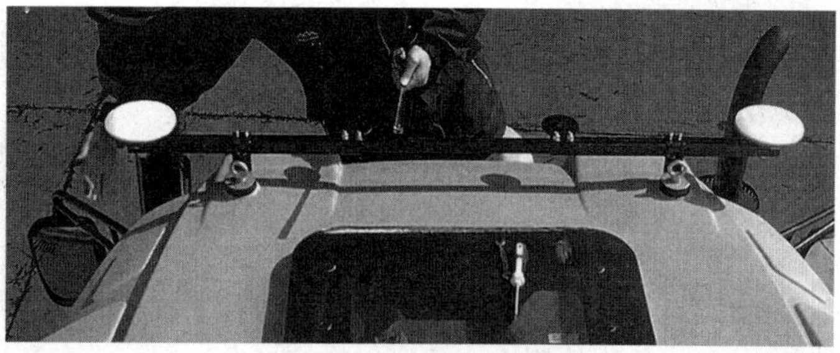

图 3-36　拼装天线支架

②安装 GNSS 天线，在支架两端，用 2 个外六角头螺栓固定。将天线支架总成安装到整车顶棚上，通过调整套管焊合位置，保证 2 个 GNSS 天线相对车身中心对称并垂直于车身中心。然后通过锁紧 4 个六角螺母 M5 保证天线支架总成左右方向无法移动，借用顶棚螺钉将天线支架总成固定。将 4G 天线和电台天线支架吸在天线支架总成上即可。

(4)安装姿态传感器。

安装姿态传感器所需材料：

1 个姿态传感器和 4 个自攻螺钉。

姿态传感器安装步骤：

姿态传感器要选择在驾驶室内部水平位置安装，连接接口对准车辆前进方向。用 4 个自攻螺钉固定。姿态传感器必须水平放置，插头与车辆前进方向一致。图 3-37 为安装姿态传感器总成。

(5)安装车载显控终端。

安装车载显控终端所需材料：

1 个车载显控终端，4 个带弹平垫盘头螺栓 M6 * 14，连接座、安装支架、底座各 1 个，4 个螺母，2 个 U 型螺栓。

车载显控终端安装步骤：

①在驾驶室右侧车门处选择人员操作合理位置的门把手圆钢，安装支架底座，用 U 型螺栓固定。将车载显控终端安装到过渡板上，用 4 个螺栓固定。图 3-38 为安装车载显控终端。

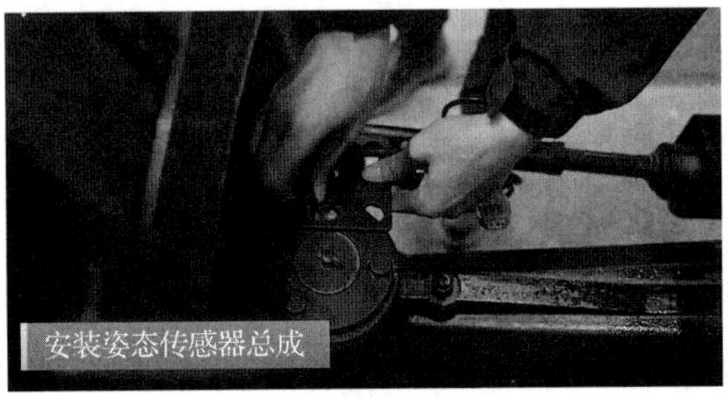

图 3-37　安装姿态传感器总成

图 3-38　安装车载显控终端

②逆时针旋转安装支架手柄，将上个步骤完毕的车载显控终端安装到安装支架球窝内。将安装完毕的车载显控终端安装到底座球头上，顺时针旋转手拧紧即可，要求车载显控终端牢固可靠，不晃动。

(6)安装线束。

安装线束所需材料：

2 个 TNC 弯公头、转 N 型弯公头、5.5 m 馈线、角度传感器线束、转向电机连接线、智能主线束、电源总线、姿态传感器线束。

线束安装步骤：

线束走向合理，远离热源，并用扎带固定，线束接头参照图 3-39。

图 3-39　线束接头

注意：电源总线先连接电源负极，再连接正极，最后对插其余插头。安装后进行检查，无误即可通电调试。

以上是拖拉机安装导航系统的流程，无人导航的原理是通过 GPS 定位，拖拉机上安装有 GPS 接收器，通过接收来自多颗卫星的信号，可以确定拖拉机的精确位置。通过与地面控制中心交换信息，拖拉机可以接收导航指令和任务信息。地面控制中心负责向拖拉机发送导航指令和任务信息。根据农田的地理信息系统和作物需求等数据，对拖拉机进行路径规划和任务分配。地面控制中心根据路径规划和任务分配，向拖拉机发送导航指令。导航指令包括行驶方向、速度、转弯角度等信息。拖拉机接收到导航指令后，根据指令进行自动驾驶。

2. 调试导航系统

如图 3-40 所示，安装完毕后，检查设备是否安装正常，完成走线与接电后就可以进行设备调试。

图 3-40　检查接线

在电源线接电瓶的过程中，先接正极再接负极。接线工作开始前应先接电源，电源线接完之后才允许将控制器、显示器、方向盘电源线束接头连接，避免设备因直接通电或多次断电造成损坏。接正极时注意扳手的使用，严禁搭铁（扳手接触电瓶正极时，扳手另一端严禁触碰任何导电物品，尤其是原车金属部分）。原车电瓶断正极或原车无开关的情况下，电源直接接到原车电瓶正负极。原车电瓶断负极的情况下，正极接到电瓶正极上，负极必须接到开关断开处，即原车开关断开时，设备电源线负极也随电瓶处于断开状态。

知识拓展与提升

一、导航系统在其他工程车上的应用及安装

（一）导航系统在挖掘机上的应用

如图 3-41 所示，将导航系统安装在挖掘机上，能够实现挖掘机精准定位，显著提升挖掘作业效率，同时极大增强了操作安全性，是挖掘机现代化作业不可或缺的重要技术应用。

图 3-41　在挖掘机上安装丰疆导航系统

通过导航系统的智能定位功能，搭配传感器和自动控制技术，挖掘机操作人员能够准确地掌握施工环境，确保挖掘和投放动作等操作的精准性，误差可控制在 1 cm 之内。

（二）安装挖掘机导航系统

（1）根据挖掘机的型号和尺寸，确定导航系统的安装位置，要确保安装位置便于操作且不影响挖掘机的正常工作。

（2）固定导航装置，将导航装置固定到挖掘机上，注意固定牢固，确保在挖掘机工作过程中不会松动或移位。

（3）连接电源和信号线，根据导航装置的要求，连接电源线和信号线，确保电源稳定、信号传输畅通。

（4）安装天线，在合适的位置安装天线，如驾驶室顶部或挡风玻璃上，确保天线能够充分接收卫星信号，可以采用磁吸或固定杆等方式进行安装。

（5）配置和使用导航装置，开机并设置参数，打开导航装置的电源，按照说明书的要求设置好相关参数，如工作模式和坐标等数据。

（6）选择导航模式，启动挖掘机后，选择导航模式，此时导航装置会自动获取当前位置并显示在屏幕上。

（7）导航操作，根据屏幕显示的信息和设定的目标路径，对挖掘机进行导航操作，控制挖掘机的行进方向和速度。

（8）调整偏差，如果在行进过程中出现了偏差，可以根据导航装置的提示进行调整，如改变行进速度或调整行进方向。

在安装和使用导航装置的过程中，需严格按照说明书上的要求和步骤进行操作，避免因操作不当而导致的问题。在使用导航装置时，需要保持天线通畅，避免遮挡天线的物体出现，以确保导航的准确性。为确保导航装置的正常使用和准确度，需要对其进行定期检测和维护。

任务测验

一、选择题

1. 在选择耕整地机械设备的导航系统时，（　　）是最重要的考虑因素。

   A. 设备的品牌和制造商　　B. 导航系统的成本

   C. 兼容性与设备集成的难易程度　　D. 技术支持和售后服务

2. 导航系统对于耕整地机械设备的主要作用是（　　）。

   A. 提高工作效率　　B. 降低能源消耗

   C. 精准定位作业区域　　D. 增强设备安全性

3. 在选择导航系统时，（　　）不是需要考虑的因素。

   A. 系统的精度和稳定性　　B. 设备操作人员的技能水平

   C. 系统的价格和成本　　D. 制造商的售后服务质量

二、判断题

1. 在耕整地机械设备中安装导航系统可以提高作业的精准度。（　　）
2. 导航系统在农田耕作中的应用主要是为了增加设备的娱乐功能。（　　）
3. 所有的耕整地机械设备都可以不经任何改造就安装 GPS 导航系统进行自动驾驶。（　　）

三、填空题

1. 导航系统通过____________________定位技术，实现对耕整地机械设备的精确引导和控制。
2. 现代导航系统能够根据地形特点自动调整农机的____________________，以优化耕种效果。
3. 安装有导航系统的耕整机，在进行工作时能够减少____________________，并提高作物产量。

四、实践题

1. 安装导航系统的流程有哪些？

2. 安装导航系统过程中有哪些安全注意事项？

任务四　安装播种作业农机导航系统

任务描述

今年小王计划种植水稻，根据插秧机的型号和尺寸，准备安装导航系统。小李是导航设备企业的技术人员，他该如何指导小王进行导航系统的安装呢？

任务目标

能力目标

- 能够熟练使用常用的工量具。
- 会华测导航系统主要部件的拆装。
- 具备华测导航系统在播种机械中的安装技能。
- 能够对安装完成的导航系统进行调试。

知识目标

- 熟知华测导航系统中的主要零部件结构。
- 熟知华测导航系统中的主要零部件工作原理。

素养目标

- 通过华测导航系统的发展历史，培养国家意识与民族自豪感，激发爱国情怀。
- 在设备调试过程中，培养脚踏实地的工作态度。

任务分析

为确保华测导航系统的安装顺利，首先，应选择一个平整且条件良好的场地进行安装工作，以避免坡度过大或积水对安装过程及系统性能产生不利影响。其次，根据插秧机的型号和尺寸，确保将导航系统的各个组件准确地安装在插秧机的合适位置上，确保安装位置的稳固性和操作的便捷性。然后，按照安装说明书的要求，正确连接线束。最后，安装完成后，对插秧机导航系统进行全面的调试工作，包括对插秧机导航系统线束进行调试，确保各自功能正常。

知识学习

一、插秧机

插秧机是重要的播种作业机械之一，主要用于种植水稻、小麦等作物的插秧作业，平原地区是插秧机的主要应用场景。插秧机(图 3-42)作为现代农业的重要工具，它的出现不仅极大地减轻了农民的劳动强度，还显著提高了农业生产的作业效率，为现代农业的快速发展提供了有力支持。

图 3-42 插秧机

插秧机按操作方式分类，主要有步行式插秧机和乘坐式插秧机；按插秧速度分类，主要有普通插秧机和高速插秧机。插秧机的分类多样，选择时需要根据具体农田规模、作业条件、种植需求等因素进行综合考虑。

二、插秧机的结构及工作原理

插秧机作为一种重要的农业播种机械，其主要功能在于高效、准确地将稻苗植入稻田中，从而显著提高农业生产效率。其构造精巧，由插秧机构、机架以及适应水田环境的浮体(船板)组成，动力部分则通常选用功率在 2.2～3 kW 的汽油机或柴油机。

插秧机的工作原理是在工作时，通过机械爪的精确操作，从苗床中取出数株稻苗，并将其准确无误地植入田中的泥土中。为确保苗床与地面保持直角，机械爪的前端在移动时采用独特的椭圆形动作曲线，这一动作通过先进的旋转式或变形齿轮的行星机构实现。当插秧机在泥土上行进时，其独特设计的止滑车轮和浮行机构可以确保机器稳定、顺畅地移动，防止在湿滑的田地中打滑。对于成片的插苗作业，插秧机会从特定的秧苗箱中取出稻苗，通过优化的机械结构实现高效、均匀的种植。在具体操作层面，插秧机通过发动机驱动行走装置，使机器能够在田地里灵活、稳定地行走。同时，通过扶手控制装置，操作人员可以方便地调整机器的行进方向和速度，确保插秧的精确度和效率。当机器到达需要插秧的位置时，打开种子箱，将稻苗放入插秧装置中，随后通过插秧装置的精确控制，将稻苗准确地插入田地中，完成插秧作业。

插秧机安装导航系统的优势是，可以节省开支、提升收益；农机导航系统操作简便，可以降低驾驶员作业强度，延长作业时间，既能降低人力成本，也能提升作业效率、质量和收益；作业精度高，可以有效减少农具往复线的重叠，节省时间、燃料、种子、肥料等农业生产成本，提高整地、播种、收获机具的工作效率和机械投资收益；作业路线精准，可以有效减少错行和漏行，提升田间产量。图 3-43、图 3-44 为安装了导航系统的插秧机。

图 3-43　安装了导航系统的插秧机(正面)

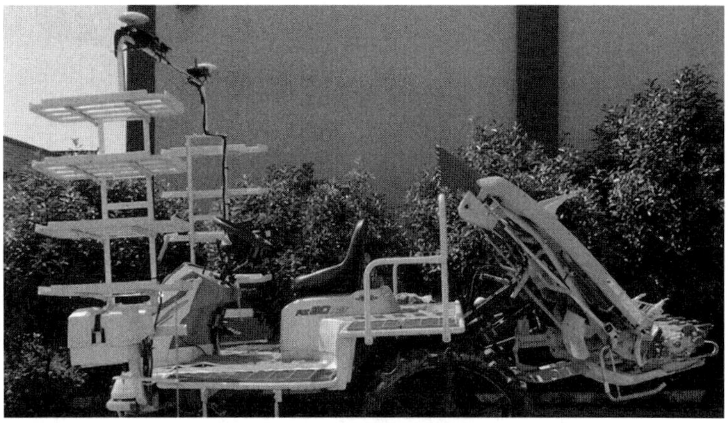

图 3-44　安装了导航系统的插秧机(侧面)

任务实施

本次任务实施主要以华测领航员 NX510 导航系统为例，安装在东风井关 2Z-6B4(PZ60-AHGR)先锋高速插秧机上。

一、准备任务

(一)工具、设备准备

如图 3-45 所示，根据手册要求，提前准备扳手，剪刀、螺丝杆，小螺丝刀、剪刀、卷尺等工量具。清点农机导航设备，确保选择的型号与农机兼容。

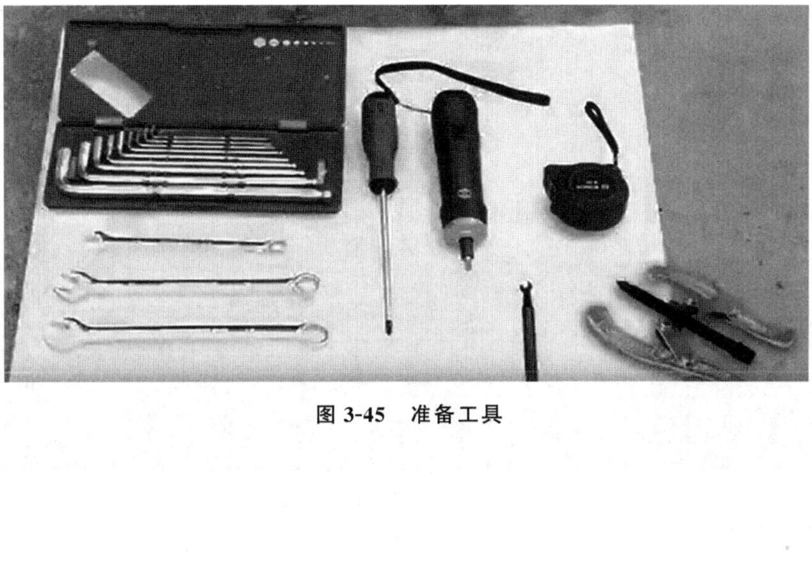

图 3-45　准备工具

(二)安全防护准备

检查工具、设备的数量和质量,确保它们能够满足安装需求。提前阅读农机和导航设备的安装说明书,了解安装步骤和注意事项。如果安装位置需要进行钻孔或其他改造,请确保操作正确并遵循农机制造商的说明。确保电源线和数据线等线缆的绝缘层完好无损,避免在安装过程中发生短路或漏电等危险情况。

二、华测导航系统在插秧播种机上的安装

(一)检查产品

检查产品领航员 NX510 包装盒,如图 3-46 所示。

图 3-46 领航员 NX510 包装盒

包装箱第 1 层:PA-3 接收机、CB-A10 平板显示器、4G 外置天线、扎带。包装箱第 2 层:CES 电动方向盘、通用型固定架、T 型固定架、T 型固定架夹板。

按照要求对插秧机进行安装前检查工作,准备安装导航零部件。

(二)各零部件的安装

领航员 NX510 安装在东风井关插秧机(图 3-47)上,该插秧机为四轮驱动,工作行数是 6 行。

图 3-47 东风井关插秧机

安装 NX510 各零部件时，需要注意：在安装固定部件天线和导航设备时，应安装在农机上坚固且不易受到震动影响的部位，例如，天线应安装在车辆顶部，确保信号接收稳定，部分导航设备则应固定在驾驶室内便于操作的位置；在安装过程中，应确保各部件之间的连接准确无误，避免信号传输过程中的损失，特别是天线和导航设备之间的连接，应保证线路短且干扰小，以确保定位精度；导航系统的安装应考虑驾驶员的操作习惯，将导航设备和相关控制装置安装在驾驶员易于触及和观察的位置。最后安装完成后，系统的操作界面应简洁明了，方便驾驶员快速上手。

1. 方向盘拆卸和安装

首先是方向盘拆卸，先将方向盘原车保护盖卸掉，如图 3-48 所示。

扶稳方向盘，使用套筒工具将原车花键螺栓拆卸，取出原车花键螺栓。接着用力拔出方向盘，如果拔不动，敲打方向盘花键轴使其松动后再拔。敲打时要做好防护，以避免原车方向盘损坏；方向盘取出来后妥善保管。最后将套筒套入花键后，转动看是否能紧密咬合。再从顶部观察看固定螺栓是否能露出合适长度。如果不行，则需要更换套筒。

图 3-48　移除保护盖

拆卸注意事项：方向盘拆不下来可以用三爪拉拔器等其他特殊工具；拆不下来时可与车主沟通后进行方向盘切割，但一定注意不要伤到原车花键。

方向盘安装，先将电动方向盘保护盖抠开，如图 3-49 所示，将套筒放置其中，用 M5＊11（数量 6 个）的沉头螺栓将套筒固定。

其次是安装电机底部固定架（图 3-50），寻找 2 个孔位，用 M5＊16 的螺栓将 T2 型固定架或通用型固定架固定在电机底部，目的是后期寻找位置可以不用上紧（在此以 T 型架为准）。

图 3-49　抠开保护盖

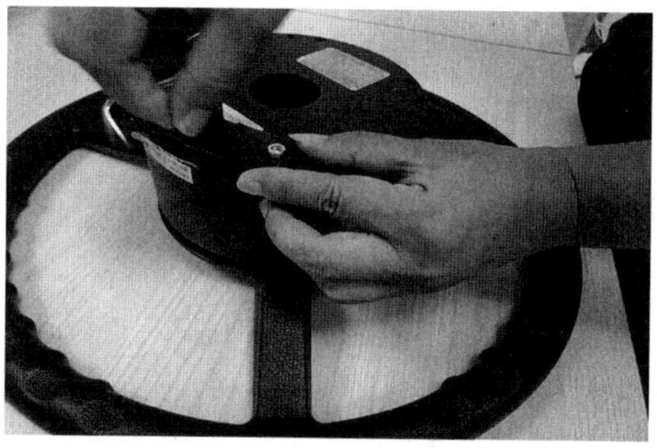
图 3-50　安装电机底部固定架

然后把方向盘安装好，确保方向盘接线口处于前方或右前方，以便于后期接线。接着手扶稳方向盘，用工具将原车花键螺栓拧紧，如图 3-51 所示。

最后确认好位置后，用 M8＊40 内六角螺栓将 T 型架固定，注意加装平垫、弹垫，再用夹板将 T 型架固定。晃动方向盘，检查电动方向盘是否紧固。如图 3-52 所示，再次确认方向盘轴承间隙是否过大。

2. 接收机安装

接收机需要安装在横杆上，安装方向尽量与车顶平行，尽可能安装在横杆中间位置。确认好安装位置后，调整接收机底座安装架，使 PA-3 接收机在车顶基本放平，没有倾角。

如图 3-53 所示，确认好安装位置后，将安装支架安装在接收机下方，使用抹布将车顶安装位置擦拭干净，揭掉接收机底部粘胶，将接收机固定。安装要求接收机箭头方向必须朝向车身前方。

图 3-51　拧紧花键螺丝

图 3-52　确认方向盘轴承间隙

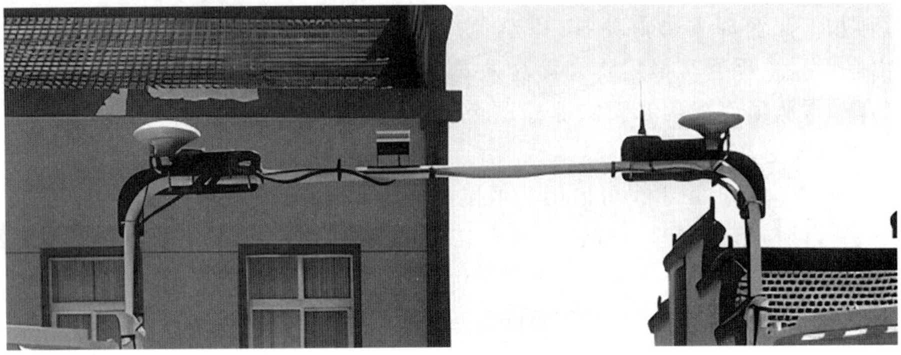

图 3-53　接收机安装方向

安装方式：接收机箭头朝车头方向，但固定后必须保证接收机与车身基本保持平行，倾斜角度要小于 5°；接收机内置惯导模块，需感应车体姿态变化，因此必须固定紧，不能有丝毫晃动；可以通过调整四周安装的脚螺栓调节高度，在车顶上时必须整体平行于地面。

如接收机安装使用背胶时，同时采用背胶胶粘剂＋液体双重固定，粘胶前需将固定位置清洁干净。先将主机模拟放在车顶（支架背胶离型膜不撕），看 4 个脚与车顶接触情况。接触不好的支脚需要加涂胶，间隙较大的地方可以适当多涂些。

图 3-54　显示器安装位置

3. 显示器安装

显示器需要安装在便于操作的位置，如图 3-54 所示。

将显示器球头用手电钻固定。球头固定需要 3 颗燕尾钉（至少 2 个燕尾钉），否则车辆长时间工作后容易脱落。

安装包内同时标配 U 型螺栓，用于安装显示器球头，平板需固定在管状结构件上时，用产品包里配的 2 个 U 型螺栓穿过 RAM 支架扣在柱管状结构件上，如图 3-55 所示。

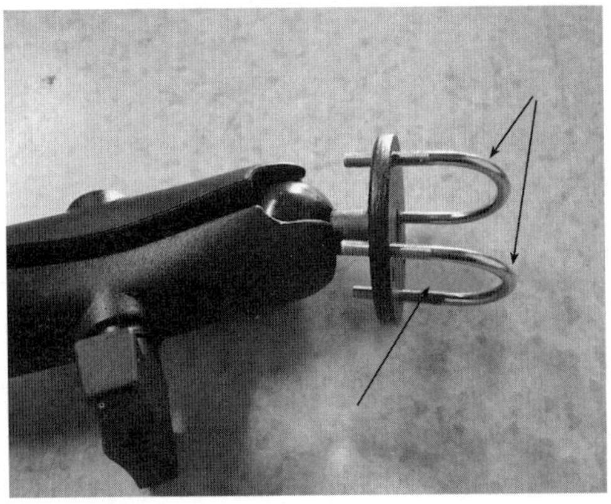

图 3-55　平板需固定在管状结构件上

显示器安装完成后，如果觉得操作角度不合适，可以将显示器支架拧松，调节到合适的位置。

4. 设备调试

如图 3-56 所示，安装完毕后，检查线束电源是否安装正常，完成走线与接电，之后就可以进行设备调试。接口均为防呆口，对接时注意接口字母一致，定位键槽匹配即可。线束固定时，任何接头均需预留一定长度防止拉扯导致接触不良或扯断；避开排气管等高温区域。

华测领航员 NX510 导航调试方法，在导航系统中设置导航线路，指定行驶的路径和目的地。安装 GPS 天线，将 GPS 天线安装在车顶上，保证天线能够接收卫星信号。连接导航系统，将导航系统的信号线连接好，保证信号的传输畅通。

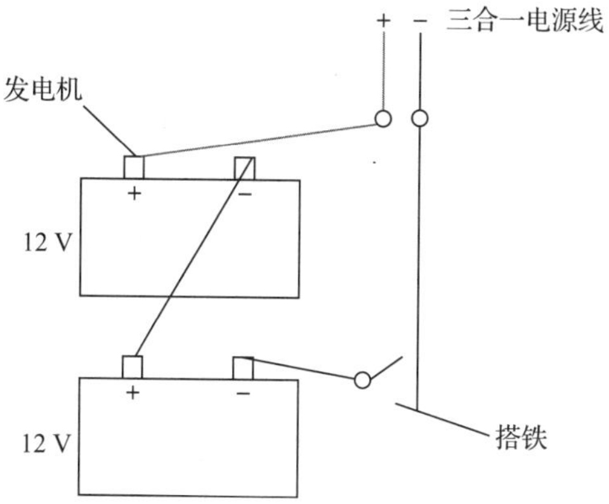

图 3-56　接线简单示意图

在安装导航的过程中常见问题，有方向间隙过大，方向盘原地转向重，行进时转向重，车辆自动跑偏，空转超过 30°等情况。如有以上状况发生，需在车辆修理后重新调试。

知识拓展与提升

插秧机上导航系统的精度要求

为了实现自动导航，插秧机还需要配备各种传感器，如角度传感器、速度传感器等。图 3-57 是导航系统在插秧机上的使用。

图 3-57　导航系统在插秧机上的使用

插秧机的导航精度的要求如下。

(一)秧苗直线度

插秧机上安装导航系统后，秧苗直线度是一个衡量插秧机田间作业质量的重要指标。

秧苗直线度是指插秧机在田间作业时，所插植的秧苗行与预设的基准线之间的偏离程度。这个基准线通常是根据田块形状、大小以及作业要求等因素预先设定的。当插秧机在作业过程中，如果秧苗行能够紧密地沿着基准线进行插植，那么秧苗直线度就高，表示作业质量好；反之，如果秧苗行与基准线之间的偏离较大，那么秧苗直线度就低，表示作业质量较差。秧苗直线度对水稻等作物的生长和产量有着重要的影响。高秧苗直线度有利于作物通风透光，减少病虫害的发生，提高作物产量和品质。同时，高秧苗直线度也有利于农具的后续作业，如施肥、喷药、收割等，从而提高作业效率和作业质量。为了实现高秧苗直线度，插秧机上安装的导航系统需要具备高精度定位、自动导航和实时控制等功能。通过卫星定位、传感器监测和控制系统处理，导航系统能够实时获取插秧机的位置、速度和姿态等信息，并根据预设的作业参数和算法，自动调整插秧机的行进轨迹和插植角度，从而确保秧苗行能够紧密地沿着基准线进行插植。

(二)平行度

在插秧机上安装导航系统后，平行度是一个重要的作业质量指标。它衡量的是相邻两行秧苗之间的平行程度或行距的一致性。也就是说，邻接行平行度反映了插秧机在田间作业时，所插植的相邻两行秧苗之间的距离是否保持恒定，以及这两行秧苗是否保持平行。如果插秧机在作业过程中，相邻两行秧苗之间的距离波动较小，且两行秧苗保持平行，那么邻接行平行度就高，表示作业质量好；反之，如果相邻两行秧苗之间的距离波动较大，或者两行秧苗不平行，那么邻接行平行度就低，表示作业质量较差。邻接行平行度对作物的生长和产量同样有着重要影响。保持恒定的行距和平行的秧苗行有利于作物充分利用光能，促进作物生长，减少病虫害的发生，提高产量和品质。此外，高邻接行平行度也有利于后续的农具作业，如施肥、喷药、收割等，能够提高作业效率和作业质量。

在显示界面规划路径时，障碍物位置、道路宽度等是路径规划的重要输入。算法选择、路径规划算法的选择取决于具体的应用场景和需求，例如，在插秧机中，可能需要选择一种能够实时生成最佳路径的算法。优化目标，路径规划的目标是最小化到达目标位置的代价函数，包括最短路径、最小时间、最小能量消耗等。动态调整，在实际应用中，环境可能会发生变化(如新出现的障碍物)，因此路径规划算法需要能够实时地根据新的环境信息进行动态调整。

任务测验

一、选择题

1. 在选择播种作业机械导航系统时，(　　)不是主要考虑的。

A. 定位精度　　B. 播种机型号　　C. 导航系统品牌　　D. 导航系统价格

2 播种作业机械导航系统通常通过(　　)接收卫星信号以实现精准定位。

A. 蓝牙　　B. Wi-Fi　　C. GPS/GNSS　　D. 4G/5G 网络

3. 安装导航系统时，(　　)不是一定要做的。

A. 校验系统准确性　　B. 确保电源供应稳定

C. 确保导航系统品牌与播种机品牌一致　　D. 确保导航系统与播种机控制系统兼容

二、判断题

1. 播种作业机械导航系统必须安装在播种机的顶部，以确保最佳信号接收。(　　)

2. 任何型号的播种机都可以安装导航系统。(　　)

3. 安装导航系统后，无须进行任何校准或测试即可直接进行播种作业。(　　)

三、填空题

1. 对于高速精准作业的播种机，导航系统应配备具有____________和____________统计分析及显示功能的监测设备。

2. 在选择导航系统时，应根据当地__________________、__________________、地块坡度、扩展性等因素进行综合考虑。

3. 导航系统应支持__________________功能，以便实现作业线共享和协作。

四、实践题

1. 主要的播种机械类型有哪些？

2. 播种机械上安装导航的流程有哪些？

任务五　安装植保作业农机导航系统

任务描述

小李种植的小麦出现了白粉病，实施精确打药工作至关重要。小李计划在拖拉机上安装导航系统进行精确打药作业。如果你是企业的技术指导人员，该如何指导小李安装导航系统？

任务目标

能力目标

- 能根据植保作业内容选择正确的植保机械。
- 能使用工具对植保作业的机械设备进行导航系统的安装。
- 能对安装导航系统的植保机械进行调试。

知识目标

- 了解植保主要作业内容。
- 了解主要的植保机械类型。
- 熟知联适导航系统中的主要零部件结构及工作原理。

素养目标

- 安装导航系统的植保机械设备过程中，培养一丝不苟的工作态度。
- 安装、调试导航系统过程中，培养安全操作的意识，严格按照手册进行调试。

任务分析

在植保机械上安装导航系统，首先准备安装工具，同时确保安全的安装场地，对所选的安装设备(拖拉机)进行性能检查，根据拖拉机的类型选择合适的导航系统安装位置。然后按照安装手册或说明书逐步进行设备的安装和固定。最后安装完成后，进行导航系统的调试和测试。

知识学习

一、植保作业

(一)植保作业内容

植保作业的主要内容涵盖多个方面，包括病虫害防治、植物检疫、农药配置与处理。安装导航系统能够确保植保机械按照预设的精确路线和轨迹进行作业，有效降低作业的重复率和遗漏率，提高土地的利用率和生产效率。同时还能延长作业时间，提高农机利用率，降低操作人员的疲劳度和安全风险，从而显著提升作业效率。

(二)植保机械类型

按照新的农机分类标准，植保机械为农业机械的田间管理机械，包括植保无人机、喷雾机、拖拉机配合使用的植保机械等。

按施用化学药剂的方法，可分为喷雾机、喷粉机等。按所用的动力，可分为拖拉机配套植保机械、自走式植保机械、航空植保机械等。

自走式植保机械是指自带行走机构的植保机械，如自走式喷杆喷雾机、自走式喷烟机等。航空植保机械是指利用航空器进行植保作业的机械，包括植保无人驾驶航空器(植保无人机)和植保有人驾驶航空器(固定翼飞机和旋翼飞机)。它们具有作业效率高、覆盖面积广等优点，适用于大面积农田的植保作业。

任务实施

图 3-58 安装了联适导航系统的拖拉机

准备工作及安装主要部件

以联适自动驾驶系统为例，将联适自动驾驶系统安装在铁牛 TTQ2004(G4)型号的拖拉机上，该拖拉机标定转速 2 200 r/min，轴距是 2 690 mm，如图 3-58 所示。

(一)准备工具及安装场地

安装联适导航系统使用的工量具有手电钻(带钻头与自攻丝套筒)、套筒扳手、内六角扳手、开口扳手、卷尺、重锤、拉马等。

场地准备的要求主要包括确认安装场地平整、无障碍物，以便农机能够顺利进入和停放。同时，需要保证场地内电源和线路稳定、可靠，以便为导航设备提供稳定的电力支持。此外，还需注意场地的通风和采光情况，确保安装过程中操作人员的安全。

（二）检查产品及安装主要零部件

通过产品外观检查，清点产品零部件数量和名称，如图 3-59 所示。

1. 天线的安装

如图 3-60 所示，将天线固定在安装板上（注意这里的螺栓不用拧紧），在 4 个底座上分别贴上 3M 胶，用尺子量取拖拉机车顶的宽度，找到中轴线，将天线固定在对应中轴线位置，调整至水平位置后拧紧螺栓。

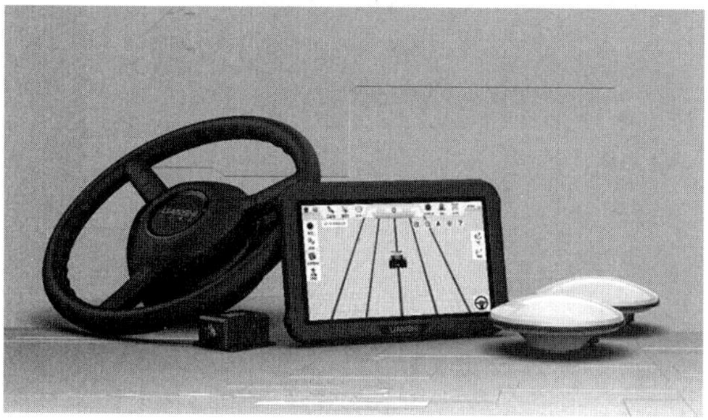

图 3-59　检查产品外观和数量

图 3-60　安装电机和方向盘

安装天线支架和 M6 * 35 组合螺栓，不要拧紧。固定好位置，交替拧紧 M6 * 35 组合螺栓。分别在天线支架上旋入螺母，依次装入弹垫和平垫。旋入 GNSS 天线 4 圈，GNSS 电缆接口在右侧，用螺母拧紧。

双天线定位效果好，信号稳定、抗干扰，不用携带小基站，有断点续航功能，网络断开仍可持续作业 10 min。

2. 电机与方向盘的安装

现在进行电机与方向盘的安装。首先将花键放入电机，需要根据车型选择对应的花键。接着用螺栓将方向盘与花键固定。根据不同的车型选择对应的支架，此处选用的是 C 支架，安装在电机的底部，注意此处螺栓无须拧紧。拆掉原车的方向盘，将电机方向盘安装到转向轴上，如图 3-61 所示。拧紧大螺母，盖上方向盘盖。电机底部用支架与转向柱固定。

3. 安装花键和花键轴

安装花键，用 4 个 M5 * 16 螺钉固定。用外六角十字三组合螺栓 M6 * 12 穿过 A 支架，拧进转向驱动单元对应的孔中。转向柱连接支架，用外六角十字三组合螺栓 M6 * 40 连接，并套在花键轴外管柱上，可以轻松转动。花键轴的花键及锥面均匀涂抹黄油。将转向柱支架总成套在花键轴上，支架销插入转向柱连接支架的孔中。安装弹垫和螺母。工具用 3 组螺栓，将方向盘用 6 个 M5 * 14 螺栓固定到花键套上。用手将防尘盖按在方向盘的 3 根筋上。

图 3-61　安装方向盘

4. 平板的安装

如图 3-62 所示，将支架固定在平板背部，拧紧螺栓，盖上防尘盖。然后来到车上，将支架用螺栓固定在驾驶室内合适的位置，将平板安装拧紧即可。

图 3-62 安装平板

用圆柱头内六角螺栓 M5 * 16 穿过自动驾驶开关和电源开关安装板，依次用 M5 平垫、M5 弹垫和 M5 螺帽固定，拧紧相关螺栓，松开万向球头螺栓，取出两端球头。用 4 个圆柱头内六角螺栓 M5 * 10 固定球头与平板。固定平板端的球头上螺栓盖上的 4 个内六角螺栓保护帽。依次套上平垫和弹垫，再旋入螺母，U 型螺栓露出螺母长度基本一致。装回万向球头，调节平板方向，正对驾驶员，拧紧平板支架上螺栓手柄。

5. 姿态传感器部件安装

用 4 个螺栓将姿态传感器固定在支架上。将弹簧垫圈 M6、平垫圈依次装到 M6 * 40 螺栓上。将姿态传感器总成件，用 2 个 M6 * 40 三组合螺栓固定。

6. 线缆连接

现在进行线缆的连接，首先插上平板供电线。注意线缆接口的键槽口要与电机接口上的红色标记点重合。连接天线线缆(图 3-63)，连接主线等其他线缆。安装完成后，打开开关即可使用。

图 3-63 连接天线线缆

7. 测试导航系统

导航系统安装完毕后，完成走线与接电，最后进行设备测试。按照制造商的说明启动导航系统。

(1)软件测试。完成初始设置,如语言选择、时区设置等。确保安装了最新版本的地图和软件,以保证最佳性能和准确性。仔细阅读并了解导航系统的接线图和用户手册。确保所有电缆和连接器都已正确连接,没有松动或损坏。

(2)电源测试。检查电源供应是否正常,如图 3-64 所示,包括电压和电流是否符合要求。检查所有传感器(如 GPS 接收器等)是否安装正确,并且工作正常。

(3)导航功能测试。路径规划测试,输入目的地并测试路径规划功能。确保系统能够生成准确、合理的行驶路径。实时导航测试,在实际环境中测试实时导航功能,注意系统是否能实时更新位置、速度和方向信息。语音提示测试,测试语音提示功能,确保声音清晰、音量适中。

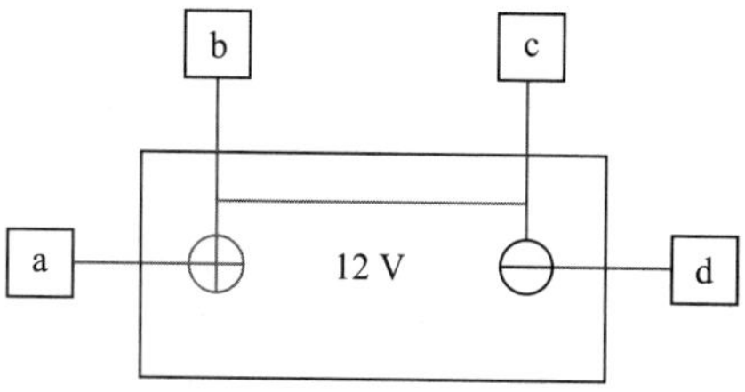

图 3-64　检查电源

a. 电源正极;b. 万用表的表笔正极;c. 万用表的表笔负极;d. 电源负极

(4)信号测试。检查 GPS 接收器是否能够接收到足够的卫星信号。在开阔区域进行此测试以获得最佳结果。如果出现任何问题,使用诊断工具或手册中的故障排除指南进行排查。

测试过程需要注意,在进行任何工作之前,确保农机本身能正常使用,无故障;避免在潮湿或多尘的环境中进行接电操作;确保导航系统有正确的接地和屏蔽,以减少电磁干扰。

知识拓展与提升

一、安装卫星导航自动驾驶系统前通用技术

《农业机械卫星导航自动驾驶系统前装通用技术条件》,是 2018 年 3 月 20 日实施的一项行业标准,规定了农业机械导航及自动驾驶系统的术语和定义、系统组成、技术要求、试验方法等内容。

该技术条件一般要求如下。

(1)导航驾驶系统应符合本标准的规定,并按经规定程序批准的产品图样及技术文件制造。

(2)导航驾驶系统应以 BDS(北斗)定位系统为核心,同时兼容至少两种卫星定位系统,例如 BDS(北斗)和 GPS 或 BDS(北斗)和 GLONASS。

(3)导航驾驶系统自制零部件和外协零部件应经检验合格,外购零部件和标准件应有合格证,并经检验合格后方可进行入厂、装配。

(4)整机配置应有安装车载天线、控制器、显示器、液压阀、角度传感器等所有导航驾驶系统零部件的接口。

(5)导航驾驶系统各部件应按产品图样及工艺文件要求装配良好、紧固,无松动、干涉、错装和漏装现象。调节应方便自如,管路排列整齐,线束捆扎牢固、安全,控制器开关和按键的操作应方便、灵活和可靠。

(6)导航驾驶系统各部分表面应光洁,无明显划痕、刮伤和毛刺等机械损伤。各部分的涂镀层应光滑、色泽均匀,无起泡、脱落、露底和锈蚀等缺陷。标识清晰无磨损。

(7)导航驾驶系统操纵标志应符合 GB/T 4269.1—2000 和 GB/T 4269.2—2016 的规定。

(8)角度传感器安装时应牢固,保证使用时不易松动,同时避免重物撞碰。

(9)GNSS 天线、电台天线应固定于车身顶部,移动通信天线宜安装在驾驶室内部。

(10)导航驾驶系统的显示器应安装在便于驾驶员操作的位置,技术指标应符合 QC/T 727—2017 和 JB/T 6697—2023 的规定,显示应清晰、准确,信号报警系统和电气照明及其开关的工作应可靠。当 RTK 差分服务或 GNSS 接受信号失败时,显示器应能进行声光报警。

(11)导航驾驶系统用控制器和显示器受磁场或电场等不利因素影响时应能正常工作,其抗干扰能

力应符合 GB/T 21398—2008 的规定，无线电骚扰特性限值应符合 GB/T 18655—2018 的规定。导航驾驶系统用差分基准站、数传电台和移动通信网络，应遵循 RTCMSC-104 差分通信协议，能支持北斗厘米级定位(RTCMV3.2)。

(12)导航驾驶、系统液压元器件的清洁度应符合 JB/T 7858—2006 的规定。驾驶系统转向检测装置应有牢固、可靠的防护装置。导航驾驶系统姿态航向测量传感器应具有横滚、俯仰和航向 3 个方向角度信号输出，横滚、俯仰 2 个方向的动态精度应满足导航驾驶系统定位精度要求。导航驾驶系统使用说明书应符合 GB/T 9480—2001 的规定，应规定安全操作和维护保养的措施和方法，并与整机产品使用说明书一同放置在随机配件箱内。

(13)车载接收机应有相应保护，其输入功率、输入电压应符合说明书的要求。

(14)随同导航驾驶系统提供的附件、备件和工具应齐全，并单独包装，放置在配件箱内。对操作人员有安全危险隐患的部件应有防护装置，并在其附件明显位置处粘贴符合 GB 10396—2006 规定的安全警示标志。

(15)整机液压系统不允许有影响转向的渗漏油现象，当导向轮向左(或右)打到极限位置时，不应破坏角度传感器的保护装置。

(16)导航驾驶系统各部件外壳防护等级应符合规定。导航驾驶系统停止作业时应断电，并停放在远离高压线等安全可靠区域。

二、自走式农业机械导航系统作业性能要求

自走式农业机械导航系统是指通过定位、传感、控制等技术手段，实现农业机械自主行驶、自主导航、定点作业等功能。针对这类智能化农业机械，GB/T 37164—2018 标准提出了以下作业性能要求。

(1)在导航精度上，在不同地形、环境和工作条件下，导航精度应达到国家标准中规定的精度标准。在稳定性上应能在各种地形、气候条件下稳定行驶，不受外界干扰影响。在适应性上应能适应各种农业作业环境和作业要求，具有良好的通用性。在安全性上应能避免与其他物体碰撞，并在出现紧急情况时及时停止工作，确保作业安全。

(2)农机导航系统的安装标准涵盖了系统的组成、技术要求、安装步骤以及易用性和维护性等方面。这些国家标准为农机导航系统的安装提供了明确的指导和规范，确保了系统的稳定、精确和易用。在实际安装过程中，建议遵循这些标准，并根据具体需求和实际情况进行适当的调整和优化。

任务测验

一、选择题

1. 在选择植保机械导航系统时，(　　)不是主要考虑的。

   A. 定位精度和稳定性　　B. 与作业机械的兼容性

   C. 导航系统品牌知名度　　D. 操作界面的易用性

2. 植保机械导航系统安装完成后，(　　)不是必要的。

   A. 对系统进行全面的功能测试　　B. 根据作业需求调整系统参数

   C. 对操作人员进行培训　　D. 立即投入大规模作业使用

3. 在植保机械导航系统安装过程中，(　　)可以提高系统的稳定性和可靠性。

   A. 选用价格低廉的导航硬件　　B. 忽略系统布线细节

   C. 使用优质的电源供应　　D. 随意安装天线位置

二、判断题

1. 植保机械导航系统安装前,无须对作业区域进行勘测和规划。（　　）
2. 植保机械导航系统安装完成后,不需要进行任何测试即可直接使用。（　　）
3. 在植保机械导航系统安装过程中,天线的位置对系统性能没有影响。（　　）

三、填空题

1. 植保机械导航系统安装前,应首先确定____________,以确保导航系统能够准确、有效地指导作业机械进行精准作业。

2. 在安装植保机械导航系统时,应特别关注____________的兼容性和稳定性,以确保导航系统能够与作业机械顺利集成并正常工作。

3. 安装植保机械导航系统后,需进行____________以验证系统的准确性和可靠性,并根据测试结果进行必要的调整和优化。

四、实践题

1. 简述安装植保机械导航系统的主要步骤。

2. 安装植保机械导航系统前期需要做哪些准备工作?

任务六　安装收获作业农机导航系统

任务描述

玉米收获的季节到了,农户小李选择将依讯北斗农机导航系统安装在自家的玉米收获机上,安装了导航系统的玉米收获机能按照预定的路径和速度进行收获作业,提高收获效率。如果你是小李,该如何在技术人员的指导下安装该导航系统?

任务目标

能力目标

- 能正确使用常用工量具。
- 能进行依讯北斗农机导航系统主要部件的拆装。

◆ 能对依讯北斗农机导航系统进行调试。

知识目标

◆ 掌握导航系统中的主要零部件结构。

◆ 掌握导航系统中的主要零部件工作原理。

素养目标

◆ 根据依讯北斗农机导航系统的安装过程，创新性地完成安装任务。

◆ 在导航系统安装过程中，养成良好的安全操作意识。

任务分析

根据玉米作业面积、作业地形、气候等条件，在收获机械上安装导航系统，确保导航系统能够与收获机、环境兼容，以保证所选导航系统能够满足实际作业要求。严格按照操作手册进行安装，包括安装位置、布线方式、连接方式等。最后在厂家技术人员的指导下对玉米收获机进行测试，确保导航系统定位精确，导航功能正常。

知识学习

图 3-65　玉米收获机

收获机械是用于收取成熟作物的整个植株或果实、种子、茎、叶、根等部分的农业机械。主要收获机械类型包括联合收获机、谷物收获机、特定作物收获机等。

玉米收获机(图 3-65)是特定的收获机械，它可以一次完成摘穗、堆集、茎秆一次还田等多项作业。

自走式玉米收获机作业行数一般为 2～4 行，配套动力多在 60～110 kW，功能特点是结构紧凑、性能完善、作业效率高、作业质量好。背负式玉米收获机作业行数一般为 1～3 行，配置方式是前悬挂、后悬挂和侧悬挂。功能特点是与拖拉机配套使用，提高了拖拉机的利用率，降低了收获成本。牵引式玉米收获机是我国最早的一种机型，特点是与拖拉机挂接后机组过长，不适应当前农村小地块使用。配套动力为 30～60 kW 的拖拉机，优点是整机配置方便，结构较简单，价格便宜，使用可靠性好。

安装农机导航系统的玉米收获机能够实现自主导航和智能作业，减轻农民的劳动强度，提高作业舒适度；能够自动规划最优的收获路径，避免重复或遗漏作业区域，从而显著提高收获机的作业效率。

任务实施

一、准备任务

牧神 4YZT-7 自走式玉米籽粒收获机(图 3-66)及部分收获机械可以安装依讯北斗导航系统，本次安装以常见的拖拉机为例进行介绍。以下是依迅北斗农机导航系统安装流程。

(一)安装前准备工作

制订安装导航系统实施计划,包括安装时间、人员配置、工具材料准备等,确保安装过程有序进行。提前准备好安装工具,如扳手、钳子、电钻、钻头、电线剪、剥线钳、绝缘胶带、电线接头等。

图 3-66　牧神 4YZT-7 自走式玉米籽粒收获机

(二)安全防护

在开始安装之前,应认真阅读并了解操作手册中的各项说明、安全提示和安装步骤。做好个人防护措施,确保收获机械处于良好的工作状态。对农机操作人员进行培训,使其熟悉导航系统的使用方法和注意事项。

按照操作手册进行操作是确保依讯北斗农机导航系统安装正确、安全、可靠的关键。

二、产品零部件介绍

(一)导航系统主要部件

依迅北斗农机自动驾驶系统包装箱中的部件名称和数量,如表 3-5 所示。

表 3-5　依讯北斗农机导航系统部件名称和数量

序号	部件名称	数量	备注
1	卫星导航天线	2	含底座双面胶
2	4G 天线	1	
3	电源盒	1	
4	平板计算机	1	
5	力矩电机	1	
6	电机支架	1	
7	花键适配套筒	1	
8	方向盘	1	
9	惯导角度传感器	1	含支架选配
10	射频线缆	2	
11	电源线束	1	
12	平板通信线束	1	
13	电机通信线束	1	
14	IMU(惯导传感器)延长线	1	
15	平板计算机支架	1	
16	螺钉、螺母袋	1	
17	备用保险袋	1	3 个
18	3M 双面胶	1	
19	扎带	若干	
20	快速使用手册	1	

依讯北斗农机导航系统主要组件(图 3-67)有方向盘、力矩电机、平板电脑、平板电脑支架、电源盒、惯导角度传感器及支架、射频线缆、花键适配套筒、卫星导航天线、4G 天线、电机支架、电源线束、电机通信线束、IMU 延长线。

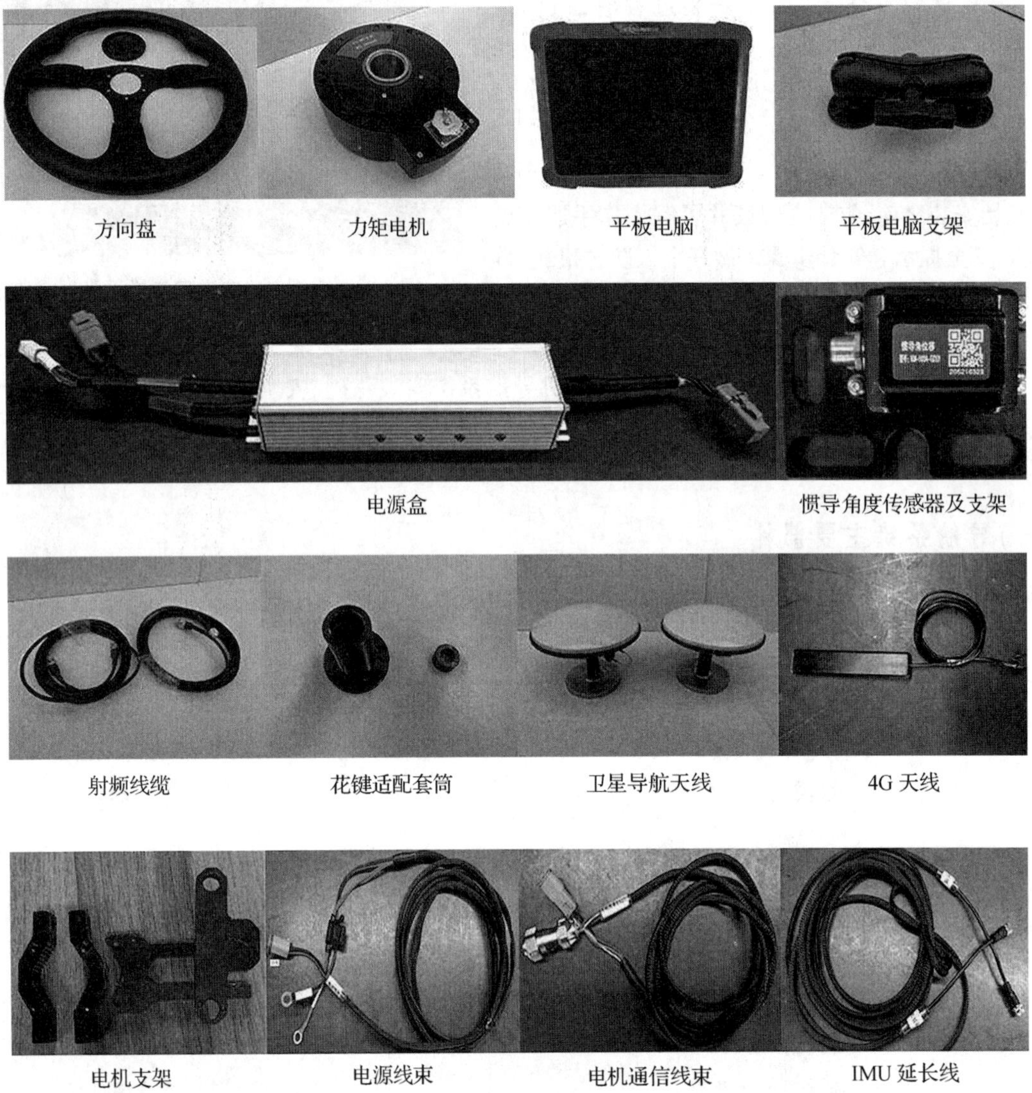

图 3-67 依讯北斗农机导航系统主要组件

依迅北斗农机自动驾驶系统在收获机械上的电器连接关系(连接位置关系)如下:

GNSS 主副天线,一端连接车辆右后方的导航定位天线,另一端连接平板主天线接口。电源线束,一端连接电瓶,另一端连接电源盒。平板通信线束,一端连接电源盒,另一端连接平板。电机通信线束,一端连接电源盒,另一端连接电机。IMU 延长线,一端连接平板端预留接口,另一端连接惯导角度传感器。4G 天线,接在平板 WLAN 接口。注意,除了 GNSS 射频线外,所有线束接口都具有唯一性,防止接错。平板电脑,一般安装在方便驾驶员操作的地方,如右前方。力矩电机,通过支架安装在转向立柱上。

(二)安装工具

详细阅读依迅北斗农机导航系统的安装手册,确保对安装步骤和注意事项有充分的了解。准备必要的安装工具，如固定扳手、电线剪、剥线钳等，以及所需的安装材料，如绝缘胶带、电线接头等。表 3-6 为工具清单。

表 3-6　工具清单

序号	名称	规格	数量	备注
1	固定扳手	6-32	1	
2	活动扳手	M32	2	
3	内六角扳手	公制	1	
4	十字螺丝刀(大)		1	
5	十字螺丝刀(小)		1	
6	一字螺丝刀(大)		1	
7	一字螺丝刀(小)		1	
8	斜口钳		1	
9	老虎钳		1	
10	尖嘴钳		1	
11	卷尺		1	
12	手枪钻		1	
13	切割机		1	备用

(三)各部件安装

根据装箱清单清点设备组件是否齐全，建议在空旷、平坦地点进行安装，便于后续直接校准使用。安装步骤如下。

1. GNSS 天线安装

如图 3-68 所示，将 GNSS 天线组件安装好，然后对称安装在车顶两侧。务必安装牢固，必要时打胶固定。主副天线距离 1.2 m 以上，必要时增加支架。

图 3-68　安装 GNSS 天线

2. GNSS 射频线铺设

长的射频线连接左后方天线，短的则连接右后方天线。射频线用手用劲拧紧(不可用钳子等)。线缆用扎带整理扎好。用 3M 胶固定车顶走线，力求稳定、整洁，然后从后窗、侧窗或合适处引入驾驶舱。

3. 平板电脑安装

平板电脑应安装在方便驾驶员操作的地方，用手枪钻和自攻螺栓安装支架球头，或者是用 U 型抱箍(图 3-69a)。用内六角安装平板背部支架球头，安装平板整个支架(图 3-69b)，调整平板角度，并用支架上的螺栓拧紧固定。

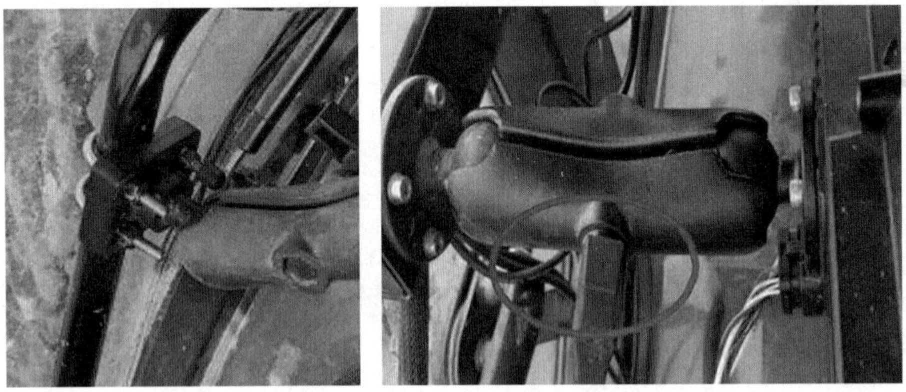

a　　　　　　　　b

图 3-69　安装平板

a. U 型抱箍；b. 安装平板整个支架

4. 电源盒安装

电源盒(图 3-70)安装在防水且不易碰到的地方，如油门或前挡风玻璃附近。电源盒工作需要散热，上面不可覆盖易燃、易爆物品。

5. 惯导角度传感器安装

惯导角度传感器安装(图 3-71)，首先组装角位移组件，然后将惯导角度传感器安装在车辆转向节上。

图 3-70　电源盒

图 3-71　惯导角度传感器安装

6. 电动方向盘安装

电动方向盘安装(图 3-72)，拆下车辆原方向盘，选取合适的花键，安装在套筒上。把套筒侧边的 3 个锥头螺栓拧紧。有条件的话可焊接花键与套筒底部进行加固。把适配套筒安装在电机转子上。把 T 型架安装在电机上，在转向立柱上安装抱箍支架，安装电机及方向盘。

7. 连接线束

连接线束(图 3-73),按正常连接关系连接。重点捆扎惯导角度传感器,防止线束损坏。其他线束按照美观、整洁、不易损坏要求进行整理。

图 3-72　电动方向盘安装

图 3-73　连接线束

完成依迅北斗农机导航系统的安装后,要进行基本测试,确保导航系统的各项性能满足作业需求后方可正常使用。

8. 设备测试

完成电源线和信号线的连接后,将导航系统的定位装置和天线安装在支架上,并固定好。确保它们能够稳定地接收卫星信号,并准确地提供导航信息。最后,进行系统的测试和调试。测试包括启动导航系统,检查其是否能够正常开机、定位准确、显示清晰等。如果发现问题,及时进行调整和修复,确保导航系统能够正常运行并满足使用需求。

知识拓展与提升

农机自动导航驾驶系统性能要求如下。

(一)性能要求

在农机自动导航驾驶系统性能要求中对农机自动导航驾驶系统的基本工作原理定义为:在导航显示单元中,设定作业路径,通过角度传感器和 GNSS 接收机获取农机的实时位置、速度和姿态,计算农机当前位置与预设作业路径的横向偏移误差和偏移航向角,然后通过控制器驱动农机的液压阀转向系统及时修正农机的行驶方向。在农机作业过程中,自动驾驶系统不断进行“测量和控制”动作,使得农机的行走路线无限接近于作业参考路径。北斗/GNSS 接收机在农机导航系统工作过程中,通常使用数据电台或网络基站作为主要的差分数据传输链路。

农机自动导航驾驶系统主要组成部分包含:GNSS 高精度接收机(以下简称 GNSS 接收机)、GNSS 天线、数传电台(或网络基站)、导航显示单元、角度传感器、自动驾驶控制器(也称控制器)以及液压阀等部件,其中某 2 个或几个部件可能集成为一个部件,例如,GNSS 接收机与 GNSS 天线可集成为一体的 GNSS 接收机。

(二)作业精度要求

农机自动导航驾驶系统的作业行直线度偏差≤2.5 cm。根据农机田间作业要求,百米弯曲度<2.5 cm。农机导航系统的作业行间距误差≤5.0 cm。GNSS 接收机具备至少 1 个差分数据输入接口、至少 1 个电台设置接口,且具备工作状态指示灯。对于 GNSS 接收机和 GNSS 天线未集成为一体机的情况,

GNSS 接收机还应具备至少 1 个天线输入接口。

(三)行直线度偏差

如图 3-74 所示，预先设定好 *AB* 线，长 100 m，该 *AB* 线即作业参考路径，*A* 点与 *B* 点分别为理论起点和终点。调整农机的起始位置，使主天线参考点与 *A* 点重合，方向为 *AB* 线的指向。驾驶农机沿着 *AB* 线行驶，直到到达 *B* 点结束。取路径上间距为 10 m 的 10 个等距测试点，计算各测试点到 *AB* 线的距离，即农机的瞬时横向偏移误差。

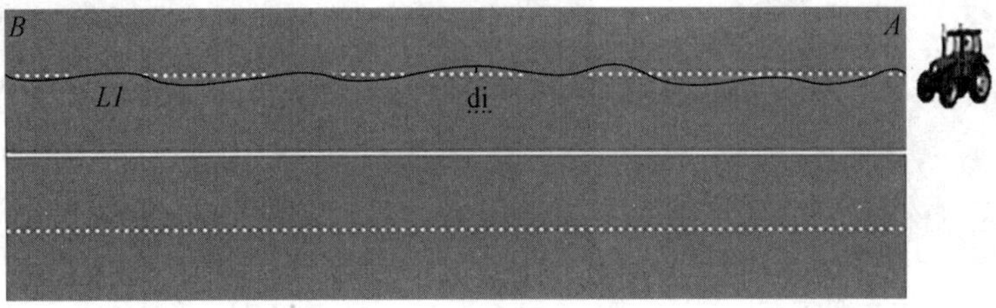

图 3-74　直线度偏差

使用实际卫星信号进行测试。通过馈线将 GNSS 接收机与 GNSS 天线连接在已知观测点上，待 GNSS 接收机得到单点平滑定位结果后开始记录输出的坐标，数据采样间隔不大于 30 s，记录数据不少于 100 个。选取长度不大于 20 km 的基线进行测试，确保有效 GNSS 卫星数不少于 8 颗，设置卫星截止高度角不大于 10°，将流动站接收机置于已知坐标的点位上进行观测，共进行 10 组观测，每组采集不少于 100 个 RTD 定位结果。使用模拟卫星信号进行测试。用 GNSS 模拟器模拟卫星导航信号和用户运动轨迹，输出射频仿真信号。被测 GNSS 接收机接收射频仿真信号，按 1 Hz 的更新率输出速度数据，以模拟器仿真的速度为标准，计算速度误差及其分布。

(四)作业范围

移动站模式和固定基站模式下的作业范围测试方法如下：

(1)移动基站模式。设置电台功率为可支持的最大功率，移动站在距离电台 1 km 处，使移动站接收电台播发的基准站数据。检查移动站 GNSS 接收机输出的频率为 5Hz 的 GGA 数据，该数据应没有中断不连续现象，且 GGA 数据的定位状态应始终为固定解。

(2)固定基站模式。设置电台功率为可支持的最大功率，移动站在距离电台 5 km 处，使移动站接收电台播发的基准站数据。检查移动站接收机输出的频率为 5 Hz 的 GGA 数据，该数据应没有中断不连续现象，且 GGA 数据的定位状态应始终为固定解。

任务测验

一、选择题

1. 在安装玉米收获机导航系统前，需要准备(　　)。

A. 只需购买导航设备

B. 购买导航设备及相关线材、天线等材料

C. 找到适合安装的固定点和电源线即可

D. 前期准备包括购买导航设备、相关线材、天线等材料，并找到适合安装的固定点和电源线

2. 安装导航系统时,(　　)是不必要的。
   A. 将导航设备固定在车辆驾驶室内
   B. 在车辆上安装多个天线以提高信号接收
   C. 将导航设备与车辆电源线和天线线连接
   D. 进行导航设备测试,确保定位精确和导航功能正常
3. 在玉米收获机安装导航系统后,关于使用和维护的注意事项,(　　)是正确的。
   A. 非驾驶员也可以操作导航系统
   B. 收获机运转或起步时,不需要发出信号
   C. 需要按照导航系统的润滑表进行润滑
   D. 停止工作后,应将变速杆放在空挡位置,并切断相关电源

二、判断题

1. 安装导航系统可以显著提高玉米收获机的作业效率。(　　)
2. 导航系统安装完成后,不需要进行定期更新和维护。(　　)
3. 玉米收获机上的导航系统只能用于导航,无法辅助精准播种和施肥。(　　)

三、填空题

1. 在安装玉米收获机导航系统时,GNSS 天线应安装在收获机的__________位置,以确保信号接收质量。

2. 玉米收获机导航系统通过安装各类__________,实时采集与农具作业有关的环境信息。

3. 玉米收获机导航系统可以与其他__________系统相连,实现自动化作业。

四、实践题

1. 请简述如何在玉米收获机上安装导航系统,包括前期准备、安装过程、系统测试等关键步骤。

2. 如果你是一名农机技术人员,需要在玉米收获机上安装导航系统并进行调试,那么需要的工具、材料都有哪些?

项目四　应用农机导航系统

能力图谱

项目描述

随着全球卫星定位系统和现代农业技术的快速发展，农机导航应用已经成为现代农业的重要组成部分。通过集成先进的导航、定位、遥感等技术，农机导航应用能够实现农田作业的精准化、自动化和智能化，显著提升农业生产效率，降低生产成本，为农业可持续发展提供有力支持。

本项目在旋耕、播种、植保等环节选取了 5 个典型的导航作业应用案例，来学习农机导航与自动驾驶作业应用的全过程。在导航作业应用中，需要了解各种作业的要求；学会如何测量机械安装导航系统后的各项参数和机械作业幅宽，并根据作业要求以及参数进行导航设置，根据作业地块的形状及作业条件设计机械作业行走路径；掌握导航作业过程中需要注意的事项。

任务一　旋耕作业农机导航系统

任务描述

村民老李有一块地需要进行旋耕作业，这是一块比较规整、长方形、面积约为 100 亩的地。本次作业计划采用农机导航作业，若想提高作业效率、确保旋耕质量，同时减少人工操作的误差和疲劳，那么该如何进行操作呢？

任务目标

能力目标

- 能设置导航系统完成旋耕作业。
- 会设计旋耕作业路径。

知识目标

- 了解旋耕作业的作用。
- 了解旋耕作业的质量要求。
- 掌握农具测量的参数。
- 掌握旋耕作业行走方法。

素养目标

- 在进行旋耕作业过程中，要严格遵守安全作业规范。
- 遵守农机法规和操作规程，掌握拖拉机驾驶以及旋耕机的使用。
- 通过导航作业，提升服务农业农村现代化建设的事业心和使命感。

任务分析

首先了解旋耕作业的质量要求，根据要求进行作业机械的选择，检查作业机械。然后根据导航参数设置要求，测量拖拉机和旋耕机的尺寸，完成导航参数设置。最后根据田块形状以及机耕道等情况，设计机械行走路径，进行导航系统的作业模式设置。完成上述工作，就可以进行作业。

知识学习

一、旋耕作业条件

土地湿度是旋耕机正常旋耕的重要因素。过湿或过干的土地都不利于旋耕机的正常工作。如果土地过湿，旋耕机的耙子容易被泥土堵塞，影响其旋转，甚至可能会损坏旋耕机的耙子或旋转轴。如果土地过干，旋耕机耙子无法深入土壤，旋转后甚至可能会形成硬块和龟裂，对土地进行破坏。

二、旋耕作业质量要求

旋耕作业适合于前茬为深翻或深松基础的旱田软茬地或水田的浅层耕作。

(1)深秋：旋耕 12～15 cm。春：旋耕 8～10 cm。

(2)土壤细碎，地面平整：每平方米耕层内，土块外形最大尺寸≥6 cm 的不得超过 5 个。地面平整，跨两幅在 4 m 宽地面上的高低差<4 cm。

(3)根茬破碎：破碎长度应<8 cm，其合格率应>80%。

(4)相邻作业幅重耕量<15 cm。

(5)作业前进速度选 2～3 km/h。

三、机械参数测量

采用卷尺测量拖拉机前轮轴距、后轮轴距、天线到后轮轴距、定位天线高度。旋耕机机具幅宽测量：测量旋耕工作幅宽如图 4-1 所示，或根据旋耕机铭牌(图 4-2)参数确定旋耕机工作幅宽。

图 4-1　测量旋耕工作幅宽

图 4-2　旋耕机铭牌

四、作业宽度计算

作业宽度计算公式如下：

$$\text{作业宽度}=\text{作业要求的行间距预留宽度}+\text{机具作业幅宽} \tag{4-1}$$

任务实施

一、任务准备

在作业前需要根据作业任务选择作业机械，检查导航安装情况，设计作业路线，进行安全教育。

(一)作业机械

1. 拖拉机

采用东风井关拖拉机 T1054-PWCY(G4)智能版(图 4-3),并安装好丰疆疆驭导航系统。

该款拖拉机的特点:整机轻量化设计,离地间隙高,转弯半径小;动力强劲,进口国四发动机,前后动力换向、HI-LO 动力换挡、电子手离合;方便机手操作,高端驾驶室,噪声更小,驾驶室乘坐舒适,兼具高级感的作业空间;噪声更小(低于 85 dB),对人体更安全。

2. 旋耕机

刀轴式旋耕机(图 4-4)有较强的碎土能力,多用于灌木地的开垦,以及沼泽地和草荒地的耕作。工作部件包括旋耕刀辊和按多头螺线均匀配置的若干把切土刀片,由拖拉机动力输出轴通过传动装置驱动,常用转速为 190～280 r/min。刀辊的旋转方向通常与拖拉机轮子转动的方向一致。切土刀片由前向后切削土层,并将土块向后上方抛到罩壳和拖板上,使之进一步破碎。刀辊切土和抛土时,土壤对刀辊的反作用力有助于推动机组前进,因而卧式旋耕机作业时所需牵引力很小,有时甚至可以由刀辊推动机组前进。

图 4-3　东风井关拖拉机 T1054-PWCY(G4)智能版

图 4-4　刀轴式旋耕机

3. 机械准备

机械挂接,将旋耕机与拖拉机挂接好。将拖拉机停稳并抵紧手刹,确保机器在操作过程中不会移动。打开刀片传动开关,确保刀片可以开始旋转。将拖拉机的挡位调整到适当的位置,以确保旋转刀片的速度与行进速度相匹配。一般来说,旋耕深度越深,需要的动力就越大,因此要选择适当的挡位以提供足够的动力。

(二)检查导航系统安装情况

检查 GNSS 天线安装位置是否正确、是否有松动,4G 线缆等接头是否紧固、无松动。开机检查是否有异常报错。

(三)作业路径设计

如图 4-5 所示,按照作业区域以及旋耕机大小,可以采用梭形作业,设计作业路线。

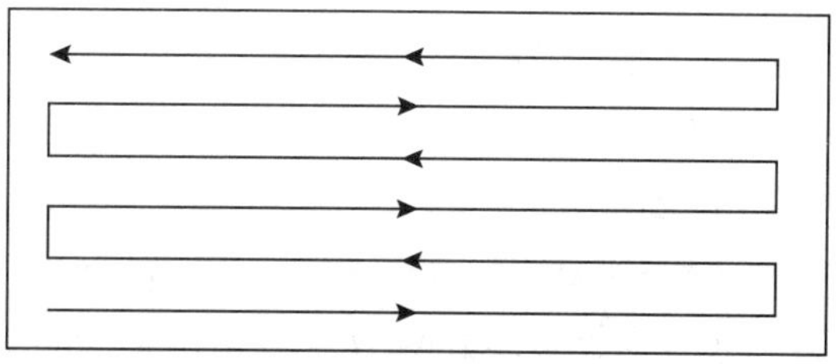

图 4-5　作业路线

（四）安全教育

1. 安全准备

在操作旋耕机之前，首先要确保操作人员的安全。操作人员应穿着适当的工作服，以保护自己免受意外伤害。同时，要检查机器是否处于良好的工作状态，如刀片是否安装正确、机器是否有任何损坏等。如果发现问题，应及时进行维修和更换。

2. 安全操作注意事项

（1）旋耕机作业时其他人员禁止靠近或尾随。

（2）旋耕机作业时驾驶员要时刻环视作业地块以防不测发生。

（3）更替接班人员或其他人员严禁在作业地块内候机或睡眠。

（4）旋耕机刀轴上杂草缠绕时，必须停机切断旋耕机动力，待旋耕机刀轴停止运转后，再清除杂物。

（5）旋耕机上禁止站人或放置其他重物。

（6）对旋耕机进行保养或修理时，必须停机切断动力并将旋耕机降落放平后进行。

（7）转移地块时，旋耕机在提升位置要用锁定装置将其锁定好。

（8）旋耕机临时停放时，应将旋耕机降落于地面，禁止在提升位置停放。

二、导航作业实施

在实施导航作业时，需要根据作业要求、拖拉机尺寸、旋耕机尺寸进行导航的参数设置。整个作业操作流程如下。

（一）开机及基本信息填写

导航整体上电与显示屏开机，上电前检查电源连接是否正确，供电电压是否与要求的一致；上电后，检查车载显控终端电源灯是否有亮起。

按下车载显控终端开关后，车载显控终端程序正常启动后进行语言选择；进行账号注册登录及信息填写，启动正常后，进行参数测量及数据录入。

（二）车身参数测量及录入

进行车身测量，并将车辆参数写入到显控终端内部。如图 4-6 所示，在显示屏主界面中点击【设置】，点击【车辆信息】，测量后在对应参数写入实际参数（注意单位是 m）。然后进行整车标定、定位天线间距校准、机具校准。

（三）作业宽度与参数设置

1. 作业宽度计算

本次作业为旋耕作业，根据式 4-1 计算作业宽度，设置的行距＝0 m，旋耕机的作业幅宽＝1.8 m，所以作业宽度＝1.8 m。

2. 参数设置

点击【设置】按钮，然后选择参数设置顶部分选栏中的【作业宽度与预警】设置（图 4-7）。进入作业宽度与预警的设置详情页，按照旋耕作业质量技术要求，行间距为行距 0 cm，偏差不超过 2.5 cm，作业车速控制在 2～3 km/h，进行作业宽度与预警设置、车速预警设置以及行距偏移预警设置。

a

b

图 4-6　车身参数录入

a. 界面；b. 车辆信息

（四）打 点

接下来进行打点，在主界面点击基准线，它会弹出一个小界面，点【添加】即可开始打点，或者在主界面点击【新建基准线】即可开始打点，如图 4-8 所示。如需导入之前使用的基准线，可在基准线界面按下黄色按钮，即可导入之前打好的基准线。

打好点后点击【保存】，基准线会自动导入。正常情况下点击【开始】按钮，显示屏左上角的手动驾驶模式变为自动驾驶模式后，即可正常作业。

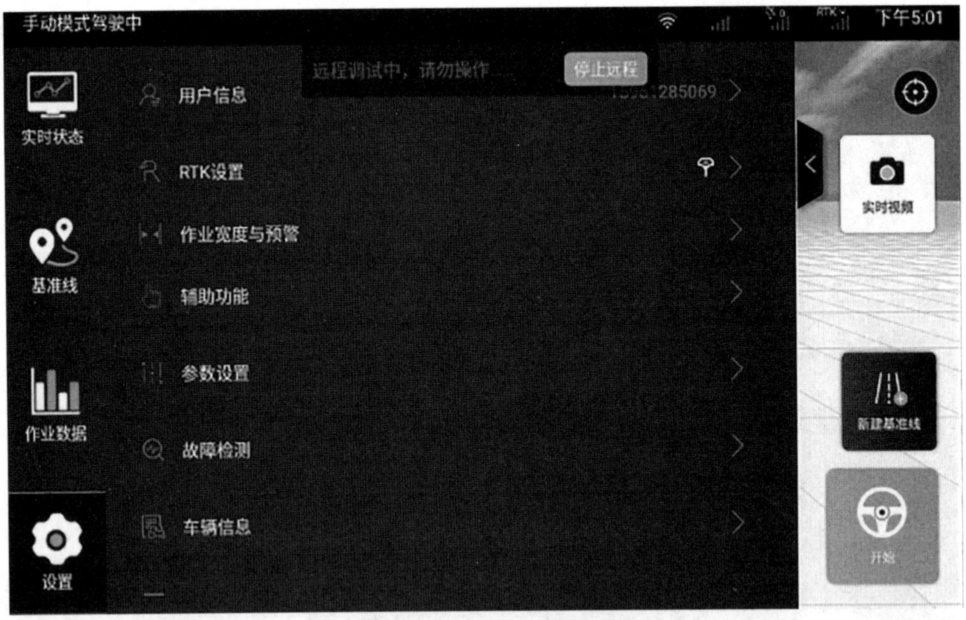

图 4-7 【作业宽度与预警】设置

图 4-8 新建基准线

(五)作业模式选择

作业模式有单线模式和多线模式，根据作业地块形状，本次作业采用多线模式。多线模式为在作业宽度与预警界面设置好作业宽幅后，基准线自动排列(线与线的间距就是设置的宽幅，多线模式只需将车轮摆正，车头朝向对好，就可自动入线。对线对得越好，入线越快)。

(六)网络连接

用户完成车辆参数设置后，还需在进入作业前对 RTK 进行连接。丰疆疆驭导航系统支持【移动基站】与【网络 RTK】两种连接模式，具体操作步骤如下。

(1)点击【设置】进入【RTK 设置】项目,展开【RTK 设置】详情页。

(2)点击开关键连接 RTK,默认使用【移动基站】模式。若初次使用移动基站,用户首先需要完成基站对频。点击【对频】按键,系统自动弹框提示用户输入对频码,输入完成后保存设置则可连接 RTK。

(3)连接成功后,查看顶部状态栏中 RTK 信号图标是否跳转为连接状态,若等待几分钟后仍无响应,请重新连接或切换 RTK 连接模式。

(七)信息查看

在完成网络连接后、导航系统作业前,需要检查导航信息,如图 4-9 所示,查看界面上的所有信息,这里重点要看一下网络信号。

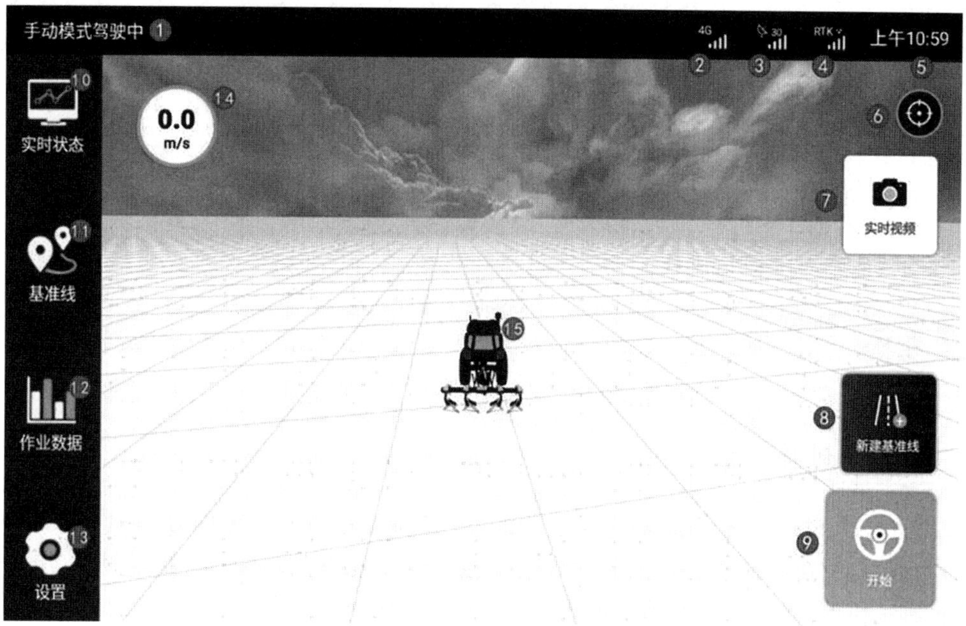

图 4-9 导航主界面

(1)当前驾驶模式。显示农机当前的驾驶模式:手动驾驶模式、自动驾驶模式。

(2)4G 信号。移动网络信号即 4G 信号,该图标实时显示自动驾驶系统的蜂窝数据通信情况。

(3)GNSS 信号。GNSS 信号即卫星信号,该图标实时显示北斗导航系统的连接状况。

(4)RTK 信号。RTK 信号即载波相位差分信号,分为移动基站与网络 RTK 两种模式,该图标实时显示差分信号强度。

(5)系统时间。支持在安卓系统中手动更改和选择时区。

(6)固定视角切换。点击后可将 3D 场景图切换到作业时场景,用来切换到正视角。

(7)实时视频。点击打开摄像头界面实时查看实施作业情况。

(8)新建基准线。点击后可新建基准线,包括直线和曲线两种方式。

(9)自动驾驶启动/停止按钮。点击控制当前农机自动驾驶的启动与停止。

(10)实时状态。点击展开实时状态详情,显示农机当前的实时状态信息。

(八)导航作业

检查完各项参数正常后,沿着规划好的路线进行,可以进行旋耕作业。在作业过程中,需要关注农机的使用状态和作业情况。如果出现异常,需要转换到手动模式下,停止作业,并进行故障排除。

知识拓展与提升

一、旋耕作业介绍

旋耕作业是指通过农业机械设备，如旋耕机或旋耕耙，将土壤进行深度翻耕的过程。这种作业方式可以将土壤中的杂草和根系残留物彻底割断，并将其与土壤混合，从而为作物的生长提供更好的土壤环境。常见的旋耕机具有锄头或铁锹形状的刀片，可以在耕地表面快速旋转，使土壤被割破和翻转。

旋耕作业的目的是改善土壤质量和增加土壤通气性。通过深度翻耕，可以让土壤更好地通气、排水和保水。这对根系生长和作物的养分吸收非常重要。旋耕作业还可以改善土壤的结构，增加土壤肥力，并防止土壤结块。此外，通过将杂草和根系残留物与土壤混合，旋耕作业还可以减少杂草的生长，减少病虫害的发生。

二、旋耕作业路径设计

旋耕作业时，需要根据田块形状大小等设计作业路径。

（一）确定起点和终点

由于旋耕机一般是单向进出，因此应选择顺时针或逆时针的固定路径，以减少停滞情况。

（二）开通路和划分区域

在田地间开一条通路，并将田地分成多个区域。应考虑地块大小和地形，根据不同地块的大小和地形特点，选择合适的行车路径和作业顺序。例如，对于内部复杂的地形，可采用逐步分割的方式分块处理，优先处理较平整的地块，以避免机器无法操作或效率低下。

（三）操作技巧

保持稳定操作，避免断断续续地重复行走轨迹。在操作前检查地形，如有障碍物应先清理。初次使用时，可进行技巧训练，如绕圈、障碍物绕行等，以提高操作的准确性和流畅度。

（四）行走方法

行走方法包括梭形耕法、套耕法和回耕法。梭形耕法是指机组从地块一侧进入，一行紧接一行往复耕作。套耕法是指机组从地块一侧进入，耕到地头后返回，逐一完成每个小区后再进行下一个小区。回耕法适用于水田带水旋耕，是指机组从地块一侧进入后转圈耕作，转弯时应将旋耕机提离地面。

(1)梭形耕法（图 4-10a）。采用这种方法，拖拉机要在地头小转弯，大机型操作不方使，但适用于手扶拖拉机和微耕机。

(2)套耕法（图 4-10b）。图 4-10b 所示的是单区间隔套耕法的一种，在耕完第 1 趟后留下 1 个耕幅耕，第 2 趟直到耕完后再反回来耕。为了避免在地头转小弯，也可采用正向耕 3 趟、反向耕 2 趟的间隔套耕法。此法时间利用效率高，但要求留下的未耕地定位准确，以免漏耕或重耕。

(3)回耕法（图 4-10c）。采用此法耕地后地面平坦，可减少漏耕。但在转弯时应将旋耕机提离地面，以防损坏刀片和刀轴。

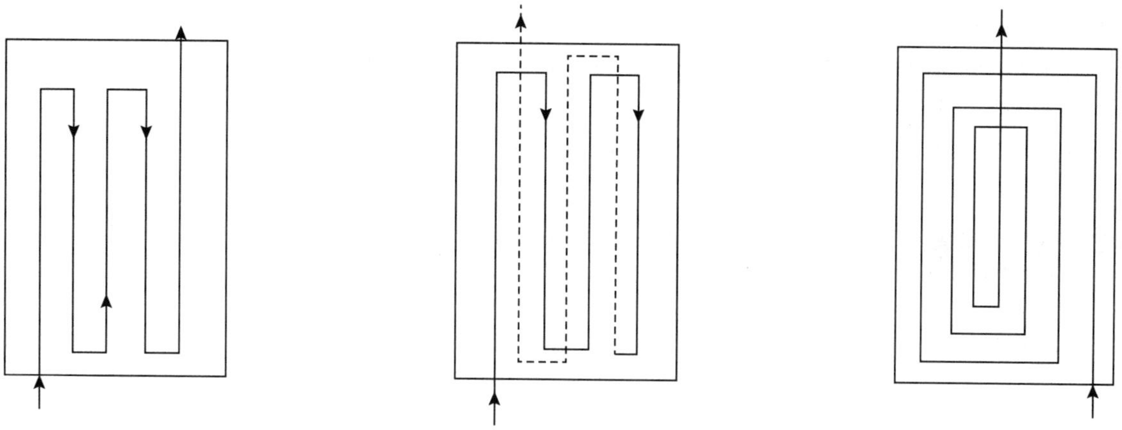

图 4-10　行走方法

a. 梭形耕法；b. 套耕法；c. 回耕法

三、旋耕作业操作技巧

（一）选择适当的旋地深度和速度

旋地深度和速度是旋耕机工作时非常重要的因素，需要根据不同作物和土质来确定。一般来说，旋地深度应该保持在 20～25 cm，旋地速度应该在 2～3 km/h。

（二）掌握旋地方向

旋地方向应与地形和水流方向垂直，以避免土地侵蚀和流失。在操作时应该注意选择合适的旋地方向，避免造成土地流失和浪费。

（三）注意旋地间距和均匀性

旋地间距应根据旋耕机的工作宽度和作物种类来确定，一般来说，间距应该是耕宽的 1/3～1/2，以保证耕作效果均匀。在操作时应该注意旋地间距和均匀性，避免造成土地深浅不一和耕作效果不佳等问题。

（四）注意旋地方向和速度的调整

旋地时需要根据地形、土质和作物特点等因素随时调整旋地方向和速度，以保证耕作效果最佳。

四、滴灌大田旋耕作业

目前的灌溉方式采用滴灌的方式，在田块中会有大量的滴灌系统出水桩，此时采用导航旋耕作业，有 2 种方式，第 1 种是将作业田块按照出水桩的位置划分区域，按区域进行作业；第 2 种是将出水桩标记为障碍物，设置导航。

五、作业注意事项

车辆安装导航后，在使用过程中，需要注意以下事项。

（1）车辆安装导航设备后，比原车高 15 cm，注意限高。

（2）在非作业区域，车辆行驶过程中，保证导航设备处于关机状态。

（3）行驶至作业区域，在车辆处于静止状态下，进行导航系统开机操作。

(4)导航设备开启自动驾驶时,严禁驾驶员离开驾驶室。

(5)自动驾驶状态无法检测周围人员及障碍物,请注意避让,确保安全作业。

(6)接收机拆卸或移动后,需要重新校准。

(7)自动驾驶过程中,不能强行控制方向盘,必须切换至手动操作。

任务测验

一、选择题

1. 可通过(　　)确定作业宽度。

A. 直接测量旋耕机外壳的宽度　　B. 测量旋转轴长

C. 测量刀片长度　　D. 测量刀片作业覆盖长度

2. 导航作业时,查看网络信号,主要看(　　)。

A. 4G 信号　　B. GNSS 信号

C. RTK 信号　　D. Wi-Fi 信号

3. 旋耕作业,设置的行距为(　　)。

A. 0 m　　B. 2.5 cm

C. 20 cm　　D. 25 cm

二、判断题

1. 旋耕行走路线一般采用梭形走法。(　　)

2. 作业宽度就是机械的作业幅宽。(　　)

3. 用户完成车辆参数设置后,还需在进入作业前对 RTK 进行连接。(　　)

三、填空题

1. 行走方法一般有__________、__________、__________。

2. 导航作业模式有__________、__________。

四、实践题

1. 如何测量旋耕机的作业幅宽?

2. 根据测量的参数和作业要求、质量要求设置导航。

任务二　耙地作业农机导航系统

任务描述

春耕开始了，村民小李有块地需要进行耙地作业，作业地块规整，长 200 m，宽 100 m，土地面积约为 30 亩。计划使用带导航系统的作业机械，采用对角耙地的方式进行耙地作业。小李该如何进行操作呢？

任务目标

能力目标

- 会设置耙地作业导航参数。
- 能根据田块形状设计作业路径。

知识目标

- 了解耙地作业的种类。
- 掌握拖拉机安装导航系统后的各项参数和耙地机机具幅宽参数。
- 了解耙地作业的质量要求。
- 掌握耙地作业机械行走方法。

素养目标

- 在进行作业过程中，要严格遵守安全作业规范。
- 遵守农机法规和操作规程，掌握拖拉机和耙地机械的使用。
- 在任务实施过程中，提高专业兴趣。

任务分析

首先了解耙地作业的作业要求，根据要求进行作业机械的选择，检查作业机械。然后根据导航参数设置要求，测量拖拉机和耙地机的尺寸，完成导航参数设置。最后进行导航系统的作业模式设置，完成边界采样，自动生成对角耙地作业路径。完成上述工作，就可以进行导航耙地作业了。

知识学习

一、耙地作业条件

准确掌握耙地方法，适时耙地。春季耙地一般在化冻 6 cm 时即可作业，严禁湿耙，作业时以不粘耙、不出土块为准。土壤不能过于板结，也不能太泥泞，耕作层不能太深。

二、耙地作业质量要求

(1)耙后要求地表平整，其 10 m 内高低差≤10 cm，土壤细碎，耙层表土疏松，每平方米内 5 cm 直径土块≤5 块。

(2)耙深:轻型耙 8～10 cm,中型耙 12～15 cm,重型耙 16～18 cm,耙深误差≤1 cm。

(3)不重耙、不漏耙、不拖堆,两幅结合线重叠≤10 cm。

(4)耙类机械作业时要搭配强制性耢子,耙耢结合复式作业。

(5)地头、地边要整齐一致,百米内误差≤20 cm。

(6)不同条件的地块,选择不同耙法。耙向与耕向成 30°～45°,以保证作业质量。

三、机械参数测量

采用卷尺测量拖拉机前轮轴距、后轮轴距、天线到后轮轴距、定位天线高度。实地测量耙地机械的作业幅宽,如图 4-11 所示。

图 4-11　实地测量耙地机械的作业幅宽

或根据机械铭牌确定作业幅宽,铭牌上标注有机械的作业幅宽,如图 4-12 所示。

图 4-12　联合整地机铭牌

四、作业宽度计算

耙地作业的作业宽度计算公式与旋耕作业的作业宽度计算公式相同,见式 4-1。

任务实施

一、任务准备

（一）作业机械

1. 拖拉机

采用东风井关拖拉机 T1054-PWCY(G4)智能版（图 4-13），并安装好丰疆疆驭导航系统。

图 4-13 东风井关拖拉机 T1054-PWCY(G4)智能版

2. 联合整地机

联合整地机工作时，前置圆盘耙组对土壤进行松、碎作业，随后平地齿板对土壤进行平整、破碎及压实，后续碎土辊进一步对土壤进行破碎和镇压，同时使被抛起的小土块和细土粒落在地表上，从而隔断地下水蒸发，形成上虚下实的理想种床。

3. 机械准备

机械挂接，将联合整地机与拖拉机挂接好，如图 4-14 所示。检查耙地机械，确定耙地方向，进行耙深、水平、偏牵引和偏置量的调整。

图 4-14 联合整地机与拖拉机挂接

(二)检查导航安装情况

检查 GNSS 天线安装位置是否正确、是否有松动,4G 线缆等接头是否紧固、无松动。开机检查是否有异常报错。

(三)作业路径设计

在对角耙地模式下,确定好地块边界后,导航系统会自动生成作业路径,因此只需要进行边界设定即可。

(四)安全教育

使用大型拖拉机进行耙地作业时,操作人员要随时保持警惕,遵循相关的安全操作规程。这包括正确佩戴安全带等个人防护装备,确保操作人员的安全。同时,还要注意避免与其他车辆或人员碰撞,避免造成事故发生。在作业过程中,要时刻留意拖拉机和耙地工具的工作状态,及时进行调整和维护,以保证作业的顺利进行。

二、导航作业实施

(一)开机及基本信息填写

导航整体上电与显示屏开机,上电前检查电源连接是否正确,供电电压是否与要求的一致。上电后,检查车载显控终端电源灯是否亮起。

按下车载显控终端开关后,车载显控终端程序正常启动后进行语言选择,然后进行账号注册登录及信息填写。启动正常后,进行参数测量及数据录入。

(二)车身参数测量及录入

进行车身测量,并将车辆参数写入显控终端内部。在显示屏主界面中点击【设置】(图 4-15a),点击【车辆信息】,测量后在对应参数写入实际参数(注意单位是 m,图 4-15b),然后进行整车标定,定位天线间距校准,机具校准。

(三)作业宽度与参数设置

1. 作业宽度计算

本次作业为耙地作业,根据式 4-1 计算作业宽度,设置的行距=0 m,联合整地机的作业幅宽=5.4 m,所以作业宽度=5.4 m。

2. 参数设置

点击【设置】按钮,然后选择参数设置顶部分选栏中的【作业宽度与预警】设置(图 4-16)。进入作业宽度与预警的设置详情页,按照耙地作业质量技术要求,行间距为行距 0 cm,偏差≤2.5 cm,低速耙地作业车速控制在 2~3 km/h,高速耙地作业车速控制在 5~6 km/h,进行作业宽度与预警、车速预警以及行距偏移预警设置。

(四)耙地作业模式选择

在主界面下,点击【设置】,选择作业类型,开启对角耙地开关,边界开关同时会打开,如图 4-17 所示。

建立边界,如图 4-18 所示。

a

b

图 4-15　车身参数录入

a. 设置界面；b. 车辆信息

选择对角耙地，可以新建或导入，导入已经建立好的边界，会自动生成作业路径，如图 4-19 所示。

（五）网络连接

用户完成车辆参数设置后，还需在进入作业前对 RTK 进行连接。丰疆疆驭导航系统支持【移动基站】与【网络 RTK】两种连接模式，具体操作步骤如下。

（1）点击【设置】进入【RTK 设置】项目，展开【RTK 设置】详情页。

（2）点击开关键连接 RTK，默认使用【移动基站】模式。若初次使用移动基站，用户首先需要完成基站对频。点击【对频】按键，系统自动弹框提示用户输入对频码，输入完成后保存设置则可连接 RTK。

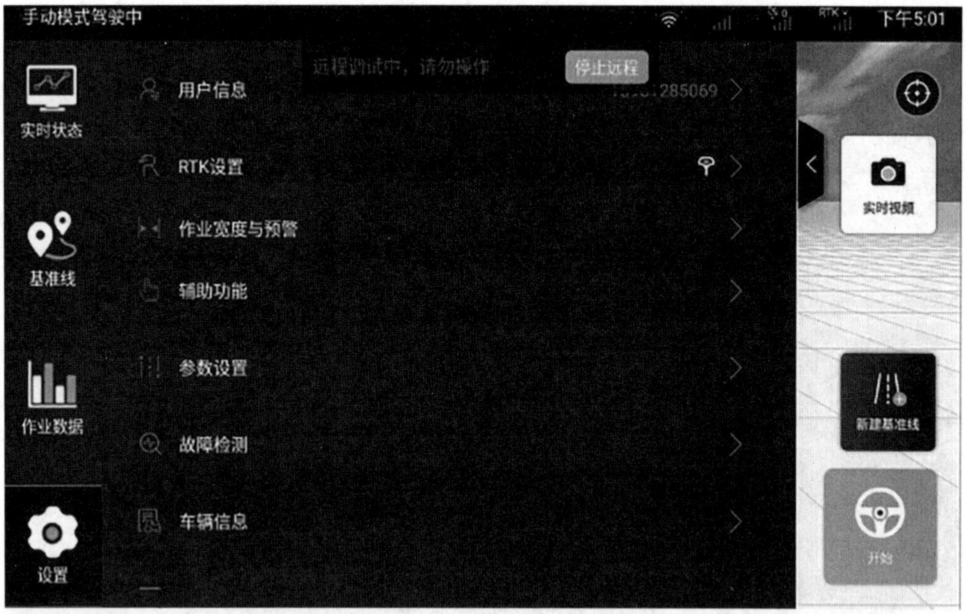

图 4-16 【作业宽度与预警】设置

图 4-17 对角耙地作业类型选择

(3)连接成功后，查看顶部状态栏中 RTK 信号图标是否跳转为连接状态。若等待几分钟后仍无响应，请重新连接或切换 RTK 连接模式。

(六)信息查看

在完成网络连接后、导航作业前，需要检查导航信息，如图 4-20 所示，查看界面上的所有信息。

(1)当前驾驶模式。显示当前农机的当前的驾驶模式：手动驾驶模式、自动驾驶模式。

(2)4G 信号。移动网络信号即 4G 信号，该图标实时显示自动驾驶系统的蜂窝数据通信情况。

(3)GNSS 信号。GNSS 信号即卫星信号，该图标实时显示北斗导航系统的连接状况。

图 4-18　建立边界

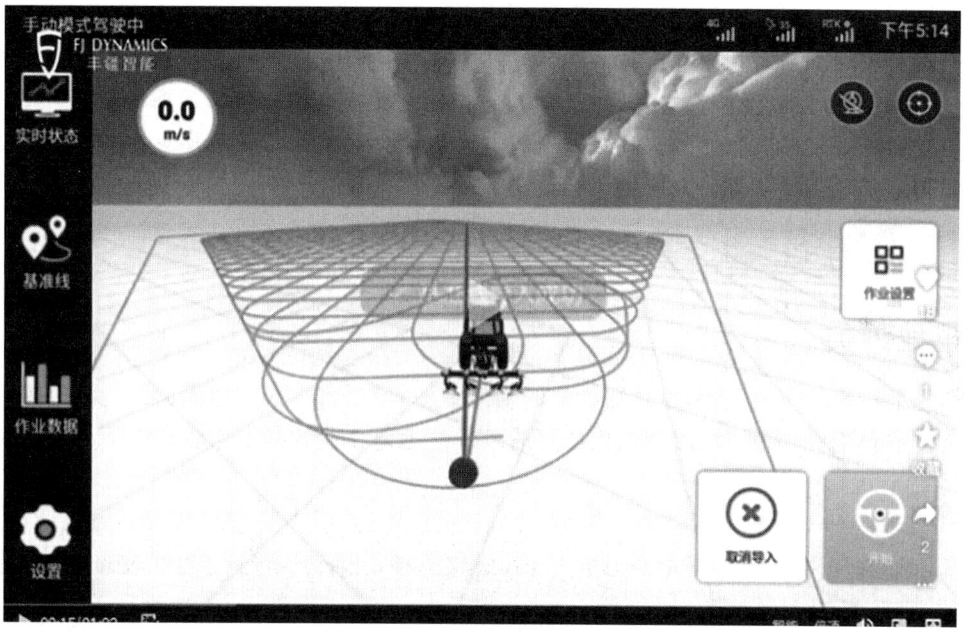

图 4-19　建立边界，自动生成作业路径

(4)RTK 信号。RTK 信号即载波相位差分信号，分为移动基站与网络 RTK 两种模式，该图标实时显示差分信号强度。

(5)系统时间。支持在安卓系统中手动更改和选择时区。

(6)固定视角切换。点击后可将 3D 场景图切换到作业时场景，用来切换到正视角。

(7)实时视频。点击打开摄像头界面实时查看实施作业情况。

(8)新建基准线。点击后可新建基准线，包括直线和曲线两种方式。

(9)自动驾驶启动/停止按钮。点击控制当前农机自动驾驶的启动与停止。

(10)实时状态。点击展开实时状态详情，显示农机当前的实时状态信息。

图 4-20　导航主界面

（七）导航作业

检查完各项参数正常后，沿着规划好的路线进行，可以进行耙地作业。在作业过程中，需要关注农机的使用状态和作业情况。如果出现异常，需要转换到手动模式下，停止作业，并进行故障排除。

知识拓展与提升

一、耙地种类

耙地作业是整地的一种方式，也是翻耕地的辅助措施，可以将不平的地面、大垡块、过松的表土层等耙细、弄碎、整平和耙实，为播种、出苗创造良好的条件。耙地作业的基本方法有以下 3 种。

（一）顺耙

顺耙时，耙地行进方向与犁耕垡条方向一致，松软土地，土垡已有一定程度破碎时，会有较好的效果，否则难以耙平垄沟。

（二）横耙

横耙时，耙地行进方向要跟犁耕垡条的方向保持垂直，这样切土、碎土和平土效果较好，但机具颠簸厉害、阻力大。

（三）斜耙

斜耙时，耙地方向与犁耕垡条方向成 45°。斜耙又叫作对角线耙法，具有很好的切土、碎土、平土作用，机组行走较平稳，是一种较好的耙地方法。

二、耙地作业速度应用

(一)高速耙地的适用场景和缺点

高速耙地一般在转速 2 000 r/min 以上，速度大概在 5～6 km/h，适用于耙草、耙树叶等比较轻的地面工作。具体来说，适用场景如下：

(1)耙草、耙树叶等清除地面杂草和落叶时。

(2)满足速度需求，快速整地，提高耙地效率。

虽然高速耙地可以提高效率，但也存在以下缺点：

(1)破坏地质结构，导致土地松软，不利于植物生长。

(2)容易导致机件磨损，损伤设备。

(3)留地不平整。

(二)低速耙地的适用场景和优点

低速耙地一般在转速 1 500 r/min 以下，速度在 2～3 km/h，适用于更加紧实的地面，如耙缝、耙斜坡、实心的地面等。具体来说，适用场景如下：

(1)大块的土地、杂草丛生、淤泥难耙等情况。

(2)耙地时耙头沉稳，适合斜坡、泥沼等不平整地形。

低速耙地的优点主要有以下几点：

(1)不伤害地面的结构，适合育苗和土地修整。

(2)保护机器设备，可以用于数种类型的设备中，如自行式拖拉机、手推式拖拉机等。

(3)留地更加平整和规整。

三、导航系统作业其他功能

(一)标记田头

在开始作业后，点击暂停上方的作业设置按钮，会出来标记点 1、标记点 2，这是导航系统的标记田头功能，1 条基准线可标记 2 个田头。标记完后，在后续作业快接近标记点时会有报警警示，主要适用于夜间作业、视线不好等情况，以保障驾驶员的安全。

(二)平移基准线

在自动作业开始前，点击【作业设置】，里面有【平移基准线】，进行点击，可将基准线进行整体的向左或者向右平移。平移的单位为厘米，输入数值，选择向左/向右，点击【确定】即可完成基准线的平移。

任务测验

一、选择题

1. (　　)可获得联合整地机的作业幅宽。

A. 直接测量　　　　B. 看机械铭牌

C. 查说明书　　　　D. 咨询厂家

2. (　　)耙地作业效果最好。

A. 顺耙　　B. 直耙

C. 斜耙　　D. 深耙

二、判断题

1. 导航对角耙地作业,建立作业地块边界,就会自动生成作业路径。(　　)
2. 采用滴灌系统灌溉的地区,导航耙地作业时需要标注出水桩位置。(　　)
3. 1 条基准线可以标记 2 个田头。(　　)

三、填空题

1. 耙地种类有＿＿＿＿＿＿、＿＿＿＿＿＿、＿＿＿＿＿＿。
2. 耙深:轻型耙＿＿＿＿＿＿cm,中型耙＿＿＿＿＿＿cm,重型耙＿＿＿＿＿＿cm,耙深误差≤1 cm。
3. 标记田头功能主要适用于＿＿＿＿＿＿、视线不好等情况,以保障驾驶员的安全。

四、实践题

根据测量的参数和作业要求、质量要求设置导航,并完成耙地作业。

任务三　插秧作业农机导航系统

任务描述

村民李华,有一块长方形水田需要进行插秧作业。作业地块规整,长 100 m,宽 80 m,总面积约为 12 亩。计划采用带导航系统的高速自走式插秧机进行作业,为了提高作业效率,确保插秧质量,需要完成哪些操作呢?

任务目标

能力目标

- 能根据田块形状设计作业路径。
- 会设置导航系统完成插秧作业。

知识目标

- 了解插秧作业条件和作业质量要求。
- 了解导航设置所需的各项参数及流程。
- 掌握机械插秧作业行走路线。

素养目标

- 在进行作业过程中,要严格遵守安全作业规范。
- 遵守农机法规和操作规程,掌握插秧机的使用。
- 在任务实施过程中,增强服务农业农村现代化建设的责任感与担当意识。

任务分析

首先了解插秧作业的质量要求，根据要求进行作业机械的选择。然后检查作业机械，根据导航参数设置要求，测量拖拉机和旋耕机的尺寸，完成导航参数设置。最后根据田块的形状、位置等信息，设计作业路径，进行导航系统的作业模式设置。完成上述工作，就可以进行作业。

知识学习

一、插秧作业条件

应选择土壤疏松、深厚、排水性良好的田块进行插秧，准备好秧苗，根据天气情况进行作业。

（一）田块

采用翻耕或旋耕埋茬作业后的地块，犁耕深度 18～22 cm，旋耕深度＞15 cm。移栽前进行水整地作业，沉淀 5～7 d，达到泥浆沉实，上实下松，不陷机、不壅泥，地表平整度至 3 cm，泥脚深度至 30 cm，水层 1～3 cm。

（二）秧苗

秧盘规格应符合插秧机产品说明书的规定。育秧应使用规格化毯盘和钵盘，营养土厚度 2.2～2.5 cm。

(1)毯状秧苗。秧龄 30～35 d，株高 13～15 cm，叶龄 3.2～3.5 片，单株白根数 10 条以上，秧苗整齐、健壮、无病害，根系盘结成毯。

(2)钵型毯状秧苗。秧龄 35～40 d，株高 15～18 cm，叶龄 3.5～4.1 片，单株白根数 10～15 条，秧苗整齐、健壮、无病害，根系盘结成毯。

(3)钵苗。秧龄 35～45 d，株高 15～20 cm，叶龄 3.5～4.5 片，单株白根数 10～15 条，平均每钵 3～4 株，成苗穴率 95%，秧苗整齐、健壮、无病害。

（三）气候

移栽时间宜在 5 月 15 日—5 月 25 日，平均气温 15℃，风力≤4 级。

二、作业质量

（一）插秧机作业指标

在一般作业条件下，机插秧作业质量见表 4-1。

表 4-1 插秧作业质量

项目	指标	项目	指标
取秧量/穴株数	3～7	漂秧率/%	≤3
插秧深度/cm	0.5～1	翻倒率/%	≤3
伤秧率/%	≤4	插秧深度合格率/%	≥90
漏查率/%	≤5	邻接行距合格率/%	≥90
相对均匀度合格率/%	≥85		

(二)移栽基本苗数

毯状秧苗、钵型毯状秧苗穴距 16～18 cm，每穴 4～6 株，移栽基本苗 5 万～7 万株/亩。

钵苗穴距 16～18 cm，每穴 3～5 株，移栽基本苗 3.6 万～6 万株/亩。

三、机具尺寸测量

测量插秧机安装导航后的各项参数：前轮轴距、后轮轴距、天线到后轮轴距、定位天线高度。

插秧机作业幅宽可以直接测量，也可以根据插秧机技术参数(表 4-2)进行计算，插秧机铭牌(图 4-21)上也标注有插秧行数和行间距。例如，该插秧机插秧行数为 6 行，行间距为 30 cm，则插秧机机具作业幅宽为 150 cm。

表 4-2　插秧机技术参数(部分参数)

插植部	插秧方式	旋转式
	插植行数/行	6
	插植行距/cm	30
	插秧株距/cm	25、22、18、17、16、15、13、11
	插植深度/mm	20～50(7 挡)

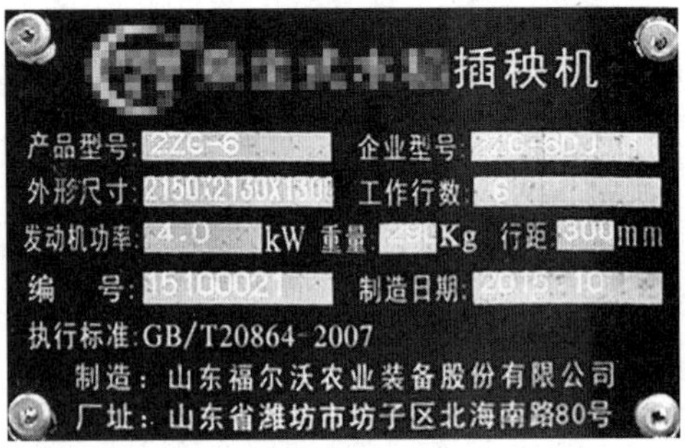

图 4-21　插秧机铭牌

四、作业幅宽计算

插秧作业的作业幅宽计算公式与旋耕作业的作业宽度计算公式相同，见式 4-1。

任务实施

一、任务准备

(一)作业机械

1. 插秧机

插秧机采用东风井关 PZ60-AHDRT 高速自走式插秧机(图 4-22)，安装好丰疆疆驭导航系统。

图 4-22　东风井关 PZ60-AHDRT 高速自走式插秧机

PZ60-AHDRTE高速自走式插秧机具有以下特点：自动驾驶，自动作业，节省人工；插植自动Z旋转控制（除了PZ60-AHDR）；可自动启停离合器调节插植部高度；模拟人工最优作业路径、零压苗；厘米级高精度作业，助力精准农业；先进的电子自动平衡控制配合多功能手柄，省时省力；独有撕苗式秧针，不伤苗，返青快；独有分割式施肥箱，作业空间利用率高；三段式平地轮，有效分流，平整泥面。

2. 作业前机械准备

(1)检查各传动部件、栽插部件以及其他运动件运转情况。

(2)检查和调整秧针（秧爪）、秧叉（推杆）、秧箱、导轨、秧门等部件的间隙。

(3)检查和调整栽插臂位置，插秧取苗口的间隙及秧叉（推杆）压出时间。

(4)检查发动机燃油、机油和齿轮箱机油的油量，燃油滤清器、空气滤清器的清洁状况，以及各传动部位的润滑油注油情况。

(5)检查液压升降机构、液压仿形机构的升降灵活性，软管或硬管是否漏油或漏水。

(6)检查仪表盘上各仪表的指针、指示灯状况。检查主变速手柄推至“后退”时，警报器是否鸣叫。

(7)检查调整转向机构、刹车踏板、离合器踏板以及各操作手柄的动作状况。

（二）检查导航安装情况

检查GNSS天线安装位置是否正确、是否有松动，4G线缆等接头是否紧固、无松动。开机检查是否有异常报错。

（三）作业路径设计

机插作业时，首先在田块四周预留1个作业宽度(B)，插秧机在田块中间往返对行插完后，再沿田块四周预留行进行插秧完成作业，留下的田块四角人工补插。图4-23为导航作业路线。

当田块的宽度为插秧机幅宽的非整数倍时，应在倒数第2行程，根据需要停止1行或数行插秧，应留有最后一趟满幅工作的余量。

对于形状不规则田块，先规划成多块规则形状，选择最优栽插路线，减少空白区域。

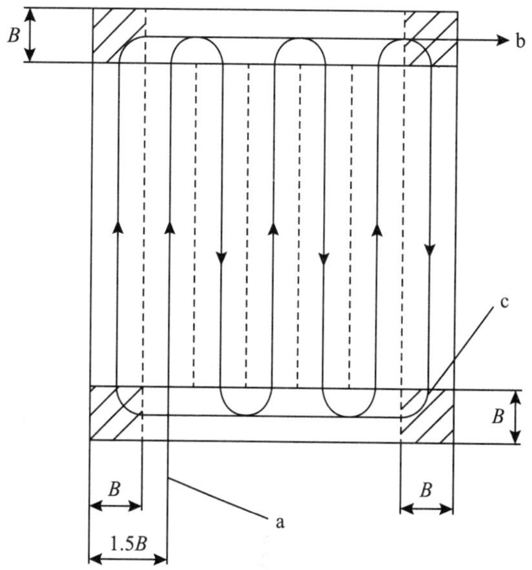

图4-23　导航作业路线

a. 进田；b. 出田；c. 人工补插

（四）安全教育

为保障农机生产安全，各位驾驶员在驾驶操作插秧机时要注意以下事项。

(1)操作人员应经过专业培训合格，熟读机具使用说明书，熟知安全注意事项和安全警示标志的含义。

(2)作业时应穿戴紧身合体的作业服以及防滑水靴。

(3)启动前，应检查润滑油、液压油、燃油、冷却液，检查各传动件、紧固件、插植臂和其他运动部件，确认安全技术状态良好。

(4)启动时，确保周围安全，应将插秧机变速杆放置于“空挡”或“中立”位置，插秧离合器手柄置于“空挡”位置后方可启动。观察各部件运转是否正常。使用反冲式启动器时，绳索不得缠在手上，身后不得站人。

(5)起步前，应检查确认各信号仪表指示无异常、操纵机构灵活可靠、旋转部件无卡滞、空运转平稳且无异响，各部位无漏水、漏油、漏气现象。

(6)操作者应告知辅助人员相关的安全注意事项。在插秧机没有安全防护设施的条件下，不应有辅助人员上机作业。

(7)作业时，应注意插秧机周围情况，禁止无关人员靠近机具。

(8)作业过程中禁止吸烟和出现明火。避免夜间插秧作业。

(9)插秧机在田间转移时应不带秧低速行驶，遇到障碍物时，立即停止行驶，查看状况后进行相应处理。

(10)上坡行驶时，将变速手柄切换到田块作业状态。遇坡陡正向行驶有后倾危险时，应倒车上坡。下坡行驶时，不得空挡或分离离合器滑行。

(11)避免在坡道上停车，确需停车时，应锁定制动器，防滑、防溜车。

(12)过沟或田埂时，应及时升降插植部，直线、垂直、缓慢通过。

(13)插秧机在田埂边转弯、倒退时，应升起插植部、收起划行器。补充秧苗时，发动机应低速运转或停机，主变速手柄和插秧离合器手柄应置于“空挡”位置。

(14)在作业田块泥脚深度过大、插秧机发生下陷时，需断开插秧离合器。转移时，不能推拉导轨、秧箱等薄弱部分。

(15)作业时发生事故的，应立即停止作业，保护现场。造成人员受伤的，及时采取措施，抢救受伤人员，并向事故发生地农业机械化主管部门报告。造成人员死亡的，还应向事故发生地公安机关报案。

(16)作业中，如遇发动机、传动箱、插植部或安全离合器出现异常情况，应立即停机进行检查，排除故障。禁止在热机状态下拧开水箱盖。

(17)作业结束，及时按机具保养要求进行技术维护。

二、导航作业实施

在实施导航作业时，需要根据作业要求、插秧机机安装导航后的尺寸进行导航的参数设置，下面来学习整个作业操作流程。

(一)开机及基本信息填写

导航整体上电与显示屏开机，上电前检查电源连接是否正确，供电电压是否与要求的一致。上电后，检查车载显控终端电源灯是否亮起。

按下车载显控终端开关后，车载显控终端程序正常启动后进行语言选择。然后进行账号注册登录及信息填写，启动正常后，进行参数测量及数据录入。

(二)车身参数测量及录入

进行车身测量，并将车辆参数写入显控终端内部。在显示屏主界面中点击【设置】，如图 4-24 所示。点击【车辆信息】，测量后在对应参数写入实际参数(注意单位是 m)。然后进行整车标定，定位天线间距校准，机具校准。

(三)作业宽度与参数设置

1. 作业宽度计算

本次作业为插秧作业，根据作业机械参数和作业要求，设置的行距＝0.3 m，插秧机的作业幅宽＝1.5 m，用式 4-1 计算，作业宽度＝1.8 m。

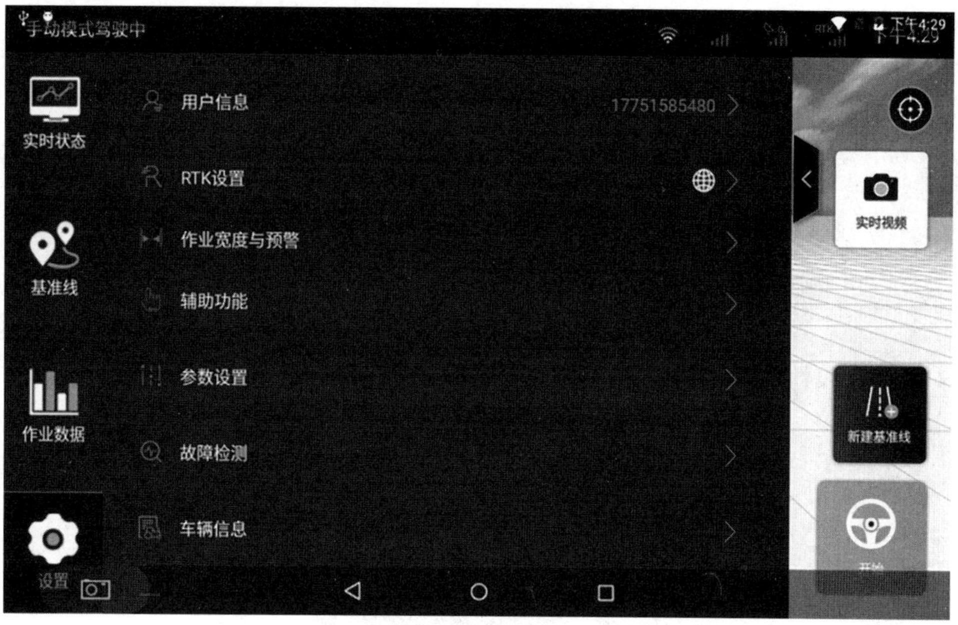

图 4-24 显示屏主界面

2. 参数设置

点击【设置】按钮，然后选择参数设置顶部分选栏中的【作业宽度与预警】设置（图 4-25），进入作业宽度与预警的设置详情页。按照插秧作业质量技术要求，行间距为行距 30 cm，偏差≤2.5 cm，作业车速控制在 6 km/h 左右，进行作业宽度与预警、车速预警以及行距偏移预警设置。

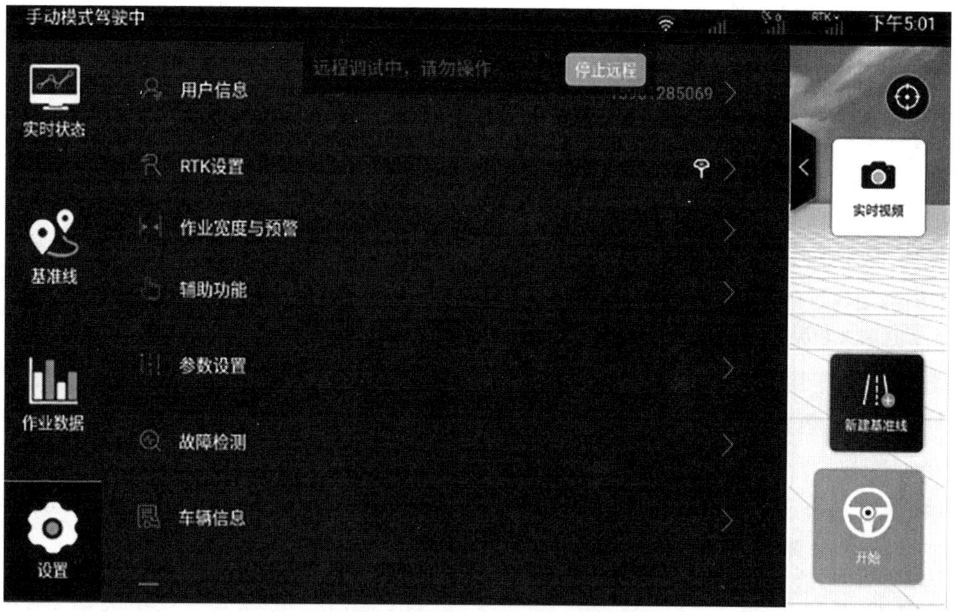

图 4-25 【作业宽度与预警】设置

（四）打点

接下来进行打点，在主界面点击【基准线】，它会弹出一个小界面，点击【添加】即可开始打点，或者在主界面点击【新建基准线】即可开始打点，如图 4-26 所示。如需导入之前用的基准线，可在基准线界面按下黄色按钮，即可导入之前打好的基准线。

打好点后点击【保存】，基准线会自动导入进去。正常情况下点击【开始】按钮，显示屏左上角的手动驾驶模式变为自动驾驶模式后，即可正常作业。

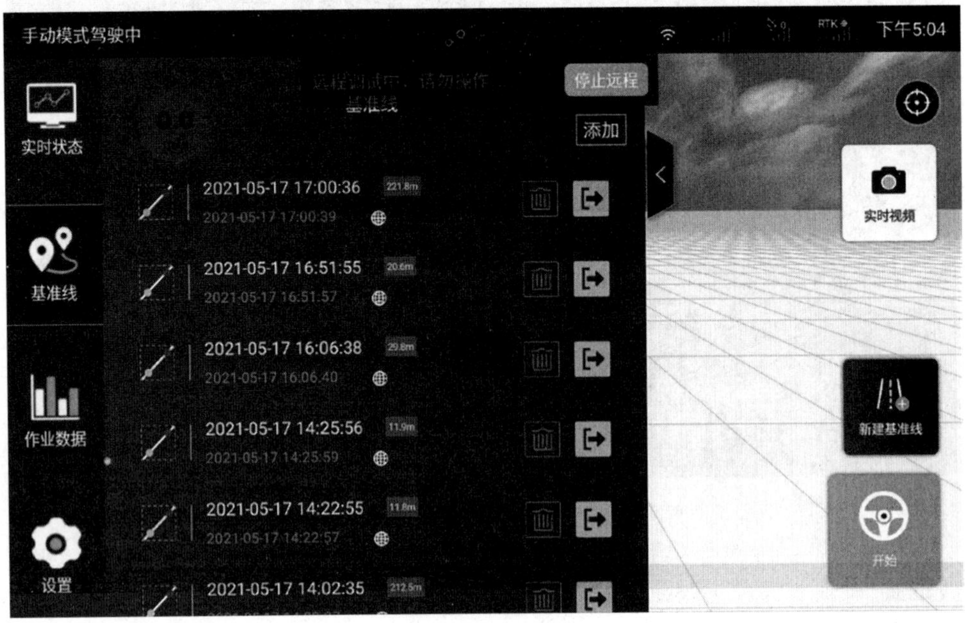

图 4-26　新建基准线

（五）作业模式选择

作业模式有单线模式和多线模式，如图 4-27 所示。根据作业地块形状，本次作业采用多线模式，多线模式为在作业宽度与预警界面设置好作业宽幅后，基准线自动排列（线与线的间距就是设置的宽幅，多线模式只需将车轮摆正，车头朝向对好，就可自动入线。对线对得越好，入线越快）。

（六）网络连接

用户完成车辆参数设置后，还需在进入作业前对 RTK 进行连接。丰疆疆驭导航系统支持【移动基站】与【网络 RTK】两种连接模式，具体操作步骤如下：

（1）点击【设置】进入【RTK 设置】项目，展开【RTK 设置】详情页。

（2）点击开关键连接 RTK，默认使用【移动基站】模式。若初次使用移动基站，用户首先需要完成基站对频。点击【对频】按键，系统自动弹框提示用户输入对频码，输入完成后保存设置则可连接 RTK。

（3）连接成功后，查看顶部状态栏中 RTK 信号图标是否跳转为连接状态。若等待几分钟后仍无响应，请重新连接或切换 RTK 连接模式。

（七）信息查看

在完成网络连接后，导航作业前，需要检查导航信息，如图 4-28 所示，查看界面上的所有信息，这里重点要看一下网络信号。

（1）当前驾驶模式。显示当前农机的当前的驾驶模式：手动驾驶模式、自动驾驶模式。

（2）4G 信号。移动网络信号即 4G 信号，该图标实时显示自动驾驶系统的蜂窝数据通信情况。

（3）GNSS 信号。GNSS 信号即卫星信号，该图标实时显示北斗导航系统的连接状况。

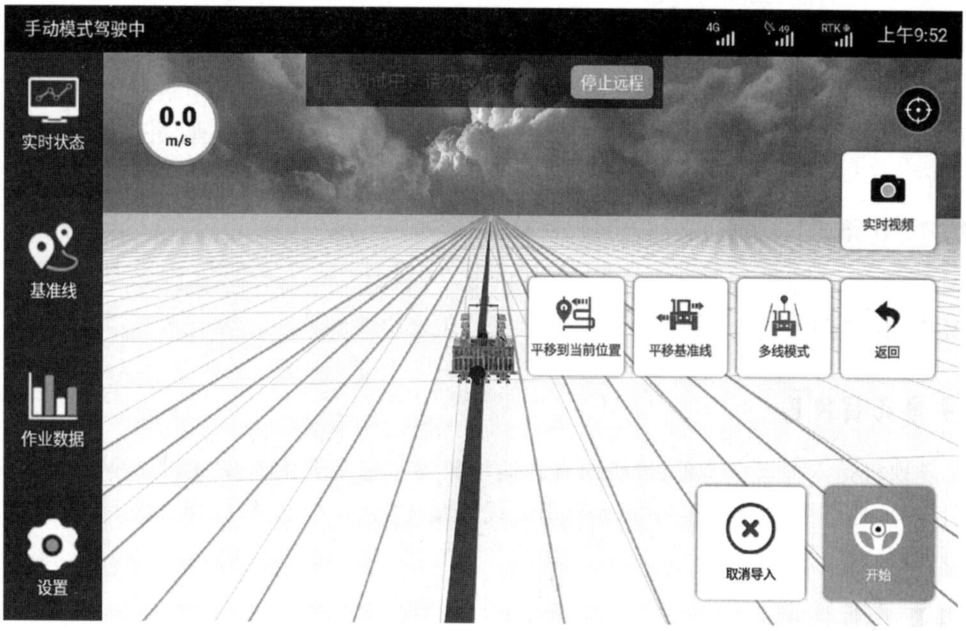

图 4-27　作业模式

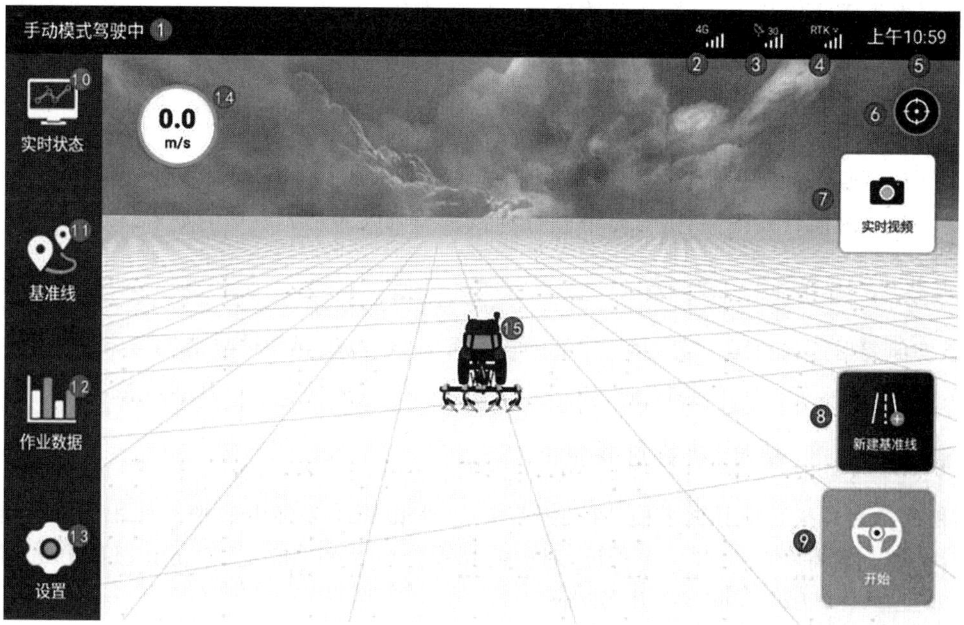

图 4-28　导航主界面

(4)RTK 信号。RTK 信号即载波相位差分信号，分为移动基站与网络 RTK 两种模式，该图标实时显示差分信号强度。

(5)系统时间。支持在安卓系统中手动更改和选择时区。

(6)固定视角切换。点击后可将 3D 场景图切换到作业时场景，用来切换到正视角。

(7)实时视频。点击打开摄像头界面实时查看实施作业情况。

(8)新建基准线。点击后可新建基准线，包括直线和曲线两种方式。

(9)自动驾驶启动/停止按钮。点击控制当前农机自动驾驶的启动与停止。

(10)实时状态。点击展开实时状态详情，显示农机当前的实时状态信息。

(八)导航作业

检查完各项参数正常后,沿着规划好的路线进行,可以进行插秧作业。在作业过程中,需要关注农机的使用状态和作业情况。如果出现异常,需要转换到手动模式下,停止作业,并进行故障排除。

知识拓展与提升

一、插秧机的种类

(一)手推式插秧机

手推式插秧机是一种操作简单、价格便宜的插秧机器。它主要由铁皮、钢管、小轮、卡箍等组成,适用于小面积地块、地形平整、场地狭小的水稻田。优点是体积小、重量轻、操作方便、价格低廉,但是插秧效率不高,只适合人工耕作。

(二)挂车式插秧机

挂车式插秧机是一种适应大面积农田的插秧机。它主要由斗车车架、斗车、插秧器、轮胎等组成。它的斗车可以根据需求选择大小,插秧器数量也可以随意组合。优点是插秧效率高、操作简单、适用面积广,但缺点也很明显,需要挂在拖拉机上使用,耗油、成本高。

(三)自走式插秧机

自走式插秧机是一种高效的插秧机器。它主要由自走式车身、手柄、插秧器等部件组成,可以实现自动化插秧。优点是插秧效率高、操作简单、适用面积广,可以满足大农场的需求。

二、插秧机田间作业方法

下田插秧前要对插秧机做一次全面、仔细的检查和调试,以确保插秧机能够正常工作。并要根据大田的肥力水稻品种等,对插秧的株距、插秧的深度、每穴的秧苗株数进行检查和调整。

(一)插秧的株距、深度、株数的调整

(1)插秧的株距调整。应根据水稻品种、秧苗大小、大田肥质等确定插秧的株距。株距通过株距调节手柄进行调整。它有 70、80、90 3 个挡位,对应的株距分别为 147 mm、131 mm、117 mm,基本穴数分别为 21 万穴/hm^2、24 万穴/hm^2、27 万穴/hm^2。

(2)插秧深度的调整。根据农艺生产要求,机插秧深度应达到“不漂不倒,越浅越好”。早稻的插秧深度一般为 10 mm,插秧深度是通过插秧深度调节手柄来调节的,共有 4 个挡位,往上为浅,往下为深。还可通过换装浮板支架上 6 个插孔来调节深度。

(3)每穴秧苗株数的调整。水稻品种不同,每穴秧苗株数也不同。一般每穴秧苗为 3～5 株,如不对,可以通过调节纵向取秧量和横向送秧量来调节秧针取秧量,从而改变机插时每穴株数。调节手柄位置每调整 1 挡,就改变取苗量 1 mm。手柄向左调,取秧量增多;向右调,取秧量减少。一般先固定横向送秧的挡位位置后,再用手柄改变调整纵向取秧量,以保证机插后每穴有合理的秧苗数。

(二)机械插秧作业路线

插秧机到田间后,应根据田块大小、形状来确定行走路线,一般按田块的长度方向作业,有 3 种

方案。

方案一：机插秧作业时，在田埂周围预留 1 个作业幅宽后，顺田块长度方向依次作业，最后绕田埂四周作业完毕后退出田块。

方案二：机插秧作业时，第 1 行直接靠田埂边插秧，在其他 3 边靠田埂预留 2 个作业幅宽的空田，以便插秧机调头转弯，最后绕 3 个边往复作业完毕后退出田块。这种方案大多用于转弯半径大的乘坐式插秧机。

方案三：遇到不规则的田块，机插秧作业时，以田块最长位置作为第 1 行先作业，在田块周围预留 1 个作业幅宽依次作业，最后绕四周作业完毕退出田块。例如，插秧机在插植三角形田地时，可采用以下步骤：

(1)首先确定三角形田地的布局和尺寸，包括 3 个角的位置和边长。

(2)将插秧机放置在三角形田地的一个角上，确保机器的方向与该边平行。

(3)启动插秧机，使其开始行走。根据三角形田地的布局，插秧机应该沿着一个边缘行走，直到达到下一个角。

(4)在到达下一个角时，插秧机需要进行转向。具体转向的方式取决于插秧机的设计和操作方法，一种常见的方式是通过调整机器的转向角度或使用转向装置来实现转向。

(5)插秧机在转向后，继续沿着下一个边缘行走直到达到第 3 个角。

(6)在到达第 3 个角后，插秧机可以完成整个三角形田地的行走。如果需要继续插植其他三角形田地，可以重复以上步骤。需要注意的是，具体的插秧机操作方法可能因不同的机型而有所差异。

在导航作业过程中，上述作业路线可以作为参考，以此为基础，根据实际情况机型导航作业。

(三)掌握操作技术，细心驾驶

在插秧作业时，要注意：

(1)插秧机要保持匀速前进，不能忽快忽慢或频繁停机。作业行走路线要保持直线性，行走中尽量不用捏转向手把或猛烈扳动扶手架方法来纠正插秧机前进作业的直线性，以防急弯造成漏插或重插。

(2)边插秧边观察，发现问题，及时解决排除。同时注意送苗辊在苗箱槽口的工作情况，若发现槽口有秧根或黏土，要及时停机清理，以免影响插秧质量。

(3)初装秧苗或秧苗全部插完后，必须把插秧机苗箱移到最左或最右侧，以保证栽插质量。

任务测验

一、选择题

1. 秧苗一般有(　　)。

A. 毯状秧苗　　B. 钵型毯状秧苗

C. 钵苗　　D. 单苗

2. 插秧作业的行距为(　　)。

A. 25 cm　　B. 40 cm

C. 0 cm　　D. 5 cm

3. 机械插秧作业路线设计主要根据(　　)。

A. 田块大小形状　　B. 田块位置

C. 田块大小　　D. 田块形状

二、判断题

1. 插秧机安装导航后，不需要测量作业幅宽。（ ）
2. 挂车式插秧机是一种适应大面积农田的插秧机。（ ）
3. 自走式插秧机效率高。（ ）

三、填空题

1. 在导航设置中，需要测量__________、__________、__________、__________、__________的尺寸。

2. 土地利用率的提高，与自动驾驶导航系统的__________、__________密切相关。

四、实践题

正确测量插秧机安装导航后的参数，并在导航系统中设置。

任务四　播种作业农机导航系统

任务描述

到了播种的季节，村民小李有块地计划种植油菜，该地块是长方形地块，形状规整，长 200 m，宽 100 m，大约 30 亩。油菜种植动力机械采用带导航系统的拖拉机，播种机采用油菜直播机械，一次性完成旋耕、施肥、开沟作畦、播种作业。那么小李该如何进行作业呢？

任务目标

能力目标

- 能根据田块形状和作业机械类型设计油菜播种作业路径。
- 会设置导航系统完成油菜播种作业。

知识目标

- 了解油菜播种条件。
- 了解油菜播种质量要求。
- 掌握导航设置所需的各项参数及流程。
- 掌握机械播种作业行走方式。

素养目标

- 在进行作业过程中，严格遵守安全作业规范。
- 遵守农机法规和操作规程，掌握拖拉机和油菜播种机的使用。
- 在任务实施过程中，培养浓厚的专业兴趣。

任务分析

首先了解油菜播种作业的质量要求，根据要求进行作业机械的选择。然后检查作业机械，根据导航参数设置要求，测量拖拉机和播种机的尺寸，完成导航参数设置。最后设计作业路径，进行导航系统的作业模式设置。完成上述工作，就可以进行作业。

知识学习

一、油菜播种作业条件

(1)作业田块。宜选择田块平整、土壤含水率在20%～30%的田块。播种前，田块应适当照晒；植物茬应<15 cm，并清除田间杂物，在播种前2 d，喷施除草剂。

(2)种子。种子圆滑、饱满，种子质量应符合国标规定。播种前晒种4～6 h。

(3)基肥。根据土壤肥力和油菜生长的需求，确定施用基肥的种类和施肥量。

(4)作业人员。作业人员应经过技术培训，全面了解免耕播种机的技术性能，掌握油菜直播机工作原理、调整使用方法、一般故障排除方法等。

二、油菜作业要求及质量要求

(一)作业要求

进行旋耕、施肥、开沟作畦、播种一体化作业，沟深15～20 cm，沟上口宽≥25 cm，沟底宽≥15 cm，行距为30～40 cm，株距为15～20 cm，播种行距20～30 cm，播种深度5～25 mm，亩播量为100～250 g，亩基本苗控制在1.5万～3万株/亩。

(二)质量要求

油菜播种作业质量要求见表4-3。

表4-3 油菜播种作业质量要求 %

序号	项目	质量指标	序号	项目	质量指标
1	重播率	≤8	5	各行播量一致性变异系数	≤4
2	漏播率	≤2	6	行距一致性变异系数	≤3
3	种子破损率	≤0.5	7	播种量误差	≤5
4	播种均匀性变异系数	≤4	8	播种深度合格率	≥75

三、机械参数测量

采用卷尺，测量拖拉机前轮轴距、后轮轴距、天线到后轮轴距、定位天线高度；测量实际的播种机作业幅宽，以及播种盘之间的长度。或者根据播种机铭牌给定参数，如图4-29所示。

四、作业幅宽计算

播种作业的作业幅宽计算公式与旋耕作业的作业宽度计算公式相同，见式4-1。

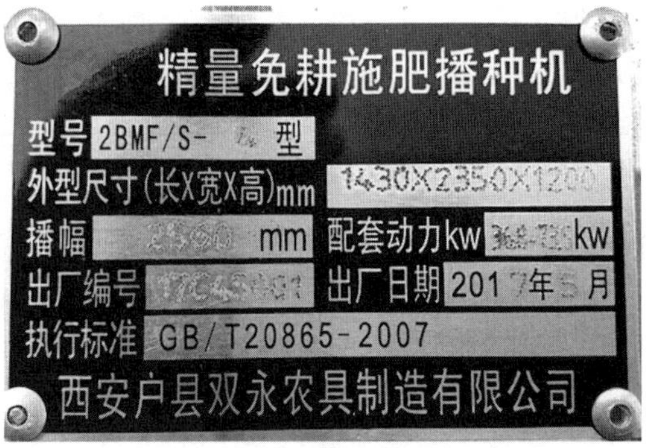

图 4-29 播种机铭牌

任务实施

一、任务准备

(一)作业机械

1. 动力机械

采用农夫 NF-902 履带拖拉机(图 4-30),并安装好丰疆疆驭导航系统。

NF 系列履带拖拉机主要特点:采用液控行星差速转向机构,方向盘操控,实现左右履带正反转,转弯半径小、壅泥少,操纵轻便、灵活;直列式变速箱与发动机直联,啮合式变速机构,变速范围宽,传动效率高,牵引功率大,油耗低;整体式机架,橡胶履带三角行走机构,离地间隙高,接地比压小,通过性能好;采用力、位调节悬挂装置,配套多种农具,可完成犁耕、旋耕、起垄、开沟、装载、打孔等多用途作业。NT 系列履带拖拉机是水稻产区水田、油菜烟地耕作适用动力机械,特别适合南方及丘陵区农田的综合作业。

2. 播种机

采用 2BQFX-12 型精量播种机(图 4-31),该播种机为旋耕、施肥、开沟作畦、播种作业一体的联合播种机,可提高作业效率。

图 4-30 农夫 NF-902 履带拖拉机

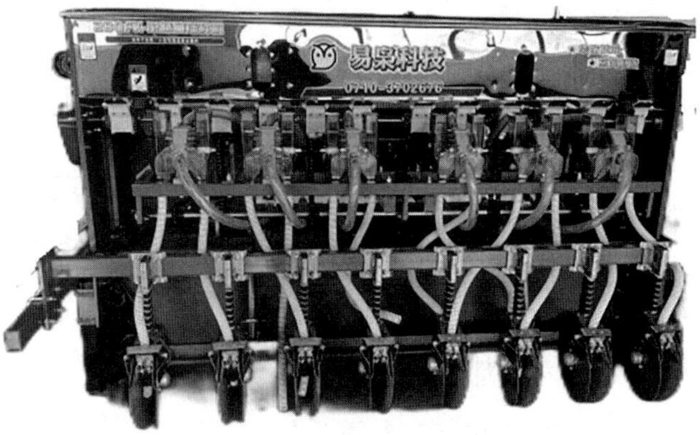

图 4-31 2BQFX-12 型精量播种机

3. 机械准备

机械挂接，将播种机与拖拉机挂接好。

（二）作业路径设计

播种机田间作业行走路线，一般采用梭形耕法，横头预留 2 个工作幅宽，往返一次补齐。如田块面积大，则按机具幅宽的倍数，分成数个小区域进行播种作业。

（三）检查导航安装情况

检查 GNSS 天线安装位置是否正确、是否有松动，4G 线缆等接头是否紧固、无松动。开机检查是否有异常报错。

（四）安全教育

1. 机械检查

检查各工作零部件的完整性、安装部位的正确性及配合间隙。检查紧固件的紧固性、转动件的转动灵活性及传动机构的可靠性。检查发动机燃料油和机油、各转动及摩擦部位的润滑油。应使联结后的机组保持水平状态，其左右牵引板的拉紧链拉紧并锁定，不得左右摆动。作业时有液压装置的应将液压操纵杆放在“浮动”工作位置。动力输出轴的连接必须保证安全、可靠，不影响机组的升降。播种机升起时，如拖拉机有翘头现象，可在拖拉机前横梁上或前轮上加适当配重。

2. 安全注意事项

机具作业中或运输状态下，严禁在悬挂架和机具上坐人或堆放物品，确保人机安全。播种机需要在田间排除障碍、调整和保养时，应停车并切断动力后方可进行。播种机过埂或田间、道路转移时，应提升播种机并及时切断其动力。播种机的提升或降落均应缓慢进行。作业过程中严禁倒车和转弯。

二、导航作业实施

在实施导航作业时，需要根据作业要求、拖拉机尺寸、播种机尺寸进行导航的参数设置。下面来学习整个作业操作流程。

（一）开机及基本信息填写

导航整体上电与显示屏开机，上电前检查电源连接是否正确，供电电压是否与要求的一致。上电后，检查车载显控终端电源灯是否有亮起。

按下车载显控终端开关后，车载显控终端程序正常启动后进行语言选择，然后进行账号注册登录及信息填写。启动正常后，进行参数测量及数据录入。

（二）车身参数测量及录入

进行车身测量，并将车辆参数写入显控终端内部。在显示屏主界面中点击【设置】，如图 4-32 所示。点击【车辆信息】，测量后在对应参数写入实际参数（注意单位是 m）。然后进行整车标定、定位天线间距校准、机具校准。

（三）作业宽度与参数设置

1. 作业宽度计算

本次作业为油菜播种作业，根据式 4-1 计算，设置的行距＝0.3 m，播种机的作业幅宽＝2.3 m，所以作业宽度＝2.6 m。

2. 参数设置

点击【设置】按钮，然后选择参数设置顶部分选栏中的【作业宽度与预警】设置(图 4-33)。进入作业宽度与预警的设置详情页，按照播种作业质量技术要求，行间距为行距 25 cm，偏差不超过 2.5 cm，作业车速控制在 3 km/h 左右，进行作业宽度与预警、车速预警以及行距偏移预警设置。

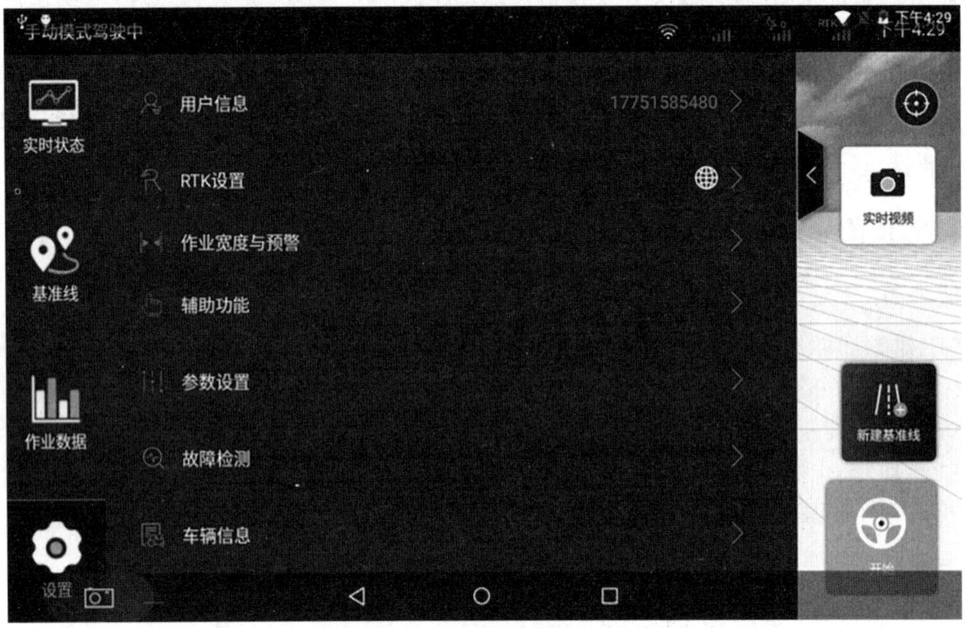

图 4-32 显示屏主界面

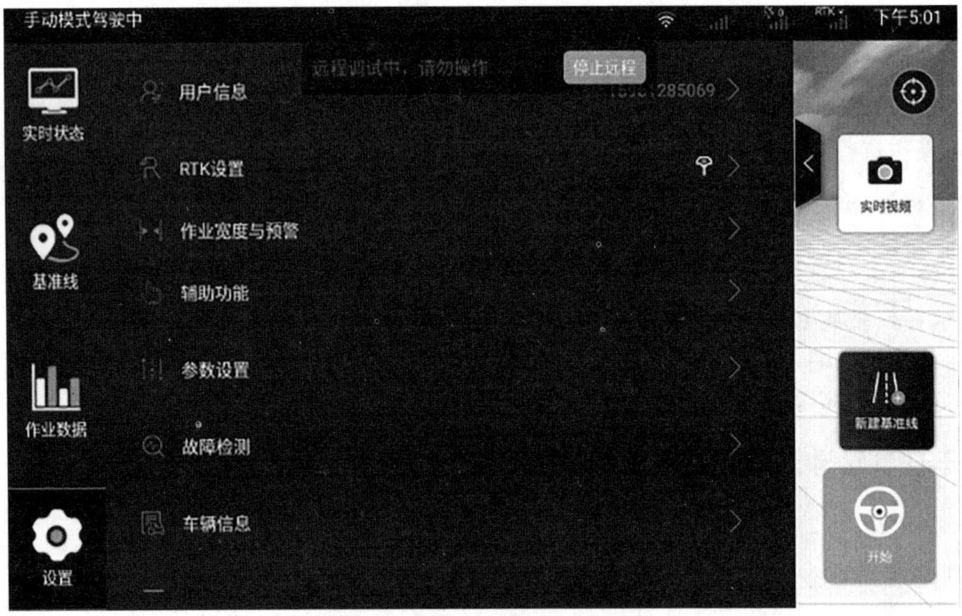

图 4-33 【作业宽度与预警】设置

(四)打点

接下来进行打点，在主界面点击【基准线】，弹出一个小界面，点【添加】即可开始打点，如图 4-34 所示，或者在主界面点击【新建基准线】即可开始打点。如需导入之前用的基准线，可在基准线界面按下黄色按钮，即可导入之前打好的基准线。

图 4-34　新建基准线

打好点后点击【保存】，基准线会自动导入进去。正常情况下点击【开始】按钮，显示屏左上角的手动驾驶模式变为自动驾驶模式后，即可正常作业。

(五)作业模式选择

作业模式(图 4-35)有单线模式和多线模式，根据作业地块形状，本次作业采用多线模式。多线模式为在作业宽度与预警界面设置好作业宽幅后，基准线自动排列(线与线的间距就是设置的宽幅，多线模式只需将车轮摆正，车头朝向对好，就可自动入线。对线对得越好，入线越快)。

(六)网络连接

用户完成车辆参数设置后，还需在进入作业前对 RTK 进行连接。丰疆疆驭导航系统支持【移动基站】与【网络 RTK】两种连接模式，具体操作步骤如下。

(1)点击【设置】进入【RTK 设置】项目，展开【RTK 设置】详情页，如图 4-36 所示。

(2)点击开关键连接 RTK，默认使用【移动基站】模式。若初次使用移动基站，用户首先需要完成基站对频。点击【对频】按键，系统自动弹框提示用户输入对频码，输入完成后保存设置则可连接 RTK。

连接成功后，查看顶部状态栏中 RTK 信号图标是否跳转为连接状态。若等待几分钟后仍无响应，请重新连接或切换 RTK 连接模式。

(七)信息查看

在完成网络连接后、导航作业前，需要检查导航信息，如图 4-37 所示，查看界面上的所有信息，这里重点看一下网络信号。

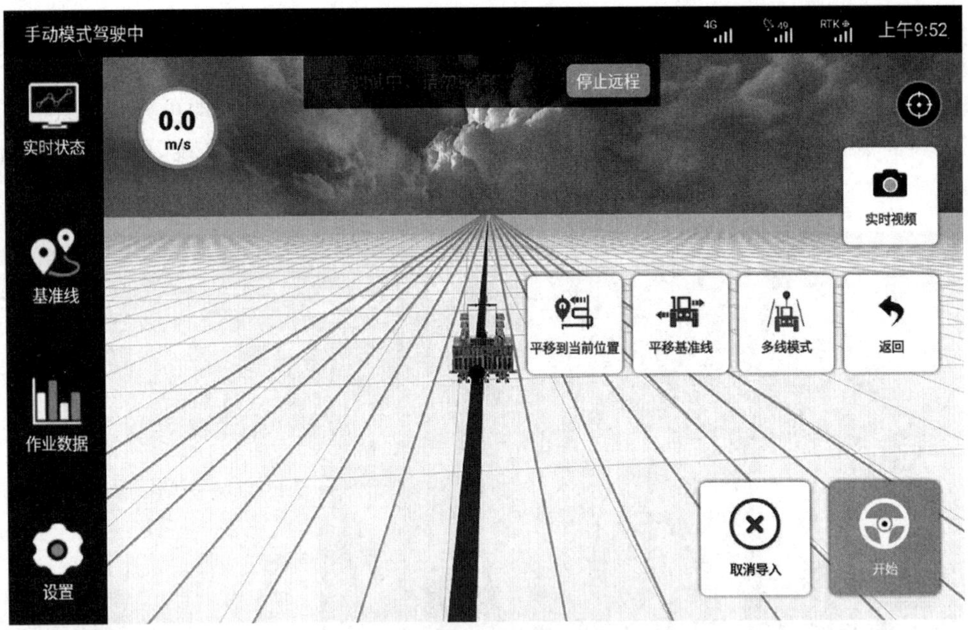

图 4-35 作业模式

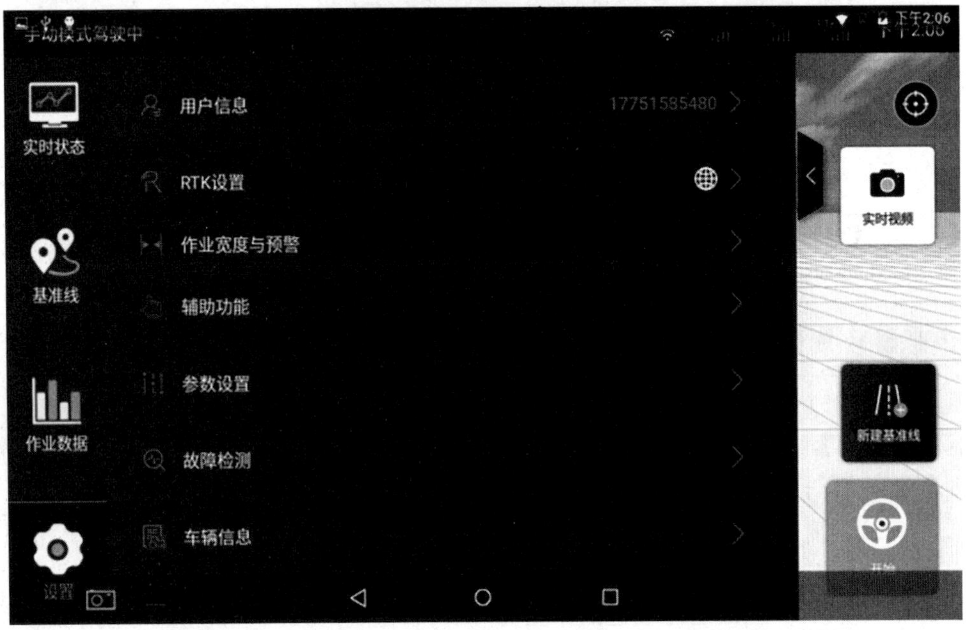

图 4-36 RTK 设置

(1)当前驾驶模式。显示当前农机的当前的驾驶模式:手动驾驶模式、自动驾驶模式。

(2)4G 信号。移动网络信号即 4G 信号,该图标实时显示自动驾驶系统的蜂窝数据通信情况。

(3)GNSS 信号。GNSS 信号即卫星信号,该图标实时显示北斗导航系统的连接状况。

(4)RTK 信号。RTK 信号即载波相位差分信号,分为移动基站与网络 RTK 两种模式,该图标实时显示差分信号强度。

(5)系统时间。支持在安卓系统中手动更改和选择时区。

(6)固定视角切换。点击后可将 3D 场景图切换到作业时场景,用来切换到正视角。

(7)实时视频。点击打开摄像头界面实时查看实施作业情况。

图 4-37 导航主界面

(8)新建基准线。点击后可新建基准线,包括直线和曲线两种方式。

(9)自动驾驶启动/停止按钮。点击控制当前农机自动驾驶的启动与停止。

(10)实时状态。点击展开实时状态详情,显示农机当前的实时状态信息。

(八)导航作业

检查完各项参数正常后,沿着规划好的路线进行,可以进行播种作业。在作业过程中,需要关注农机的使用状态和作业情况。如果出现异常,需要转换到手动模式下,停止作业,并进行故障排除。

(九)播种作业注意事项

(1)开始作业时应控制机具的下降速度。

(2)对于旋耕播种机,作业前应使旋耕刀转动正常后方可入土作业。

(3)地头转弯时,应将播种机提升并切断其动力。

(4)作业时机组要匀速行驶,前进速度要符合播种机的性能要求,应及时清理拥堵物,作业中应避免中途停车或变速行驶。

(5)作业中要随时注意种(肥)箱及输送系统是否堵塞,传动装置和气吸部件等是否有机械故障。作业时操作人员和辅助人员应集中精力,发生故障时应及时排除。

知识拓展与提升

自动驾驶导航系统具有以下应用效益:

(1)减少重叠和遗漏,可以有效提高土地利用率和农资利用率。

自动驾驶导航技术能够提高邻接行精度,避免播种作业和肥药施用重叠,并将作业遗漏控制在±2.5 cm。因此,可以有效提高土地利用率、农资利用率。

以拖拉机播种作业为例。传统的播种方法,通过使用划印器做标记,一般不会重叠,但会造成一定程度的遗漏,即浪费土地。提高的土地利用率 p 可以用以下公式进行估算:

$$p=\frac{D_T\text{-}D_G}{W_m}\times 100\% \tag{4-2}$$

式中，p 为提高的土地利用率(%)；D_T 为传统人工驾驶播种作业对行精度(cm)；D_G 为自动驾驶导航播种作业对行精度(cm)；W_m 为机器幅宽(cm)。

由式 4-2 可见，土地利用率的提高，与自动驾驶导航系统的定位精度、机具幅宽密切相关。

下面举例说明。假定播种机幅宽为 500 cm，有经验的播种机手会将对行误差控制在 10 cm，自动驾驶导航对行精度为±2.5 cm，或者表达为 5 cm，可得 $p=1.0\%$，即利用自动驾驶导航技术可以提高 1.0%的土地利用率。由于机器幅宽一般不小于 2 m，那么此时所能提高的土地利用率为 2.5%。

除了弥补邻接行造成的浪费外，利用自动驾驶导航技术，也可以优化地头的种植规划、充分利用可耕地。提高土地利用率，意味着可以扩大播种面积，增加农业种植收入。

(2)加快作业速度和进行夜间作业，可以有效延长作业时间和提高作业效率。

由自动驾驶导航系统操控拖拉机的转向机构，使得拖拉机的行驶更加平稳和快速。提前绘制好农田电子地图后，无须驾驶员手动控制车辆的方向，即使在夜间也能自如地作业。在紧急情况下，可以利用自动驾驶导航系统抢夺农时，进行播种或紧急喷施药剂，以增强应对突发天气变化和抵制农业灾害的能力。

(3)降低驾驶技能要求，减轻驾驶员劳动强度，有效提高田间作业的舒适度。

在未使用自动驾驶系统之前，起垄和播种作业要借助划印器的帮助，对驾驶员操作水平要求很高。使用自动驾驶系统后，驾驶员只需要负责车辆掉头和控制油门，新手也能自如地进行起垄和播种作业。因此，在保证、提高作业质量的同时，可以减少对高技能驾驶员的依赖，在一定程度上减少劳动力成本支出。

拖拉机田间驾驶作业是一个枯燥的工作。使用自动驾驶导航系统后，驾驶员无须过多地操作方向盘，有效地减轻了驾驶员的劳动强度和疲劳程度，使得驾驶员可以将更多的精力放到监视农具的作业上。

(4)按既定的规划作业，可以有效提高作业质量和改善作物生长环境。

使用自动驾驶导航系统进行农田的起垄和播种作业，作物行距和株距更为均匀，利于通风以及水分和养分的吸收，能够为农作物提供最佳的生长空间，有利于提高农作物的产量。

(5)促进农机农艺融合，实现人工驾驶难以实现的作业方式。

例如，在少耕、免耕作业中，可以控制拖拉机精确地行驶在同样的路径上，并将播种机横向偏移合适的距离进行免耕播种，后续中耕与收获作业依然可以利用历史行走轨迹。因此，自动驾驶导航技术既可以保障农艺要求，又可以减少土壤压实、节约燃油消耗。同样，可以实现对靶施肥，提高化肥利用率，减轻环境污染。

(6)提升农机智能化控制水平，充分发挥高精度卫星导航定位应用优势。

拖拉机安装一套高精度导航定位设备，不仅可以支持自动驾驶导航应用，也可以为其他农机作业环节提供技术支持。例如，安装了自动驾驶导航系统的拖拉机，在播种作业时，便可以自动采集农田的地形数据，为将来农田规划、水管理、土地整理提供有价值的参考信息，由此创造更多的经济价值。

任务测验

一、选择题

1. 测量实际的播种机作业幅宽，测量(　　)之间的长度。

A. 机械总宽度　　B. 播种盘

C. 覆土镇压器　　D. 种肥箱

2. 假定播种机幅宽为 500 cm，假设有经验的播种机手将对行误差控制在 10 cm，自动驾驶导航对行精度为±2.5 cm，或者表达为 5 cm，可得 p =(　　)。

A. 10%　　B. 1.5%

C. 1.0%　　D. 15%

3. 如果行间距要求为 25 cm，播种机作业幅宽为 230 cm，则导航作业宽度为(　　)。

A. 230 cm　　B. 215 cm

C. 255 cm　　D. 280 cm

二、判断题

1. 油菜直播播种机可以一次性完成旋耕、施肥、开沟作畦、播种作业。(　　)
2. 播种机田间作业行走路线，一般采用梭形耕法。(　　)
3. 导航作业时，需要设置行距预警和车速预警。(　　)

三、填空题

1. 土地利用率 p 的公式为________________。

2. 土地利用率公式中，各个字母的含义：p 是________________；D_T 是________________；D_G 是________________；W_m 是________________。

四、实践题

能够应用农机导航与自动驾驶技术开展田间耕地作业。

任务五　植保作业农机导航系统

任务描述

目前水稻已经到拔节时期，也是开展水稻病虫害防治的关键时期，村民李华的水稻也准备进行植保喷药作业。作业地块规整，长 200 m，宽 80 m，总面积约为 24 亩。计划采用带导航系统的自走式植保机进行作业，为了提高作业效率、确保作业质量，需要完成哪些操作呢？

任务目标

能力目标

- 能根据现场情况设计植保作业路径。
- 会设置导航系统完成喷药作业。

知识目标

- 了解喷药作业条件。
- 了解喷药作业质量要求。

- 掌握植保机械行走路线要求。
- 掌握导航设置参数及流程。

素养目标

- 在进行作业过程中，严格遵守安全作业规范。
- 遵守农机法规和操作规程，掌握植保机械的使用。
- 在任务实施过程中，提高风险预判能力和应急能力。

任务分析

首先了解喷药作业的质量要求，根据要求进行作业机械的选择。然后检查作业机械，根据导航参数设置要求，测量喷雾机的尺寸，完成导航参数设置。最后设计作业路径，进行导航系统的作业模式设置。完成上述工作，就可以进行作业。

知识学习

一、喷药作业条件

(1)大田条件。田块基本平整、规则，大田应当按照喷雾机喷幅、轮距分厢开沟。大田泥脚深度≤40 cm，田埂高度≤40 cm。水稻株高应低于喷雾机地隙高度。田间水利设施较完善，水源充足，或建有蓄水池、集雨窖等。

(2)机耕道。机耕道便于喷雾机下田上路、转弯掉头。喷雾机应尽量在机耕道转弯而不在田中掉头，以减少压苗损失。

二、喷药作业要求

(1)喷药作业要掌握有利的时机适时进行，根据药剂性能、按农艺要求进行喷施，喷药量和喷液量准确，喷洒均匀，不漏喷、重喷，无后滴现象。

(2)喷药前机组要进行喷嘴流量的测定，各喷头流量差≤3%，实际喷液量和计划喷液量误差≤5%，超出者不允许参加作业。

(3)作业前做好田间区域划分，地头留枕地线，并做好标记避免重漏。

(4)各喷头喷洒均匀，雾化良好，不漏喷，相邻喷头重复宽度为5～15 cm，且宽度一致，往复喷洒重复宽度≤30 cm。

(5)喷药机车要恒速作业，速度小于7 km/h，单位面积施药量要准确，往复核对，地块结清。

(6)把握喷药的适宜期，风力在3级以上或空气相对湿度低于65%不允许喷药，气温在15 ℃以下或27 ℃以上，12 h后可能有大量降水不要进行茎叶处理。根据土壤墒情，酌情增减药量。

(7)化学除草进行播前土壤处理，喷药混土联合作业或喷药后随即耙地混土，易挥发农药耙混深度>10 cm，一般农药浅耙混土深度为2～3 cm。播后苗前土壤处理混土深度浅于播深，不伤苗。

(8)作业前应将喷药机彻底清洗，防止出现药害。严格按规范操作，注意施药安全。

三、参数测量

采用卷尺，测量植保机参数：前轮轴距、后轮轴距、天线到后轮轴距、定位天线高度。机具幅宽的测量，机具幅宽就是喷雾机喷杆的长度，因此直接测量喷杆长度即可，也可以从机械技术参数或机械铭牌上获得。

四、作业幅宽计算

植保作业的作业幅宽计算公式与旋耕作业的作业宽度计算公式相同,见式 4-1。

任务实施

一、任务准备

(一)作业机械

1. 植保机

植保机采用东风井关 JKB22C 型水田植保机,安装好丰疆疆驭导航系统,如图 4-38 所示。

JKB22C 型水田植保机特点:喷洒宽幅广,短时间就可完成植保工作。重复喷洒率低。伸出臂设计在机器前方,方便确认,可避免与障碍物碰撞。用药量减少 13%~35%。最大喷洒宽幅为 11.5 m。

图 4-38　东风井关 JKB22C 型水田植保机

2. 作业前机械检查

喷洒作业前需要进行的机械检查见表 4-4。

表 4-4　机械检查

检查部位	检查部位
药箱	是否充分搅拌
动力喷雾机	是否有异常及震动;缸体是否有药液漏出;是否剧烈震动
调压阀	调压手把操作是否正常;调压阀是否震动
管线	连接部是否泄漏;管线是否因震动或撞击而移动
喷杆	喷杆的开闭及水平升降是否正常;喷头滤网是否有损伤;喷头是否堵塞
其他	是否异常或震动;各部是否有因破损而造成药液的泄漏;喷头喷雾量调节得是否一致

(二)检查导航安装情况

检查 GNSS 天线安装位置是否正确、是否有松动,4G 线缆等接头是否紧固、无松动。开机检查是否有异常报错。

(三)作业路径设计

根据田块大小、形状、风向和喷雾机喷幅规划作业行走路线。喷雾机走向应与风向垂直或成不小于 45°的夹角,喷雾机应从下风口方向开始作业,喷向与风向一致。为避免重喷漏喷,地头要留 1 个喷幅的宽度,待全田喷完再横喷地头。作业时,喷雾机一个喷幅接一个喷幅地向上风方向运动,使喷幅之间相连接区段的雾滴沉积有 10~30 cm 的重叠。下次作业防治时,应依据第 1 次施药的行走路线行走,在导航系统中需要记录行走路线。

按照作业区域以及现场风向,设计作业路线,如图 4-39 所示。

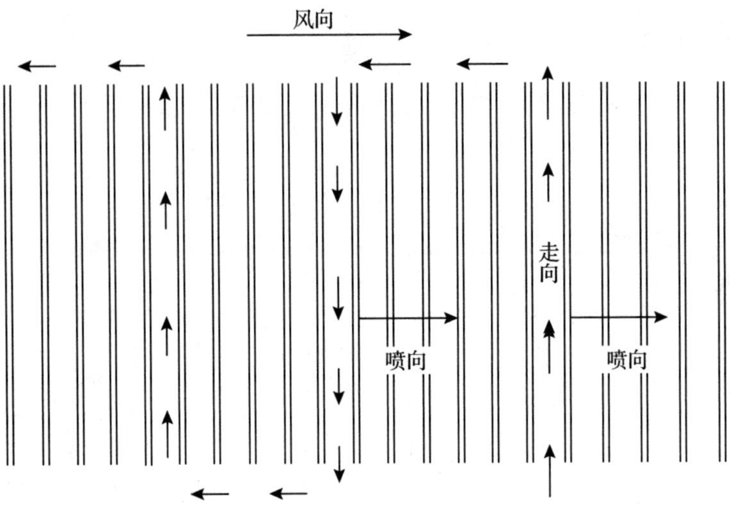

图 4-39　作业路线

(四)安全教育

1. 安全防护

施药人员应穿戴防护服,戴防尘或防护眼镜,戴口罩或简易防毒面具。配制农药时要戴皮质防毒手套。

2. 机械安全操作要求

喷杆升降或收展不可同时操作。换挡时注意将离合踏板踩到位。作业前、中、后应注意检查机油、燃料油、机身各部位螺帽、皮带等是否正常。除放水作业外,严禁柱塞泵空转。喷雾机在田间行走时,遇沟坎时应减速通过。发动机启动时不应该长时间连续启动,连续 2 次启动时间间隔应超过 30 s,每次启动时间不能超过 5 s,防止将启动马达及相关电路损坏。整机行走时,禁止半离合状态行走。严禁超速作业。驾驶员要注意观察喷杆是否与地面平行;喷雾压力、油门、车速是否保持稳定;喷头有无堵塞现象。如喷头堵塞应立即停车调整,堵塞的喷头应用水冲洗或毛刷清理,严禁使用锥子等尖锐物,防止损坏喷头。

二、导航作业实施

在实施导航作业时,需根据喷药作业要求、拖拉机尺寸、旋耕机尺寸进行导航的参数设置。下面来学习整个作业操作流程。

(一)开机及基本信息填写

导航整体上电与显示屏开机,上电前检查电源连接是否正确,供电电压是否与要求的一致。上电后,检查车载显控终端电源灯是否亮起。

按下车载显控终端开关后,车载显控终端程序正常启动后进行语言选择,然后进行账号注册登录及信息填写。启动正常后,进行参数测量及数据录入。

(二)车身参数测量及录入

进行车身测量,并将车辆参数写入显控终端内部。在显示屏主界面中点击“设置”,如图 4-40 所示,点击“车辆信息”,测量后在对应参数写入实际参数(注意单位是 m)。然后进行整车标定、定位天线间距校准、机具校准。

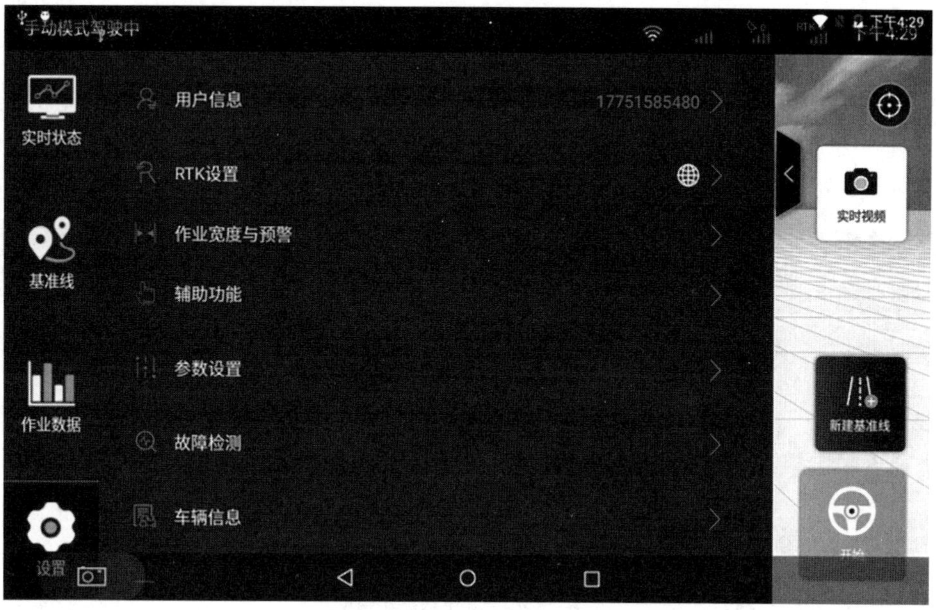

图 4-40　显示屏主界面

(三)作业宽度与参数设置

1. 作业宽度计算

本次作业为喷药作业，根据式 4-1 计算，设置的行距＝0 m，植保机的作业幅宽＝11.5 m，所以作业宽度＝11.5 m。

2. 参数设置

点击【设置】按钮，然后选择参数设置顶部分选栏中的【作业宽度与预警】设置(图 4-41)。进入作业宽度与预警的设置详情页，按照喷药作业质量技术要求，行间距为行距 0 cm，偏差≤2.5 cm，作业车速控制在 4～5 km/h，进行作业宽度与预警、车速预警以及行距偏移预警设置。

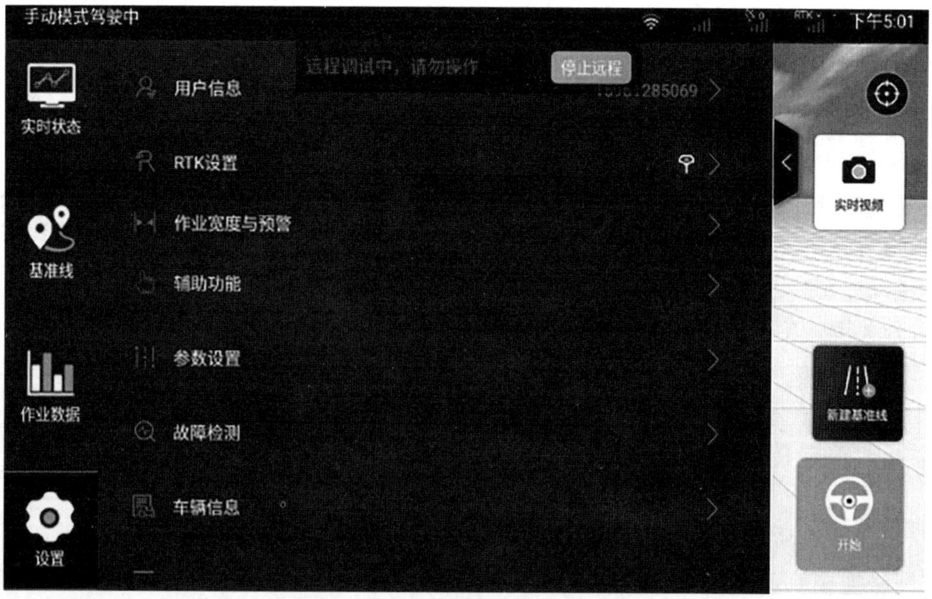

图 4-41　【作业宽度与预警】设置

(四)打点

接下来进行打点，在主界面点击【基准线】，它会弹出一个小界面，点击【添加】即可开始打点，如图 4-42 所示，或者在主界面点击【新建基准线】即可开始打点。如需导入之前用的基准线，可在基准线界面按下黄色按钮，即可导入之前打好的基准线。

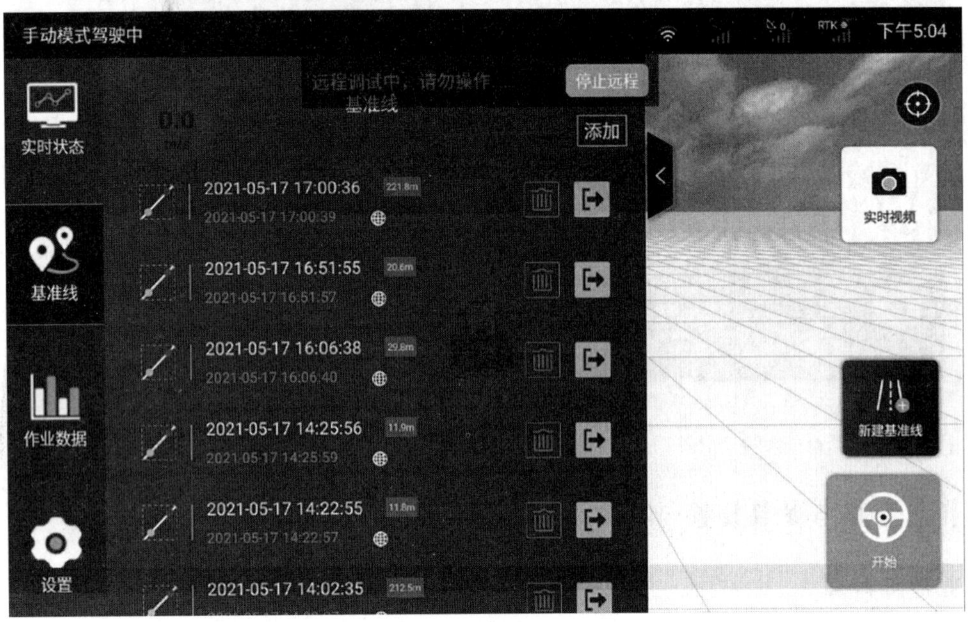

图 4-42 新建基准线

打好点后点击【保存】，基准线会自动导入进去。正常情况下点击【开始】按钮，显示屏左上角的手动驾驶模式变为自动驾驶模式后，即可正常作业。

(五)作业模式选择

作业模式(图 4-43)有单线模式和多线模式，根据作业地块形状，本次作业采用多线模式。多线模式为在作业宽度与预警界面设置好作业宽幅后，基准线自动排列(线与线的间距就是设置的作业宽度，多线模式只需将车轮摆正，车头朝向对好，就可自动入线。对线对得越好，入线越快)。

(六)网络连接

用户完成车辆参数设置后，还需在进入作业前对 RTK 进行连接。丰疆导航系统支持【移动基站】与【网络 RTK】两种连接模式，具体操作步骤如下：

(1)点击【设置】进入【RTK 设置】项目，展开【RTK 设置】详情页。

(2)点击开关键连接 RTK，默认使用【移动基站】模式。若初次使用移动基站，用户首先需要完成基站对频。点击【对频】按键，系统自动弹框提示用户输入对频码，输入完成后保存设置则可连接 RTK。

(3)连接成功后，查看顶部状态栏中 RTK 信号图标是否跳转为连接状态。若等待几分钟后仍无响应，请重新连接或切换 RTK 连接模式。

(七)信息查看

在完成网络连接后，导航作业前，需要检查导航信息，如图 4-44 所示，查看界面上的所有信息。

(1)当前驾驶模式。显示当前农机的当前的驾驶模式：手动驾驶模式、自动驾驶模式。

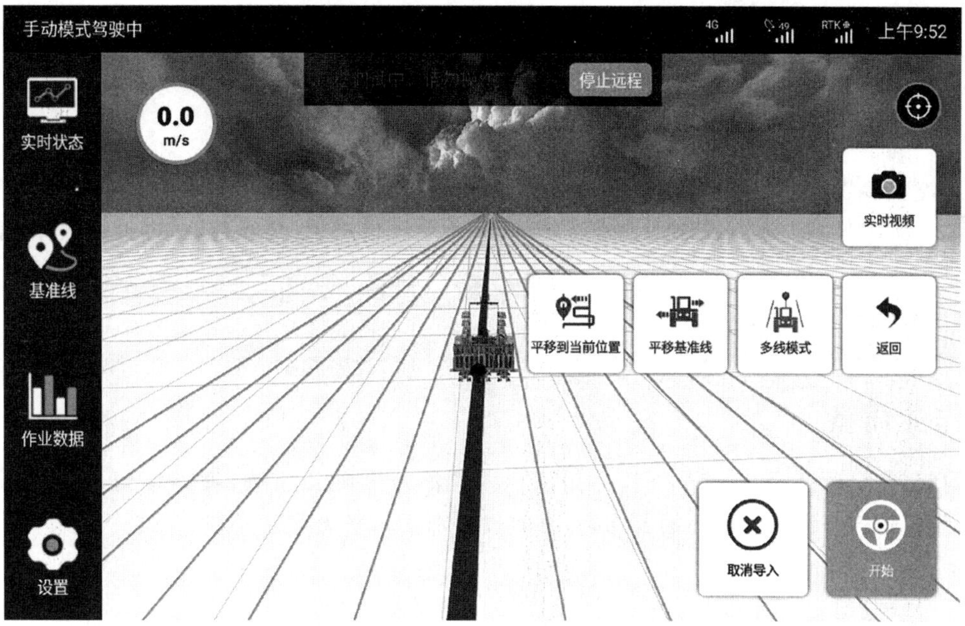

图 4-43　作业模式

图 4-44　导航主界面

(2)4G 信号。移动网络信号即 4G 信号，该图标实时显示自动驾驶系统的蜂窝数据通信情况。

(3)GNSS 信号。GNSS 信号即卫星信号，该图标实时显示北斗导航系统的连接状况。

(4)RTK 信号。RTK 信号即载波相位差分信号，分为移动基站与网络 RTK 两种模式，该图标实时显示差分信号强度。

(5)系统时间。支持在安卓系统中手动更改和选择时区。

(6)固定视角切换。点击后可将 3D 场景图切换到作业时场景，用来切换到正视角。

(7)实时视频。点击打开摄像头界面实时查看实施作业情况。

(8)新建基准线。点击后可新建基准线，包括直线和曲线两种方式。

(9)自动驾驶启动/停止按钮。点击控制当前农机自动驾驶的启动与停止。

(10)实时状态。点击展开实时状态详情,显示农机当前的实时状态信息。

(八)导航作业

检查完各项参数正常后,沿着规划好的路线进行,可以进行植保作业。在作业过程中,需要关注农机的使用状态和作业情况。如果出现异常,需要转换到手动模式下,停止作业,并进行故障排除。

知识拓展与提升

一、作业质量

喷雾均匀,符合标准要求。杀虫率 90%以上。药液浓度配比正确,喷雾均匀、适宜,药液雾化良好,各喷头喷量均匀一致。药液喷洒要均匀,有效覆盖密度每平方厘米不少于 20 个雾滴。药液在植株上的覆盖率达到 100%。

二、水稻打药时间

(1)禾苗移栽后 15~20 d 或直播后 20~25 d 打 1 次农药。水稻分蘖末期、水稻破口期、水稻穗期各打 1 次农药。

(2)打农药最好选在上午 9~10 点或者是下午 4~6 点进行。晴天上午露水干了之后可以进行喷药,傍晚有露水后不建议喷药,药效不佳。阴天没有露水,不下雨也可喷药。应该保证喷药后 3 h 内没有雨,这样才可保证药效,否则需要重新喷药。

(3)早预防:种植水稻要尽早预防各种病虫害,不要错过时期。抓关键:某些病害只在特定的区域爆发,植保从业人员抓住重点防治即可。多复配:一般情况下不要使用单一药剂,尽可能地使用复合药剂。

三、水稻打药次数

种植水稻一般打 4 次农药。禾苗移栽后 15~20 d 或直播后 20 d,防治蓟马一般用噻虫嗪、毒死蜱等,预防二化螟可以使用氯虫苯甲酰胺。水稻分蘖末期防治二化螟、稻纵卷叶螟的药剂为甲维盐、氯虫苯甲酰胺混合液或阿维菌素、氯虫苯甲酰胺混合液。防治稻飞虱建议使用烯啶吡蚜酮。预防水稻“三病”可以使用苯甲丙环唑、三环唑混合液。水稻破口期防治稻纵卷叶螟和二化螟可以使用阿维菌素、氯虫苯甲酰胺混合液。水稻穗期防治卷叶螟一般用阿维菌素、茚虫威、甲维盐等。

四、基于 CAN 总线的农用车辆智能导航控制系统

CAN(Controller Area Network)作为一种有效支持实时分布式控制的串行通信网络,具有高可靠性和实时性。导航控制系统中引入 CAN 总线作为通信网络,可以将众多信息统一起来,很好地实现数据的传输和信息交换。纪朝风等应用基于 ISO 1178 标准的 CAN 总线作为通信网络,构建了分布式导航控制系统;在转向控制方法上,对常规 PID 控制器进行改进,建立了比例参数随输入量的变化而自动进行调节的自适应 PID 控制器。

导航控制系统由多个电子控制单元(Electronic Control Unit,ECU)模块组成,包括控制终端、GPS 信号采集节点、电子罗盘信号采集节点、角度传感器信号采集节点以及转向控制节点。用 CAN 总线将导航控制系统的各个 ECU 模块连接起来,形成分布式控制系统。

图 4-45 是基于 CAN 总线的农用车辆智能导航控制系统的总体结构。工控机通过 1 个 CAN 接口卡挂接到总线上的 GPS 接收机、电子罗盘、角度传感器和转向执行机构等,均通过相应的节点连入总

线。系统开始工作后，GPS 信号采集节点和电子罗盘信号采集节点首先采集车辆当前实际位置和方位信息，并将这些信息经过 CAN 总线提供给控制终端（工控机）。控制终端将车辆当前姿态信息和预定义跟踪路径进行对比分析，并通过转向决策控制方法，计算出转向轮的期望转角。该期望转角和经角度传感器节点测得的转向轮实际转角，作为转向控制节点的输入。转向控制节点根据一定的转向控制方法计算出合适的控制量，控制转向机构快速执行转向动作，达到期望的转角，从而实现路径跟踪。

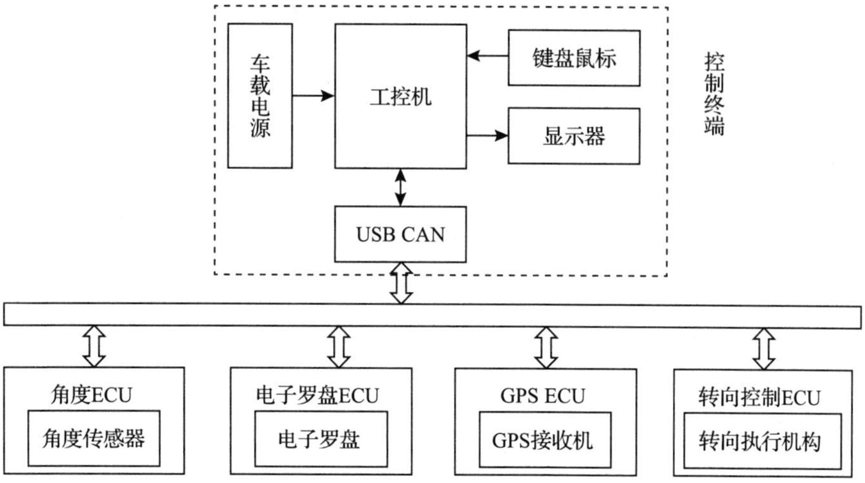

图 4-45 基于 CAN 总线的农用车辆智能导航控制系统的总体结构

（一）控制终端

控制终端是整个系统的主控制节点。在工控机上开发的自动导航软件，其主要任务是接收数据采集节点发送来的车辆当前时刻的位姿信息，向转向控制节点实时发送决策控制指令。

用户界面上可以显示所有的传感器信息及控制指令，使用户能够及时了解车辆行驶状态，监测各个传感器的工作状态。车辆在导航过程中产生的所有运行状态参数可保存为文本文件，方便运行后进行数据分析和处理。

（二）转向控制节点

转向控制节点可直接控制农用车辆的转向执行机构。导航系统中由控制终端发送的控制指令是不停变化的，使转向机构快速、准确地跟踪目标设定值，是转向控制节点的主要功能。

PID 控制器具有原理简单、使用方便等特点，其比例环节能够及时成比例地反映控制系统的偏差信号。自适应 PID 控制器能够根据输入量的变化及时整定比例参数，使偏差尽量小，从而取得更好的控制效果。

自适应 PID 控制原理如图 4-46 所示，首先计算控制终端实时决策的期望转角与实际转向轮（拖拉机为前轮，收割机为后轮）转角之间的偏差，将该偏差作为 PID 控制器的输入。PID 控制器的比例参数根据偏差的大小在线整定，并通过计算得到控制步进电机转速的脉冲周期，再由脉宽调制器（PWM）以该周期向步进电机驱动器发送脉冲信号，从而实现转向轮的转向控制。

两个信号（期望转角和偏差）之间的规律如下：

当偏差为正向较大时，期望转角处于正向急剧变化中；当偏差为负向较大时，期望转角处于负向急剧变化中；当偏差的绝对值较小时，期望转角的数值比较稳定，上下浮动较小。

根据以上 3 点，寻找 1 个以偏差 e 为自变量的非线性函数，利用该函数调节比例参数，以取得较为理想的控制效果。比例参数 $K_p(t)$ 可以表示为：

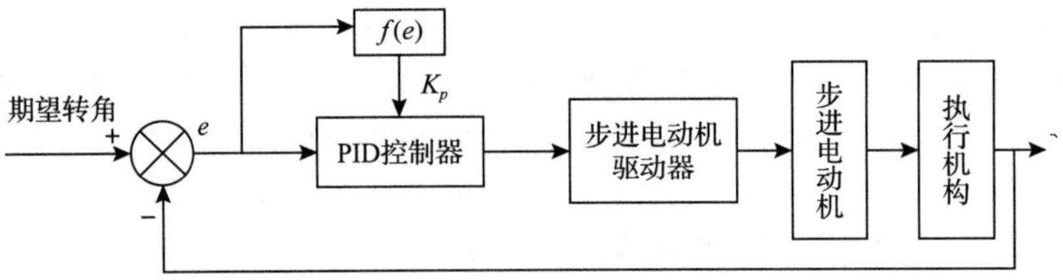

图 4-46　自适应 PID 控制原理

$$K_p(t)=K_p(0)+f(e)K_m$$

式中，$K_p(t)$为比例参数，$K_p(0)$为比例参数初值，$f(e)$为修正函数，K_m 为比例因子。

修正函数 $f(e)$的表达式为：

$$f(e)=\begin{cases}800 & |e|\geqslant 3\\ 350e^2-1\,250e+1\,400 & 1<|e|<3\\ 500 & |e|\leqslant 1\end{cases}$$

该函数是分段函数，当偏差的绝对值较大时，为使偏差以最快速度减小，比例参数 $K_p(t)$取较大值；当偏差的绝对值为中等大小时，为使系统响应具有较小的超调，比例参数应取较小值；当偏差绝对值较小时，为保证系统的稳定性，比例参数应取较大值。

（三）其他节点

除了控制终端、转向控制节点，导航系统中其他节点均用于传感器的数据采集和处理。传感器包括 GPS 接收机、电子罗盘和角度传感器。传感器节点的作用是实时采集上述传感器的信息，并针对 GPS 接收机输出的 NEMA-0183 格式标准的字符串信息、电子罗盘输出的字符串信息以及角度传感器输出的电信号，采用不同的解析方法提取有用信息，以获得有效的农用车辆位置、航向及前轮转角等状态参数。最后，将相关信息以 CAN 数据包的形式发送给其他 CAN 节点。导航系统中除控制终端采用工控机外，其余节点的硬件电路都是根据需求自行设计的。

任务测验

一、选择题

1. 采用导航作业，喷药重叠区可以做到（　　）。

A. 10 cm　　B. 30 cm

C. 0～2.5 cm　　D. 5 cm

2. 导航设置过程中，与作业幅宽相关的参数是（　　）。

A. 喷雾机轮距　　B. 喷雾机喷杆宽度

C. 喷雾机宽度　　D. 喷雾机高度

3. 喷雾机走向应与风向（　　），喷雾机应从下风口方向开始作业（　　）。

A. 垂直或成不小于 45°的夹角　　B. 顺着风向

C. 逆风进行　　D. 任意角度都可以

二、判断题

1. 喷药作业，田间水利设施较完善，水源充足，或建有蓄水池、集雨窖等。（　　）

2. 导航作业时，喷雾机一个喷幅接一个喷幅地向上风方向运动，使喷幅之间相连接区段的雾滴沉积有 10～30 cm 的重叠。（　　）

3. 喷雾机应尽量在机耕道转弯而不在田中掉头，以减少压苗损失。（　　）

三、填空题

1. 根据____________、____________、____________和____________规划作业行走路线。

2. 本次导航作业的喷雾机作业幅宽是____________。

四、实践题

正确测量喷雾机安装导航后的各项参数，并在导航系统中设置。

项目五　应用农机自动驾驶技术

能力图谱

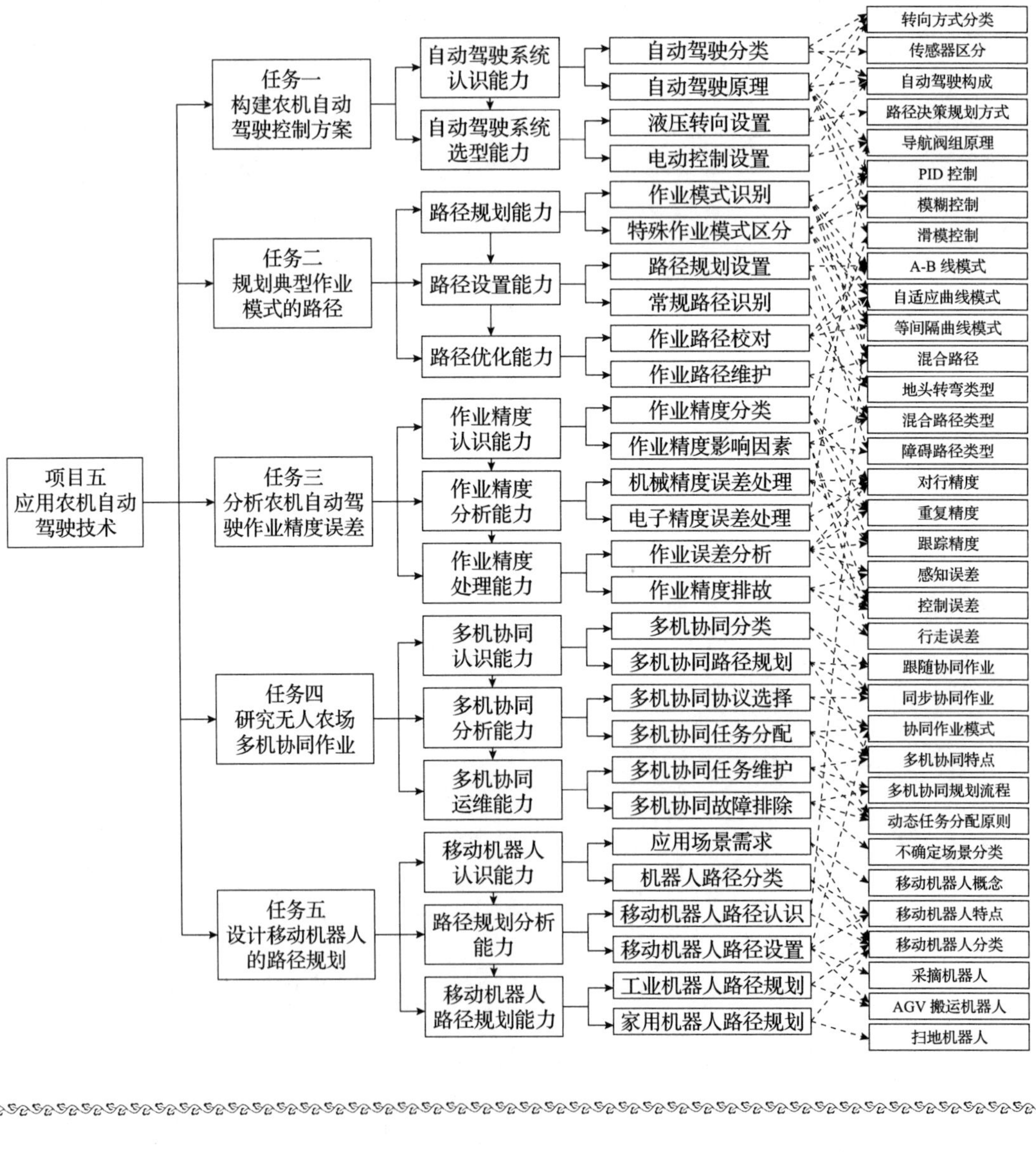

项目描述

随着北斗三号全球卫星导航系统不断部署并全面完成，因其定位精度、授时精度等方面性能较北斗二号显著提升，直接提高了农业用北斗终端的工作效率，进一步加快了我国农业自动驾驶行业的发展。

农机自动驾驶技术应用是基于北斗导航定位、物联网信息采集、农机农艺等底层技术，利用计算机视觉和遥感、激光雷达、卫星定位系统、惯性导航系统（INS）等信息技术融合，按照自动控制算法控制农业机械，使其按规划路径实现自动化作业的。

本项目重点学习如何制订农机自动驾驶控制方案、设计典型作业模式的路径规划，能够对农机自动驾驶作业精度进行误差分析，最后通过无人农场多机协同作业和智能采摘自动驾驶设计实例展示农机自动驾驶应用。

在农机自动驾驶应用中，以农机合作社技术员小李的成长过程为例，学习农机导航系统组成，学会各种作业模式的路径规划设计，并能够分析和判断自动驾驶作业精度。通过无人农场和采摘机器人实例展示，加深对农机自动驾驶应用技术的理解。

任务一　构建农机自动驾驶控制方案

任务描述

农机合作社技术员小李刚入职，发现农机作业完全依赖驾驶员的驾驶经验，在直线度、交接行上很难得到精确保证。驾驶员劳动强度大，技术要求高。尤其是针对播种、开沟、覆膜、起垄、中耕、打药等对直线度要求较高的作业，无法保证作业质量，农户满意度差，地块利用率低。

任务目标

能力目标

- 认识农机导航系统。
- 能够区分转向系统的类别。
- 学会制订自动驾驶控制方案。

知识目标

- 熟悉农机导航系统的组成。
- 掌握拖拉机转向方式的分类。
- 掌握拖拉机自动驾驶转向控制算法。
- 熟悉电动控制和液压控制的特点。

素养目标

- 基于自动驾驶转向控制方案，养成学习与创新能力、信息分析处理与说写表达能力、交往与合作能力和心理调适能力。
- 基于转向控制算法，融入思辨、敬业、严谨素养培养。

任务分析

小李通过对合作社的调研，汇总造成这种现象的原因如下。

(1)传统农业机械全靠经验驾驶，随着新的农艺变化对农机驾驶技术要求更严格。

(2)新的驾驶员在驾驶经验上不足，对驾驶环境抵触，大部分人不愿意从事，农机驾驶行业。

(3)目前农机驾驶员的技术水平参差不齐，一些驾驶员对于农机的操作技术和维护知识了解不够，导致在作业过程中出现操作失误的情况。

随着科技的发展，农机自动驾驶设备能够帮助新手提高作业质量，又能减轻劳动强度。但农机自动驾驶属于新技术，需要他们尽快熟悉认识农机自动驾驶设备，学会制订农机自动驾驶控制方案。

农机自动驾驶控制方案预期目标是：通过引入智能控制技术，实现农业机械的自主驾驶和作业控制，以提高农业生产效率、降低人力成本、优化作业质量，并确保作业过程的安全性。如要完成此项任务，必须对农机自动驾驶有一个全面的整体认知，包括其作用、原理和发展方向，以及如何实现自动驾驶控制。因此前期需要掌握农机导航系统组成、分类和基本原理，以及拖拉机转向方式分类、拖拉机自动驾驶转向控制算法、电动控制和液压控制等方面的知识。

知识学习

一、农机导航系统组成

农机自动驾驶就是通过“感知、决策、执行”这一系列过程，解决并回答“我在哪、我要去哪、我该如何去”3 个问题。这 3 个层面的核心内容构建了自动驾驶系统，如图 5-1 所示。

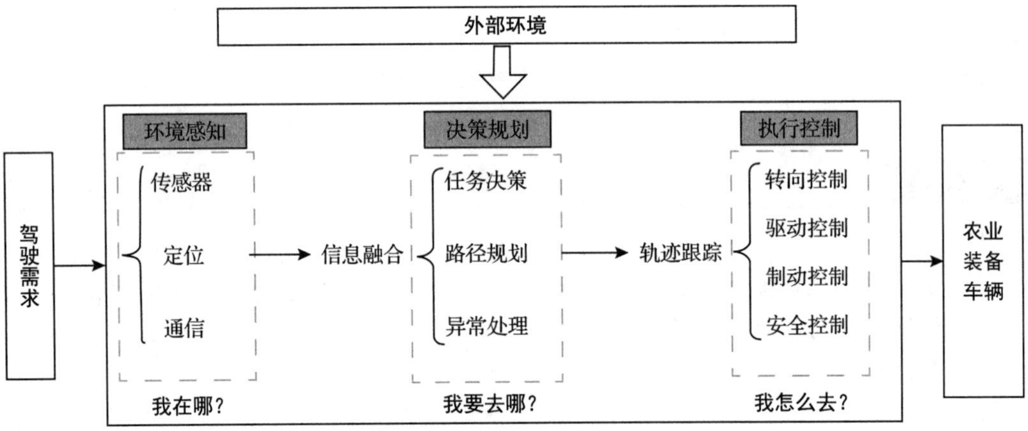

图 5-1　自动驾驶系统核心内容

(一)环境感知

在自动驾驶设计中，感知的目的是模仿人眼采集相关信息，为后续做决策提供必要的信息。根据所做决策的任务不同，感知可以包括很多子任务，如行驶路径检测、3D 目标检测、障碍物检测等，再根据感知预测出的结果，完成决策。最后根据决策结果执行相应的操作，如转弯、停车等。

由于感知是为了模仿人眼获取周围的环境信息，那就需要使用传感器来完成信息的采集工作。目前在自动驾驶领域中用到的传感器包括摄像头、激光雷达、毫米波雷达等，见表 5-1。

表 5-1　不同传感器方案对比

传感器	功能	优点	缺点
摄像头	实现大部分 ADAS 和测距功能	成本较低，通过算法测距	恶劣条件，难以测距
激光雷达	周围环境 3D 建模	可以精准获取外部信息	成本高，恶劣条件影像差
毫米波雷达	实现较高视觉识别功能	不受天气影响，范围广，精度高	无法识别道路指示标
红外传感器	实现夜视功能	夜视效果佳	成本高，技术制约

（二）决策规划

在自动驾驶的分工中，决策规划承担承上启下的作用，完成大部分信息处理工作。决策规划的任务，就是在对感知到的周边物体的预测轨迹的基础上，结合自动驾驶车辆和当前位置，对车辆做出最合理的决策和控制。也因此被称为自动驾驶的大脑。

正如人的大脑又分为左脑和右脑，并负责不同的任务一样，模块化自动驾驶系统中决策规划层也可以继续细分为执行不同任务的子层。决策规划方式包括 3 层：全局路径规划层、行为决策层和运动规划层。

1. 全局路径规划层

全局路径规划层在自动驾驶系统中起着关键的作用。当接收到一个给定的行驶目的地后，全局路径规划层会结合地图信息，生成一条全局的路径，作为后续具体路径规划的参考。具体过程类似于生活中的“导航”功能，但它使用的是高精地图，这种地图包含了比常见地图更多的信息，如每条车道的具体情况。在给定车辆当前位置与终点目标后，全局路径规划层会通过搜索选择一条最优的路径，如图 5-2 所示，这里的“最优”可以包括路径最短或到达时间最快等条件。

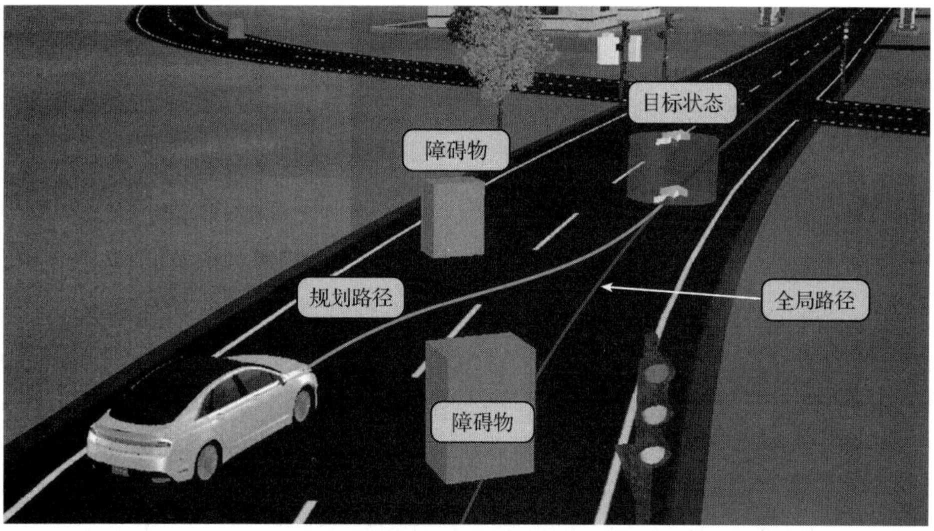

图 5-2　全局路径规划最优路线

2. 行为决策层

行为决策层负责根据全局路径规划层提供的信息以及来自感知模块的环境感知数据，确定车辆在当前环境下应该执行的具体行为。行为决策层的实现通常依赖于复杂的算法和模型，这些算法和模型需要不断地进行训练和优化，以提高系统的准确性和鲁棒性。随着人工智能和机器学习技术的不断发展，行为决策层在自动驾驶系统中的作用将变得越来越重要。

3. 运动规划层

运动规划层在自动驾驶系统中是一个关键的组成部分，其主要职责是根据输入的行为决策信息，结合车辆的实时位姿信息、局部环境信息以及全局路径参考信息等，规划生成一条满足特定约束条件的平滑轨迹（包括行驶轨迹、速度、方向等），并将这些信息传递给控制执行层。

在自动驾驶系统中，运动规划层与全局路径规划层和行为决策层紧密相连。全局路径规划层为运动规划层提供全局的参考路径，而行为决策层则为运动规划层提供具体的行为决策信息。运动规划层则根据这些信息来规划出具体的行驶轨迹和速度，以实现车辆的自动驾驶。

（三）控制执行

在执行阶段，自动驾驶根据决策系统的指令进行相应的操作和动作。执行系统由车辆的刹车、加速、转向等操控，车辆稳定性控制系统组成如下。

（1）刹车和加速控制。自动驾驶汽车会通过车辆的刹车和加速系统，以适应决策系统制定的速度和行进方式。

（2）转向控制。根据决策系统的指令，自动驾驶汽车会通过操控方向盘或使用电子转向系统来实现转向动作。

（3）车辆稳定性控制。为了保持车辆的稳定性和安全性，自动驾驶汽车通常还配备有防滑系统（ABS）、动态稳定控制系统（DSC）等，以及更加智能的电子控制器（ECU）。

二、农机自动驾驶的分类

一般来讲，农机自动驾驶的应用场景优于乘用车。一方面，农机的行走速度和作业速度较慢。另一方面，农机的作业战场在农田中，农田属于较为封闭的环境，行人、交通信号等干扰因素少。从研发难度上看，需要开发者具备农机农艺融合能力，理解农机的复杂作业工况。另外，对于农机作业限界以及农田中的田埂、沟渠、电线杆、树木等作业障碍，需要算法内置相关处理方法。下面，分别从市场和技术发展阶段进行介绍。

（一）市场发展阶段

当前我国农机自动驾驶行业处在成长期。

2012—2018 年，属于农机自动驾驶行业的导入期，主要得益于农业无人机的市场推广和用户启蒙，以及深松作业补贴监管的行政要求。

2019—2025 年，属于农机自动驾驶行业的成长期，企业和用户对该产品都有了较深的理解，市场渗透率快速提高。该阶段的前期，以后装 2C（指面向个人消费者的应用软件，其功能和服务一般直接面向终端用户）端市场为主；该阶段的后期，以前装 2B（主要使用对象是企业或组织）端市场为主。

2025 年之后，农机自动驾驶行业进入成熟期，企业和用户对该产品都有了很深的理解，市场渗透率维持较高的水准。该阶段以前装 2B 端市场为主。

（二）技术发展阶段

农机自动驾驶可分为 L1、L2、L3、L4 四个等级。当前，我国的农机自动驾驶行业的技术水平基本位于 L2 级。

L1 级实现的核心功能是监测，主要通过传感器对农机的运行情况、关键部件状态和外部环境进行全面监测，在环境和运行状态发生特定变化时，系统会向机手或机主发出报警，以辅助驾驶员更好地操控机器。

L2 级实现的核心功能是辅助驾驶，内置算法在北斗导航定位、作业地块边界打点等信息助力下，主要实现农机作业路径规划、走直线、转弯等功能。目前，多数产品在启停、掉头、油门和挡位控制等工况下，还需要驾驶员人工接管。

L3 级将要实现的核心功能是自动驾驶和农艺优化。一方面，要实现自动启停、掉头、油门和挡位控制，具备自主行走能力。另一方面，内置算法根据不同农艺、不同土壤、不同作物等设置不同的作业模式，还可以在收割时实时测产，形成作业处方图，为下一茬的种植做好定量施肥、种植密度控制的准备。

L4 级将要实现的核心功能是无人驾驶，并具备自主学习能力。该形态下的农机将不再需要驾驶舱，农户也不需要过多的干预，农机会按照农时自主安排作业日程，自动做好作业准备，并进入农田中开展农机作业。

三、拖拉机传统转向分类

拖拉机自动驾驶控制包括横向控制（转向控制）和纵向控制（速度控制）。拖拉机作为一种农用机械，在作业时一般以较低的恒定速度运行，且行驶的地面环境复杂，所以横向控制是研究的核心。因此有必要了解一下传统拖拉机转向类型。

（一）传统拖拉机转向类型

拖拉机的转向方式主要有 3 种。

(1)靠车辆的轮子相对车身偏转一个角度来实现。

(2)靠改变行走装置两侧的驱动力来实现。

(3)既改变两侧行走装置的驱动力又使轮子偏转。

大多数轮式拖拉机采用第 1 种转向方式，履带拖拉机和无尾轮手扶拖拉机采用第 2 种转向方式，有尾轮手扶拖拉机及轮式拖拉机在田间作业时采用第 3 种转向方式。车轮转向的 4 种形式，如图 5-3 所示。

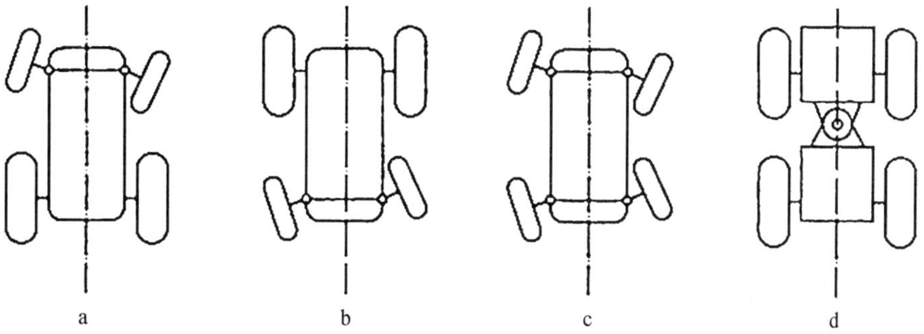

图 5-3　车轮转向的 4 种形式

a. 偏转前轮；b. 偏转后轮；c. 偏转前后轮；d. 折腰

（二）轮式辅助转向控制类型

轮式车辆转向系统一般包括转向操纵机构、转向器和转向传动机构。大中型拖拉机均采用助力转向，利用发动机所提供的液压或电力，在驾驶员控制下，对转向传动机构或转向器中某一传动件施加不同方向的作用力。助力转向可以减轻驾驶员的疲劳强度，改善转向系统的技术性能。

目前车辆上配置的助力转向系统，大致分为 4 类：机械式液压动力转向系统、电子液压助力转向系统、电机驱动转向系统和全液压动力转向系统。

四、电机驱动式自动驾驶控制

（一）电机驱动控制组成

直流电机或步进电机结合齿轮机构实现前轮转向的电动控制系统，由天线、导航模块、数据处理器、角度传感器、电动方向盘及线路组成。在实际应用中，将步进电机套件固定在方向盘的下方，由导航控制器驱动步进电机，替代手工转动方向盘。

（二）步进电机原理

利用电磁学原理，将电能转换为机械能。其工作原理是将电脉冲信号转变为角位移或线位移，开环控制步进电机元件。角位移与脉冲数成正比，转速与脉冲频率成正比，转向与各相绕组的通电方式有关。当步进驱动器接收到一个脉冲信号时，它就驱动步进电机按设定的方向转动一个固定的角度，称为“步距角”，它的旋转是以固定的角度一步一步运行的。

步进电机内部构造如图 5-4 所示，其驱动器是为步进电机分时供电的多相时序控制器，将直流电变成分时供电的多相时序控制电流，用这种电流为步进电机供电。驱动电源和步进电机是一个有机整体，步进电机的运行性能是电机及其驱动电源二者配合的综合表现。

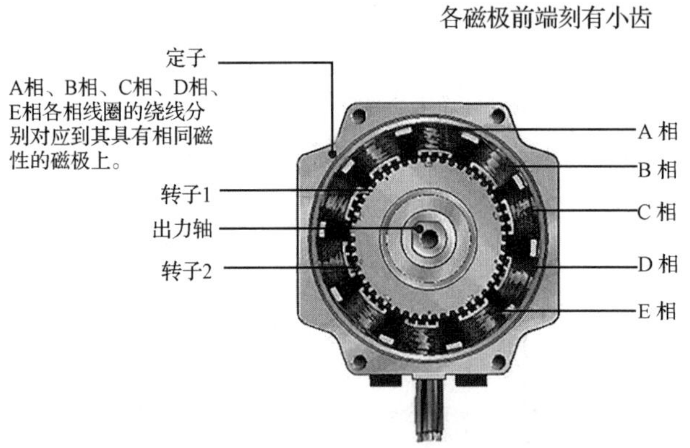

图 5-4　步进电机内部构造

（三）电机转向控制

采用步进电机控制方向盘转动量，使转向器阀芯偏转完成预定动作，如图 5-5 所示。

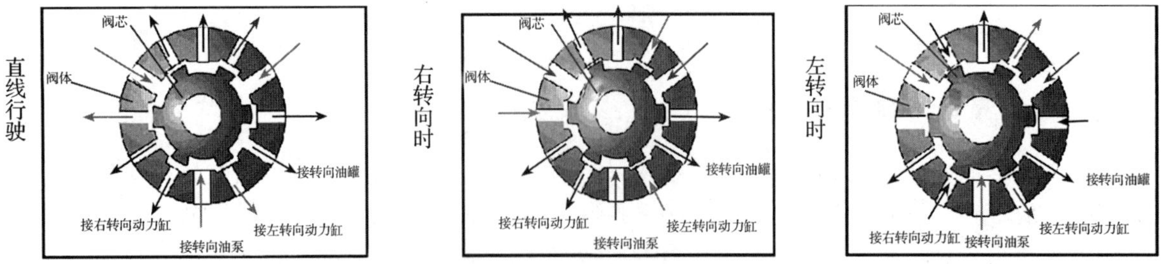

图 5-5　步进电机控制转向

（1）当需要直线行驶时，电动方向盘不动，转向器阀芯处于中位，液压油不分流，转向油缸不工作，使 2 个前轮不产生转向角度。

(2)当需要右转向时,电动方向盘右转,带动转向器阀芯右转,接通右转向油缸,使 2 个前轮产生右转向角度。实现车辆右转。

(3)当需要左转向时,电动方向盘左转,带动转向器阀芯左转,接通左转向油缸,使 2 个前轮产生左转向角度。实现车辆左转。

五、液压驱动式自动驾驶控制

液压阀是液压式自动驾驶导航的核心组件。为满足拖拉机自动导航需要,首先要对该拖拉机进行电液改造,以达到通过电信号控制拖拉机转向的目的。电液改造的关键组件是导航阀组设计。

导航阀组设计以比例方向阀为核心,利用多种插装阀完成。其中压力传感器选用丹佛斯的 MBS 1250 压力传感器(图 5-6),它用于判断驾驶模式是自动导航还是手动驾驶。自动导航过程中,传感器输出低压信号,当人工干预驾驶时,输出信号突变到高压信号。如图 5-7 所示,逻辑插装阀选用伊顿的 DPS2-10,它用于完成手动油路和自动油路的切换。液压锁由 2 个 SPC2-10 止回阀组成,它们可以防止电液比例阀因为泄漏问题造成的转向误差。

图 5-6　丹佛斯的 MBS 1250 压力传感器

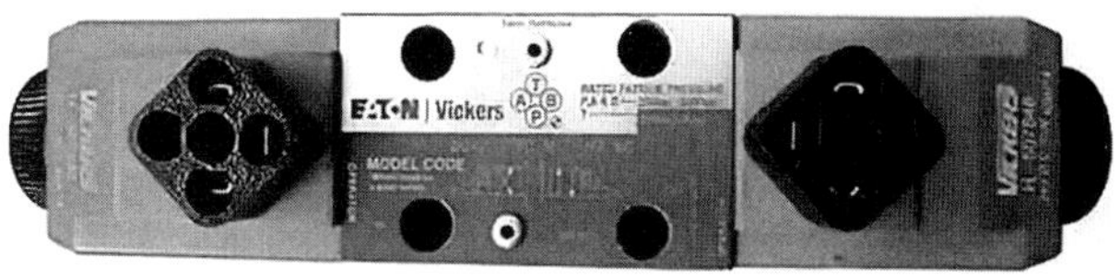

图 5-7　伊顿 DPS2-10

图 5-8 为拖拉机液压转向系统。在手动驾驶模式中,电液比例阀没有上电,P 口的油压数值较高,逻辑阀 1 口和 2 口导通,此时可以通过拖拉机本身的转向油路,利用转向器控制车辆转向;当满足自动导航条件并切换到自动驾驶模式时,电液比例阀上电,自动转向油路导通,比例阀工作油口的压力通过梭形滑阀作用于逻辑阀的 3 口,通过 3 口和 1 口的压差切断拖拉机手动转向油路,实现自动驾驶。在

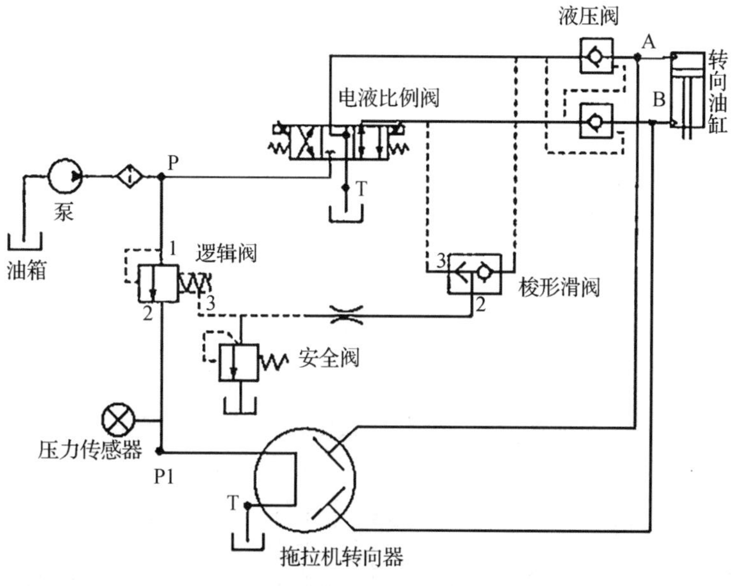

图 5-8　拖拉机液压转向系统

自动导航过程中，如果驾驶员转动方向盘，P1 口的压力会发生由低到高的跳变，该跳变可通过压力传感器进行检测，一旦检测到该跳变，导航控制器立即停止对比例阀的控制，此时比例阀失电，阀芯回到中位，再次进入手动驾驶模式中。

导航阀组的安装方法如图 5-9 所示，从拖拉机转向油箱里泵出来的油通过液压油管直接接入导航阀组的进油口 P，导航阀组的 P1 口连接拖拉机转向器的进油口。导航阀组的工作油口 A、B 通过三通与原来转向油缸的油路连接，回油口 T 通过三通与原转向系统回油连接。

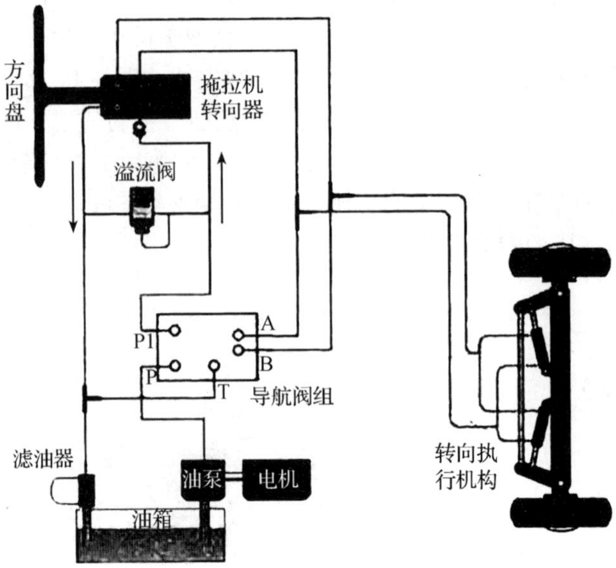

图 5-9　导航阀组的安装方法

高精度的比例阀，可以避免机械转向所造成的误差。因此，液压式的自动驾驶导航系统具有更高的导航精度，是当前农业机械自动驾驶导航的主要发展方向。

任务实施

以丰疆疆驭农机导航系统为例。

一、准备工作

(1)自动驾驶系统所需的固定参考站、车载系统(包括卫星天线、北斗高精度定位终端、行车控制器、液压阀、角度传感器等)、液压转向控制套装、电动控制套装等组件。

(2)拖拉机一台。

(3)工具一套。

二、安全教育

(1)佩戴安全帽，穿好工作服和劳保鞋。强调在操作任务时，操作人员应严格遵守安全规定和操作规程，确保系统的安全运行。

(2)学习农机安全知识，如安全驾驶技巧、紧急情况应对措施等。

三、任务操作

疆驭农机自动驾驶控制系统(图 5-10)是一个综合性系统，集卫星接收、定位、控制于一体，主要的组成部分包括卫星天线、角度传感器、北斗高精度定位终端、行车控制器等。主要操作步骤如下。

(1)系统环境感知“我在哪”,采用角度传感器、北斗高精度定位终端和车载接收器,主要提供车辆转向信息,识别车辆的位置和姿态。

(2)系统决策规划“我去哪”,主要由主控制器负责处理传感器系统提供的信息和运动执行部件的反馈,通过控制算法得出各运动执行部件相应的控制量。

(3)系统执行控制“我怎么去”,采用电液比例换向阀,主要负责转向控制、油门控制和作业切换控制等系统,分别控制方向盘、油门和作业拨杆。

(4)系统工控显示,提供用户与无人农机交互的接口,可供用户远程监控农机运行状态,设定作业参数和发送关键控制指令等。

(5)完成系统测试,包括功能测试、性能测试、安全测试等。

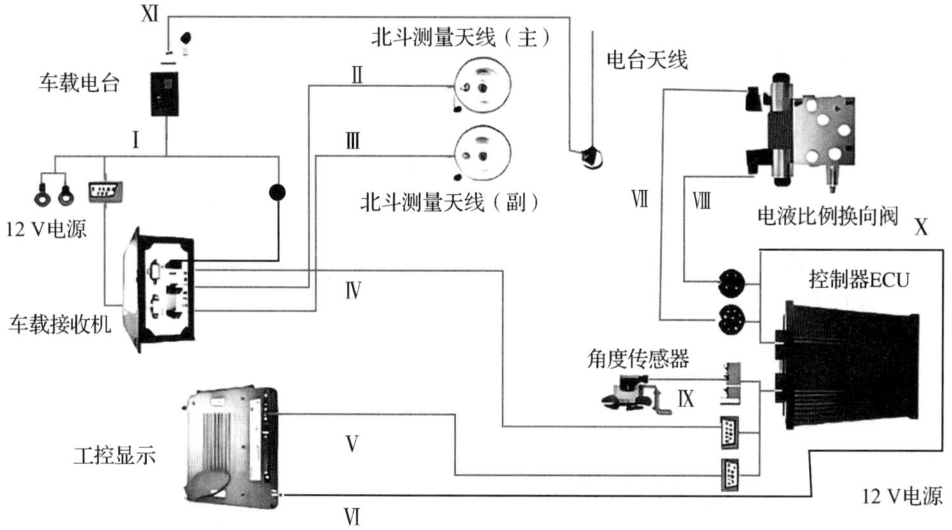

图 5-10　疆驭农机自动驾驶控制系统

四、整理工位

整理工位,清点工具,清洁场地,拖拉机断电。

五、完成任务报告单

按照实际操作完成任务报告的撰写。

知识拓展与提升

农机的自动驾驶,要使用定位系统提供的定位信息,确定前轮期望转角,即“我在哪”的问题,然后转向控制器根据期望转角大小控制转向系统产生相应的前轮转角,即“我要去哪”的问题。这一过程根据路径跟踪方法不同,控制算法有所不同,常见的转向操纵控制方法有 PID 控制、模糊控制和滑模控制。

(一)PID 控制

PID 控制根据偏差的比例(P)、积分(I)、微分(D)进行控制,是控制系统中应用最为广泛的一种控制方法。其控制原理如图 5-11 所示。

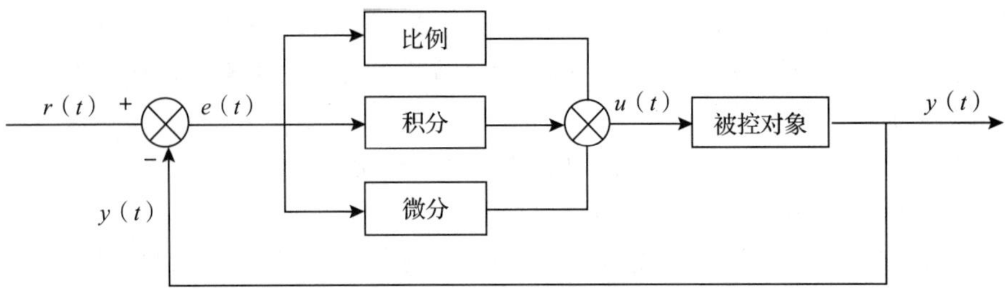

图 5-11　PID 控制原理

比例控制，能够迅速反映误差，从而减小误差，但不能消除稳态误差，会引起系统的不稳定。

积分控制，只要系统存在误差，积分控制作用就不断积累，使得输出控制量消除误差。但积分作用太强会使系统超调增大，甚至出现振荡。

微分控制，可以减小超调量，克服振荡，提高系统稳定性，同时加快系统的动态响应速度，缩短调整时间，从而改善系统的动态性能。

因此，在计算机控制系统中，将三者结合，用数值逼近的方法实现 PID 控制。

（二）模糊控制

模糊控制是以模糊集合论、模糊语言变量及模糊逻辑推理为基础的一种计算机数字控制方法。它是一种有别于传统控制理论的非线性智能控制方法，不需要针对被控对象建立数学模型，具有能充分运用控制经验信息以及鲁棒性强的优点。尤其是在一些复杂系统中，当该系统存在不精确和不确定信息时，模糊控制的效果往往优于常规控制。模糊控制已成为目前实现智能控制的一种重要而又有效的形式。模糊控制原理如图 5-12 所示。

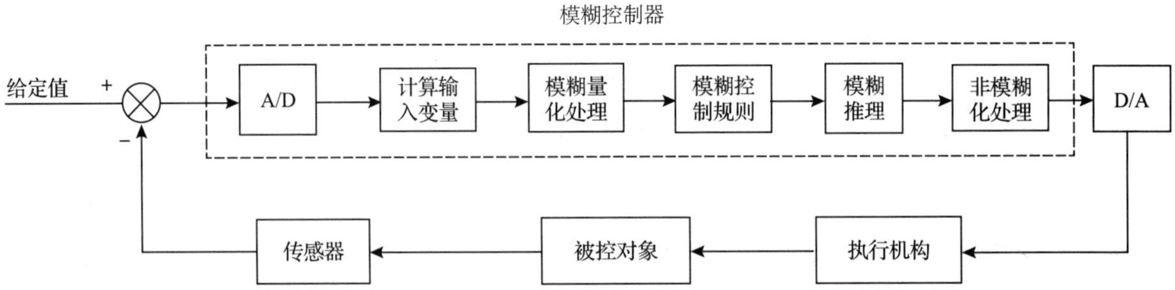

图 5-12　模糊控制原理

模糊控制的核心部分是模糊控制器，它首先根据本次采样得到的系统的输出值，计算系统的输入变量；其次将输入变量的精确值转变为模糊量；然后根据输入变量（模糊量）及模糊控制规则，按模糊推理合成规则计算控制量（模糊量）；最后将得到的控制量（模糊量）转变为精确的控制量。

（三）滑模控制

滑模控制也称为变结构控制，出现于 20 世纪 50 年代，经历了 60 多年的发展，已形成了一个相对独立的研究分支，成为自动控制系统的一种设计方法，适用于线性与非线性系统、连续与离散系统、确定性与不确定性系统、集中参数与分布参数系统、集中控制与分散控制系统等。

假设有一非线性控制系统：

$$x=f(x,u,t)\cdots x\in R,u\in R \tag{5-1}$$

需要确定切换函数向量 $s(x)$，$x\in R$，寻求变结构控制。

$$U_i(x)=\begin{cases}u^+(x)\cdots S_i(x)>0\\u^-(x)\cdots S_i(x)<0\end{cases}\tag{5-2}$$

其中，$u^+(x)\neq u^-(x)$，使得滑动模态存在；切换面 $s(x)=0$ 以外的运动点都将于有限的时间内到达切换面；滑模运动渐进稳定并具有良好的动态品质。

(四)自动驾驶转向控制算法的区别

(1)PID 控制方法具有不依赖控制模型的优点，但是当遇到非线性的控制对象时，往往很难取得较好的控制效果。

(2)模糊控制有助于解决非线性的问题，然而模糊规则及隶属函数的建立需要凭借经验积累，如何保证模糊控制系统的稳定性和鲁棒性还有待进一步研究。

(3)滑模控制方法常用于解决农机领域的非线性控制问题，能够保证转向轮准确地跟踪期望的转角指令。

任务测验

一、选择题

1. 农机要想实现自动驾驶，自身需要回答 3 个问题，下列不正确的是(　　)。

A. 我在哪　　B. 我要去哪

C. 我该如何去　　D. 我是谁

2. 不属于转向操纵控制方法的是(　　)。

A. PID 控制　　B. 模糊控制

C. 滑模控制　　D. 液压控制

3. 当前，我国的农机自动驾驶行业的技术水平基本位于(　　)级别。

A. L1　　B. L2

C. L3　　D. L4

二、判断题

1. 转向控制器根据期望转角大小控制转向系统产生相应的前轮转角，即“我在哪”的问题。(　　)

2. 滑模控制方法常用于解决农机领域的非线性控制问题，能够保证转向轮准确地跟踪期望的转角指令。(　　)

3. 农机的自动驾驶，要使用定位系统提供的定位信息，确定前轮期望转角，即“我要去哪”的问题。(　　)

三、填空题

1. 农机要想实现自动驾驶，自身需要回答 3 个问题：__________、__________、__________等。

2. 从技术发展阶段看，农机自动驾驶可分为__________、__________、__________、__________4 级。

3. 2019—2025 年，属于农机自动驾驶行业__________。

四、实践题

1. 什么是农机导航系统的操作方法？请按照流程描述。

2. 从技术发展阶段看，农机自动驾驶可分哪些等级？

任务二　规划典型作业模式的路径

任务描述

农机合作社技术员小李，为了提高作业效率和减少人为操作的误差，在其拖拉机和联合收割机上安装先进的自动驾驶系统。正常直线度作业过程确实带来了显著的变化。但在实际操作中，并没有提高田地的利用率。特别是在面对不规则地块时，问题尤为突出。不规则地块形状多样，边界复杂，而现有的自动驾驶系统往往基于预设的直线或简单曲线路径进行作业，农机很难完全覆盖到所有区域，从而导致地块边缘和角落的作物被遗漏，造成资源浪费。此外，宽幅作业本身也加剧了这种浪费现象。在进行宽幅作业时，农机一次性覆盖的面积较大，但如果地块宽度与农机作业宽幅不匹配，或者地块形状复杂，农机就难以做到精确覆盖。这不仅会导致部分作物被遗漏，还可能因重复作业而损坏已播地块，进一步降低田地利用率。

任务目标

能力目标

- 学会选择不同作业模式的路径规划。
- 能够制订典型作业模式的路径规划。

知识目标

- 了解路径规划的作用。
- 熟悉不同作业路径规划模式。
- 掌握混合路径规划。

素养目标

- 基于不同作业模式的路径规划，养成归纳整理能力。
- 通过典型作业模式的路径规划，学会不同问题不同分析的应变能力。

任务分析

(1)农机作业需根据农艺要求，确保行距和交接行尺寸，虽然自动驾驶系统对直线度的导航精确到了 2.5 cm，但在不同作业模式要求下，不同地块还需要引入更加智能的路径规划算法。这种算法能够根据地块的实际形状和大小，自动生成最优化的作业路径，减少地块浪费。

(2)可以加强对农机操作人员的培训和教育，提高他们对自动驾驶系统的使用熟练度和对地块形状的识别能力。这样，操作人员就能够根据地块的特点，灵活调整作业策略，进一步提高田地利用率。

知识学习

一、农机自动驾驶路径规划的意义

1. 提高农业生产效率

农机机械推广应用过程中，还存在一些难点和挑战。农田环境复杂多变，如地形、植被和作物生长状态等因素对导航的精度和可靠性提出了较高要求。通过精确的路径规划，农机可以自动选择最优的作业路径，避免重复工作和遗漏，从而显著提高农业生产效率。这有助于缩短作业周期，减少人力成本，使农业生产更加高效。

2. 提高作业精度

农机自动驾驶路径规划可以确保农机在作业时精确执行预设任务，如精准播种、施肥、喷药等。这有助于提高作业精度，保证农作物的生长环境和营养需求，从而提高农产品质量和产量。

3. 减轻劳动强度

农机自动驾驶路径规划可以使农民从繁重的驾驶和操作中解脱出来，降低劳动强度。农民可以将更多精力投入到农业生产的其他重要环节中，如作物管理、病虫害防治等，进一步提高农业生产效益。

4. 增强作业安全性

农机自动驾驶路径规划可以避免人为操作中的误判和失误，降低农机事故的风险。同时，在复杂地形和恶劣天气条件下，自动驾驶农机依然可以稳定运行，确保农业生产的安全进行。

二、常见作业模式路径规划

拖拉机或自走式农业机械的行走分为道路行驶和田间行驶。田间行驶又可细分为直线或曲线行驶以及地头掉头。目前，农机自动驾驶主要用于田间直线或曲线行驶，也可以进行地头掉头。

为适应地形和农艺的要求，自动导航有多种作业模式，如图 5-13 所示，包括 *AB* 线模式、圆形曲线模式、*A*＋线模式、自适应曲线模式等。

1. *AB* 线模式

由拖拉机手在田间定位点 *A* 和点 *B*，确定 *AB* 线，所有其他行均与第一行保持固定距离(工作幅宽的倍数)。这意味着农田被分割为条块，在工作时一块接一块地作业。*AB* 线模式适用于规则农田。

2. 圆形曲线模式

圆形曲线模式适用于指针型喷灌农田，设置第 1 个圆形作业路径，然后拖拉机在它的一边工作，并保持 1 个工作幅宽。

3. *A*＋线模式

A＋线模式是指拖拉机手清楚作业地块的确切方位，通过输入 *A* 点与地块方位后生成 *AB* 线。

4. 自适应曲线模式

自适应曲线模式是一种根据农田地块形状、大小和作业需求，自动调整农机行驶路径的作业模式。

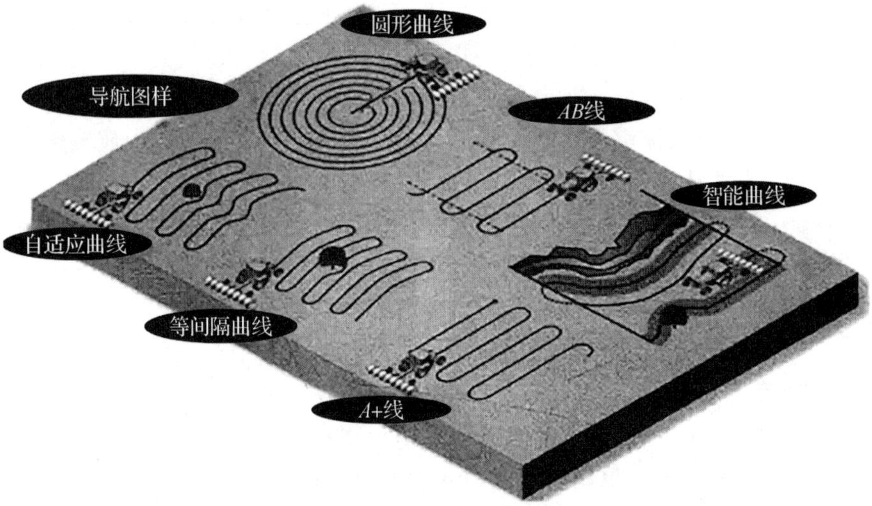

图 5-13　作业模式

在处理不规则地块时能够适应不同形状和大小的地块，无须人工干预即可自动规划行驶路径，减少不必要的行驶距离和转弯次数，提高作业效率。

应用实例：丰疆智能推出的疆驭农机导航系统，支持自适应曲线驾驶，能够实现对不规则地块的精确作业。

5. 等间隔曲线模式

等间隔曲线模式是一种按照固定间隔或距离规划农机行驶路径的作业模式。它通常用于规则形状的地块，如矩形或正方形地块，便于管理和监控。

应用实例：一些传统的农机导航系统会采用等间隔曲线作为行驶路径的规划方式。

6. 智能曲线模式

智能曲线模式是一种基于先进算法和数据分析技术，自动规划农机行驶路径的作业模式。它综合考虑了地块形状、大小、作物类型、作业需求等多种因素，利用先进的算法和数据分析技术，自动规划行驶路径，无须人工干预。能够适应不同类型和规模的地块，满足不同的作业需求。

应用实例：随着人工智能和大数据技术的发展，智能曲线模式在农机自动驾驶领域的应用越来越广泛。

任务实施

一、准备工作

准备棉花播种机 1 台、自动驾驶系统的拖拉机 1 台、不规则待播地块。

二、安全教育

(1)佩戴安全帽，穿好工作服和劳保鞋。强调在操作任务时，操作人员应严格遵守安全规定和操作规程，确保系统的安全运行。

(2)普及农机安全知识，如安全驾驶技巧、紧急情况应对措施等。

三、任务操作

在复杂农田作业环境下，导航作业路径规划即农机根据已知作业信息和环境信息，结合自身传感器对动态环境信息的感知(如距离、时间等),寻找到一条安全、无碰撞的运动路线,同时高效地完成作业任务。以不规则梯形地块为例。

(一)行走路径选择

在保证无遗漏、全覆盖的前提下,衡量智能导航效果优劣的主要标准是时间和效率。在行驶速度一致的情况下,影响时间的主要因素有 2 个,一个是转弯次数,另一个是行走路径。

根据不规则地块形状,应该将最长边作为主边,形成作业行走路径。

(二)转弯路径选择

由于农机结构原因,一般农机的转弯直径大于作业幅宽,因此转弯方式及路径规划自动生成算法是智能导航作业中路径离线规划的重要研究内容。

根据作业幅宽和最小转弯半径的大小关系,在地头区域的转弯模式主要有半圆形、弓形、梨形和鱼尾形,图 5-14 中 d 为作业幅宽,r 为最小转弯半径。

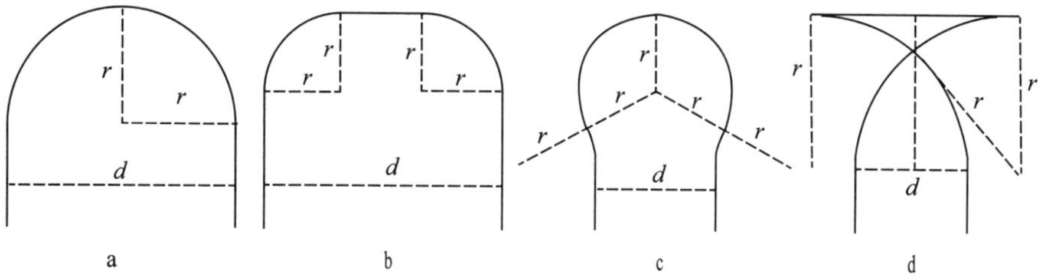

图 5-14　地头区域的转弯模式

a. 半圆形;b. 弓形;c. 梨形;d. 鱼尾形

在对给定区域进行全局路径规划时,常见的无障碍区域内部行走方式主要有随机式、向内螺旋式、向外螺旋式和往返式等。一般选用往返式平行直线作业方式。

地头转弯次数影响作业时间,根据地头区域的转弯模式,一般选用半圆形,并采用无障碍区域内部往返式作业方式,以减少地头区域转弯操作。

(三)路径规划

基于作业地块不规则形状、作业机具参数、地头转弯模式等信息,该田块的路径规划如图 5-15 所示。

(1)假定农机在理想条件下作业,不考虑天气、地形等环境因素对作业过程的影响。

(2)农机作业时,从农田地块的某一边界开始,以一行接一行的顺序进行作业,不存在从地块中间任意点开始作业或跳跃作业的可能。根据不同作业任务或特定的作业需求,可以选择不同的路径优化目标,计算出农机的最优作业方向,并生成最优作业路径。

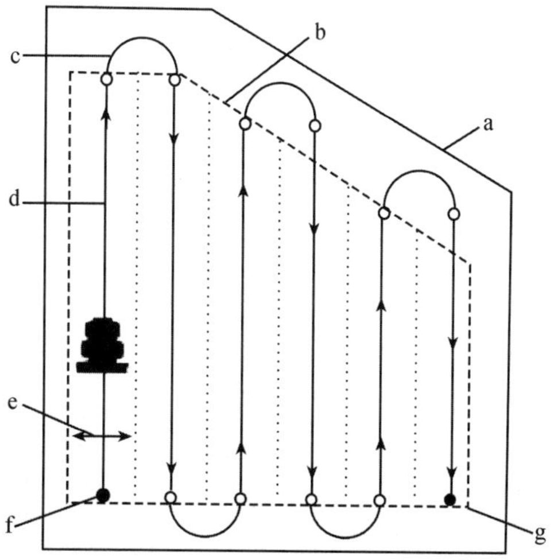

图 5-15　不规则地块路径规划

a. 自然地块边界;b. 有效作业边界;c. 半圆形转弯;d. 作业路径;e. 作业幅宽;f. 作业起点;g. 作业终点

(四)路径规划实施

(1)点击平板主界面右上角【AB 线】按钮。

(2)选择建立直线。

(3)建立作业名称,默认是时间。改名称为地块直线路径规划。

(4)用户可自行命名，点击【确定】按钮即可。

(5)拖拉机在地头对好垄摆正，点击 A 点。

(6)拖拉机开到田块另一头，对好垄摆正，点击 B 点。

(7)注意，如果是直线，则打线过程中拖拉机行走轨迹可随意；如果是曲线，则拖拉机打线过程中的轨迹就是曲线轨迹，且不可随意乱开或调头。

作业建立完成，把拖拉机调头行驶在 AB 线上，距离地头 20 m 左右往回倒车的同时按下导航键，这样拖拉机就可以自动上线了。把农具放到工作位置，低挡中小油门起步的同时快速按下自动导航键，这时候 GPS 导航仪就正式开始工作了。

四、整理工位

整理工位，清点工具，清洁场地，拖拉机断电。

五、完成任务报告单

按照实际操作完成任务报告撰写。

知识拓展与提升

一、典型作业模式路径规划应用

(一)无障碍物的路径规划

农机田间作业路径规划要求农机沿路径行驶时能够遍历农田区域内所有位置。对农田或农田作物作业，通常表现为沿作物行进行直线往返式作业，而在地头转弯区域调转方向，根据拖拉机的最小转弯半径 R 与机具作业幅宽 d 的相对关系可知：当 $d \geqslant 2R$ 时，拖拉机可以沿弓形转弯路径进入相邻直线路径；$d < 2R$ 时，拖拉机需要沿鱼尾形转弯路径进入相邻直线路径。拖拉机轮距、轴距及转向轮的最大偏转角度决定了其最小转弯半径和转向所必要的空间。

在农业生产实践中，人们往往凭借经验和习惯选择农机田间作业的行驶模式，包括梭形法、绕行法、向心法及离心法等，如图 5-16 所示。

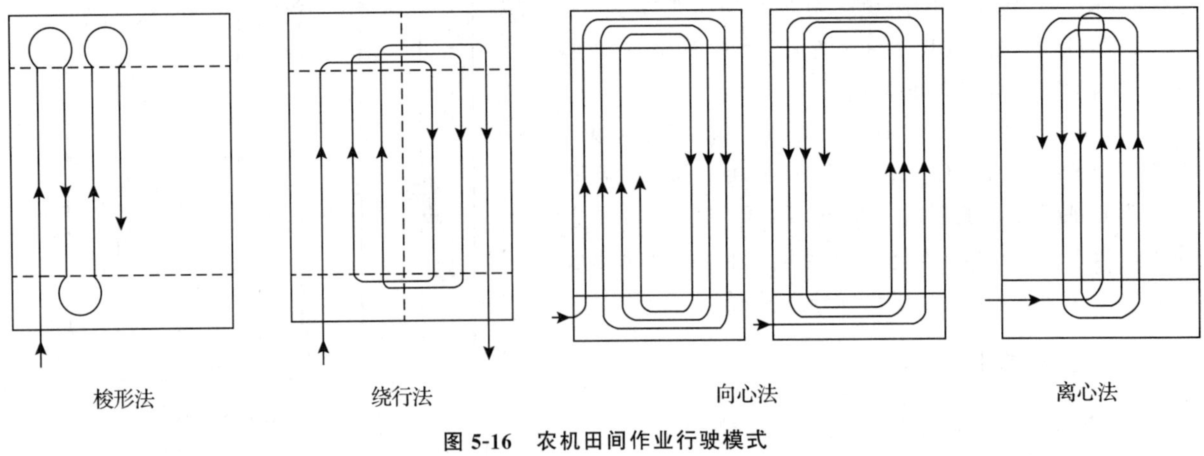

图 5-16　农机田间作业行驶模式

(二)有障碍物的路径规划

自动导航技术因其高效率在农业上应用越来越广泛,但农田中经常出现的障碍物,如电线杆、出水桩等,极大地威胁了农机作业的安全。因此,实时避障是非常必要的。图 5-17 为避障路径模型。一般避障路径规划包括基于图形的避障路径规划、基于人工启发式的避障路径规划、基于人工势场法的避障路径规划和基于数值优化的避障路径规划。

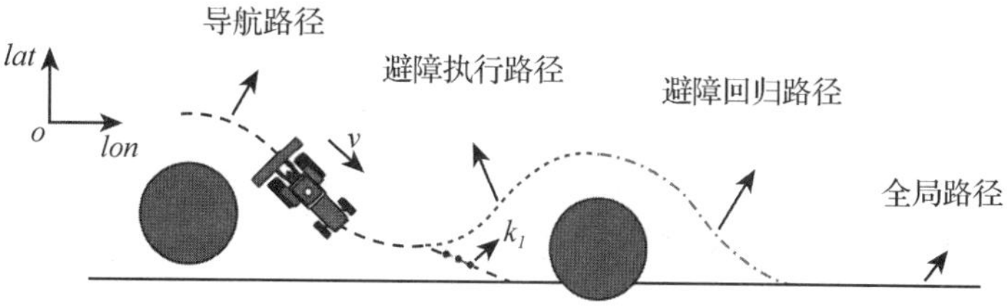

图 5-17 避障路径模型

注:*lon*-*o*-*lat* 为 WGS84 坐标系;v 为农机速度,m/s;k_1 为路径点,路径由离散点组成。

结合农机田间作业特点,根据障碍物与农机相对位置,将避障路径分为避障执行路径和避障回归路径。避障执行路径让农机离开全局作业路径并执行避障动作;避障回归路径让已完成避障动作的农机重新回到全局作业路径。

(三)混合路径规划

混合路径规划(图 5-18)主要是针对农机农艺融合的整地作业需求增设的导航系统。整地是将已耕待播地块进行耙耱、浅犁、镇压保墒,整地后达到“齐、平、松、碎、净、墒”6 字标准。一般地块耙地 2 遍才能达到要求。

图 5-18 混合路径规划

二、动态路径规划

动态路径规划是指在考虑环境不确定性和变化的情况下,确定从起点到目标点的最佳路径的过程。

与传统路径规划不同，动态路径规划需要在实时或近实时条件下不断调整路径，以应对环境变化。动态路径规划算法通常基于实时传感器数据或模型预测，对环境状态进行动态更新和反馈。这些算法可以是基于规则的，也可以是基于优化或机器学习的，目的是在考虑时间、资源和环境变化的情况下找到最优路径。总的来说，动态路径规划是一种在不确定环境中实现路径规划的技术，通过实时更新和调整路径以适应环境变化，从而在动态环境中有效地导航和规划路径。

任务测验

一、选择题

1. 自动驾驶系统对直线度的导航精确到(　　)。

A. 2.5 cm　　B. 3.5 cm

C. 4.5 cm　　D. 5.5 cm

2. 混合路径规划主要是针对农机农艺融合的(　　)需求增设的导航系统。

A. 整地作业　　B. 播种作业

C. 植保作业　　D. 收获作业

3. 整地后所要达到的 6 字标准是(　　)。

A. 齐、平、松、碎、净、墒　　B. 齐、美、松、碎、净、墒

C. 齐、好、松、碎、净、墒　　D. 齐、优、松、碎、净、墒

二、判断题

1. 混合路径规划主要是针对农机农艺融合的播种作业需求增设的导航系统。(　　)

2. 动态路径规划是指在考虑环境确定性变化的情况下，确定从起点到目标点的最佳路径的过程。(　　)

3. 实时避障是非常必要的。(　　)

三、填空题

1. 在行驶速度一致的情况下，影响时间的主要因素有 2 个，一个是__________，另一个是__________。

2. 自动导航有多种作业模式包括圆形曲线模式、__________、__________、__________、__________等。

3. 典型作业模式路径规划有__________、__________、__________等。

四、实践题

1. 如何区分无障碍路径规划和有障碍路径规划的应用场景？

2. 列举农机自动驾驶混合路径规划应用案例。

任务三　分析农机自动驾驶作业精度误差

任务描述

合作社购买了多套先进的自动驾驶系统，在安装并调试这套自动驾驶系统后，农机的作业效率得到了极大的提升，人力成本降低，作业时间也大大缩短。作为农机导航技术人员的小李发现总有些设备，在作业过程中会出现精度误差超标的情况。一旦作物种植位置出现偏差，不仅会影响作物的生长，还可能导致资源浪费，甚至影响最终的产量和品质。

任务目标

能力目标

- ◆ 能够区分农机自动驾驶作业精度的类别。
- ◆ 掌握农机自动驾驶作业精度误差分析方法。

知识目标

- ◆ 熟悉农机自动驾驶作业精度的分类。
- ◆ 了解农机自动驾驶作业跟踪精度、对行精度和重复精度的概念。
- ◆ 掌握农机自动驾驶作业精度误差判断方法。

素养目标

- ◆ 通过对农机自动驾驶作业精度误差分析方法的学习，养成独立自主、逻辑分析能力。
- ◆ 在实践中学习如何运用所学知识解决实际问题，提高动手能力。

任务分析

农机自动驾驶是一项系统工程，作业精度与土壤、作物、机器、操作人员等要素都有不可忽视的关系，因此应从误差来源进行分析。

(1)农机自动驾驶主要依赖卫星导航系统(如北斗、GPS 等)进行定位。这些系统本身存在定位误差，主要包括星历误差、卫星钟差、电离层误差、对流层误差、多径误差和接收机误差等，这些误差会影响农机自动驾驶的精度。

(2)GPS 技术存在的误差可以通过差分 GPS、GPS 动态滤波以及协同卡尔曼滤波算法等方法进行消除或降低，这些误差会影响农机自动驾驶的精度。

(3)农机在制造、安装和使用过程中，可能存在一定的误差。这些误差可能来源于农机结构、控制系统等方面，也会影响农机自动驾驶的精度。

因此，农机自动驾驶作业精度误差原因分析需要熟悉作业精度类别和概念，明确作业精度误差的主要来源。通过不断优化系统、规避误差因素以及提高操作人员技术水平，可以提高农机自动驾驶的作业精度和效率。

知识学习

一、作业精度

作业精度是基于拖拉机田间负载作业进行评定的，拖拉机空驶或在平整硬地面的行驶精度并不能完全代表农业机械的实际作业精度。作业精度主要包括跟踪精度、对行精度和重复精度3类。

（一）跟踪精度

跟踪精度（图5-19）是指农业机械跟踪预设作业路径的精度。作业路径可以是直线，也可以是曲线，取决于具体的作业模式。以 AB 线作业为例，拖拉机作业的预设路径是1条直线，实际行驶路径是1条曲线。横向偏离预设路径中心线的距离，即自动驾驶导航作业的跟踪精度，一般表示为：$\pm D$（单位：cm）。因此，D 值越小，跟踪精度越高，自动驾驶导航作业的效果越好。

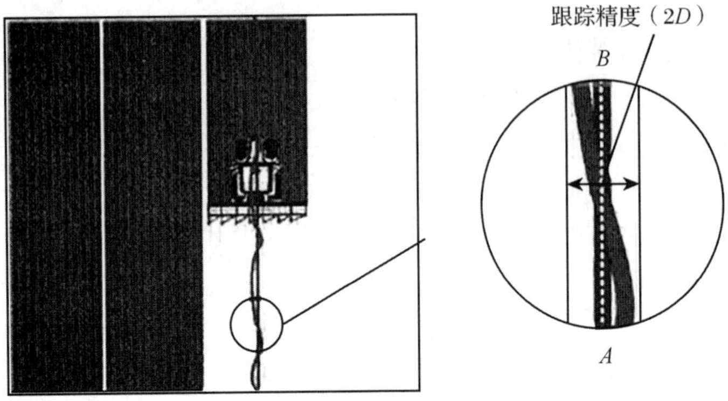

图5-19　跟踪精度

良好的跟踪精度是作业质量的基本保障。春播时达到了跟踪精度，将便于后续施肥、喷药、收获等环节的自动驾驶作业。因此，在开展自动驾驶导航作业时，宜保存拖拉机播种的作业路径，以便为后续作业所复用。

（二）对行精度

对行精度（图5-20）又称行间距精度、交接行精度、邻接行精度或接茬精度，是指相邻两条作业条带间的距离误差，一般表示为：$\pm D$（单位：cm）。提高对行精度，可以减少作业重叠或遗漏，有效提高土地利用率。对行精度不仅对播种作业有意义，而且对于施肥、喷药及收获等作业来说，同样可以提高农资施用和作业的精度。农机作业不仅要求保障直线（或曲线）行走精度，同时也要求保障对行精度或接行精度。而且，要求在拖拉机转弯或掉头后，能够自动实现精确对行，以提高作业质量和作业效率。

（三）重复精度

重复精度是指在同一个条带中，不同的两次作业跟踪同一条作业路径的精度，一般表示为：$\pm D$（单位：cm）。不同年份间所指的重复精度又称年际间重复精度或年际重复精度。以对靶施肥为例，说明重复精度的具体应用和重要性。农场在秋天将固体肥料施入或将液体肥料注入土壤中，第二年春天播种时，希望将种子播种在底肥的正上方，实现对靶施肥与对行播种，以提高化肥利用率。如利用传统的划印器方法，则难以在土壤表面留下长期留存的印迹，而采用高精度的自动驾驶导航系统则很容易达到上述农艺要求。

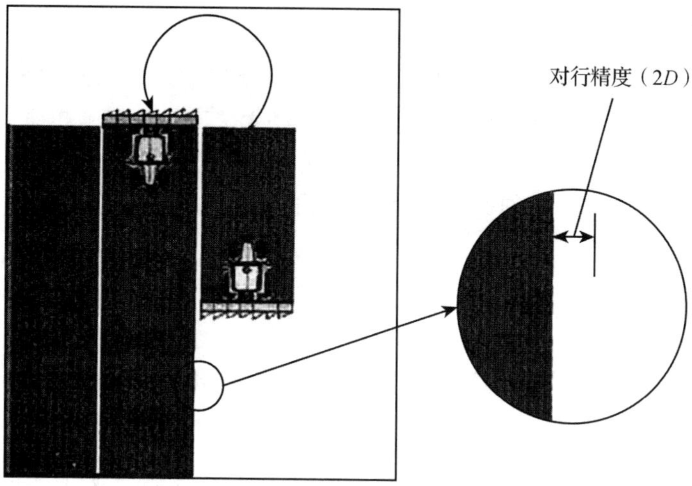

图 5-20　对行精度

重复精度的实现主要取决于差分信号源，即基准站坐标。采用移动基准站作业时，由于难以在田间固定基准站，年际间、不同作业环节间的重复精度无法保证。商业星基差分的精度在 5～25 cm，也难以保证高精度的农机作业要求。因此，建设固定基准站，或建设基准站网络，是提高重复精度的必然选择。

二、误差分析

拖拉机自动驾驶导航作业的误差来源主要包括：与感知有关的误差、与控制有关的误差、与行走有关的误差，以及其他误差，如来自机具牵引等产生的负载误差。

（一）与感知有关的误差

与感知有关的误差包括卫星定位误差、姿态测量误差等。

1. 卫星定位误差

卫星定位误差来源于流动站、基准站以及差分信号传输。流动站在工作时，要求视野开阔，周边无房屋、树林遮挡，无强电磁辐射干扰。一般而言，要求流动站至少有 6 颗卫星参与定位解算、HDOP 值（水平精度因子通过衡量卫星信号的几何分布来计算）在 1.5 以下。

基准站在工作时，要求天线位置固定，不能晃动，不受外界干扰。移动式基准站往往临时放置在田间，易受强风、沉降及人为因素的影响与干扰。重复作业时，也难以放置在同一个位置，导致基准站的坐标发生随机变化，最终导致流动站位置出现偏差，甚至难以保证正常作业。

流动站与基准站之间的直线距离称为基线距离。基线距离越长，误差的空间相关性越弱，差分精度越低。因此，单基准站的差分作业范围有限，不能无限制地延长作业基线。农业生产时间集中，在作业区往往放置多个移动式基准站，如果各基准站的通信频率相同，则流动站容易连接至其他的基准站，导致较大的定位误差。差分信号不稳定是自动驾驶导航实践中经常遇到的问题。差分信号不稳定的主要原因是通信中断，而中断的原因是无线电信号被遮挡或被削弱，或者移动通信信号弱、掉线。如果基线距离过长，导致通信链路时断时续，则应停止作业，将移动站放置到作业农田附近，或者架高基准站无线电天线、加大无线电发射功率。

根据国外的经验，解决差分信号稳定性的方法主要有 2 个：

（1）优化流动站算法，流动站接收机能够利用算法进行短时间的差分信号补偿。

（2）采用地基为主、星基为辅的方法，即在地基增强信号中断后，立即切换到星基增强信号或其他可用的差分信号。网络延迟导致的差分信号传输滞后，也会产生一定的定位误差。

2. 姿态测量误差

俯仰、横滚等姿态的测量精度取决于导航控制器中的MEMS惯性敏感器件及其处理算法。在地形起伏较大的农田作业时，如果不利用惯导系统进行补偿，将无法准确计算拖拉机的真实位置。

如用GNSS接收机测量拖拉机的航向，当拖拉机在田间走走停停地作业时，会在重启行驶的短时间内丢失航向，自动驾驶导航系统会因此造成较大的行走误差。通过陀螺仪或一机双天线，可以有效地解决该问题。

（二）与控制有关的误差

与控制有关的误差包括路径跟踪算法误差、机械传动误差、液压控制误差、方向盘自由行程误差等。

1. 路径跟踪算法误差

不同的路径跟踪控制算法具有不同的特点。一般而言，路径跟踪算法造成的误差可以通过优化算法加以解决。

2. 机械传动误差

机械式自动驾驶导航系统通过步进电机、摩擦轮等机械部件驱动转向轴或方向盘，步进电机等机电设备属于有间隙传动，摩擦轮在工作过程中也会产生一定的打滑。

3. 液压控制误差

采用液压传动可实现无间隙传动，运动平稳，因此在不发生故障的情况下，液压控制误差较小。

4. 方向盘自由行程误差

方向盘自由行程误差发生在机械式自动驾驶导航中，自由行程越大，则控制误差越大。

（三）与行走有关的误差

1. 地形起伏

尽管惯导系统广泛应用于拖拉机姿态的测量，但地形起伏具有随机性，仍然会给车辆的控制造成误差。

2. 轮胎打滑

拖拉机行驶在湿滑、软硬不均的土地上，会发生不同程度的滑转。拖拉机在犁地作业时，常出现一侧驱动轮在未耕地上，另一侧驱动轮在犁沟内，两轮与地面间的附着系数不同，滑转率各异，致使机组常向一个方向偏驶。轮胎打滑也具有较强的随机性，会导致拖拉机未能按预设的转角和速度行进。

3. 加减速

在自动驾驶导航中，横向控制是核心，纵向控制往往不作为控制的重点。在实际作业中，拖拉机经常走走停停，加速、减速、非匀速行驶也会造成行驶误差。平稳地加减速，有利于提高自动驾驶导航精度。

（四）负载误差

同一辆拖拉机开展不同的生产作业时，由于所牵引的农具不同，导致其具有不同的动力学特性。在不同的农田生产作业时，即使同一辆拖拉机开展同样的生产作业，由于土壤的耕作阻力不一样，其负载也会有所变化。这些因素，都会导致行驶误差。

任务实施

一、准备工作

准备棉花播种机 1 台、自动驾驶系统的拖拉机 1 台、待播地块。

二、安全教育

(1)佩戴安全帽,穿好工作服和劳保鞋。强调在使用执行任务时,操作人员应严格遵守安全规定和操作规程,确保系统的安全运行。

(2)普及农机安全知识,如安全驾驶技巧、紧急情况应对措施等。

三、任务操作

作业精度误差检查采用看、查、测等方法。以播种作业和重播作业为例,进行自动驾驶作业精度出现误差原因分析。

(一)播种作业

在自动驾驶导航系统应用之前,拖拉机牵引棉花铺膜播种机(图 5-21)进行播种作业时,一般使用划印器在地面留下痕迹。在相邻条带作业时,将划印器或指印器沿着(或对着)可视痕迹行进,以提高来回交接行精度。左右两侧带圆盘的机构为划印器,一般要求对行精度达到±2.5 cm,以保证作业质量。

图 5-21　棉花铺膜播种机

(1)看机具是否调平、三点悬挂是否按要求调整。农具作为拖拉机的重要配套设备,其行走轨迹紧随拖拉机,从而确保了种子的均匀播种和作物的健康生长。

(2)检查机具机械误差。由于机具在悬挂和产品质量上存在差异,会存在一定的机械误差。这些误差可能来源于多个方面,比如销轴的磨损、松动或安装不当,自动驾驶系统的校准不准确,以及农具本身的制造精度等。

(3)检测设备精度。主要是与感知有关的误差,如卫星定位误差、姿态测量误差等。需要借助设备区检测。

因此,在实际作业过程中,一旦发现播种效果不理想或存在明显的机械误差,就需要及时叫停拖拉机,对可能出现问题的部位进行检查和调整。其中,销轴作为连接拖拉机和播种机的重要部件,其精度和稳定性直接影响整个播种系统的运行。如果销轴存在磨损、松动或安装不当等问题,就需要及时进行更换或调整。同时,自动驾驶系统作为拖拉机的大脑,其准确性和稳定性同样至关重要。如果发现自动驾驶系统存在校准不准确或运行不稳定等问题,就需要及时进行调整和维修。

(二)重播作业

由于棉花播完种后,存在大风将膜面撕裂等现象,如图 5-22 所示,需要按照之前导航路线重复行走,因此对作业精度要求更高。除按照播种作业检查流程外,还需要保证卫星定位稳定、路径规划准确以及操作人员日常培训。

图 5-22　棉花地膜被撕裂

1. 卫星定位稳定

卫星定位是高精度自动驾驶导航系统的基础。确保卫星信号的稳定接收对实现精准定位和导航至关重要。在新疆地区,由于地理环境特殊,可能会遇到信号遮挡或干扰的情况。因此,选择具有高信号接收能力的定位设备,并采取必要的信号增强措施,如使用差分 GPS(DGPS)或实时动态定位(RTK)技术,可以有效提高定位精度和稳定性。

2. 路径规划准确

系统能够根据农田的地形、土壤条件以及受损地膜的分布情况,自动规划最优的补种路径。这需要系统具备先进的地形识别和土壤分析功能,以及强大的算法支持,以实现对农田环境的精准感知和智能决策。准确的路径规划不仅可以提高作业效率,还可以有效避免对未受损地膜和滴灌带的破坏,保证补种质量。

3. 操作人员日常培训

对操作人员进行系统的培训,使其掌握系统的操作方法和注意事项,减少人为因素对系统精度的影响。

四、整理工位

整理工位,清点工具,清洁场地,拖拉机断电。

五、完成任务报告单

按照实际操作完成任务报告撰写。

知识拓展与提升

农机导航系统的引入,极大地推动了农业生产全程机械化进程。特别是精准的直线度和交接行间距,这为作物从种植、田间管理和收获整个生长周期机械作业提供了标准。下面以新疆棉花作业机械为例,阐述作业精度的意义。

（一）棉花播种机械

播种机种植模式为(66+10)cm或76 cm等行距，铺膜规格为2.05 m。棉花封土机(图5-23)按照该播种模式，通过农机导航系统先进的定位技术和传感器，能够确保农机在作业过程中按照预定的路线精确行驶，保持稳定的作业精度和作业质量。

图5-23　棉花封土机

（二）棉花植保机械

棉花在生长后期，果枝繁多，对后期植保作业造成一定影响。精准的行驶路径还能有效避免植保环节中农机压苗等问题。在传统的植保作业中，由于驾驶员的操作误差或疲劳驾驶等原因，农机很容易压到作物，对作物造成损伤。而农机导航系统通过精确的路径规划和行驶控制，能够确保农机在作业过程中与作物保持安全距离，避免对作物造成损害。这不仅保护了作物，也提高了植保作业的效果和效率。

（三）棉花采摘机械

采棉机(图5-24)实现机械化采收，能够大幅度提高采收效率，减少人工成本。播种作业精度高，棉花植株分布均匀，有利于机械化采收。相反，播种作业精度低可能导致机械化采收时出现漏采、重采等问题，降低采收效率。

图5-24　采棉机

播种作业精度会影响棉花产量。适当的株行距和密度能够保证棉花植株充分吸收养分和水分，促进棉花的正常生长和发育，不仅可以提高棉花产量，而且可以有效避免采棉采收过程中的机损浪费。

综上所述，直线度和行间距的作业精度要求，可以改善作物的生长环境，提高作物生长的一致性和产量。同时，系统还能有效避免植保、采收环节中农机压苗等问题，进一步保护作物。

任务测验

一、选择题

1. 主要作业精度不包括（　　）。

A. 跟踪精度　　B. 对行精度

C. 行走精度　　D. 重复精度

2. 与感知无关的误差是（　　）。

A. 卫星定位误差　　B. 转角测量误差

C. 姿态测量误差　　D. 方向盘自由行程误差

3. 与控制无关的误差是（　　）。

A. 路径跟踪算法误差　　B. 机械传动误差

C. 液压控制误差　　D. 姿态测量误差

二、判断题

1. 作业精度主要包括跟踪精度、对行精度和重复精度。（　　）

2. 尽管惯导系统广泛应用于拖拉机姿态的测量，但地形起伏具有随机性，仍然会给车辆的控制造成误差。（　　）

3. 棉花在生长后期，果枝繁多，对后期植保作业造成一定影响，所以就算是精准的行驶路径也不能有效避免植保环节中农机压苗等问题。（　　）

三、填空题

1. 播种作业精度低可能导致机械化采收时出现＿＿＿＿＿＿＿＿、＿＿＿＿＿＿＿＿等问题，降低采收效率。

2. 对行精度又称行间距精度、交接行精度、邻接行精度或接茬精度，是指相邻两条作业条带间的距离误差，一般表示为＿＿＿＿＿＿＿＿。

3. 作业精度主要包括＿＿＿＿＿＿＿＿、＿＿＿＿＿＿＿＿、＿＿＿＿＿＿＿＿等。

四、实践题

1. 农机导航系统作业精度行走误差都包含哪些？

2. 如何完成重播作业精度误差分析？

任务四　研究无人农场多机协同作业

任务描述

在新疆昌吉市奇台农场的冬小麦收获地里，自动驾驶收割机在田间持续收割的场景确实体现了现代农业技术的高效与便捷。但对于上万亩的农场，仅依靠一台收割机进行作业，作业效率低。小李作为农机合作社技术人员，能否实现多台无人收割机同时田间作业，且能按照自主规划路径进行多机协同作业呢？

任务目标

能力目标

- 认识无人农场多机协同作业。
- 能对无人农场多机协同路径进行正确选择。
- 能分析无人农场多机协同任务的作业规划。

知识目标

- 了解无人农场多机协同概念、分类和特点。
- 熟悉多机协同动态任务分配作业方法。
- 掌握播种作业多机群系统作业方法。

素养目标

- 立志强农兴农、践行知农爱农。
- 基于播种作业多机群路作业规划，融入思辨、敬业、严谨素养培养。

任务分析

一台自动驾驶收割机虽然能大幅度提高收割效率，但面对上万亩的农田，其作业时间仍然较长，无法满足现代农业对于快速、高效作业的需求。那么，如何实现多台无人收割机同时作业呢？

(1)当前农机机械已经相对成熟，可以实现无人收割机的自主导航和作业。同时，通过引入物联网、大数据和云计算等技术，可以实现多台无人收割机的远程监控和集中调度。多台无人收割机同时作业可以大幅度提高农田的收割效率，缩短收割周期，减少天气等因素对农作物的影响。

(2)路径规划是指通过安装的传感器和GPS系统，无人收割机可以实时感知周围环境，并根据农田地形、作物分布等因素自主规划出最优的收割路径。

(3)多机协同是指利用无线通信技术，无人收割机之间可以实现信息共享和协同控制。例如，它们可以共享农田的实时数据，如作物生长情况、土壤湿度等，从而协同规划出最优的收割策略。同时，无人收割机之间还可以相互协调，避免碰撞和干扰，确保收割作业的安全和高效。

知识学习

一、多机协同的概念

联合收割机自动驾驶多机协同是指通过先进的机械和多机协同技术，实现多台联合收割机在农田中高效、精准、协同作业的目的。这种作业模式可以优化作业路径，减少作业时间，提高作业效率，同时降低作业成本，促进农业产业的可持续发展。

多机协同作业通常以一台农机为主机，另一台或多台农机为辅助机器（从机），构建复式作业系统。从机可以追随主机协同完成田间工作，如收获、耕地或播种。多机协同系统包含收获运输协同、集群收获/集群播种协同、整地播种协同。

二、多机协同的分类

以收获运输协同为例进行介绍。收获运输协同，又称为主从协同系统（图 5-25），通常有 2 种模式。

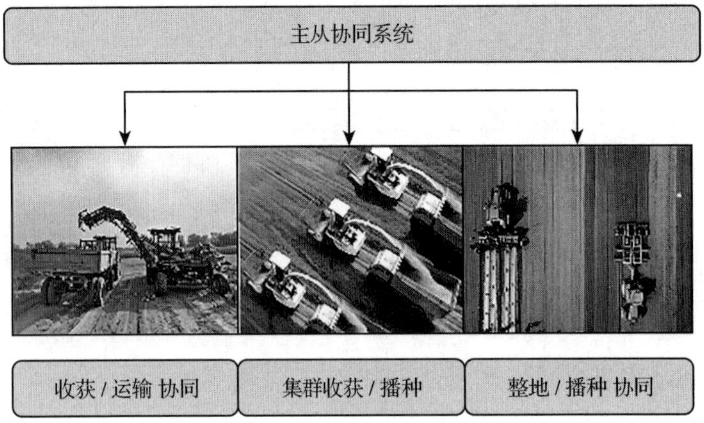

图 5-25　主从协同系统

（1）如图 5-26 所示，主机通知从机直接到达某一指定位置。例如，谷粒收获智能导航系统中，收获机械作为主机，运输的拖拉机作为从机，主机发出指令通知从机到达某一转运地点。

图 5-26　主机通知从机协同作业

（2）主从跟随多机协同作业如图 5-27 所示，是主从跟随式系统。例如，谷物联合收割机智能导航系统中，联合收割机作为主机，运送收获谷物的拖拉机作为从机，在作业过程中，主机向从机顺序发出保持一定相对角度和距离行走的命令以及自己的位置信息，从机按照主机的车辆信息及所指示的相对角度和距离自动跟随行走。

图 5-27　主从跟随多机协同作业

三、多机协同的原理

主从协同作业系统除了要解决各自的定位和控制问题外，还需要解决主从机间的通信模式和通信协议、多机协同的局部动态环境建模、从机的动态避障及导航路经规划等。

导航系统所处环境比较复杂，缺乏精确、完整的全局信息，会导致环境信息具有不确定性，致使动态避障的安全性、实时性都难以保证。常用的导航避障传感器包括激光雷达、毫米波雷达、机器视觉等。主从导航系统总体框架如图 5-28 所示，包括主机自动导航系统和从机自动导航系统。主机和从机自动导航系统的硬件结构相同，包括定位模块、控制模块、车间通信模块和车载终端部分。

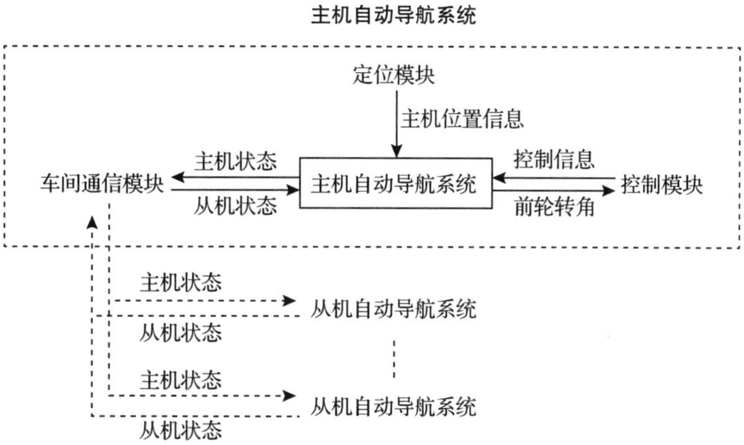

图 5-28　主从导航系统总体框架

工作时，由定位模块采集位置信息，车载终端设备获取采集的数据后进行分析、处理并发送决策指令，控制模块执行命令并反馈控制结果。主机与从机之间采用无线方式进行数据通信，传输的信息主要是主机或从机的状态信号。

通过对多机协同作业的概念、分类，主从协同作业的技术学习，可以更好地认识协同作业。随着我国土地流转政策的不断推进，种植实现规模化生产和管理，多机协同作业更有利于提高农业资源利用率和降低生产成本。

四、多机协同的特点

(1)高效性。联合收割机可以 24 h 不间断作业，极大地提高了作业效率。同时，多机协同作业可以实现农田的并行收割,进一步缩短作业时间。

(2)精准性。可以确保联合收割机在作业过程中保持恒定的速度和行进轨迹,从而实现对农作物的精准收割。此外,多机协同作业还可以根据农田的实际情况进行动态调整,确保作业效果最佳化。

(3)协同性。多机协同作业可以实现多台联合收割机之间的密切配合,避免作业冲突和碰撞,提高作业的安全性。同时,通过信息共享和协同决策,可以实现作业任务的合理分配和高效执行。

任务实施

一、准备工作

谷物联合收割机 2 台、运粮车 1 台、待收地块。

二、安全教育

(1)佩戴安全帽,穿好工作服和劳保鞋。强调在使用执行任务时,操作人员应严格遵守安全规定和操作规程,确保系统的安全运行。

(2)普及农机安全知识,如安全驾驶技巧、紧急情况应对措施等。

三、任务操作

1. 前期准备与勘察

(1)对农田进行详细的勘察,包括农田的面积、形状、地形、作物种类、作物分布和成熟度等,这些信息将为后续的作业路径规划提供重要依据。

(2)根据农田勘察结果和作业需求,调配适合的联合收割机和运粮车,确保农机数量、型号和性能满足作业需求。

2. 协同作业实施

(1)基于最短作业路径序号和预规划信息,确定作业行的田头、田尾、田头入口以及卸粮点的坐标。然后结合谷物联合收割机最佳转弯方式,生成谷物联合收割机和运粮车的导航参考点信息。

(2)在作业过程中,联合收割机将按照规划好的路径进行作业,并将收获的谷物卸载到指定的卸粮点。运粮车将根据导航参考点信息,精准地行驶到卸粮点,接收并运输谷物。因此,以谷物联合收割机与运粮车实现高效的协同作业路径规划为例,矩形农田属于规则农田,梯形农田属于不规则农田,联合收割机在两种农田地头转弯方式不同、计算模型也不同,主要以矩形农田和梯形农田为例,进行多机协同路径规划,如图 5-29 所示。

(3)根据农田宽度、联合收割机作业幅宽,将农田划分为等宽的若干作业行。一般靠近联合收割机出发点一侧为农田左侧,另一侧为农田右侧,联合收割机从农田左侧开始作业,结束位置位于农田右侧,每台联合收割机从出发点开始作业,作业完成后返回出发点。

3. 注意事项

(1)在协同作业过程中,联合收割机和运粮车之间需要保持一定的安全距离,避免碰撞和冲突。通过先进的监控系统和传感器技术,实时监控农机的作业状态、位置和速度等信息。在发现异常情况时,及时进行调整和优化。

(2)在作业过程中,可能会遇到各种突发情况(如天气变化、机械故障等)。在这种情况下,需要灵活应对,调整作业计划或采取其他补救措施。

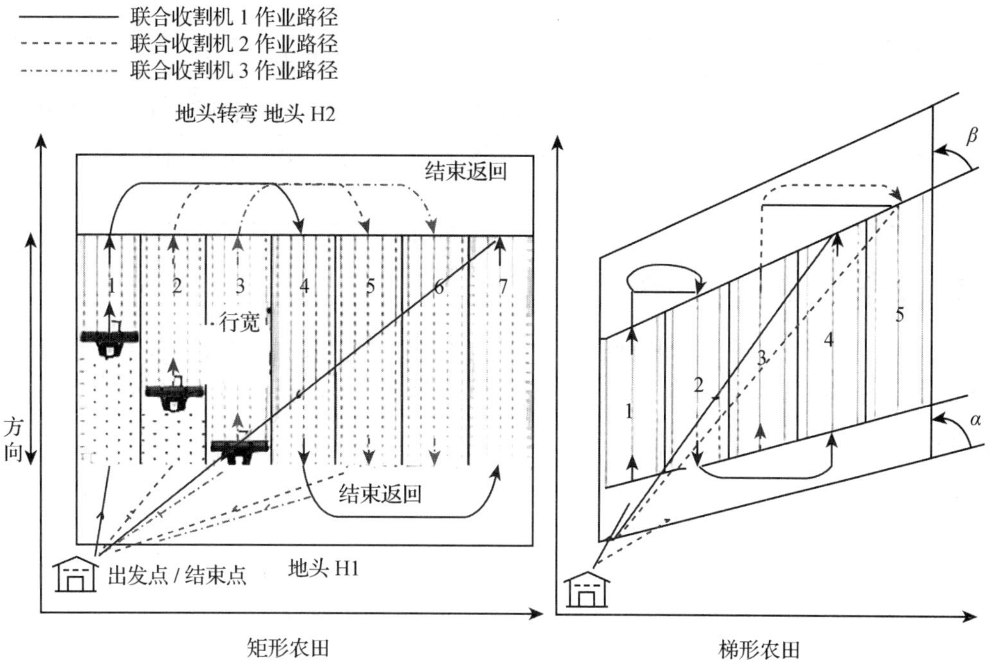

图 5-29　不同农田多机协同路径

四、整理工位

整理工位，清点工具，清洁场地，拖拉机断电。

五、完成任务报告单

按照实际操作完成任务报告撰写。

知识拓展与提升

一、多机协同不确定场景分类

大田多机作业随着农机规模的扩大，不同农机中品牌、型号、新旧程度各有不同，农机性能存在一定的差异，并且在多机作业中由于自然环境的变化也会产生多种不确定场景，导致以往固定路径规划难以顺利进行。这就迫切需要适应不确定场景的路径规划方法来及时动态调整路径规划方案。不同因素导致的不确定场景分类见表 5-2。

表 5-2　不确定场景分类

不确定因素	场景类型	场景描述
机械因素	农机减少	当有农机突然发生故障被移除或急需去加油、加料，导致作业无法继续
	农机增加	当重新添加了农机或故障农机返回，可共同参与任务分配及执行
自然因素	任务减少	当任务出现阻碍或被占用，导致任务无法被作业，分配到此任务的农机需要重新分配任务
	任务增加	当无法作业的任务中障碍被清除或解除占用，任务需要重新被作业

续表5-2

不确定因素	场景类型	场景描述
机器—自然因素	农机降速	当环境恶化，农机作业进度变慢，计划分配给该辆车的任务被拖延
	农机提速	当环境改善，农机作业进度加快，该辆车可能提前完成计划分配的任务，造成资源闲置

二、多机协同动态任务分配

多机协同作业过程中，受一些因素的影响，机群无法继续执行原有作业计划，需要根据任务执行进度和机群状态进行动态任务分配。多机协同作业过程中需要进行动态任务分配的情况主要有以下几种。

1. 新增作业任务

新的作业任务加入时，需要根据当前作业机械的工作状态、位置和剩余工作时间等因素，动态地分配新的任务给合适的等待作业机械。

这需要一个任务管理系统来实时追踪农机的状态，并根据预设的算法或规则进行任务分配。分配时还需考虑农机的作业能力、作业类型是否与新增任务匹配等因素。

2. 出现故障无法继续作业

当作业机械作业过程中出现故障时，该机械将无法继续完成当前任务，甚至可能影响整个作业计划的执行。因此，任务管理系统需要实时检测到故障，并立即将该农机从当前任务中移除。同时，系统需要评估剩余农机的能力和状态，将原任务重新分配给其他农机，或调整其他农机的任务以弥补损失的作业量。需要紧急调用备用农机或维修资源，以尽快恢复作业能力。

3. 作业任务取消

当原有作业任务中的某些任务被取消时，多机协同需要相应地调整作业计划。任务管理系统需要实时更新任务列表，并将已取消的任务从农机的作业计划中移除。对于因任务取消而空闲出来的农机，系统可以给其重新分配其他待执行的任务，或让其进入待机状态以节省能源。在重新分配任务时，同样需要考虑农机的状态、位置、作业能力等因素，以确保资源利用的最大化。

任务测验

一、选择题

1. 多机协同不确定性因素不包括(　　)。

A. 机械因素　　B. 自然因素

C. 机器—自然因素　　D. 人为因素

2. 多机协同系统不包含(　　)。

A. 收获运输协同　　B. 集群收获/集群播种协同

C. 整地播种协同　　D. 协同作业

3. 以下描述不确定机械因素正确的是(　　)。

A. 机械因素不确定类型包括农机减少和农机增加

B. 当任务出现阻碍或被占用，导致任务无法被作业，分配到此任务的农机需要重新分配任务

C. 当环境恶化，农机作业进度变慢，计划分配给该辆车的任务被拖延

D. 当无法作业的任务中障碍被清除或解除占用，任务需要重新被作业

二、判断题

1. 当无法作业的任务中障碍被清除或解除占用，任务需要重新被作业。（　　）

2. 当重新添加了农机或故障农机返回，不能共同参与任务分配及执行。（　　）

3. 多谷物联合收割机与运粮车协同作业路径规划是现代农业中提高作业效率和降低成本的重要措施。（　　）

三、填空题

1. 多谷物联合收割机与______________路径规划是现代农业中提高作业效率和降低成本的重要措施。

2. 任务管理系统需要实时更新任务列表，并将已取消的任务从农机的作业计划中______________。

3. 多机协同的特点是______________、______________、______________。

四、实践题

1. 无人农场多机协同的意义？

2. 如何实现多机协同跟随作业？

任务五　设计移动机器人的路径规划

任务描述

随着自动驾驶技术和机器人技术的不断发展，家庭、物流场所和设施农业等不同领域正逐步采用移动机器人来替代高强度的劳动或简单重复的劳动。特别是在人流密集、空间狭窄的场景，移动机器人的路径规划显得尤为重要。小李作为农机合作社技术人员，需要完成不同场景移动机器人的路径规划。

任务目标

能力目标

◆ 认识移动机器人概念和意义。

◆ 学会移动机器人不同场景的路径规划。

知识目标

◆ 了解移动机器人的概念。

◆ 熟悉不同场景机器人的路径规划。
◆ 理解移动机器人的路径规划算法。

素养目标

◆ 养成立志强农兴农、践行知农爱农。
◆ 通过不同场景路径规划的学习，养成动手能力和创新意识。

任务分析

首先应了解移动机器人的概念，明确移动机器人在家庭、物流和设施大棚等场景应用特点，然后选择不同的算法，进行路径规划。

1. 家庭场景

移动机器人主要体现在智能家居和辅助生活方面，例如，扫地机器人可以自动规划路径，清扫地面；服务机器人可以帮助家庭成员进行日常任务，如取物、送餐等。因此，该场景路径规划需要考虑到家庭环境的复杂性和家具的摆放位置，选择适合家庭场景的算法，如基于 SLAM（同时定位与地图构建）的算法，以实现高效的清扫和服务。

2. 物流场景

移动机器人主要体现在自动化、高效化和准确性方面。物流机器人可以在仓库中自主搬运货物、分拣包裹，并在配送过程中进行路径规划，以最短的时间和最安全的路线将货物送达目的地。因此，该场景路径规划需要考虑到仓库的布局、货物的尺寸和重量以及配送路线的复杂性。可以选择基于图搜索、优化算法或机器学习的算法，以实现高效、准确的路径规划。

3. 设施大棚等农业场景

移动机器人主要体现在自动化、精准化和高效化方面。它们可以在设施大棚内自动进行灌溉、施肥、除虫等作业，并通过传感器实时感知作物的生长状况。因此，该场景路径规划需要考虑到大棚的布局、作物的种植密度和生长状态，以及作业任务的优先级。可以选择基于栅格地图、拓扑地图或语义地图的算法，并结合机器人的运动学约束进行路径规划，以实现精准、高效的农业作业。

为了实现移动机器人在不同场景下的高效、安全作业，需要根据具体环境和任务进行定制化的路径规划。引入先进的自动驾驶技术和路径规划算法、多传感器融合技术以及实时动态规划等技术手段，提高移动机器人的环境感知能力、决策能力和执行能力，使其能够更好地适应各种复杂环境和任务需求。

知识学习

一、移动机器人的发展

（一）早期概念与探索

三国时期蜀汉丞相诸葛亮发明的“木牛流马”，虽然其具体样貌和工作方式不明，也不是真正意义上的移动机器人，但体现了早期人类对自动化运输工具的设想。

1768 年至 1774 年间，瑞士钟表匠皮埃尔·雅克·德罗兹与他的儿子们创造了人形化的机器人，这些机器人虽未具备移动能力，但展现了人类对机器人技术的早期探索。

(二)20 世纪的发展

美国发明家沃尔特博士,在 1949 年进行关于移动自主机器人的开创性研究,其关于机器人乌龟“艾尔西”和“艾尔默”的实验对控制论科学的产生具有重大影响。

美国斯坦福国际研究所(SRI)研制了 Shakey 机器人,这是 20 世纪最早的移动机器人之一。它引入了人工智能的自动规划技术,并具备一定的环境感知和自主导航能力。

斯坦福大学的研究生莫拉维克制造了具有视觉能力的“斯坦福车”,它能够在房间内自主导航并规避障碍物,是现代无人驾驶汽车的先驱。

(三)20 世纪 80 年代至今

随着计算机技术、传感器技术、人工智能等领域的快速发展,移动机器人技术取得了显著进步。移动机器人不仅在工业、农业、医疗等领域得到广泛应用,还在城市安全、国防和空间探测等高风险领域发挥了重要作用。

二、移动机器人概念和特点

(一)概念

移动机器人是一种能够自主移动、感知环境并执行各种任务的自动驾驶机器系统。它结合了计算机科学、机械工程、电子工程、控制论、传感器技术、人工智能等多学科的知识和技术。

(二)分类

1. 根据移动方式分类

根据移动方式,移动机器人可分为轮式移动机器人、履带式移动机器人、足式移动机器人、飞行式移动机器人等。

(1)轮式移动机器人是最常见的一种类型,它们通过轮子进行移动。这种机器人适用于平坦的地面环境,具有速度快、效率高、控制简单等优点。常见的应用场景包括自动搬运机器人、扫地机器人等。

(2)履带式移动机器人使用履带进行移动,这种设计使得它们能够在松软、不平坦的地形上稳定行走。履带式机器人适用于户外环境,如建筑工地、矿山等。它们具有较强的越障能力和地形适应性。

(3)足式移动机器人模仿了生物(如人类或动物)的腿部结构,通过腿部关节的运动实现行走和移动。足式机器人具有较强的地形适应性和越障能力,能够在复杂环境中灵活移动。常见的足式机器人包括双足机器人、四足机器人等。它们在崎岖地形、楼梯等环境中的移动能力尤为突出。

(4)飞行式移动机器人,也称为无人机,通过旋翼、固定翼或喷气式发动机等实现飞行。无人机具有高度的机动性和灵活性,能够覆盖广阔的区域并快速到达目标位置。它们在航拍、侦察、救援等领域具有广泛应用。

2. 根据智能化程度分类

根据智能化程度,移动机器人可分为遥控式移动机器人、自主式移动机器人和智能式移动机器人。

(三)特点

1. 自主移动

自主移动是移动机器人技术中的核心特性之一,它赋予了机器人高度的自主性和独立性。当机器人具备自主移动能力时,它能够在没有人为直接操控的情况下,凭借内部的传感器、精密的控制系统以及先进的算法，自主地感知环境、规划路径、执行移动指令，并完成导航任务。

2. 环境感知

环境感知是移动机器人实现自主移动和智能行为的关键步骤。它是指移动机器人通过其配备的传感器等设备，实时获取并解析周围环境的信息，如障碍物、光线、声音等。这些信息对机器人理解自身所处的环境，进行路径规划、导航避障，以及执行其他任务至关重要。

3. 任务执行

移动机器人作为现代自动化和智能化技术的杰出代表，不仅具有高度的灵活性和适应性，还能根据预设的程序或基于人工智能(AI)的决策系统，高效、准确地执行各种复杂而多样化的任务。这些任务的多样性充分展示了移动机器人在自动化和智能化领域的广泛应用和巨大潜力。

三、应用场景和路径规划策略

随着5G通信、物联网(IoT)以及人工智能(AI)等前沿技术的迅猛发展，移动机器人领域正迎来一场深刻的变革。这些技术不仅极大地提升了机器人的智能化水平，还赋予了它们更高的自主性和协同能力。在这些技术的驱动下，移动机器人开始在多个场景中发挥重要作用，特别是在家庭、物流和设施农业等领域，其路径规划策略显得尤为重要。

(一)家庭场景应用

如图5-30所示，在家庭场景中，移动机器人主要承担清洁、照顾老人或儿童等任务。虽然空间相对宽敞，但家具、障碍物较多，且需要考虑到家庭成员的活动。

路径规划策略：

(1)利用传感器和视觉识别技术，精确感知家庭环境，建立环境地图。

(2)采用基于地图的路径规划算法，如A*算法，规划出从起点到终点的最优路径。

(3)实时更新地图信息，处理动态障碍物，如家庭成员或宠物的移动。

图5-30　家庭场景移动机器人

(二)物流场所应用

在物流场所，移动机器人主要承担搬运、分拣等任务。这类场景通常空间较大，但障碍物多、作业量大，且对时间效率要求高。

路径规划策略：

(1)利用激光雷达等传感器，精确感知物流场所的环境和障碍物。

(2)引入全局路径规划和局部路径规划相结合的策略，先规划出整体最优路径，再根据实时情况进行局部调整。

(3)考虑机器人的运动学约束,如最大速度、加速度等,确保机器人能够安全、高效地执行任务。

(4)应用实例,AGV 搬运机器人(图 5-31),主要功用集中在自动物流搬转运,是通过特殊地标导航自动将物品运输至指定地点的。

图 5-31　AGV 搬运机器人

(三)设施农业场景应用

在设施农业中,大棚移动机器人(图 5-32)主要承担播种、除草、采摘、巡视等任务。

路径规划策略:

(1)利用 GPS、RTK 等定位技术,结合大棚内的标志物,实现机器人的精确定位。

(2)考虑到大棚内作物、灌溉设备等障碍物较多,采用基于栅格地图的路径规划算法,如 Dijkstra 算法,规划出避免碰撞的最优路径。

(3)引入多机器人协同规划策略,确保多台机器人在作业时能够相互避让、协同作业。

(4)考虑到大棚内光照、温度等环境因素的影响,实时调整路径规划,确保机器人在不同环境下都能稳定工作。

图 5-32　大棚移动机器人

四、移动机器人路径规划

(一)动态环境中的路径规划

动态环境中的障碍物和目标位置可能会随时发生变化,需要机器人能够实时感知并调整路径。采用传感器融合技术,结合多种传感器信息,提高机器人对环境的感知能力。同时,采用智能算法,如强化学习、模糊逻辑等,实现机器人的自主导航和路径规划。

(二)多机器人协同路径规划

多个机器人之间可能会产生冲突和碰撞,需要协调各自的路径规划,确保整体任务的高效完成。建立机器人之间的通信和协作机制,实现信息共享和任务分配。同时,引入协同控制算法,优化机器人的路径规划和运动控制,提高整体协同效率。

(三)安全路径规划

在复杂环境中,机器人需要在确保自身安全的同时完成路径规划任务。采用安全算法和风险评估模型,对机器人周围的环境进行实时评估和预警。同时,引入避障和紧急制动机制,确保机器人在遇到障碍物或突发情况时能够及时避险。

(四)实时路径规划

在实时变化的场景中,机器人需要快速响应并重新规划路径。采用快速路径规划和优化算法,如基于采样的路径规划方法、动态规划等,实现机器人的快速响应和实时路径规划。同时,引入预测模型,预测未来环境变化,提前调整机器人路径规划。

任务实施

一、准备工作

AGV 搬运机器人多台、物流货运场所。

二、安全教育

(1)清空场地,排除安全隐患。强调在使用执行任务时,操作人员应严格遵守安全规定和操作规程,确保自身和周边人员的安全。

(2)普及紧急情况应对措施的安全知识。

三、任务操作

(一)多 AGV 运行环境建模

AGV 系统调度可以在一个仓库中,有多个货物放在不同起始位置,需要使用多个 AGV 将这些货物运输到不同的目标位置,并使得整体运输效率保持较高水平。多 AGV 调度系统在运行过程中需要解决的问题:AGV 的路径规划、多任务的分配、动态的调度规划。图 5-33 是多 AGV 路径规划。

(二)地图环境建模

采用栅格地图法作为 AGV 的运行环境,其原理是建立一个二维数组,用不同的数值代表不同的含义,基于任务要求,用 MATLAB 建立好后的栅格地图(图 5-34)如下:

多 AGV 运行环境图包括出发区、充电区、监测区、货物 A 的 2 个生产区、货物 B 的 3 个生产区、货物 A 的 2 个入库点、货物 B 的 2 个入库点。货物的颜色代表了对应颜色的机器人需要完成的任务,本文的研究场景为,多 AGV 在接收到搬运任务后,会按照规划好的最优拣选路径从当前位置出发,前往货物点取货物,再送到对应的出货站台。然后前往下一个货物点取货物,再去对应的出货站台,在执行完所有搬运任务后,返回初始位置。

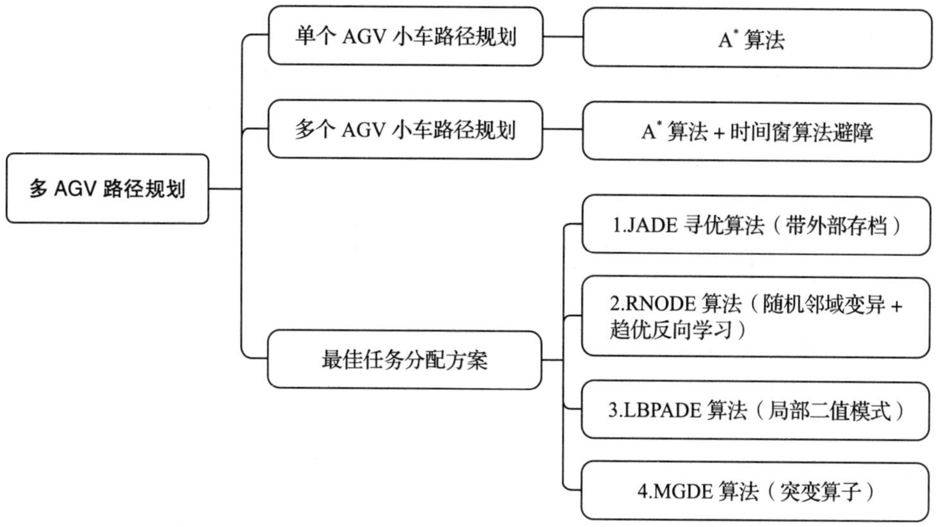

图 5-33　多 AGV 路径规划

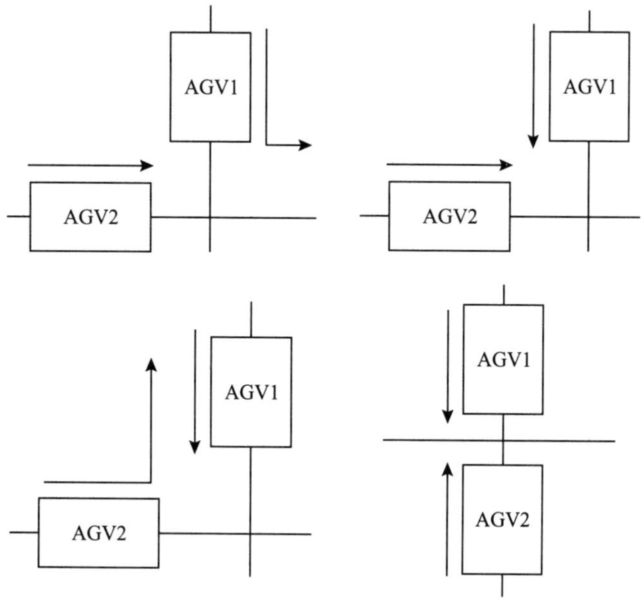

图 5-34　栅格地图

(三)冲突解决方案

机器人之间的冲突类型主要包括相交节点冲突(十字冲突)、相向节点冲突、相向冲突 3 种。

发生冲突时的优先级判定:是否负载→比较任务优先级→比较出发时间。

(1)对于相交节点冲突的处理——延迟等待法,低优先级任务的机器人原地等待。

(2)对于相向节点冲突的处理——避让策略,低优先级任务的机器人在发生冲突的前一节点前往附近节点进行暂时避让,并等待某一时间后再通过。

(3)对于相向冲突的处理——避让策略,低优先级任务的机器人前往附近节点进行暂时避让,并等待某一时间后再通过。

(4)由于机器人行驶速度一致,因此不会发生追赶冲突。

(四)仿真结果与分析

如图 5-35 所示,由仿真结果可以看出,每个机器人均完成了取货、卸货、回到初始点的任务,且机器人之间没有发生路径冲突,成功避让。

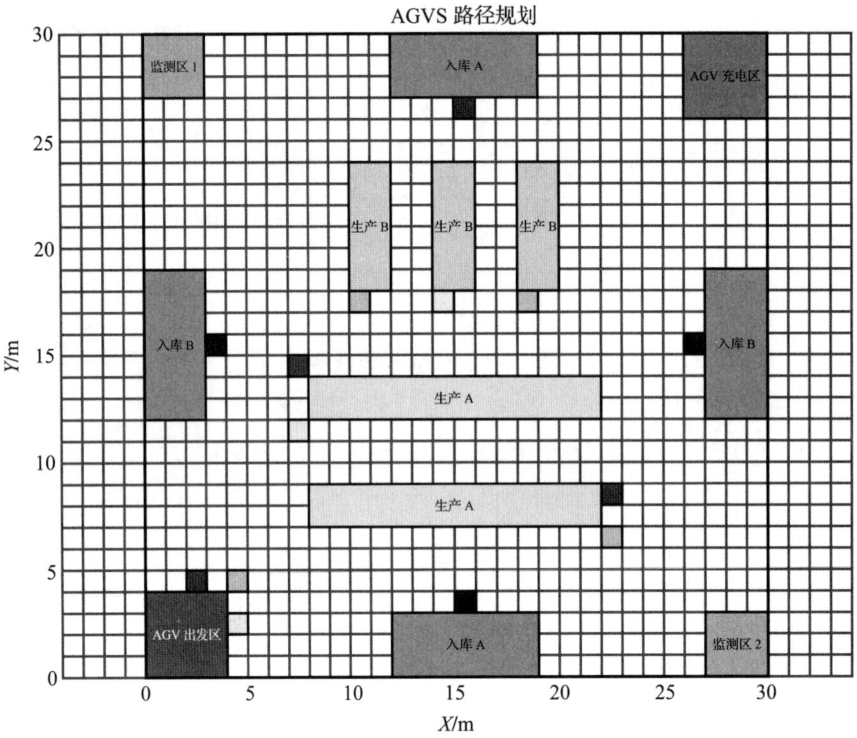

图 5-35　多 AGV 仿真结果

四、整理工位

整理工位,清点工具,清洁场地。

五、完成任务报告单

按照实际操作完成任务报告撰写。

知识拓展与提升

一、超声波传感器技术

超声波传感器技术是一种利用超声波进行测距和导航的技术,它通过向周围环境发出超声波并接收反射回来的波,计算出机器人与障碍物之间的距离。

(1)超声波传感器原理。超声波传感器技术利用声波在空气中的传播速度和时间差来计算距离,通过多个传感器获取不同角度和位置的距离信息,实现机器人的导航。

(2)应用场景。超声波传感器技术适用于低速、短距离的移动机器人,如家庭服务机器人、巡检机器人等。

二、激光雷达技术

激光雷达技术是一种利用激光雷达进行测距和导航的技术，它通过向周围环境发射激光束并接收反射回来的信号获取环境的详细信息。

(1)原理。激光雷达技术利用激光在空气中的传播速度和时间差来计算距离，通过旋转扫描整个环境获取高精度的三维地图数据，从而实现机器人的导航。

(2)应用场景。激光雷达技术适用于高速、长距离的移动机器人，如无人驾驶汽车、无人机等。

任务测验

一、选择题

1. 根据智能化程度，移动机器人可分为(　　)。

A. 遥控式　　B. 自主式

C. 智能式　　D. 履带式

2. 根据移动方式，移动机器人可分为(　　)。

A. 轮式　　B. 履带式

C. 飞行式　　D. 智能式

3. AGV 搬运机器人之间的冲突类型不包括(　　)。

A. 相交节点冲突(十字冲突)　　B. 相向节点冲突

C. 逆向冲突　　D. 相向冲突

二、判断题

1. 激光雷达技术是一种利用激光雷达进行测距和导航的技术，它通过向周围环境发射激光束并接收反射回来的信号获取环境的详细信息。(　　)

2. 超声波传感器技术是一种利用超声波进行测距和导航的技术，它通过向周围环境发出超声波并接收反射回来的波，计算出机器人与障碍物之间的距离。(　　)

3. AGV 搬运机器人之间的冲突类型主要包括相交节点冲突(十字冲突)、相向节点冲突、相向冲突和逆向冲突 4 种。(　　)

三、填空题

1. ____________适用于高速、长距离的移动机器人，如无人驾驶汽车、无人机等。

2. 根据智能化程度，移动机器人可分为遥控式、自主式和____________。

3. 多 AGV 调度系统在运行过程中需要解决的问题：动态的调度规划、____________、____________。

四、论述题

1. 简述家庭移动机器人的路径规划。

2. 移动机器人多任务分配和自动驾驶技术多机协同的区别是什么?

项目六　诊断与排除农机导航系统故障

能力图谱

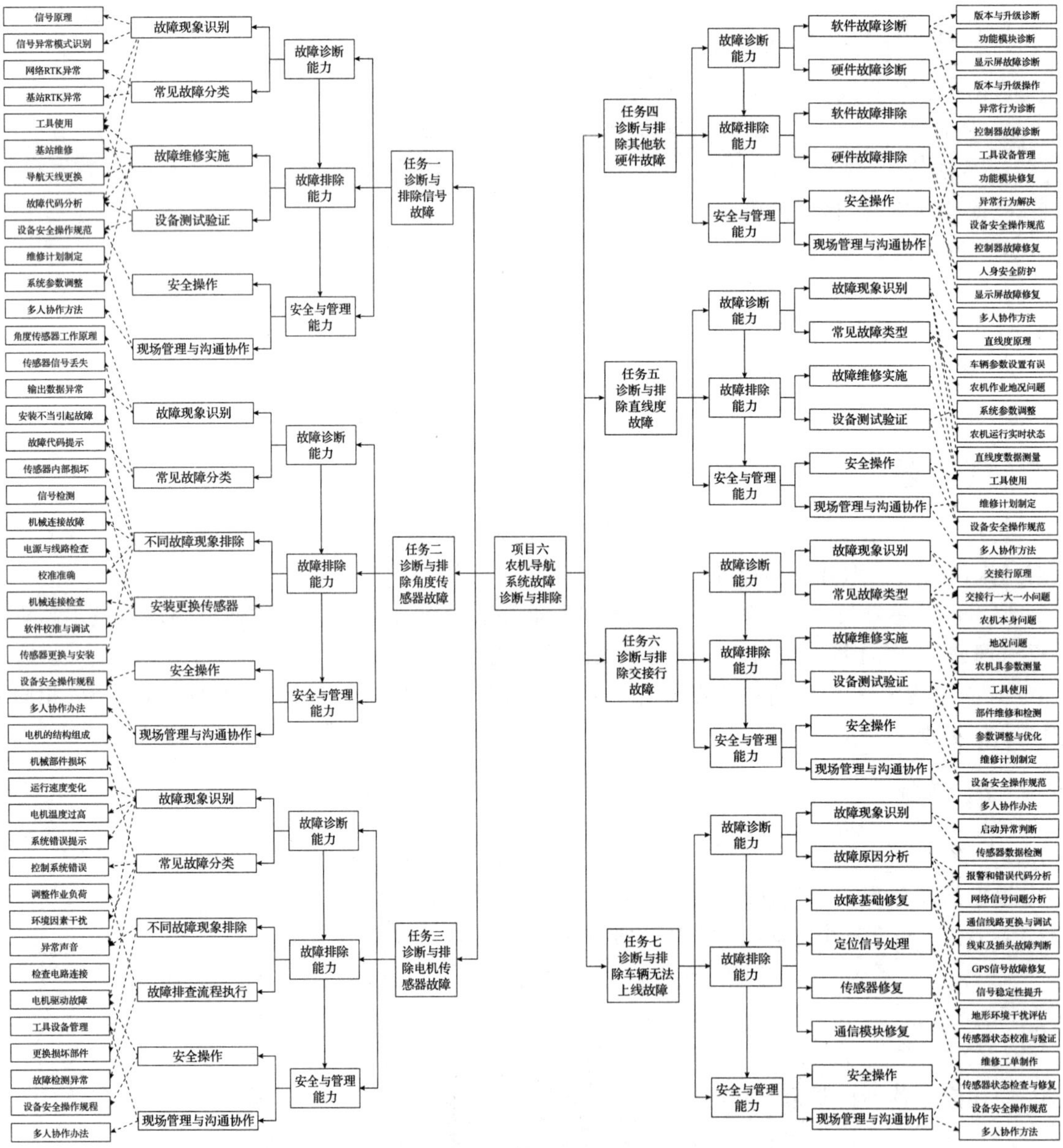

项目描述

在阿克苏地区阿瓦提县高标准农田核心示范区，搭载导航自动驾驶系统的精量播种机在棉田春播，如图 6-1 所示。棉花春播通常在 12～14 ℃进行，如果播种过早，土壤温度过低，棉花可能会受到低温的伤害，影响出苗和生长；如果播种过晚，则会缩短棉花的生育期，影响分枝和结铃，进而影响产量。所以，要在适宜的时间春播，时间紧迫，在作业时遇到故障要尽快诊断与排除。

图 6-1　棉花春播场景

农机导航系统故障诊断与排除项目致力于构建一个完整的农机导航系统故障诊断与排除方案。它将覆盖从基本的农机导航系统故障认知到具体的故障诊断与排除流程，包括但不限于角度传感器、信号、车辆上线、电机、直线度、交接行以及软硬件等各个方面的常见问题及其解决方案。通过本项目，将能够全面理解农机导航系统故障的常见现象，熟练进行故障分类和优先级判断，掌握其常见故障的诊断技巧，并具备快速、有效地排除这些故障的能力。

任务一　诊断与排除信号故障

任务描述

春耕时节，小李驾驶着搭载有导航系统的农机进行耕地作业。当农机行驶了一段距离后，发现导航系统屏幕信号显示异常(图 6-2)。小李立即停下农机，向技术人员进行咨询。

图 6-2　导航系统屏幕信号显示异常

作为导航技术股份有限公司技术人员，需要掌握哪些信号故障诊断与排除相关知识和技能，才能确保完成本次工作？

任务目标

能力目标

- 能快速识别农机导航系统中出现的信号故障。
- 能迅速定位到信号故障发生的具体位置或模块。
- 能运用专业工具和设备完成信号故障的排除。

知识目标

- 了解农机导航系统信号的传输原理。
- 掌握农机导航系统信号故障的常见原因。
- 掌握常用的信号故障诊断与排除方法。

素养目标

- 在信号故障的排除实践中，学习新的知识和技能，具备自主学习能力。
- 在发现问题时，及时采取措施，确保农机导航系统的稳定性和可靠性，具备责任意识。

任务分析

信号故障是一种常见的农机导航系统故障，也是一个相对复杂的问题，可能涉及多个方面。作为一名农机导航与自动驾驶技术的从业者，要想准确诊断与排除信号故障，需要掌握以下知识和技能。

首先，明确信号故障的基本概念是至关重要的。信号故障通常是指农机导航系统在信号接收、传输或处理过程中出现的问题，这些问题导致导航系统无法正常工作或性能下降。理解这一基本概念可以更好地识别和诊断故障。

其次，了解信号故障的表现形式也是关键。常见的信号故障表现包括信号不稳定、信号中断或完全无信号等。这些表现形式可以帮助人们快速识别故障，并采取相应的措施进行排查。

然后，分析信号故障的原因至关重要。可能的原因包括外部环境因素（如地形复杂、环境干扰大等）、设备硬件问题（如天线损坏、接收模块故障等）、系统软件或网络问题（如软件故障、网络连接不稳定等）。通过深入分析这些原因，可以更有针对性地制订信号故障排除方案。

最后，按照信号故障诊断与排除的基本步骤进行操作。这通常包括检查外部环境、检查设备硬件、检查系统软件和网络连接等步骤。在排查过程中，可以采用一些常用的故障诊断方法，如替换法、排除法等，以便更准确地定位故障点并进行修复，然后进行农机导航系统恢复验证，确保正常作业。

综上所述，要准确诊断与排除农机导航系统信号故障，需要明确信号故障的基本概念，了解故障的表现形式，分析故障的原因，并按照故障诊断与排除的基本步骤进行操作。通过系统性的排查和针对性的修复措施，可以有效地解决信号故障问题，确保农机导航系统的正常运行。

知识学习

一、农机导航系统信号原理

农机导航系统信号主要是电磁波信号，这些信号由移动基站发射并通过卫星接收和处理，被用于定位农机在农田中的位置，并通过控制系统指导农机的自动导航和作业控制。农机导航系统信号的质量和稳定性对农机的作业效果至关重要。因此，选择具有高精度定位、稳定信号和强抗干扰能力的农机导航系统是非常重要的。此外，还需要考虑系统的成本、易用性和可维护性等因素，以确保其在实际农业生产中的广泛应用和可持续发展。

农机导航系统使用网络 RTK 技术进行定位。如图 6-3 所示，其原理是通过接收全球导航卫星系统(GNSS)的信号，并结合地面参考站网络提供的差分改正数，消除或减少卫星信号中的误差因素，从而实现高精度、实时的农机定位的。这种技术显著提高了农机作业的准确性和效率，使得农机能够按照预设的路径进行自动导航，适应了复杂的农田环境和作业需求。

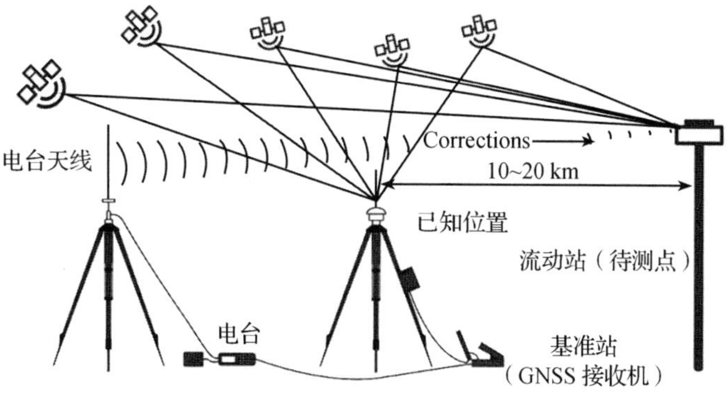

图 6-3　网络 RTK 原理

如图 6-4 所示，通过在基准站和农机上的移动站同时接收来自卫星的导航信号，基准站会测量并传输卫星信号的载波相位差异到移动站。移动站通过接收基准站发送的相位差异数据，结合其自身接收到的卫星信号，进行载波相位差分计算，从而消除或减少信号传输过程中的误差，如大气延迟、多路径效应等。这种差分定位方式能够显著提高农机导航系统的定位精度，实现厘米级甚至毫米级的定位，确保农机能够按照预设的精确路径进行自动驾驶和作业操作。

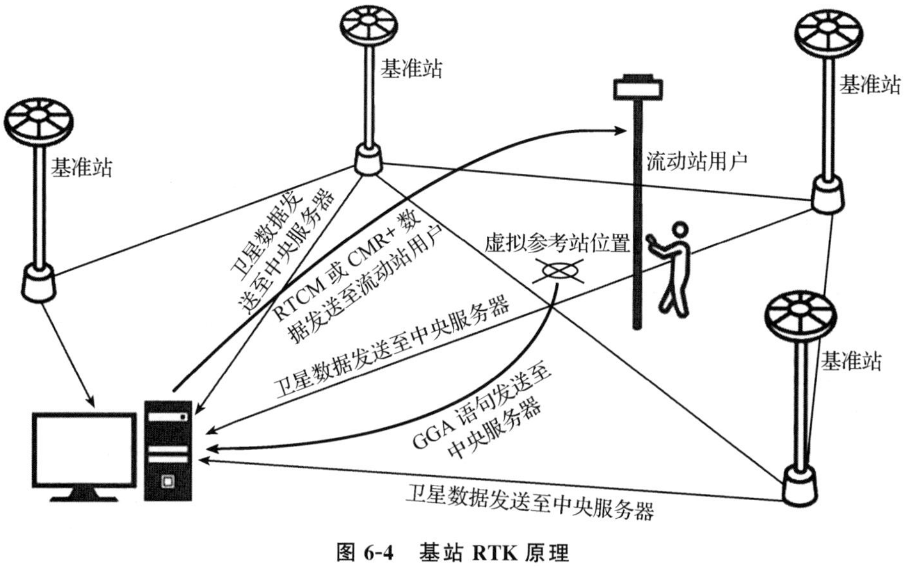

图 6-4　基站 RTK 原理

二、信号故障常见现象及分析

农机导航系统信号故障是指农机在导航过程中，在接收、处理或传输导航信号过程中出现的异常或错误，导致导航系统无法正常工作，从而影响农机作业的精度和效率。这种故障可能表现为导航信号不稳定、丢失、延迟或错误等情况。

当农机导航系统出现信号故障时，可能会导致农机作业精度下降、导航路径偏离、作业效率降低等问题。因此，及时诊断并排除信号故障对保障农机导航系统的正常运行和提高作业效率具有重要意义。

三、诊断工具与方法

诊断信号故障需要使用特定的工具和方法。常见的诊断工具包括故障检测仪器、多功能表、传感器测试仪等。诊断方法则包括系统自诊断、参数检查、信号分析、软件调试等。正确的诊断工具和方法能快速定位故障。

四、故障排除步骤

故障排除步骤：首先确认故障现象，然后利用诊断工具进行故障定位，接着根据分析结果修复或更换故障部件，最后进行验证测试，确保故障排除后的系统性能。

任务实施

一、任务准备

（一）材料清单准备

在进行农机导航系统信号故障诊断与排除的任务实施前，首要任务是做好充分的准备。这包括明确任务目标、确定诊断与排除流程，并编制详细的材料清单。材料清单应包含所有必要的诊断与维修工具和设备，如螺丝刀、扳手、万用表、清洁剂、信号测试仪、示波器、频谱分析仪以及相关维修备件等，以确保任务能够顺利进行。

（二）安全教育

安全始终是任务实施的第一要务。在任务开始前，必须对所有参与人员进行安全教育，强调农机导航系统信号故障处理中的潜在风险和安全操作规程。同时，为参与人员提供必要的防护措施，如佩戴防护眼镜，穿戴防滑手套、安全鞋等，以减少意外伤害的风险。

二、任务实施

在耕地作业中，如果发生信号故障，将严重影响农机导航系统的稳定性和精度。引起信号故障的主要原因有：网络 RTK 异常、基站 RTK 异常、4G 信号异常及卫星信号异常。下面将进行信号故障排除操作。

（一）网络 RTK 异常排除及操作

导致网络 RTK 异常的主要原因有信号被屏蔽、信号异常、切换 RTK 状态错误及导航系统临时性问题。

1. 信号被屏蔽

当设备的【实时状态】中的【RTK 状态】显示为数字 5 时，如图 6-5 所示，代表信号被屏蔽。产生上述现象的原因如下：

(1)外界环境干扰。RTK 设备通常依赖于接收卫星信号来进行定位，如果设备所处的环境中存在防风林、山脉等障碍物，或者受到高压线、信号塔等电磁干扰、无线电干扰，都可能导致信号被干扰。

(2)设备位置不当。RTK 设备的放置位置也可能影响信号的接收。如果设备被放置在信号覆盖较

图 6-5　信号屏蔽显示数字 5

弱或存在遮挡的地方，比如车盖板侧边、驾驶室内等，都可能导致信号被屏蔽。

排除步骤如下：

(1)排查外界环境干扰。需排查周边环境是否有防风林、高压线、信号塔等信号干扰，将车开到空旷的位置即可。

(2)调整 RTK 设备的安装位置。将 RTK 设备安装在农机的顶部或高架上，更容易接收到来自卫星的清晰信号，减少地面障碍物对信号的干扰。

2. 信号异常

检查设备右上角的信号显示状态是否异常，如图 6-6 所示，排查信号异常的原因如下：

图 6-6　信号异常

(1)信号强度不稳定。导航仪屏幕上显示的信号强度指示可能会频繁波动，时而强时而弱，甚至完全消失。这种不稳定性会导致定位精度下降或无法定位。

(2)卫星数量不足。正常情况下，导航仪应能够接收到一定数量的卫星信号从而进行精确定位。然而，在信号异常的情况下，屏幕上显示的可用卫星数量可能会显著减少，甚至为零。

(3)定位延迟或跳动。由于信号不稳定，导航仪在定位时可能会出现明显的延迟，即需要更长的时间才能确定当前位置。此外，定位点还可能在地图上跳动或漂移，无法稳定在一个点上。

(4)数据连接状态异常。如果使用的是网络 RTK，导航仪屏幕上可能会显示与数据连接相关的状态信息。在信号异常时，这些状态信息可能会显示“断开”“连接中”或“无服务”等，表明数据连接不稳定或已断开。

(5)界面闪烁或卡顿。在某些情况下，由于信号问题导致的系统负载加重，导航仪的界面可能会出现闪烁、卡顿或响应迟缓的现象。

排除步骤如下：

(1)远离强磁干扰源，调整设备位置，确保其处于开阔、无遮挡的环境中。

(2)检查导航仪天线或接收模块是否坏损。

(3)尝试重新校准导航系统。

(4)尝试重新连接或更换网络环境。

(5)重启导航系统，清除临时缓存和临时故障。

3. 切换 RTK 状态错误

RTK 的状态分为“移动基站”和“网络 RTK”，这两种状态在功能、应用和工作模式上存在着显著的不同。选择错误的状态会导致信号故障。

排除步骤如下：

(1)可尝试重新切换 RTK 状态(图 6-7)，点击按钮即可进行切换。

(2)切换成功后，点击【实时状态】。当【RTK 状态】显示数字 4 时，代表信号恢复。

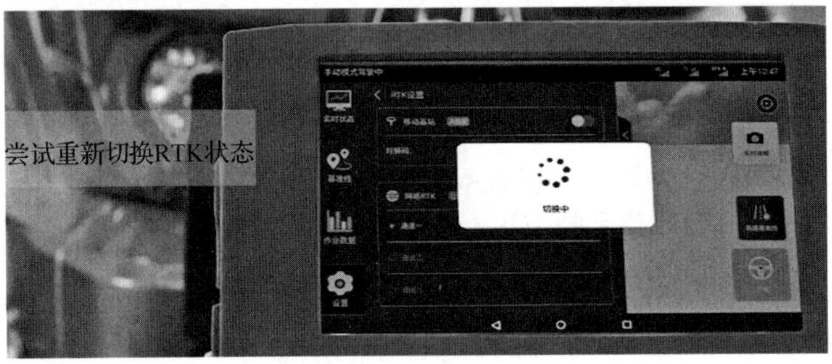

图 6-7 切换 RTK 状态

4. 导航系统临时性问题

在农机导航系统运行过程中，可能会遇到一些临时性的问题，如内存泄漏、软件冲突或资源占用过多等，导致系统性能下降或出现故障。从而导致信号故障的发生。断电重启操作可以清除这些临时问题，重新初始化系统和硬件，释放被占用的资源，并重新加载必要的程序和驱动程序，如图 6-8 所示。

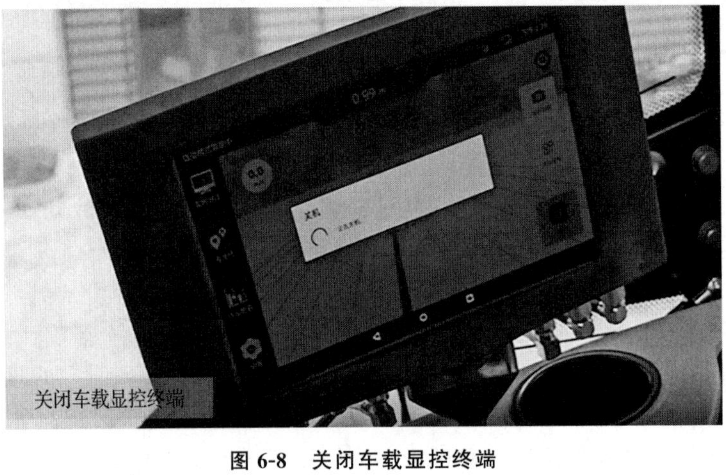

图 6-8 关闭车载显控终端

排除步骤如下：

(1)在进行断电重启之前，应该保存好当前的工作和数据，避免造成不必要的损失。

(2)关闭车载显示终端，断开回路的翘板开关，再长按车载显控终端按钮，保证内部充分放电，打开翘板开关，开机等待 2 min，查看是否恢复。

(二)基站 RTK 异常排除及操作

导致基站 RTK 异常主要有 3 点原因：基站放置位置错误、基站无法开机、基站对频错误。

1. 基站放置位置错误

(1)位置遮挡。如果基站被建筑物、防风林或其他障碍物遮挡，可能导致卫星信号接收不良。

(2)地面不平整。如果基站放置在不平整的地面上，可能导致设备不稳定，进而影响信号接收和定位精度。

(3)高度不合适。基站放置的高度过低，可能受到地面物体的遮挡；而高度过高，可能受到风力等自然因素的影响，导致设备晃动。

(4)信号干扰。基站附近存在电磁干扰源，如高压线、信号塔等，可能影响卫星信号的接收。

(5)未考虑地形因素。在山区或丘陵地带，未充分考虑地形对信号传播的影响，可能导致信号衰减或反射。

排除步骤如下：

(1)将基站移至更开阔的位置，确保没有遮挡物，以便能够接收到更多、更稳定的卫星信号。

(2)选择一个平坦且坚固的地面放置基站，并使用适当的支撑物或三脚架来确保基站的稳定性。

(3)基站架设必须高于 1.5 m，避免遮挡。

(4)尽量将基站远离电磁干扰源，或者采取屏蔽措施来减少干扰。

(5)根据地形特点选择合适的基站位置，如放置在山顶或高地，以获得更好的信号接收效果，如图 6-9 所示。

图 6-9　基站放置位置

2. 基站无法开机

在基站 RTK 异常的情况下，如果基站无法开机，这可能是由多种因素导致的。以下是一些常见的原因：

(1)电源问题。如果电源出现电源线损坏或松动、电源插头和插座。检查电源连接是否牢固，有没有松动或损坏。检查电源插头和插座是否接触良好，有没有接触不良的情况。使用电压表检查电源输出的电压是否稳定，并确保电压值在基站要求的范围内。如果电源连接正常但基站仍然无法开机，可能是电源模块内部出现故障，需要进行检修或更换电源模块。如果基站使用电池供电，检查电池是否已充满电，并且电池没有损坏或老化。尝试更换新的电池，以排除电池问题导致的无法开机情况。

(2)硬件故障。基站内部的硬件组件，如主板、内存条等，可能发生故障导致无法开机。此时，需要进行检修和维修。

(3)软件问题。基站的软件设置或系统出现问题，可能会导致无法正常开机。尝试进行软件重置或恢复出厂设置，然后重新设置参数。如果软件问题依然存在，可能需要升级固件或软件版本。

(4)环境因素。检查基站周围是否存在过热、过湿、灰尘等环境因素，这些因素可能会影响基站的正常运行。确保基站安装在通风良好、干燥且无尘的环境中。

排除步骤如下：

(1)在排查基站无法开机的问题时，建议按照以上步骤逐一排查，从最简单的电源和连接问题开始，逐步深入到硬件和软件问题。

(2)如果问题较为复杂或不确定如何处理，建议联系专业的技术人员或售后服务部门寻求帮助。

(3)为了确保基站的正常运行和延长使用寿命，建议定期对基站进行维护和检查，及时发现并处理潜在的问题。

(4)遵循基站的使用规范和安全操作规程，确保基站的安全稳定运行。图 6-10 为基站开机画面。

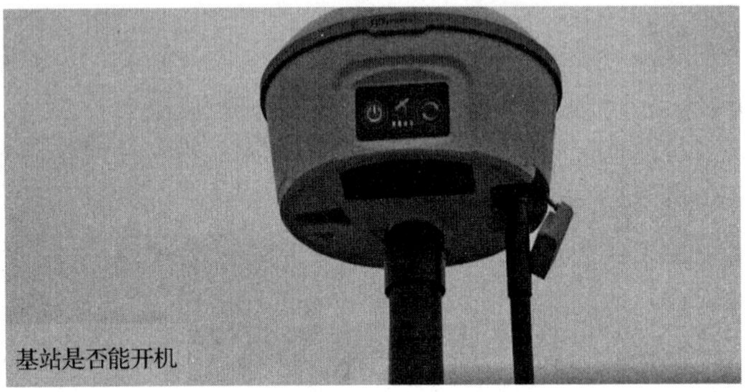

图 6-10　基站开机画面

3. 基站对频错误

在基站 RTK 异常中，基站对频错误通常表现如下：

(1)信号不稳定或中断。由于基站与移动站之间的通信频率不匹配，信号传输可能变得不稳定，甚至出现中断。这可能导致移动站无法持续接收来自基站的差分信号，进而影响 RTK 测量的精度和可靠性。

(2)对频失败提示。在对频过程中，设备可能会显示对频失败的提示信息。这通常是通信参数设置错误、频道选择不当或硬件连接问题等原因导致的。

(3)数据传输延迟或错误。对频错误可能导致数据传输过程中出现延迟或错误。移动站接收到的数据可能不完整或存在偏差，从而影响 RTK 解算的准确性和实时性。

(4)设备状态异常。在某些情况下，对频错误可能导致设备状态出现异常。例如，基站或移动站的指示灯可能闪烁异常，或者设备可能进入错误的工作模式。

排除步骤如下：

(1)根据设备的操作手册，重新执行对频步骤。

(2)确保按照正确的流程进行操作，并注意检查通信参数、频道选择和硬件连接等方面是否正确。

(3)检查基站和移动站的通信参数设置是否一致，包括波特率、数据位等。确保这些参数匹配，以确保信号传输的稳定性。

(4)长按基站电源键关机再重新开机，等待卫星信号灯正常闪烁时，重新输入对频码进行对频，图6-11所示。

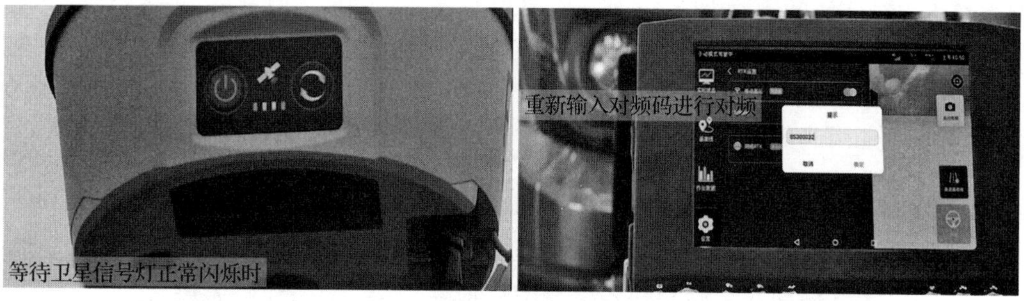

图 6-11　对频操作

(三)4G 信号异常排除及操作

当 4G 信号异常时，可以从以下几个方面进行检查：

(1)观察手机 4G 信号是否正常。若手机 4G 信号异常，则本身 4G 环境差，建议切换成基站模式使用，如图 6-12 所示。

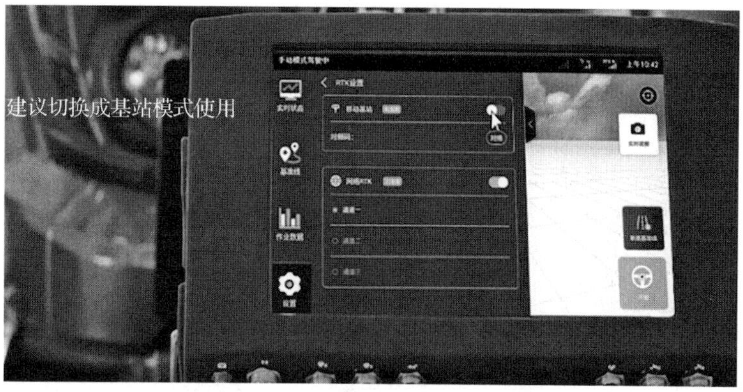

图 6-12　切换成基站模式

(2)有临时性故障。可以断电重启，首先关闭车载显示终端，断开回路的翘板开关，再长按车载显控终端按钮，保证内部充分放电，打开翘板开关，开机等待 2 min，查看是否恢复。

(3)查看 4G 卡槽是否接触不良。重新拔插 4G 卡，并断电重启，如图 6-13 所示。

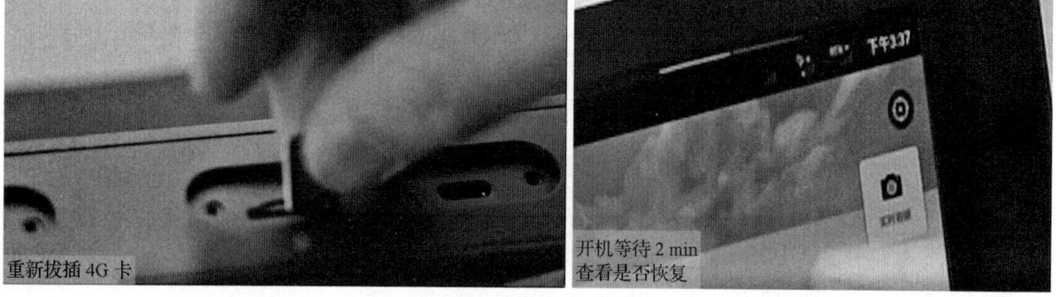

图 6-13　重新拔插卡，并断电重启

(4)检查线束连接是否牢固。如果发现问题，重新进行连接。

(四)卫星信号异常排除及操作

导航系统无卫星信号显示，如图 6-14 所示。可以观察接收到的卫星数量，正常情况下，RTK 系统应该能够接收到足够数量的卫星信号来进行精确的定位。如果接收到的卫星数量明显少于预期，那么这可能是信号问题的一个指示。信号的强度也是衡量信号质量的一个重要指标，如果信号强度很低或波动很大，那么也可能引起信号异常。

图 6-14　无卫星信号显示

当卫星信号异常时，可以从以下几个方面进行检查：

(1)首先排除环境因素。将农机开至空旷区域等待 2 min 左右，查看信号是否恢复，如图 6-15 所示。

图 6-15　空旷场地

(2)断电重启。关闭车载显控终端，关闭车载显示终端，断开回路的翘板开关，再长按车载显控终端按钮，保证内部充分放电，打开翘板开关，开机等待 2 min，查看是否恢复。

(3)检查线路连接是否正常。检查北斗 1 端口电压是否为 5 V，测量 2 根中间线路通断情况，如图 6-16 所示。

三、系统功能测试验证

故障排除和修复完成后，对农机导航系统的功能进行全面测试验证。这包括信号接收质量、定位精度、导航功能等方面的测试。通过测试验证，确保系统已恢复正常工作状态，并满足使用要求。

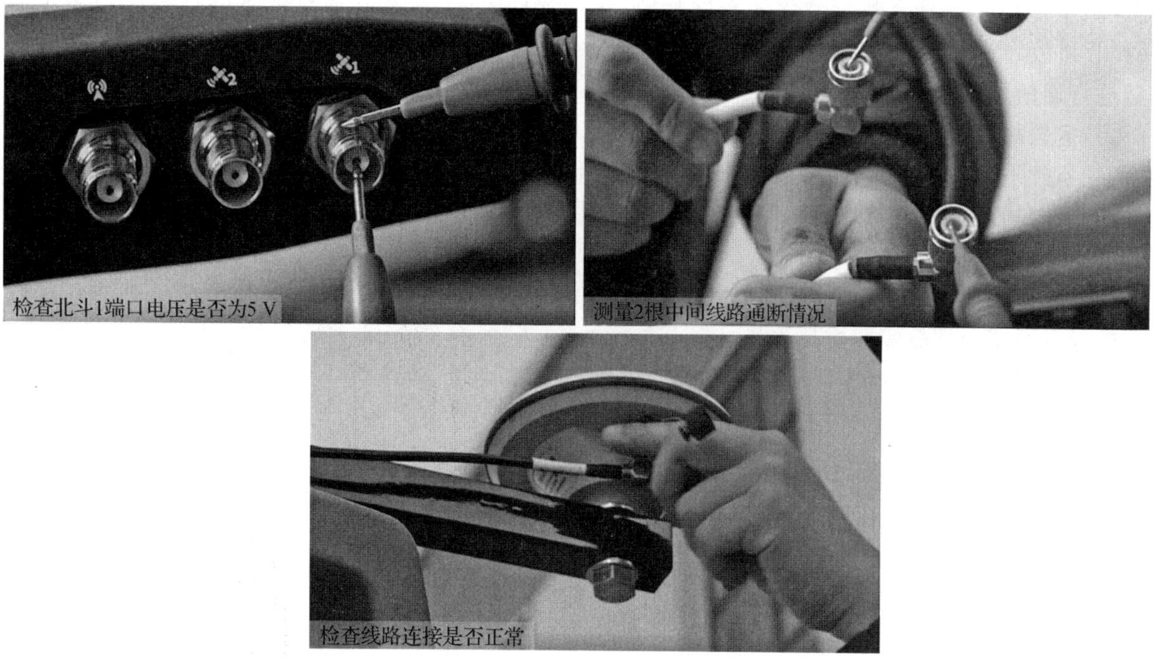

图 6-16　检查路连接画面

四、记录总结与反馈

在整个任务实施过程中，应详细记录每一步的操作过程和结果。任务完成后，对整个过程进行总结和反思，提炼出有效的故障诊断和排除方法。同时，将任务实施过程中遇到的问题和解决方案反馈给相关部门或人员，为今后的类似任务提供参考和借鉴。

农机导航系统维修后的记录实施是确保设备维护质量、跟踪维修历史以及为未来的维护和优化提供数据支持的关键步骤。

知识拓展与提升

一、农机导航系统故障分类标准

为了更有效地诊断和解决故障，需要对故障进行分类。可以按照故障性质和故障影响进行分类。以下是对农机导航系统故障的一种常见分类标准，主要包括硬件故障、软件故障、信号接收故障、定位故障、人为失误以及其他故障等方面。

（1）硬件故障是指系统中的物理设备或组件出现问题，例如，接收机故障，接收机无法启动、自动关机等；天线故障，天线无法正常接收卫星信号或受到物理损坏；电源故障，电源线断裂、电源适配器损坏等导致设备无法正常供电；数据链路故障，导航系统无法与外部设备进行数据传输或通信；外部设备故障，外部设备与导航系统不兼容或出现物理损坏。这些故障可能导致系统无法正常工作或性能下降。

（2）软件故障是指系统中程序或数据的错误，例如，软件系统崩溃，导航软件无法正常启动或运行过程中出现崩溃；版本不兼容，导航软件版本与操作系统版本不兼容导致功能异常；数据丢失，导航软件中的数据文件丢失或损坏导致无法正常工作；病毒攻击，导航软件受到病毒攻击导致功能异常或崩溃。这些故障可能导致系统行为异常或功能失效。

（3）信号接收故障是指设备在接收信号时出现的问题，导致无法正常接收或处理信号，例如，卫星信号干扰，卫星信号受到干扰导致无法正常接收；天线接收不良，天线接收性能下降导致信号弱或不稳定；接收机故障，接收机内部电路故障导致无法正常工作。这些故障可能导致系统无法与其他设备或服务器进行通信。

(4)定位故障是指导航系统提供的定位信息不准确或误差较大。这可能是硬件问题、信号质量不佳、大气条件干扰等多种因素导致的，例如，定位不准确，检查设备是否正常接收卫星信号；导航偏差，检查导航算法是否正常工作；地图匹配错误，检查地图数据是否准确匹配设备位置。这些因素可能导致系统性能下降或出现故障。

(5)人为失误是指由于操作人员的错误或疏忽导致的故障，如误操作、误输入、设置不当等。这些失误可能导致系统出现故障或数据丢失。

(6)其他故障包括一些不属于上述类别的故障，如设备老化、损坏等不可抗拒的因素，以及未知原因的故障等。

二、农机导航系统故障优先级原则

为了确保农机导航系统的稳定运行和高效服务农业生产，需要制订一套合理的故障优先级处理原则。农机导航系统故障的优先级处理原则应根据故障的性质和影响程度进行合理划分。在实际操作中，还应结合具体情况和实际需求进行灵活调整。

(1)安全故障涉及农机操作的安全性和稳定性，可能直接导致人员伤害或财产损失。这类故障包括但不限于导航系统错误引导农机进入禁止区域、碰撞预警系统失效等。对于此类故障，应给予最高优先级，立即停机检查并修复。

(2)定位故障是指导航系统定位不准确，可能导致农机作业轨迹偏差，影响作物产量和作业质量。这类故障对农业生产影响较大，应给予中等优先级，定期校准和维修。

(3)性能故障主要是指农机导航系统性能下降，如处理速度变慢、反应时间延长等。虽然这类故障通常不会立即影响安全，但长期存在会影响农机的作业效率。因此，性能故障应给予低优先级，及时检查和优化。

(4)除了上述列举的故障类型外，农机导航系统还可能遇到其他类型的故障。对于这类未知或非常规故障，应根据其影响程度和紧急程度进行优先级划分，并采取相应的处理措施。

任务测验

一、选择题

1. 在发生农机导航系统信号故障时中，(　　)是常见的故障原因。

A. 导航系统软件故障　　B. 车辆参数设置问题

C. 机具参数设定问题　　D. 地况问题

2. 当农机导航在传输信号时出现定位延迟，(　　)可能有助于解决问题。

A. 增大天线尺寸　　B. 降低农机行驶速度

C. 更换更高精度的传感器　　D. 增加卫星数量

3. 当发生农机导航系统信号故障时，应该检查的不包括(　　)。

A. 天线连接　　B. 农机发动机

C. 导航系统软件更新　　D. 农田环境

二、判断题

1. 农机导航系统信号传输过程中，短暂的定位丢失不会影响农机的作业效果。　(　　)

2. 如果农机导航系统显示屏不亮，一定是显示屏本身的问题。（　　）
3. 农机导航系统出现信号故障时，应首先检查电源和线路连接是否正常。（　　）

三、填空题

1. 农机导航在传输信号时，如果传感器数据异常，可能导致农机出现__________偏差。
2. 为了提高农机导航定位精度，应确保天线安装位置__________且无遮挡。
3. 在农机导航故障诊断中，检查__________的完整性和稳定性是非常关键的。

四、实践题

1. 请设计一份农机导航信号故障诊断与排除的实践操作方案，包括故障诊断步骤、所需工具、故障排除方法和注意事项等。

2. 请模拟进行农机导航信号故障诊断与排除。

任务二　诊断与排除角度传感器故障

任务描述

春耕时节，小李驾驶着搭载了导航系统的农机进行耕地作业。当农机行驶了一段距离后，发现导航系统屏幕角度传感器显示出现异常，小李立即停下农机，向技术人员进行咨询。

作为一名技术人员，需要了解哪些角度传感器故障诊断与排除相关的知识和技能，才能确保完成角度传感器故障诊断与排除相关工作呢？

任务目标

能力目标

- 掌握角度传感器故障维修工具和设备的使用方法。
- 掌握角度传感器的更换、调试和校准等技能。
- 具备对角度传感器数据进行收集、分析和处理的能力。

知识目标

- 了解角度传感器的工作原理与结构。
- 了解角度传感器常见故障的原因和预防措施。
- 掌握常用的角度传感器故障诊断方法。

素养目标

- 通过查找角度传感器常见故障原因，培养细致的观察与分析能力。
- 通过学习角度传感器的故障排除方法，培养高度的责任心和不断钻研新技术、新方法的敬业精神。

任务分析

农机导航系统角度传感器是一种用于监测农具在工作过程中的角度变化的装置。这种传感器能够实时测量农具的倾斜角度、转向角度等参数，并将这些数据传输给导航系统，从而帮助驾驶员更准确地控制农具的操作，提高作业效率和作业质量。

农机导航系统中的角度传感器发生故障时，常见现象包括系统指示错误、导航轨迹偏离预定路线、农机作业精度下降等，通过对这些现象的识别、诊断与故障排除，掌握农机导航系统角度传感器故障诊断与排除的处理方法。

知识学习

一、角度传感器的工作原理

1. 物理效应测角度

物理效应测角度的角度传感器主要利用某些物理效应（如重力、惯性等）来测量角度。例如，倾斜传感器通过测量重力加速度在传感器不同轴向上的分量，计算出物体的倾斜角度。这种传感器结构简单、响应速度快，广泛应用于农机导航系统的姿态监测。

2. 光电转换测变化

光电转换测变化的角度传感器主要利用光电效应来测量角度变化。当光线通过旋转的光栅或编码盘时，会产生一系列的光电信号。通过对这些信号进行处理，可以精确地测量出旋转的角度。这种传感器具有高精度、高分辨率的特点，适用于对角度精度要求较高的应用场景。

3. 霍尔效应测磁场

霍尔效应测磁场的角度传感器利用霍尔效应来测量磁场的变化，从而间接地测量角度。霍尔元件在磁场中会产生电势差，通过测量这个电势差可以计算出磁场的大小和方向。将霍尔元件与旋转部件结合，就可以通过测量磁场的变化来计算出旋转的角度。这种传感器具有抗干扰能力强、稳定性好的优点。

4. 电容变化测角度

电容变化测角度的角度传感器主要利用电容随角度变化而变化的原理来测量角度。传感器中的电容极板随着旋转部件的转动而改变相对位置，导致电容值发生变化。通过测量电容值的变化，可以推算出旋转的角度。这种传感器具有结构简单、成本低廉的特点。

5. 电感原理测转动

电感原理测转动的角度传感器通过测量电感值的变化来检测旋转部件的转动角度。传感器中的电感线圈与旋转部件上的金属片或磁体相互作用，当旋转部件转动时，电感值会随之发生变化。通过对电感值进行测量和分析，可以确定旋转的角度和速度。

二、角度传感器的故障现象及影响

（一）故障现象识别

在农机导航系统中，角度传感器是核心部件之一，它负责实时检测并反馈农机行驶过程中的姿态信息，如倾斜角度、方向角度等。一旦角度传感器发生故障，通常会出现以下现象。

(1)数据异常。传感器输出的数据不稳定,波动范围超出正常范围,或者数据长时间保持在一个固定值不变。

(2)响应延迟。传感器对农机姿态变化的响应速度变慢,导致系统无法及时获取最新的姿态信息。

(3)信号丢失。导航系统无法接收到传感器的信号或接收到的信号非常微弱。

(4)传感器过热。在某些情况下,角度传感器可能会出现过热现象。

(5)故障代码提示。许多现代农机导航系统都具备故障自诊断功能,当角度传感器出现故障时,系统可能会显示相应的故障代码或警告信息。

在发现上述故障现象时,应立即对角度传感器进行检查和维修,以防止故障进一步恶化,影响农机的正常运行和自动驾驶性能。

(二)导航系统影响

角度传感器的故障会直接影响农机导航系统的导航精度和稳定性。具体来说,由于传感器数据异常或信号丢失,导航系统无法准确获取农机的当前姿态,导致定位出现偏差,影响自动驾驶的精度。导航系统依赖角度传感器提供的数据进行路径规划和调整。传感器故障可能导致路径规划错误,使农机无法按照预定路线行驶。

因此,保持角度传感器的正常工作状态对确保导航系统的准确性和稳定性至关重要。

(三)控制系统影响

角度传感器的故障同样会对农机的控制系统产生不良影响。由于传感器数据异常或响应延迟,控制系统无法及时获取农机姿态变化的信息,导致控制响应变得迟钝,影响自动驾驶的实时性和稳定性。传感器故障可能导致控制系统无法准确控制农机的行驶方向和速度,使得自动驾驶的精度和稳定性受到影响。

为了确保农机导航系统的正常运行,需要定期对角度传感器进行校准和检测,及时发现和排除潜在的故障。

(四)安全生产风险影响

角度传感器的故障不仅会影响农机导航系统的性能和稳定性,还可能带来安全生产风险。由于导航系统和控制系统的性能下降,农机在自动驾驶过程中可能无法准确判断周围环境和障碍物,导致碰撞风险增加。驾驶员在依赖自动驾驶系统时,可能会放松对农机的监控和操作。如果角度传感器发生故障,驾驶员可能无法及时发现并采取相应的纠正措施,增加操作失误的风险。

三、角度传感器的故障诊断与排除

(一)常见故障分类

1. 安装不当导致故障

安装角度传感器时若未遵循正确的安装步骤或安装位置不恰当,可能导致传感器不能准确测量角度,进而产生读数误差或完全失效。这类故障通常表现为传感器输出的信号与实际角度不符。

2. 传感器内部损坏

传感器内部元件可能因为长时间使用、过载、冲击或其他环境因素而损坏。损坏的传感器无法提供准确的测量数据,需要更换新的传感器。

3. 信号传输问题

信号传输问题可能发生在传感器与农机导航系统之间的连接线路中。这些问题可能包括线路断路、短路、接触不良或电磁干扰等，它们都可能导致传感器数据无法正确传输到系统中。

4. 环境干扰影响

环境中的电磁噪声、振动、温度变化等因素可能对角度传感器造成干扰，导致读数不稳定或偏离真实值。这些干扰可能来自附近的电气设备、机械振动或极端天气条件。

5. 电源供应不稳定

稳定的电源供应对传感器的正常运行至关重要。如果电源供应不稳定或电压波动过大，可能会导致传感器工作异常或损坏。

6. 校准不准确

传感器在使用前需要进行校准，以确保测量准确性。如果校准不准确或未定期进行校准，可能会导致传感器输出的数据与实际角度存在偏差。

7. 机械连接故障

传感器与农具之间的机械连接可能出现松动、错位或磨损等问题。这些问题会影响传感器测量的准确性，并可能导致传感器损坏。

8. 传感器老化失效

随着使用时间的增加，传感器可能会因为老化而失效。老化的传感器可能无法提供准确的测量数据，需要更换新的传感器。

(二)故障诊断与排除

1. 信号检测

信号检测主要涉及对传感器输出的数据进行检查和分析，以判断其是否准确反映了农机的姿态信息。在信号检测过程中，可以使用专业的测试工具或设备来捕捉和分析传感器的输出信号。这些工具通常能够实时显示传感器的数据变化，并允许用户进行数据的记录和处理。

首先，需要确保传感器已经正确安装并与系统连接。然后，启动农机导航系统，并让系统进入工作状态。在此过程中，应密切关注传感器输出信号的变化情况。正常情况下，角度传感器应能够稳定地输出与农机姿态变化相对应的信号。如果信号出现异常，如波动范围过大、信号不稳定或无信号输出等情况，可能表明传感器存在问题。一旦发现信号异常，应立即进行故障排查。可以检查传感器的电源供应和信号线路是否正常，同时检查传感器的安装和固定是否牢固、可靠。如果以上步骤均无法解决问题，可能需要进一步检查传感器的内部电路或元件是否存在损坏或故障。

在信号检测过程中，还需要注意一些细节问题。例如，应避免在强电磁干扰环境下进行信号检测，以免干扰影响结果的准确性。此外，定期对传感器进行校准和维护也是确保其正常工作的关键措施之一。

2. 电源与线路检查

由于传感器依赖于稳定的电源供应和可靠的信号线路进行数据传输，因此，定期检查这些部分至关重要。

(1)检查电源。确认角度传感器的电源接头是否牢固连接，并且没有松动或腐蚀现象。使用电压表或万用表测量传感器的电源电压，确保其处于传感器规格书所规定的正常范围内。如果发现电源电压不稳定或超出正常范围，需要检查电源线路是否存在断路、短路或接触不良的情况，并及时修复。

如何判断角度传感器的电源电压是否正常?

角度传感器的电源电压是否正常，通常可以通过以下几个步骤进行判断。

①查阅规格书。首先，需要查阅角度传感器的规格书或技术手册，了解传感器正常工作所需的电源电压范围。这通常是一个明确的数值范围，如 2～5 V。

②使用电压表或万用表测量。使用合适的电压表或万用表，将测试笔连接到传感器的电源输入端，确

保农机导航系统已开启并处于稳定工作状态。此时，电压表或万用表应显示传感器的实时电源电压。

③对比测量值与规格范围。将测量得到的电源电压值与规格书中给出的正常范围进行对比。如果测量值在正常范围内，那么可以判断电源电压是正常的。

④注意电压波动。除了检查电压值是否在正常范围内，还需要注意电压是否稳定，有无明显的波动或跳变。不稳定的电压也可能影响传感器的正常工作。

如果发现电源电压不正常，可能是电源线路存在问题，或者是电源供应模块出现故障。此时，需要检查电源线路的连接情况，以及电源供应模块的工作状态，并进行必要的维修或更换。

(2)检查信号线路。信号线路负责将传感器的数据传输到自动驾驶系统的控制器。因此，需要仔细检查线路是否完整、无破损，并且连接点是否紧固、可靠。特别注意线路是否受到外部物体的挤压或摩擦，以及是否受到水分或化学物质的侵蚀。如果发现线路损坏或接触不良，应及时更换或修复。

(3)检查信号线路的屏蔽效果。由于农机工作环境复杂，可能存在电磁干扰源，因此，良好的屏蔽措施对保证信号传输的稳定性至关重要。检查信号线路的屏蔽层是否完好，是否接地线连接良好。良好的屏蔽效果可以减少外界电磁干扰对传感器信号的影响。

在进行电源与线路检查时，务必注意安全。确保在断开电源的情况下进行操作，并遵循相关的安全操作规程。如果需要更换电源或线路部件，应选择符合规格要求的合格产品，并按照正确的安装方式进行操作。

3. 机械连接检查

机械连接的稳定性和可靠性对传感器数据的准确性和可靠性至关重要。具体机械连接检查步骤如下。

(1)检查安装位置。确认角度传感器是否安装在正确的位置上。通常，它应该安装在能够准确反映农机姿态变化的关键部位，如转向系统或悬挂系统上。任何位置的偏移都可能导致传感器读数不准确。

(2)检查固定方式。检查传感器的固定方式是否牢固、可靠。传感器应该通过适当的紧固件(如螺丝、螺母等)牢固地固定在农机上，以防止在行驶或作业过程中发生松动或移位。

(3)检查连接件。检查与传感器相连的连接件(如支架、连接杆等)是否完好无损，没有断裂、变形或磨损等问题。这些连接件的状态直接影响到传感器的稳定性和测量精度。

(4)检查线缆和接头。角度传感器的机械连接检查还包括检查传感器的线缆和接头。线缆应无破损、断裂或扭曲，接头应紧固且接触良好。如果发现线缆或接头有问题，应及时更换或修复。

(5)进行功能测试。在完成机械连接检查后，应进行功能测试以验证传感器的工作状态。这可以通过启动农机导航系统并观察传感器的读数是否与实际姿态变化相符来实现。如果发现读数异常或不稳定，可能需要重新检查机械连接或进行进一步的故障诊断。

4. 软件校准与调试

(1)初始设置与检查。在进行软件校准与调试之前，需要对角度传感器进行初始设置与检查。这包括确认传感器的型号、规格和接口类型，检查传感器的电源和信号线路是否连接正确，以及确认传感器的安装位置是否符合要求。此外，还需对传感器的硬件进行检查，确保没有损坏或磨损。

(2)校准环境与设备。选择一个适合进行校准的环境，确保环境稳定、无干扰源，并准备好所需的校准设备，如校准台、角度测量仪等。校准设备应具有较高的精度和稳定性，以确保校准结果的准确性。

(3)角度校准流程。将传感器安装在校准台上，确保安装牢固、无晃动；启动校准程序，设置校准参数和校准模式；根据校准程序的指示，转动校准台使传感器处于不同的角度位置，并记录每个位置下的传感器输出值；重复多次校准过程，以获得足够的数据样本；根据收集到的数据，计算传感器的角度偏差和误差范围，并进行必要的调整。

(4)软件调试步骤。完成角度校准后，进入软件调试阶段。主要调试步骤包括：加载校准参数到自动驾驶系统中，确保系统能够正确识别和使用这些参数；对自动驾驶系统进行功能测试，观察传感器数据是否能够实时、准确地反映农机的姿态变化；检查系统是否存在异常或错误提示，并根据提示进行相应的处理;对系统性能进行优化调整,以提高其响应速度和稳定性。

(5)数据记录与分析。在整个校准与调试过程中,应详细记录每一步骤的操作和数据。完成校准与调试后,对收集到的数据进行分析,以评估传感器的性能表现和校准效果。根据分析结果,可以进一步优化传感器的性能或调整自动驾驶系统的控制策略。

(6)异常处理与优化。如果在校准与调试过程中遇到异常情况或性能不佳的问题,应及时进行异常处理。首先,检查传感器的硬件连接和安装是否正确;其次,检查校准参数是否设置正确;最后,尝试调整自动驾驶系统的控制参数或优化算法。通过不断尝试和调整,可以逐渐改善系统的性能和稳定性。

(7)安全性与可靠性测试。在完成校准与调试后,需要进行安全性与可靠性测试。通过模拟各种实际工作场景和极端条件,测试传感器和自动驾驶系统的稳定性和可靠性。确保在各种情况下,系统都能正常工作并避免潜在的安全风险。

5. 传感器更换与安装

如果经过上述步骤仍然无法排除故障,可能需要更换新的角度传感器。在更换传感器时,应选择与原有传感器型号和规格相匹配的新传感器,并按照正确的安装方式进行安装。安装完成后,还需要进行必要的校准和调试工作。

6. 预防措施与保养

为了避免角度传感器出现故障,需要采取一系列的预防措施和保养措施。这包括定期清洁传感器表面、检查机械连接部分是否紧固、避免在恶劣环境下使用传感器等。此外,定期对传感器进行校准和调试,也是确保其长期稳定运行的重要手段。

请注意,在进行电源电压检查时,务必确保安全操作,避免触电等危险情况发生。如果不熟悉相关操作,建议寻求专业技术人员的帮助。

四、诊断工具与设备介绍

(1)专用故障诊断仪。这类设备专门用于检测和诊断传感器及其信号,能够提供关于传感器状态和性能的详细信息。

(2)万用表与示波器。万用表用于测量电压、电阻等电气参数,示波器则用于观察和分析传感器信号的波形和频率。

(3)角度测量仪。用于验证角度传感器的读数是否准确,通过比较实际角度与传感器读数来发现偏差。

(4)计算机与诊断软件。结合诊断软件,计算机可以用于记录、分析传感器数据,并提供故障诊断的建议。

任务实施

一、任务准备

(一)材料清单准备

在进行农机导航系统角度故障诊断与排除的任务实施前,首要任务是做好充分的准备。这包括明确任务目标、确定诊断与排除流程,并编制详细的材料清单。材料清单应包含所有必要的诊断与维修工具和设备,如螺丝刀、扳手、万用表、清洁剂、信号测试仪、示波器、频谱分析仪以及相关维修备件等,以确保任务能够顺利进行。

(二)安全教育

安全始终是任务实施的第一要务。在任务开始前,必须对所有参与人员进行安全教育,强调农机导航系统角度传感器故障处理中的潜在风险和安全操作规程。同时，为参与人员提供必要的防护措施，如佩戴防护眼镜、防滑手套、安全鞋等，以减少意外伤害的风险。

二、任务实施

（一）无角度传感器异常

（1）重新切换角度传感器。如图 6-17 所示，点击【设置】→【参数设置】→【角度传感器校准】→【角度传感器类型】→选择【角度传感器类型】为【无角度传感器】→点击【确定】。

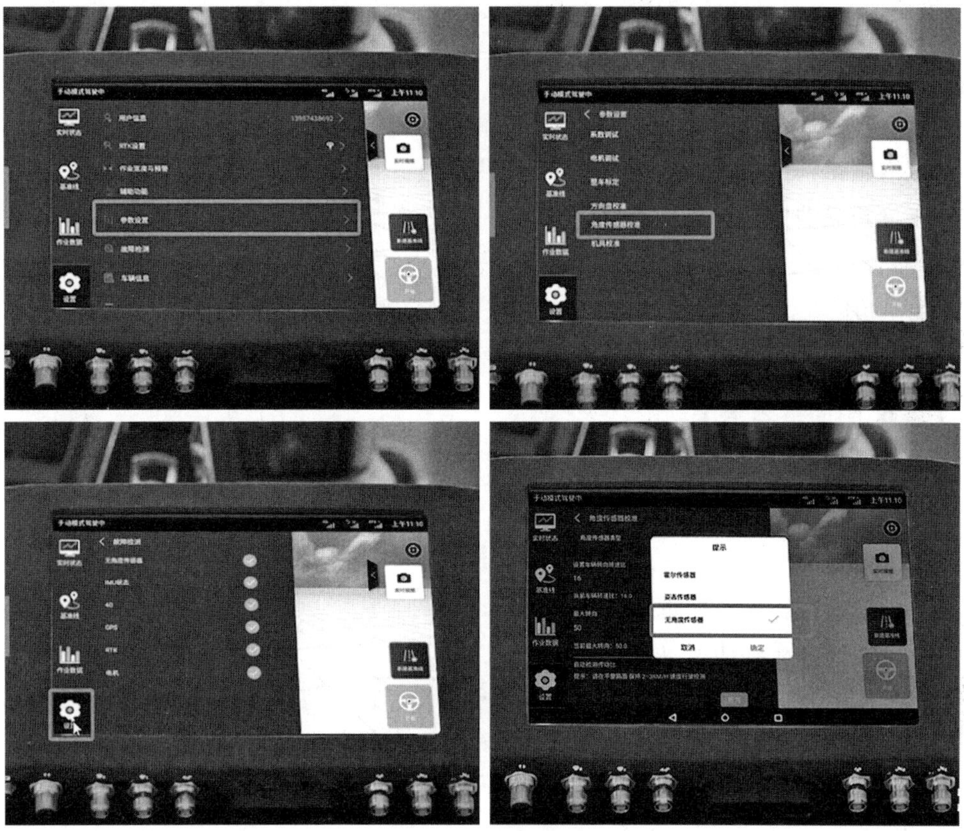

图 6-17　重新切换角度传感器操作

（2）农机挂低速挡，重新检测，请在空旷且平整的路面调试。检测完毕后，脚踩油门，使农机在自动驾驶下直线行驶大约 20 m，界面提示检测完成，如图 6-18 所示。注意，在行驶过程中，手不要控制方向盘。

（二）霍尔角度传感器异常

1. 角度传感器安装位置

回到角度传感器校准页面，点击【设置】→【参数设置】→【角度传感器校准】→选择【安装位置】→显示【左轮】。查看角度传感器安装位置选择是否正确。本任务将农机角度传感器安装在右轮，所以需要修改角度传感器安装位置。选择【安装位置】后面的选项，选取【右轮】，点击【确定】。

2. 检查连接线是否松动

做好断电准备工作，从设备的外部开始观察，看是否有明显的连接线松动或脱落的迹象。对疑似松动的连接线，轻轻摇晃，查看是否有松动感。

图 6-18　重新检测操作、直行行驶场景

3. 实时电压是否有变化

检查前应先启动车辆，将方向盘分别打向最左侧、最右侧、居中位置，同时查看校准界面实时电压是否有变化，如果有变化，请重新校准角度传感器；如果没有变化，请更换新的角度传感器。

4. 使用角度传感器时走不直

排查磁块位置是否正确。若磁块位置装在右轮，先则将方向盘打到最左侧位置，查看输出电压是否接近 2.5 V、输出角度 2 是否为负数；再将方向盘打到最右侧位置，查看输出电压是否接近 1 V、输出角度 2 是否为正数；最后让方向盘处于居中位置，查看输出电压是否接近 1 V、输出角度 2 是否接近 0。

（三）姿态角度传感器异常

1. 检查角度传感器是否按照要求安装

具体安装注意事项如下：

（1）角度传感器安装在车辆前桥两边。

（2）安装位置需要与前轴中心线平行。

（3）安装中心点与前轮转轴需要同心。

返回至角度传感器校准界面。点击【设置】→【参数设置】→【角度传感器校准】→选择【安装位置】。查看角度传感器安装位置选择是否正确，如果不正确。修改角度传感器安装位置。

2. 连接线是否连接正常

测量角度传感器线束插头 1、2 针脚电压是否为 5 V。

三、记录总结与反馈

在整个任务实施过程中，应详细记录每一步的操作过程和结果。任务完成后，对整个过程进行总结和反思，提炼出有效的故障诊断和排除方法。同时，将任务实施过程中遇到的问题和解决方案反馈给相关部门或人员，为今后的类似任务提供参考和借鉴。

农机导航系统维修后的记录实施是确保设备维护质量、跟踪维修历史以及为未来的维护和优化提供数据支持的关键步骤。

具体步骤如下。

（1）建立维修记录体系。设计记录表格或数据库，明确记录的各项内容，如农机型号、导航系统序列号、维修日期、维修人员、故障描述、维修措施、更换部件等。选择合适的记录方式，可以是纸质记录、电子表格或专业的维修管理软件。

（2）维修过程记录。在维修开始时，记录农机型号、导航系统序列号以及基本的设备信息。详细描述故障现象，包括故障发生的时间、地点、频率以及可能的影响。记录维修人员进行的诊断过程，包括使用的工具、方法以及诊断结果。列出维修措施，包括修复方法、更换的部件以及使用的工具。记录维修过程中发现的其他问题或异常情况，以及相应的处理措施。

(3)维修结果验证。在维修完成后，对导航系统进行测试，确保故障已得到修复且系统正常运行。记录测试结果，包括测试方法、测试数据以及测试结论。如果测试发现仍有问题，返回维修过程进行进一步的排查和修复。

(4)记录保存与整理。将维修记录保存至指定位置，确保数据的安全性和可追溯性。对纸质记录进行整理归档，方便日后查阅。对电子记录进行备份，以防数据丢失。

(5)维修数据分析与反馈。定期对维修数据进行分析，了解导航系统的故障类型、发生频率以及维修效果。将分析结果反馈给设备制造商或技术支持团队，为产品的改进和优化提供依据。根据维修数据调整维护计划和备件管理策略，提高维护效率和设备可靠性。

通过以上步骤的实施，可以建立完善的农机导航系统维修后记录体系，为设备的维护和管理提供有力的支持。

图 6-19 为某企业农机导航设备维修服务单截图。

农机导航设备维修服务单

服务单编号：

客户信息	用户姓名		联系电话		用户类型	□个人　□企业
	单位名称			报修时间		
机器信息	产品类型	□导航系统　□RTK　□打点器　□其他				
	机器型号		资产编号		购机日期	
	机器配置					
维修性质	□保修期内　□保修期外		服务方式	□上门　□送修		
故障处理	故障类型：　□ 软件故障　□ 硬件故障					
	故障描述：					
	处理描述：					
配件更换记录		配件名称	配件型号/规格	备注		
	1					
	2					
	3					
	4					
服务价格	维修服务费	配件费	上门费	合计		
用户反馈信息	维修后机器工作是否正常 □ 是　□ 否 ★ 取机时请注意以下事项： ◆ 所维修机器是否已经验证且功能正常 ◆ 请确认机器的其他附件是否一并交付给您			欢迎您留下对我们服务的宝贵评价 用户签字：　日期：		

服务声明：

维修前请您做好数据或程序的备份，因在维修过程中可能会导致硬盘的数据丢失。

图 6-19　某企业农机导航设备维修服务单截图

任务测验

一、选择题

1. (　　)是霍尔角度传感器的工作原理。

A. 物理效应测角度　　B. 光电转换测变化

C. 霍尔效应测磁场　　D. 电容变化测角度

2. 农机导航系统角度传感器异常现象有很多,(　　)不属于故障现象。

A. 数据异常　　B. 定位偏差

C. 信号丢失　　D. 故障代码提示

3. (　　)不是农机导航系统角度传感器故障诊断与排除过程中使用的诊断工具与设备。

A. 万用表与示波器　　B. 角度测量仪

C. 计算机与诊断软件　　D. 电压表

二、判断题

1. 由于导航系统和控制系统的性能下降,因此农机在自动驾驶过程中可能无法准确判断周围环境和障碍物,导致碰撞风险增加。(　　)

2. 信号检测主要涉及对传感器输入的数据进行检查和分析,以判断其是否准确反映了农机的姿态信息。(　　)

3. 在进行软件校准与调试之前,不需要对角度传感器进行初始设置与检查。(　　)

三、填空题

1. 角度传感器故障对农机自动导航系统的影响有________________、________________。

2. 由于传感器数据异常或响应延迟,控制系统无法及时获取到农机姿态变化的信息,导致________________,影响自动驾驶的实时性和稳定性。

3. 光电转换测变化的角度传感器主要利用________________来测量角度变化。

四、实践题

1. 简述农机导航系统角度传感器故障现象。

2. 如何判断角度传感器的电源电压是否正常?

3. 简述农机导航系统角度传感器故障诊断中与排除中机械连接检查的步骤。

任务三　诊断与排除电机传感器故障

任务描述

春耕时节，小李驾驶着搭载有导航系统的农机进行耕地作业。当农机行驶了一段距离后，发现电机出现故障检测显示异常。小李立即停下农机，向技术人员进行咨询。

作为导航技术股份有限公司技术人员，需要掌握哪些电机传感器故障诊断与排除相关知识和技能，才能确保完成本次工作？

任务目标

能力目标

- 掌握电机传感器故障维修工具和设备的使用方法。
- 具备根据具体情况灵活调整故障排除流程的能力。
- 能根据具体故障情况，制订相应的故障排除方案，熟练地实施操作。

知识目标

- 了解电机的工作原理与结构。
- 熟悉电机常见故障的原因和预防措施。
- 掌握常用的电机传感器故障诊断方法。

素养目标

- 通过严格执行电机传感器故障操作规范行为，提升实践操作的规范性。
- 通过遇到问题及时采取有效措施训练，培养风险防范意识。

任务分析

农机导航系统电机在农机导航系统中扮演了至关重要的角色。电机的主要作用是为农机导航系统提供动力，使其能够精确地控制农机的运动轨迹和执行作业任务。

本项目通过无法进入自动驾驶时的电机传感器故障诊断与排除，可以进入自动驾驶状态、作业时的电机传感器故障诊断与排除以及电机不工作的表现等几个方面的学习，了解电机无法启动的故障诊断与排除方法，掌握农机导航工作时电机传感器故障诊断与排除方法，初步具备分析农机导航系统电机传感器故障类别及排除电机传感器故障的能力。

知识学习

一、方向盘电机的结构组成

如图 6-20 所示，农机导航系统方向盘电机是一个复杂且精密的机械装置，其结构组成主要包括以下几个部分：

(1)电机主体。电机主体是方向盘电机的核心部分，它负责提供转动方向盘所需的动力。通常由定子、转子和电刷等部件组成，通过电磁感应原理产生旋转力矩。

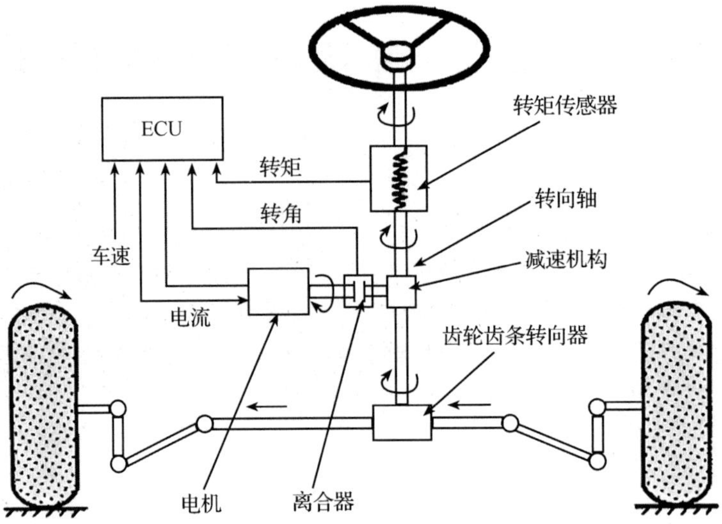

图 6-20　方向盘电机结构组成

(2)减速机构。为了将电机的高速低扭矩转换为低速高扭矩,以适应方向盘转动的需要,通常会配备减速机构。这一机构可能包括齿轮、行星轮等部件,它们精密配合,实现动力的平稳传递和减速效果。

(3)传感器与控制系统。方向盘电机还配备有各种传感器,如角度传感器、力矩传感器等,用于实时监测方向盘的位置、转动角度和力矩等信息。这些信息被传输到控制系统中,控制系统根据这些信息对电机进行精确控制,实现导航系统的精确导航和自动驾驶功能。

(4)支撑与固定结构。为了保证电机在农机上的稳定性和可靠性,还需要设计合理的支撑与固定结构。这些结构通常包括安装座、固定螺栓等部件,确保电机能够牢固地安装在农机上,并承受各种工作条件下的震动和冲击。

此外,还有一些辅助部件,如密封件、防尘盖等,用于保护电机免受外界环境的侵害,确保电机的正常运行和延长使用寿命。

二、电机的故障现象及影响

(一)电机传感器故障现象识别

对于电机传感器故障的判别,可以从声音、温度、电流等方面入手。

(1)异常声音。正常运行的电机声音通常较为平稳且低沉。如果农机导航系统电机在运行时发出尖锐、刺耳或持续性的异响,那么可能是轴承磨损、齿轮损坏或电机内部零件松动等故障的信号。操作人员应密切关注这些异常声音,并及时检查电机状态。

(2)电机温度过高。电机在运行过程中会产生一定的热量,但如果发现电机表面温度异常升高,甚至超过正常工作温度范围,这可能是电机散热不良、过载运行或内部电路短路等故障所导致的。此时,应停机检查散热系统,并考虑调整作业负荷或检查电路连接情况。

(3)电流异常波动。电机运行时的电流应保持稳定。如果电流出现异常波动,如突然增大或减小,这可能是电机内部电路故障、电源电压不稳定或负载变化等原因所导致的。操作人员可通过监测电流变化,及时发现潜在故障并采取相应的处理措施。

(4)运行速度变化。电机传感器故障可能导致运行速度不稳定或异常变化。例如,电机可能出现突然加速、减速或停止的情况。这种速度变化可能是控制系统故障、传感器失效或电源供应问题引起的。操作人员应定期检查控制系统和传感器的工作状态,确保电机运行速度稳定。

(5)控制信号异常。农机导航系统电机的运行受到控制信号的指令。如果控制信号出现异常,如信号丢失、延迟或失真,可能会导致电机运行不正常。这可能是控制系统故障、信号传输线路损坏或外部干扰等原因造成的。操作人员应检查控制系统和信号传输线路,确保控制信号的准确性和稳定性。

(6)振动与抖动现象。电机在运行过程中如果出现异常的振动和抖动,可能是电机安装不平稳、固定螺栓松动或内部机械结构损坏等故障引起的。这些振动和抖动不仅会影响电机的稳定运行,还可能对农机的其他部件造成损坏。因此,操作人员应定期检查电机的安装情况和固定螺栓的紧固程度,及时发现并处理振动与抖动问题。

(7)系统错误提示。现代农机导航系统通常配备故障诊断和提示功能。当电机出现故障时,系统可能会通过显示屏或指示灯等方式给出错误提示。操作人员应熟悉系统的错误提示信息,并根据提示进行相应的检查和维修。

(二)电机传感器故障对导航系统工作的影响

电机传感器故障对导航系统工作的影响主要在以下几方面。

(1)作业效率降低。电机传感器故障最直接的影响就是导致农机作业效率降低。故障电机可能无法提供稳定的驱动力,使农机在运行过程中出现动力不足、速度下降甚至停滞等现象。这将大大延长作业时间对农业生产造成不良影响。

(2)精准度下降。农机导航系统依赖电机实现精准定位和作业。电机传感器故障可能导致系统定位精度下降,使农机在作业过程中偏离预定轨迹,甚至无法进行精准播种、施肥等作业。这种精准度的下降将直接影响农业生产的效益和质量。

(3)能源消耗增加。电机传感器故障还可能导致能源消耗增加。故障电机在运行时可能无法达到最佳效率,需要消耗更多的能源来维持运行。这不仅增加了农业生产成本,还可能加重环境负担,不利于可持续性发展。

(4)安全隐患提升。电机传感器故障对农机导航系统的安全性构成严重威胁。故障电机可能导致农机在作业过程中突然失控或停机,增加与周围环境的碰撞风险。此外,电机过热、电流异常等故障还可能引发火灾等安全风险,对人员和财产安全造成威胁。

(5)维护保养成本提高。电机传感器故障发生后,需要进行及时的维修和更换。这不仅需要投入大量的人力和物力资源,还可能导致农机在维修期间无法正常使用,进一步增加农业生产成本。此外,频繁地维修和更换还会增加系统的维护保养成本,降低经济效益。

(6)系统寿命减少。电机传感器故障会加速农机导航系统的老化和损坏。频繁地故障和维修会对系统的结构和性能造成不可逆的损害,缩短系统的使用寿命。这不仅会影响系统的长期稳定运行,还会增加后续更新和升级的成本。

(7)作业质量不稳定。电机传感器故障会导致农机导航系统的作业质量不稳定。由于电机性能的不稳定,农机在作业过程中可能出现播种不均匀、施肥量不一致等问题,影响农作物的生长和产量。这种作业质量的不稳定将直接影响农业生产的效益和可持续性。

三、电机的故障诊断与排除

(一)电机常见故障的分类

1. 电源供电问题

电源供电问题是导致电机传感器故障的常见原因之一。这类故障可能包括电源电压不稳定、电源线路故障、电池老化等。当电源电压波动过大或电源线路受损时,电机可能无法正常工作,甚至出现损坏。因此,保持电源供电的稳定性和可靠性是预防电机传感器故障的重要措施。

2. 电机驱动故障

电机驱动故障主要涉及电机驱动器的性能和稳定性问题。驱动器负责将控制信号转换为电机的动作指令,如果驱动器出现故障,如损坏、老化或过热等,将直接影响电机的正常运行。这类故障可能导致电机无法启动、转速异常或停止工作等。

3. 控制系统错误

控制系统错误是导致电机传感器故障的另一重要原因。控制系统负责接收和处理传感器信号,控制电机的运行。如果控制系统出现程序错误、参数设置不当或软件故障等问题,将导致电机无法按照预定指令进行工作。因此,保持控制系统的稳定性和准确性对预防电机传感器故障至关重要。

4. 传感器失效

传感器在农机导航系统中起着至关重要的作用,它们负责实时监测和反馈电机及周围环境的状态信息。如果传感器出现故障或失效,将导致控制系统无法准确获取电机的运行状态,进而引发故障。常见的传感器失效原因包括损坏、污染或信号干扰等。

5. 机械部件损坏

电机的机械部件,如轴承、齿轮等,在长时间运行或受到不当维护的情况下,可能会出现磨损、断裂等损坏现象。这些机械部件的损坏将直接影响电机的正常运行和性能稳定性。因此,定期检查和维护机械部件是预防电机传感器故障的重要措施之一。

6. 通信故障

农机导航系统中的电机与其他组件之间需要进行数据通信,以实现协同工作和信息共享。如果通信线路出现故障、接口松动或通信协议不匹配等问题,将导致电机无法接收到正确的指令或反馈信息,从而引发故障。因此,确保通信系统的稳定性和可靠性对预防电机传感器故障具有重要意义。

7. 环境因素干扰

环境因素也是导致农机导航系统电机传感器故障不可忽视的因素。恶劣的工作环境、温度变化、湿度过高或灰尘污染等都可能对电机的正常运行产生影响。例如,高温环境可能导致电机过热而损坏,灰尘污染可能影响传感器的灵敏度和准确性。因此,在设计和使用农机导航系统时,需要充分考虑环境因素对电机的影响,并采取相应的防护措施。

(二)电机传感器故障诊断与排除

1. 检查与测试

(1)外观检查。外观检查是对电机进行初步评估的重要步骤。检查内容包括:

确认电机外观无损坏、变形或锈蚀。

检查电机接线盒、紧固件等部件是否完好。

确保电机标识清晰,型号、规格等信息与要求相符。

(2)电气连接测试。电气连接测试用于检查电机的电气连接是否正确、可靠。测试步骤如下:

使用万用表测量电机接线端子的电阻值,确保在正常范围内。

检查电机与控制器的电气连接是否正确,避免接错线路导致短路或损坏。

(3)旋转性能检测。旋转性能检测是对电机运行状态的直接评估。测试内容包括:

手动旋转电机轴,检查是否有卡滞、异响等异常情况。

使用测试设备对电机进行空载运行测试,观察电机启动、运行及停止过程是否平稳。

(4)负载能力测试。负载能力测试旨在评估电机在正常工作负载下的性能表现。测试方法如下:

根据电机的额定功率和转速要求,设置相应的负载。

观测电机在负载条件下的运行状态，包括温度、电流、电压等参数的变化。

(5)温控性能测试。温控性能测试用于评估电机在不同温度环境下的性能稳定性。测试步骤如下：

在不同温度条件下(如低温、常温、高温)对电机进行运行测试。

使用红外线测温仪监测电机各部位的温度变化，确保不超过规定的温度范围。

(6)振动与噪声测试。振动与噪声测试用于评估电机在运行过程中的振动和噪声水平。测试方法包括：

使用振动测量仪器对电机进行振动测试，记录振动数据并进行分析。

使用声级计测量电机运行时的噪声水平，确保符合相关标准和要求。

(7)安全保护测试。安全保护测试旨在验证电机在各种异常情况下的安全保护措施是否有效。测试内容涵盖：

模拟电机过载、短路等异常情况，检查电机是否能够正确触发保护机制并停机。

验证电机过热保护功能的有效性，确保在温度过高时能够自动停机。

(8)控制系统校准。控制系统校准是对电机与控制系统之间协同工作性能的调整和优化。校准步骤如下：

根据电机的特性和要求，对控制系统进行相应的参数调整和优化。

对电机进行实际运行测试，验证控制系统的性能和准确性。

2. 控制系统检查

(1)电源与连接检查。首先检查电机控制系统的电源线和信号线是否连接牢固，无松动或破损现象。然后使用万用表检测电源电压是否稳定，并在正常范围内。

(2)电机运行状态。观察电机在启动、运行和停止过程中的表现，检查是否有异响、振动或卡滞等现象。同时，通过控制系统监测电机的转速和转向，确保其符合设定要求。

(3)控制系统软件。检查控制系统软件的版本是否最新，以及是否存在已知的软件漏洞或缺陷。对软件进行必要的更新或修复，以确保其稳定性和安全性。

(4)传感器与反馈。检查电机控制系统中的各类传感器(如速度传感器、位置传感器等)是否工作正常，其输出信号是否准确。同时，验证控制系统的反馈机制是否有效，以确保电机能够准确响应控制指令。

(5)导航信号接收。测试农机导航系统对外部导航信号的接收能力，包括 GPS、北斗等信号。确保系统能够稳定接收并解析导航信号，为电机控制提供准确的定位信息。

(6)电机温度监控。通过温度传感器实时监测电机的运行温度，确保其在安全范围内。当温度超过预设阈值时，系统应能自动启动散热或保护措施。

(7)故障诊断与记录。在电机控制系统出现故障时，系统应能进行自动诊断并记录故障信息。检查人员可根据故障记录迅速定位问题并进行修复。

(8)安全保护功能。验证电机控制系统的安全保护功能是否有效，包括过载保护、短路保护、过热保护等。在异常情况发生时，系统应能迅速切断电源并触发报警，确保农机和操作人员的安全。

3. 控制线路与连接检查

(1)线路布局合理性。检查电机控制线路的布局是否合理，避免线路之间的交叉干扰和潜在的短路风险。同时，确保线路走向清晰、有序，方便后续的维护和检修。

(2)线路完整性检查。对电机控制线路进行全面检查，确保线路无断裂、破损或老化现象。对于发现的问题，应及时修复或更换受损线路。

(3)接头紧固、可靠性。检查所有线路接头是否紧固、可靠，无松动或脱落现象。对于关键接头，应使用专用工具进行紧固，确保其连接稳固。

(4)绝缘电阻测试。使用绝缘电阻测试仪器对电机控制线路的绝缘性能进行测试，确保绝缘电阻值在正常范围内。对于绝缘性能不佳的线路，应及时处理或更换。

(5)电机驱动信号测试。检查电机驱动信号的传输质量,确保信号无失真、无干扰。使用示波器等工具对驱动信号进行测试和分析,确保其满足设计要求。

(6)电源电压稳定性。监测电机控制线路的电源电压,确保其稳定性。使用万用表等仪器对电源电压进行测量,确保其波动范围在允许范围内。

(7)接地保护有效性。检查电机控制线路的接地保护是否有效,确保在发生漏电或短路等故障时能够及时切断电源,保护设备和人员安全。

(8)安全防护措施。检查电机控制线路的安全防护措施是否完善,如防火、防水、防尘等措施。对于存在安全隐患的线路和设备,应及时采取相应措施进行处理。

4. 安全操作规范

为确保农机导航系统电机的安全运行,减少事故风险,提高作业效率,应了解以下安全操作规范。

(1)操作前必须对电机进行全面检查,包括外观、线路、紧固件等,确保设备完好无损。

(2)检查电机供电系统,确保电源电压稳定,符合设备要求。

(3)检查电机控制系统,包括传感器、执行器等,确保其工作正常。

(4)电机启动与停止。

启动电机前,应确保农机导航系统处于正确的工作模式,无故障提示。

按下启动按钮,观察电机启动过程,如有异常应立即停机检查。

停机时,应按照规定的程序进行操作,避免突然停机对设备造成损害。

(5)电机运行监控。

在电机运行过程中,应实时监控电机的工作状态,包括电流、电压、温度等参数。如发现电机运行异常,应立即停机检查,查明原因并处理。

异常情况处理,如遇电机过热、异响、冒烟等异常情况,应立即停机,并切断电源。

对于简单的故障,如线路松动、紧固件脱落等,应及时处理;对于复杂故障,应请专业人员进行处理。

四、诊断工具与设备介绍

在进行电机传感器故障诊断时,需要使用一些诊断工具和方法。常见的诊断工具包括万用表、示波器等。通过使用这些工具,可以对电机及其相关部件进行检测和测量,从而判断故障的具体位置和性质。

(1)万用表。用于测量电压、电流和电阻,是电子故障诊断的基础工具。它可以帮助维修人员检测电动方向盘电机、控制器以及相关电路的电气参数是否正常。

(2)示波器。用于观察和测量电信号的波形,特别适用于分析传感器、控制器等部件的信号输出,帮助诊断信号传输的问题。

(3)故障诊断仪。专为农机导航系统设计的故障诊断设备,可以读取系统错误代码,提供故障提示和定位,帮助快速找到故障点。

(4)扭矩扳手。在维修和调整电动方向盘时,需要使用扭矩扳手来确保螺栓和螺母等连接件的扭矩符合规定要求,避免过紧或过松导致故障。

(5)螺丝刀和扳手。基本的机械工具,用于拆卸和安装电动方向盘及相关零部件。

(6)红外线测温仪。用于检测电动方向盘电机和控制器的温度,帮助判断是否有过热现象,进而分析故障原因。

(7)绝缘电阻测试仪。用于测量电路和部件的绝缘电阻,检查是否存在漏电或短路问题。

(8)电脑和相应的软件。如果农机导航系统支持软件诊断,则可能需要使用电脑和相应的软件来读取和修改系统设置,更新软件或进行其他故障诊断操作。

(9)替换零部件。在故障发生时,可能需要更换某些零部件,如电机、传感器、控制器等。

(10)维修手册。维修手册包含农机导航系统的技术规格、电路图、维修步骤等信息,是故障诊断和维修的重要参考。

任务实施

一、任务准备

(一)材料清单准备

在进行农机导航系统信号故障诊断与排除的任务实施前，首要任务是做好充分的准备。这包括明确任务目标、确定诊断与排除流程，并编制详细的材料清单。材料清单应包含所有必要的诊断与维修工具和设备，如螺丝刀、扳手、万用表、清洁剂、信号测试仪、示波器、频谱分析仪以及相关维修备件等，以确保任务能够顺利进行。

(二)安全教育

安全始终是任务实施的第一要务。在任务开始前，必须对所有参与人员进行安全教育，强调农机导航系统信号故障处理中的潜在风险和安全操作规程。同时，为参与人员提供必要的防护措施，如佩戴防护眼镜，穿戴防滑手套、安全鞋等，以减少意外伤害的风险。

二、任务实施

(一)故障检测显示异常

点击【设置】→点击【故障检测】→查看电机是否异常。电机后面显示红色“×”符号，如图 6-21 所示，则表示电机异常。请按照实际步骤逐一排查。

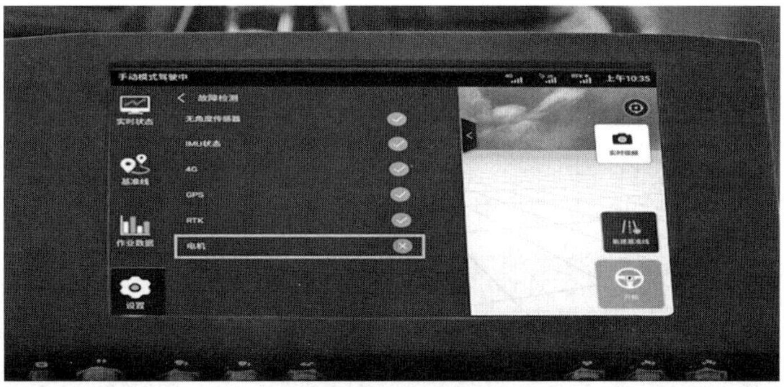

图 6-21　电机异常

(1)检查电机接口是否松动，如图 6-22 所示。

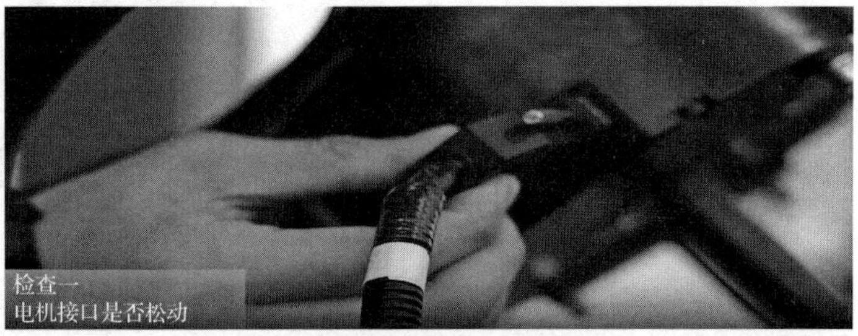

图 6-22　接口松动

(2)检查电机线束是否正常供电(12V),如图 6-23 所示。

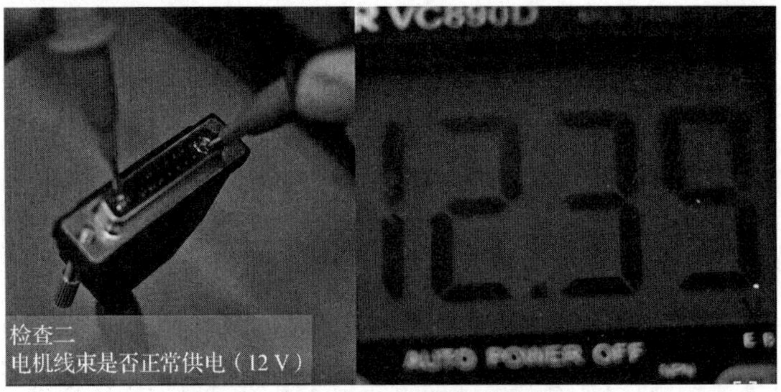

图 6-23　电机等级是否为 12 V

(3)打开设置系统确认软件版本是否为最新,如图 6-24 所示。

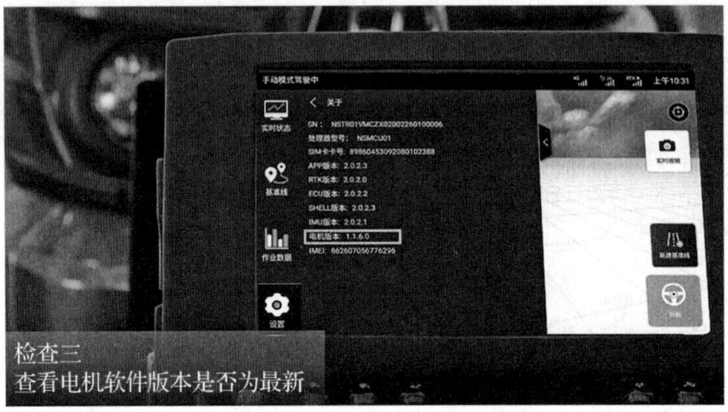

图 6-24　软件版本是否为最新

以上步骤排查后仍未解决问题,则更换电机。

(二)电机安装完有虚位

电动方向盘安装完毕,手动转动方向盘有间隙或异响,如图 6-25 所示。

图 6-25　转动方向盘

检查花键套尺寸是否合适,如图 6-26 所示;检查安装支架是否锁紧,如图 6-27 所示。

图 6-26　花键套是否卡住

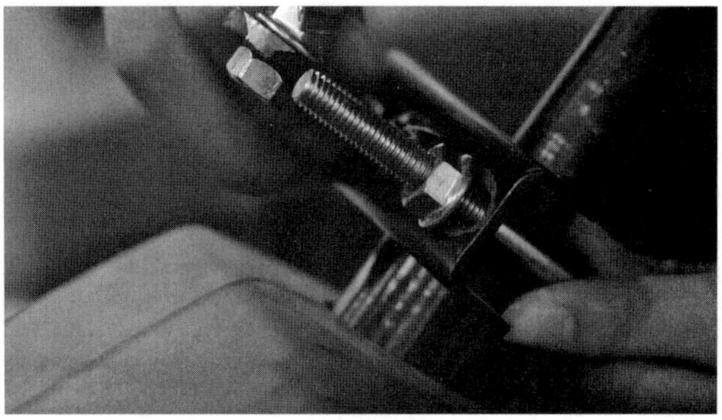

图 6-27　检查安装支架是否锁紧

(三)电动方向盘重

安装后,在打火状态下,手动转动方向盘沉重,如图 6-28 所示。

图 6-28　方向盘沉重

(1)检查电机中间花键套安装是否卡住,重新安装电机下方的固定支架,如图 6-29 所示。

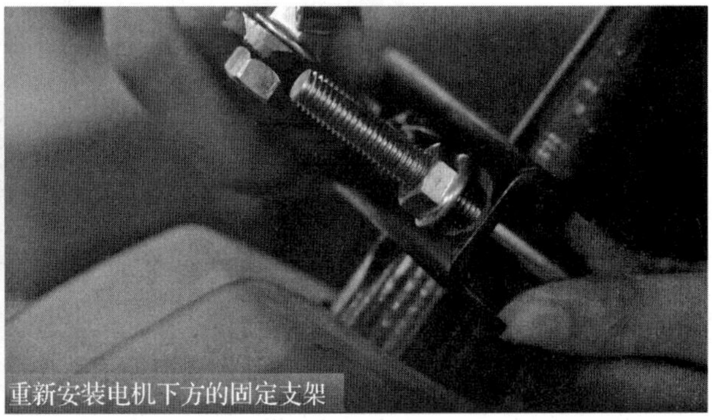

图 6-29　检查花键套装

(2)检查车辆转向系统,点击【设置】→点击【参数设置】→点击【电机调试】→调整电机 P 值,如图 6-30 所示。

(四)电机不工作

点击开始作业,电机不工作,如图 6-31 所示。

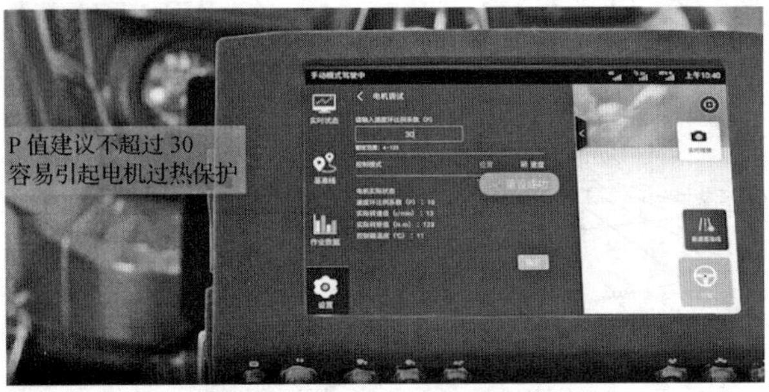

图 6-30　*P* 值设置

图 6-31　电机不工作

(1)检查整定参数,点击【设置】→点击【系统设置】→点击【技术支持】(输入密码 20171212)→点击【整定参数】(重新设定整定参数为 400 和 0)→点击【下发参数】→点击【开始整定参数】,如图 6-32 所示,方向盘自动转动调整,点击【结束整定参数】。

图 6-32　检查整定参数

(2)检查控制盒电源线束是否接插牢固,如图 6-33 所示。

若按以上步骤排查后仍未解决问题,则更换电机。

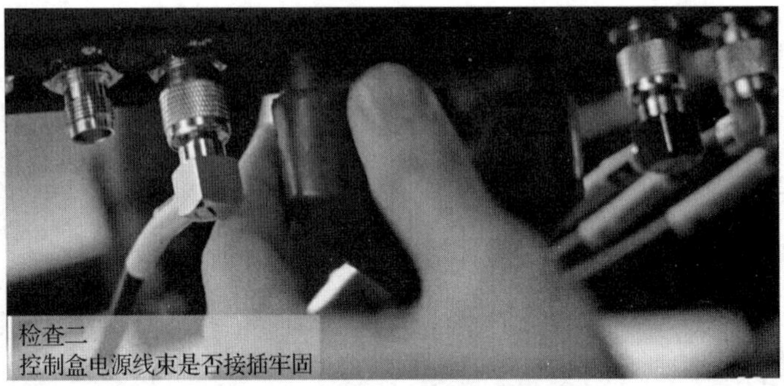

图 6-33　检查电源线束

三、系统功能测试验证

故障排除和修复完成后,对农机导航系统的功能进行全面测试验证。通过测试验证,确保系统已恢复正常工作状态,并满足使用要求。

四、记录总结与反馈

在整个任务实施过程中,应详细记录每一步的操作过程和结果。任务完成后,对整个过程进行总结和反思,提炼出有效的故障诊断和排除方法。同时,将任务实施过程中遇到的问题和解决方案反馈给相关部门或人员，为今后的类似任务提供参考和借鉴。

农机导航系统维修后的记录实施是确保设备维护质量、跟踪维修历史以及为未来的维护和优化提供数据支持的关键步骤。

任务测验

一、选择题

1. （　　）不是电机传感器故障现象。

A. 电机温度过高　　B. 控制信号异常

C. 系统错误提示　　D. 作业效率降低

2. （　　）不是电机传感器故障诊断的常用工具。

A. 万用表　　B. 示波器

C. 锤子　　D. 电机测试仪

3. 在排除电机传感器故障时，（　　）是无效的。

A. 清洁电机表面　　B. 随意更换电机部件

C. 检查传感器信号　　D. 调整控制参数

二、判断题

1. 如果发现电机表面温度异常升高，甚至超过正常工作温度范围，这可能是电机散热不良、过载运行或内部电路短路等故障所导致的。（　　）

2. 环境因素不是导致农机导航系统电机传感器故障的因素。（　　）

3. 验证电机控制系统的安全保护功能是否有效，包括过载保护、短路保护、过热保护等。（　　）

三、填空题

1. 电机的结构组成包括轴承支撑结构、控制板与后端盖、__________________、电源与驱动系统、__________________、传感与反馈系统以及调试与接口设计等。

2. 传感器校准调试的目的是确保传感器输出的__________________，从而提高电机的控制精度。

3. 在进行实地测试验证时，应将农机导航系统部署到__________________环境中，以全面评估电机的运行效果。

四、实践题

1. 简述农机导航系统电机传感器故障诊断的一般步骤。

2. 电机驱动故障可能由哪些原因引起？如何排查和解决这些问题？

3. 传感器在农机导航系统中扮演着重要的角色。请解释传感器失效对电机控制的影响，并提出相应的解决方案。

任务四 诊断与排除其他软硬件故障

任务描述

春耕时节，小李驾驶着搭载有导航系统的农机进行耕地作业。当农机行驶了一段距离后，遇到屏幕显示当前版本需升级、需要启动导航线共享功能、正常工作过程中导航自动结束和起步过程中自动解除导航等软件问题，或是点击软件没反应、平板显示屏不亮、系统开机后控制器灯不亮或灯长亮等硬件问题。小李立即停下农机，向技术人员进行咨询。

作为导航技术股份有限公司技术人员，需要掌握哪些其他软硬件（除电机方向盘、信号等）故障诊断与排除相关知识和技能，才能确保完成本次工作？

任务目标

能力目标

- 能查看当前版本、进行系统升级并解决系统升级过程中遇到的问题。
- 具备使用导航共享功能的能力。
- 具备处理正常工作过程中导航自动结束、起步过程中自动解除导航故障的能力。

知识目标

- 掌握显示屏故障诊断与排除方法。
- 掌握 NX300 控制器故障诊断与排除方法。
- 掌握正常工作过程中导航自动结束、起步过程中自动解除导航故障诊断与排除方法。

素养目标

- 通过其他软件、硬件故障诊断与排除的学习，具备精益求精、追求卓越的工匠精神。
- 关注自动驾驶系统故障诊断与排除行业最新动态和技术发展趋势，不断推动农机自动驾驶技术的创新和发展。

任务分析

为确保系统的正常运行和功能的持续优化，需要对当前版本进行查看，并规划好升级任务。导航线共享功能是农机导航系统中的一项关键技术，它允许多辆农机在同一作业区域内共享导航线路信息，从而提高作业效率并减少人力成本。农机导航系统的显示屏作为人机交互的核心部件，其正常工作对导航系统的整体性能至关重要。NX300 控制器是农机导航系统的核心部件，负责接收传感器信号、处理导航数据，并控制执行机构实现自动驾驶功能。

通过对农机导航系统中的当前版本查看及升级、导航共享功能、显示屏、NX300 控制器等其他软硬件故障诊断与排除的学习，可以更全面地开展农机导航系统故障与排除工作。

知识学习

一、其他软件故障诊断与排除

（一）当前版本查看及升级

1. 当前版本查看方法

为了确定农机导航系统当前的版本信息，可以按照以下步骤进行：

(1)打开农机导航系统的控制面板或操作界面。

(2)在主界面或菜单中找到【设置】或【关于】等选项，并点击进入。

(3)在弹出的窗口中，能够看到关于系统版本的信息，包括版本号、发布日期等。

注意，不同品牌和型号的农机导航系统可能具有不同的操作界面和查看方法，因此建议参照系统附带的用户手册或联系客服获取准确的指导。

2. 系统升级流程

当农机导航系统推出新版本时，可以按照以下步骤进行升级：

(1)访问农机导航系统的官方网站或指定的升级平台。

(2)查找与当前系统版本相对应的升级包或升级文件。

(3)根据提供的说明，下载升级文件到指定的存储设备中。

(4)在农机导航系统的控制面板或操作界面中选择【升级】或【软件更新】等选项。

(5)遵循系统提示，选择已下载的升级文件，并开始升级过程。

(6)等待升级完成后，重启农机导航系统以确保新版本生效。

3. 升级注意事项

在进行系统升级时，请注意以下事项：

(1)确保农机导航系统的电源充足，并在升级过程中保持稳定的供电。

(2)在升级前备份重要的数据和设置，以防升级过程中发生意外导致数据丢失。

(3)仔细阅读升级说明和注意事项，遵循正确的操作步骤。

(4)在升级过程中，不要关闭系统或进行其他操作，以免对系统造成损害。

4. 升级后功能优化

新版本的农机导航系统通常会带来以下功能优化：

(1)性能提升。优化系统性能，提高运行速度和稳定性。

(2)新增功能。增加新的功能或特性，提升系统的实用性和便利性。

(3)修复漏洞。修复旧版本中存在的漏洞和问题，提高系统的安全性和稳定性。

5. 升级风险与应对策略

尽管系统升级能够带来诸多好处，但也存在一定的风险。为了应对这些风险，可以采取以下策略：

(1)在升级前充分了解新版本的特点和变化，评估其对农机作业的影响。

(2)选择在农机不忙于作业时进行升级，以确保升级过程不会影响到正常作业。

(3)在升级前备份重要数据，并在升级后进行数据恢复和验证，确保数据的完整性和准确性。

6. 常见问题及解决方案

在升级过程中，可能会遇到一些常见问题，如升级失败、数据丢失等。针对这些问题，可以尝试以下解决方案：

（1）升级失败。检查升级文件的完整性和正确性，确保与系统版本相匹配。同时，检查网络连接是否稳定，并尝试重新下载和升级。

（2）数据丢失。在升级前务必备份重要数据。如果发生数据丢失，尝试使用备份数据进行恢复。如果无法恢复，可以联系客服或技术支持寻求帮助。

（二）导航共享功能

1. 导航线共享功能基础

导航线共享功能是农机导航系统中的一项关键技术，它允许多辆农机在同一作业区域内共享导航线路信息，从而提高作业效率并减少人力成本。该技术基于无线通信、定位系统和自动驾驶算法等多种技术的结合，实现导航线路信息的实时传输与同步。

2. 系统硬件与软件构成

（1）硬件构成。农机导航系统的硬件部分主要包括定位设备（如 GPS 接收器、惯性测量单元等）、控制单元、执行机构以及无线通信模块等。这些硬件组件共同协作，实现导航线信息的接收、处理和执行。

（2）软件构成。软件部分包括导航规划软件、控制算法以及数据传输协议等。导航规划软件负责规划出最优的导航线路，控制算法根据定位信息和导航线路计算出控制指令，而数据传输协议则确保导航线路信息的准确传输和共享。

3. 导航线的规划与设置

导航线的规划与设置是导航线共享功能的关键环节。在规划阶段，需要考虑作业区域的地形、障碍物以及作业需求等因素，以确保规划的导航线路既高效又安全。设置阶段则涉及将规划好的导航线路信息导入农机导航系统中，并进行相关参数的配置和调整。

4. 数据传输与共享机制

数据传输与共享机制是实现导航线共享功能的核心。农机导航系统通过无线通信模块，将自身的导航线路信息发送给其他农机，并同时接收其他农机发送的导航线路信息。在数据传输过程中，需要确保数据的实时性、准确性和可靠性，以避免因数据传输问题导致的导航误差或冲突。

5. 导航精度与误差控制

导航精度是衡量农机导航系统性能的重要指标之一。为了提高导航精度，需要采用高精度的定位设备和先进的控制算法。同时，还需要对误差来源进行分析和控制，如定位误差、传感器误差以及执行机构误差等。通过合理的误差控制策略，可以有效提高导航精度和作业效率。

6. 应用场景与优势分析

导航线共享功能在多种应用场景中具有显著优势，例如，在大规模农田作业中，多台农机可以协同作业，共享导航线路信息，从而提高作业效率并降低人力成本。此外，在复杂地形或特殊作业环境中，导航线共享功能也可以帮助农机更好地适应环境并完成作业任务。

（三）正常工作过程中导航自动结束

当农机导航系统在正常工作过程中导航线自动结束时，这通常意味着系统遇到了某些问题或异常情况，导致无法继续按照预定导航线进行自动驾驶。以下是解决这个问题的几个办法。

1. 检查并稳定定位信号

定位信号的稳定性对导航线的连续工作至关重要。如果定位信号丢失或不稳定，系统可能无法准确跟踪导航线。因此，首先应检查定位设备（如 GPS 接收器）是否正常工作，确保接收到的定位信号稳定且准确。如果定位设备存在问题,可以尝试重新校准或更换设备。

2. 检查传感器和控制系统

传感器和控制系统是农机导航系统的核心部分,它们负责感知环境和控制农机的运动。如果传感器出现故障或误差,或者控制系统存在问题,都可能导致导航线自动结束。因此,应定期检查和维护传感器和控制系统,确保其正常工作。

3. 排查外部干扰

外部干扰也是导致导航线自动结束的一个常见原因,例如,电磁干扰、信号干扰或障碍物等都可能影响到导航线的稳定性。在排查问题时,应考虑这些可能的干扰因素,并采取相应的措施来减少或消除它们的影响。

4. 更新系统和软件

有时候,导航线自动结束的问题可能是由于系统或软件的 bug 或缺陷导致的。在这种情况下,可以尝试更新系统和软件到最新版本,以修复可能存在的问题。

5. 查看日志和故障代码

农机导航系统通常会记录操作日志和故障代码,这些信息对诊断问题非常有帮助。通过查看日志和故障代码,可以确定导致导航线自动结束的具体原因,并采取相应的解决措施。

6. 咨询厂家或技术支持

如果以上方法都无法解决问题,建议联系农机导航系统的厂家或技术支持团队,寻求专业的帮助和指导。他们能够提供更具体的解决方案或进行远程故障排除。

(四)起步过程中自动解除导航

农机导航系统在起步过程中自动解除导航,可能是由于多种原因导致的。为解决这个问题,确保系统能够稳定、准确地执行导航任务,以下提供一些可能的解决办法。

1. 检查系统初始化

在农机导航系统启动前,应确保系统已经完成了正确的初始化。初始化过程包括检查传感器状态、定位设备信号接收以及系统参数的配置等。如果初始化不完整或出错,可能会导致起步时自动解除导航。因此,操作人员需要严格按照操作手册进行系统初始化,并在必要时重启系统进行重新初始化。

2. 校验导航线数据

导航线数据的准确性和完整性对系统的正常运行至关重要。在起步前,应校验导航线数据,确保无错误或缺失。如果发现数据问题,应及时修正或重新导入正确的导航线数据。

3. 检查硬件连接与状态

起步过程中自动解除导航可能与硬件设备的连接或状态有关。因此,需要检查定位设备、传感器和执行机构等硬件是否连接稳固,是否存在故障或损坏。如果发现硬件问题,应及时维修或更换。

4. 更新系统软件和固件

软件和固件的更新可能包含了对自动解除导航等问题的修复。因此,建议定期检查并更新农机导航系统的软件和固件,以获取最新的功能和性能优化。

5. 检查外部干扰因素

起步时,农机可能处于不同的环境和地形中,这些外部因素可能影响到导航系统的稳定性。操作人员应检查周围是否有强电磁干扰、信号遮挡或其他可能影响导航的因素,并尽量避免或减少这些干扰。

6. 咨询技术支持

如果以上方法都无法解决问题，建议联系农机导航系统的技术支持团队，寻求专业的帮助和指导。他们能够提供更具体的解决方案或进行远程故障排除。

二、其他硬件故障诊断与排除

（一）显示屏故障诊断与排除

1. 电源与连接检查

首先，检查显示屏的电源是否正常连接，电压是否稳定。同时，确认显示屏与主机之间的连接线是否完好无损，连接是否紧密。如果电源或连接存在问题，应及时修复或更换。

2. 显示屏亮度问题

如果显示屏亮度异常，可能是亮度调节设置不当或背光灯管老化。可以尝试调整亮度设置，若仍无改善，则可能是背光灯管需要更换。

3. 图像显示异常

图像显示异常可能表现为色彩失真、画面扭曲或黑屏等。这可能是由于显示屏本身损坏，或是显示驱动程序出现问题。可以尝试重新安装或更新驱动程序，若问题依旧存在，则可能是显示屏需要更换。

4. 触控功能失效

触控功能失效可能是由于显示屏触控层损坏或触控驱动程序出现问题。可以先尝试重新校准触控屏，若仍无效，则可能需要更换触控屏或修复驱动程序。

5. 系统反应迟钝

系统反应迟钝可能是由于显示屏处理器性能不足或内存占用过高。可以尝试清理后台程序，释放内存资源，或优化系统性能设置。若问题仍然存在，可能需要升级处理器或增加内存。

6. 软件更新与重置

对于显示屏软件故障，可以尝试进行系统软件更新或重置操作。这有助于修复软件漏洞，恢复系统正常功能。

7. 硬件故障检测

若经过上述排查仍无法解决问题，可能是显示屏内部硬件出现故障。此时，需要使用专业工具对显示屏进行详细的硬件故障检测，以确定是哪些部件损坏，并进行相应的维修或更换。

（二）NX300 控制器故障诊断与排除

1. 系统概述与工作原理

NX300 控制器是农机导航系统的核心部件，负责接收传感器信号、处理导航数据，并控制执行机构实现自动驾驶功能。它通过高精度定位技术、先进的控制算法以及可靠的数据传输机制，确保农机能够按照预设的导航线进行作业。

2. 故障现象与识别方法

当 NX300 控制器出现故障时，可能会表现为导航线偏移、无法自动启动或停止、控制指令执行不准确等现象。为了准确识别故障，操作人员应密切关注农机的作业状态，记录故障发生时的具体现象，并结合系统指示灯或显示屏上的提示信息进行分析。

3. 电源与连接检查

检查NX300控制器的电源是否正常供电，确保电源电压稳定且符合设备要求。检查控制器与传感器、执行机构之间的连接是否牢固、可靠，避免因连接松动或接触不良导致的故障。

4. 传感器故障诊断

传感器是农机导航系统的重要组成部分，其性能直接影响到控制器的决策精度。因此，当控制器出现故障时，应首先对传感器进行诊断。检查传感器的工作状态、信号输出是否正常，是否存在损坏或污染等问题。对于异常的传感器，应及时更换或清洗。

5. 控制器软件更新

软件缺陷或版本不兼容也可能导致NX300控制器出现故障。因此，在排除硬件故障后，可以尝试对控制器的软件进行更新。从官方网站下载最新版本的软件，并按照操作指南进行更新操作。更新后，重新测试系统性能，确认故障是否得到解决。

6. 通信模块检查

NX300控制器与其他设备之间的通信是否正常，直接影响到系统的稳定性和可靠性。因此，在诊断故障时，应检查控制器与定位设备、传感器、执行机构等之间的通信连接是否正常。可以尝试重新连接或更换通信线缆，以确保通信畅通无阻。

7. 安全机制与复位操作

当NX300控制器出现故障时，为了避免进一步的损坏或安全隐患，系统通常会采取一定的安全机制，如自动停止作业或进入保护模式。此时，操作人员应按照操作手册的指示进行复位操作，使控制器恢复正常工作状态。复位操作可能包括关闭电源、重启控制器或重置系统参数等。

8. 维修记录与预防措施

在故障诊断和排除过程中，应详细记录维修步骤、更换的部件以及故障发生的原因等信息，以便日后查阅和总结。此外，为了预防类似故障的发生，还应定期对农机导航系统进行检查和维护，确保各部件的正常运行和性能稳定。同时，操作人员应熟悉系统的操作和维护规范，避免因操作不当导致的故障。

任务实施

一、任务准备

（一）材料清单准备

在进行农机导航系统其他软硬件故障诊断与排除的任务实施前，首要任务是做好充分的准备。这包括明确任务目标、确定诊断与排除流程，并编制详细的材料清单。材料清单应包含所有必要的诊断与维修工具和设备，如螺丝刀、扳手、万用表、清洁剂、信号测试仪、示波器、频谱分析仪，以及相关维修备件等，以确保任务能够顺利进行。

（二）安全教育

安全始终是任务实施的第一要务。在任务开始前，必须对所有参与人员进行安全教育，强调农机导航系统信号故障处理中的潜在风险和安全操作规程。同时，为参与人员提供必要的防护措施，如佩戴防护眼镜，穿戴防滑手套、安全鞋等，以减少意外伤害的风险。

二、其他软件部分出现问题故障诊断与排除

(一)当前版本查看及升级

注意。网络升级(系统更新)功能须在显示器和控制器同时能上网时方可正常使用。

操作步骤如下:

(1)点击【设置】。

(2)点击【关于】,如图 6-34 所示。

(3)查看当前版本是否与技术人员要求版本一致,如图 6-35 所示。

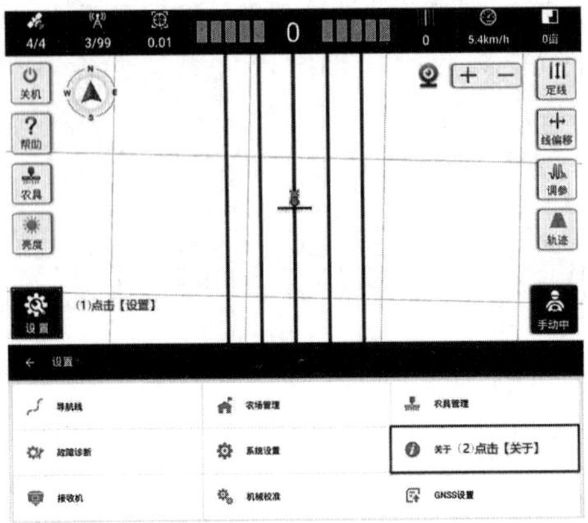

图 6-34　设置

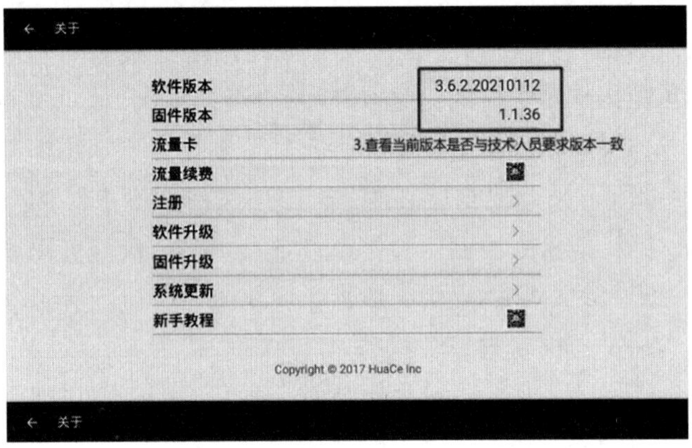

图 6-35　版本查看

(4)如需升级,点击【系统更新】,如图 6-36 所示。

(5)在弹出的对话框中点击【确定】,如图 6-37 所示。

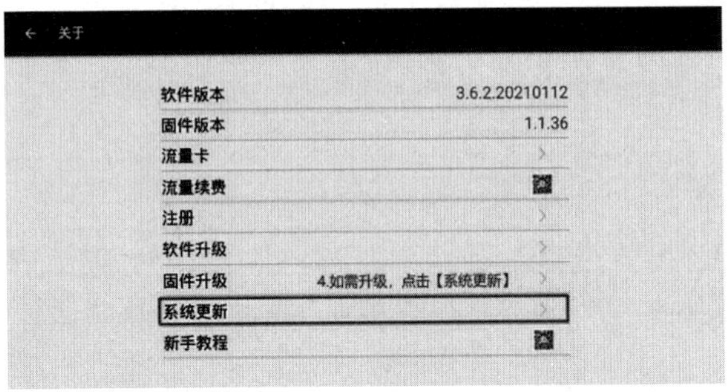

图 6-36　系统更新

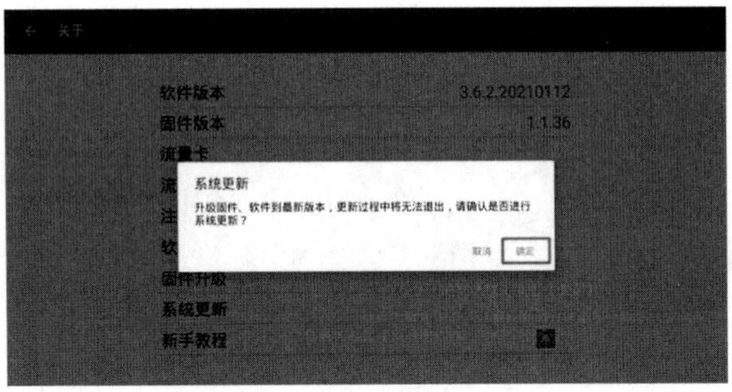

图 6-37　点击确定

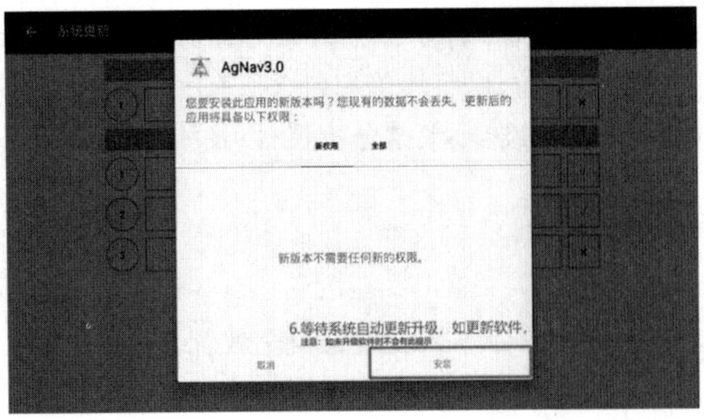

图 6-38　安装

注意,一旦点击确定则进入升级界而且无法退出,除非升级完成、升级失败或强行退出软件。

(6)等待系统自动更新升级,如更新软件,需要点击【安装】,如图 6-38 所示。

注意,如未升级软件时不会有此提示。

(7)等待软件安装完毕后点击【打开】,如图 6-39 所示。

(8)回到主界面依次点击【设置】→【关于】,查看版本是否升级完毕,如图 6-40 所示。

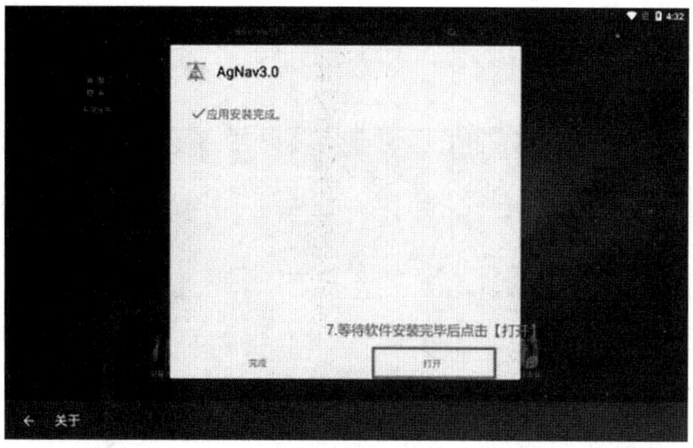

图 6-39　打开

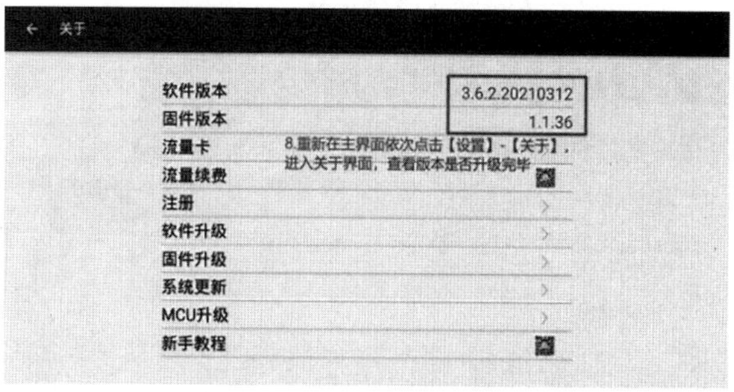

图 6-40　查看版本

（二）导航线共享功能

注意，只能共享 AB 线，且必须在显示器可联网时使用。

操作步骤如下：

（1）点击【设置】。

（2）点击【导航线】，如图 6-41 所示。

（3）选中要分享的导航线，如图 6-42 所示。

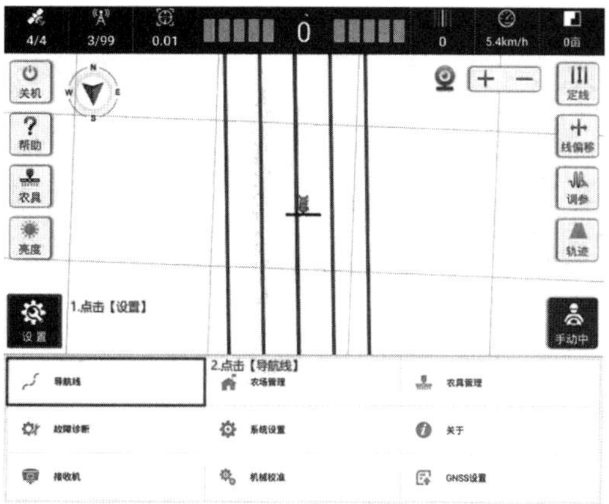

图 6-41　导航线

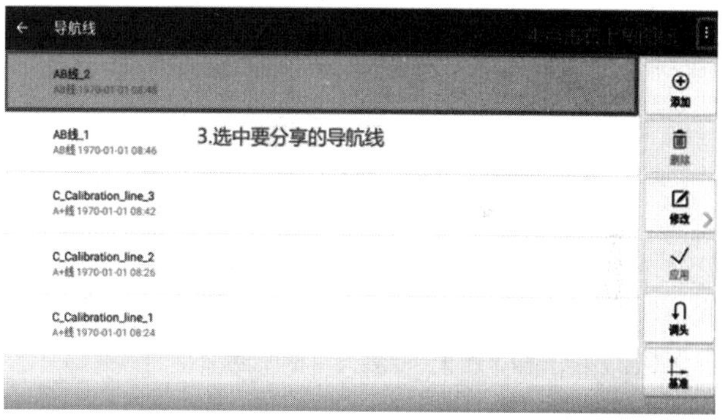

图 6-42　分享导航线

（4）点击右上角图标。

（5）点击【导出】，如图 6-43 所示。

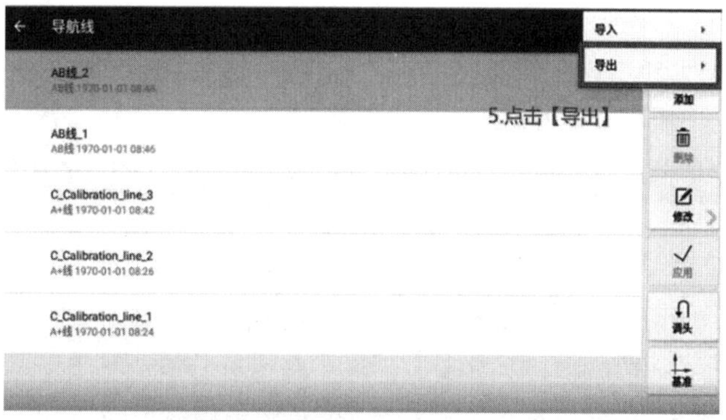

图 6-43　导出

(6)点击【分享】,如图 6-44 所示。

(7)获取【分享码】,如图 6-45 所示。

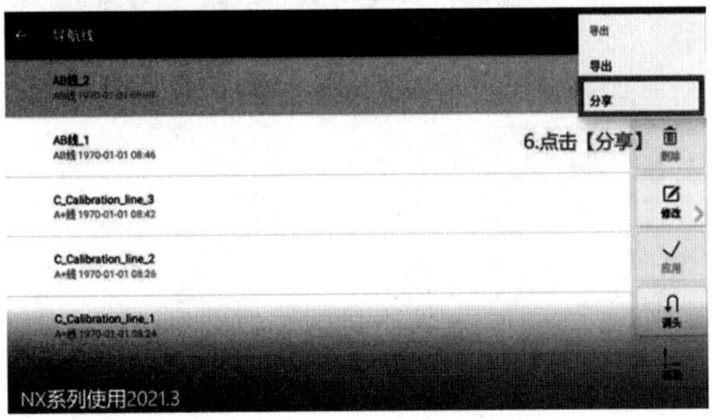

图 6-44　分享

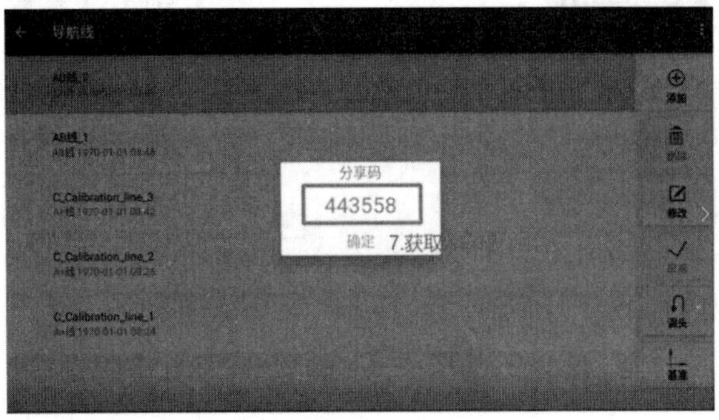

图 6-45　获取分享码

(8)需要系统作业的车辆也进入导航线界面,依次点击右上角三个点的图标→【导入】→【获取分享】。

(9)输入之前获取的分享码,如图 6-46 所示。

(10)点击确认,如图 6-47 所示。

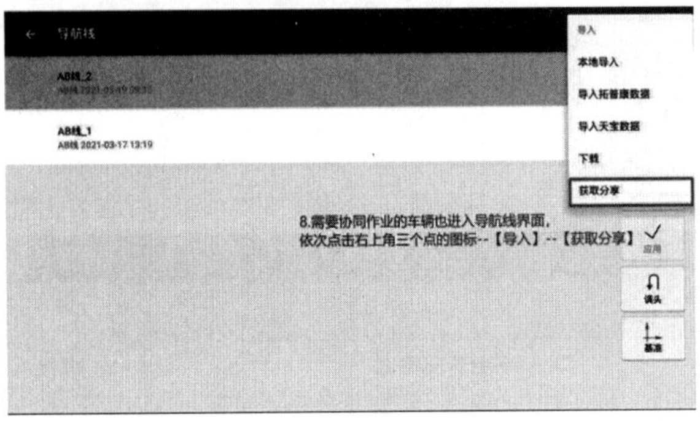

图 6-46　输入分享码

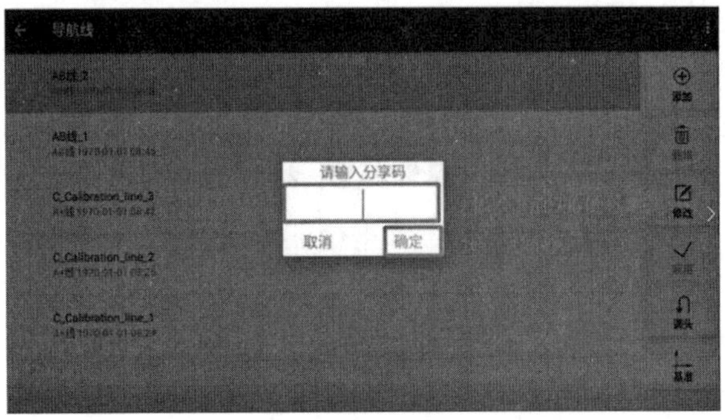

图 6-47　确认

(11)选中下载的导航线。

(12)点击【应用】,如图 6-48 所示。

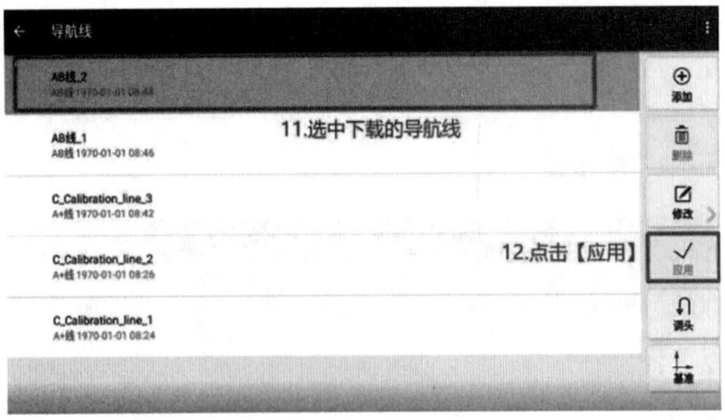

图 6-48　应用

(三)远程升级软件

(1)当导航软件需要升级时,可以使用电脑打开“华测远程协助”软件进行远程升级。如软件可以正常打开，正常点击主界面【帮助】→【一键求助】进入远程界面，如图 6-49 所示。

如软件无法正常打开，可以点击屏幕【图标 1】→【图标 2】进入远程软件，远程连接升级软件，如图 6-50 所示。

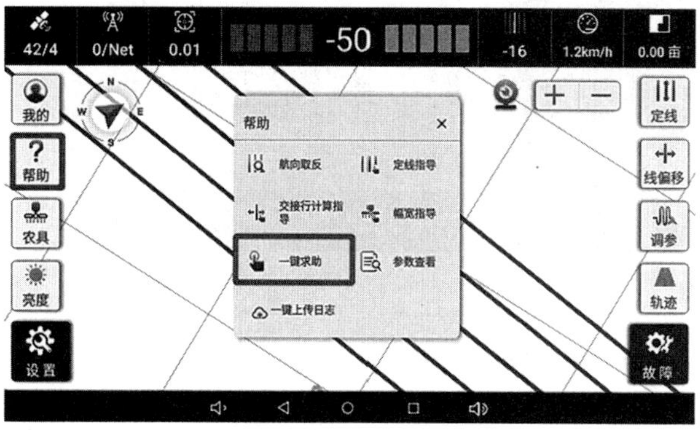

图 6-49　一键求助

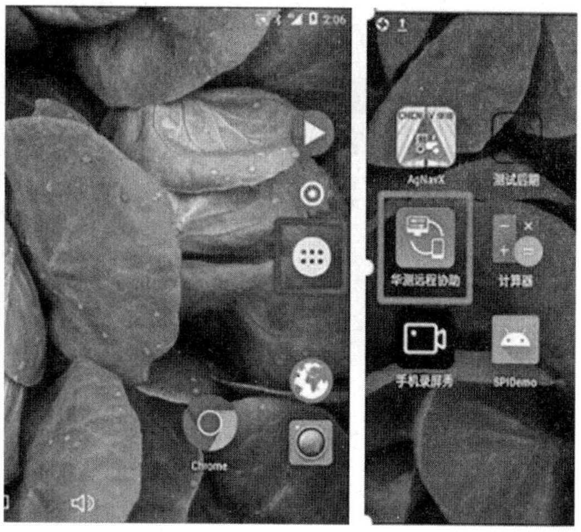

图 6-50　图标 1、图标 2

（2）电脑打开远程协助软件，输入伙伴识别码，点击【远程连接】，如图 6-51 所示。

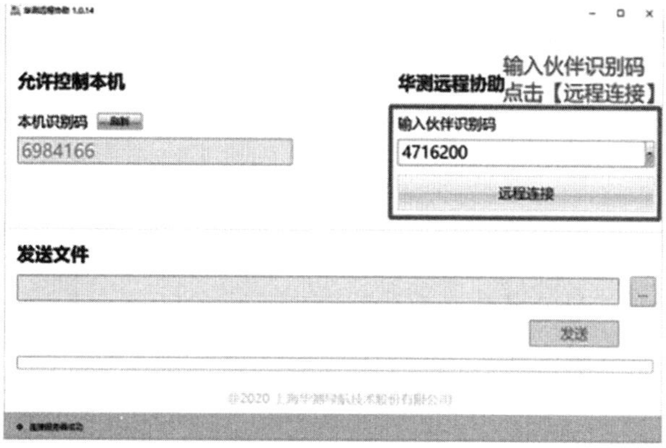

图 6-51　远程连接

（3）进入远程连接后，根据图示选中需要传输的软件，并点击【发送】。打开文件选择界面，点击选中对应文件，确认文件名后缀是否为 .apk，如不是需要到文件所在文件夹进行重命名。点击【打开】【发送】，等待软件发送至平板下方进度条可查看发送进度，如图 6-52 所示。

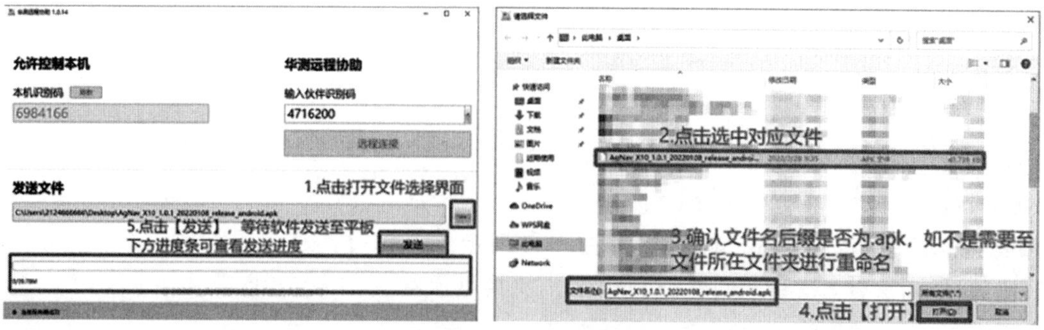

图 6-52　传输文件

注意,使用微信下载的软件需检查文件名后缀,须保证文件名称后缀为“.apk”。

(4)点击【ES 文件浏览器】,点击左侧【主目录】文件夹就能看见发送的版本,点击【安装】。安装完成后重启软件,软件可能要求升级 MCU,根据系统提示操作即可,如图 6-53 所示。

图 6-53　软件安装

(四)自动解除导航

(1)正常作业过程中导航自动结束。

原因 1:手动解除等级过低。

解决方案:将手动解除等级拉到最高。

原因 2:行驶过程中软件提示天线未连接。

解决方案:检查天线接口、信号接收器接头是否松动。

(2)起步过程中自动解除导航。

原因:起步时打火,导致平板重启。

解决方案:更换电瓶。

三、其他硬件部分出现问题故障诊断与排除

(一)显示器

1. 点击软件没反应

解决方案:

(1)点击屏幕虚拟按键查看是否生效,如图 6-54 所示。

(2)重启系统,重启 3 次以上问题仍未解决,需更换显示器。

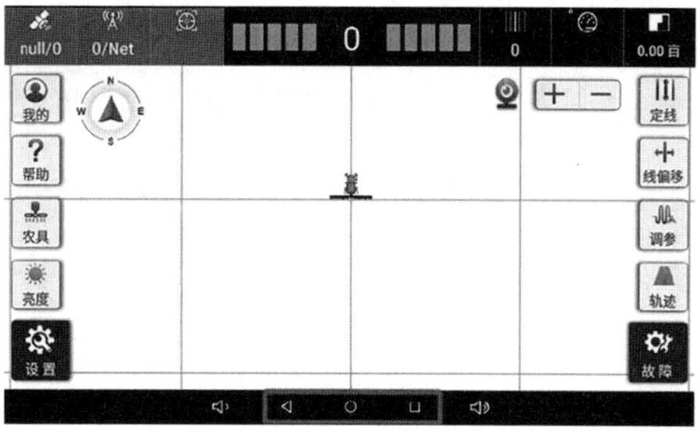

图 6-54　虚拟按键

2. 平板显示屏不亮

(1)主线线束保险丝熔断,需更换主线线束上的保险丝。

(2)电源开关保险丝熔断,需更换电源开关。

(3)显示屏亮度不够,需提高显示屏亮度。

(4)平板自身故障,需返厂维修或更换平板。

(二)NX300 控制器

1. 系统开机后控制器灯不亮或灯长亮

解决方案:

(1)查看电源连接是否正常、是否有虚接、保险丝是否烧坏、线束是否有破损、电源连接线及控制器主线是否插紧。

(2)检查控制器、吸盘天线安装是否绝缘。

(3)如绝缘后问题仍未解决,则直接更换控制器(绝缘安装)。

2. 控制器没有反应

可能是以下几个问题:

(1)电源问题。首先要检查控制器是否有电源,是否插好电源线。如果电源正常,可以检查电源线是否损坏,是否插紧。

(2)连接问题。如果控制器需要连接其他设备,如电视、音响等,需要检查连接线是否插紧,是否损坏。还需要确认连接线的接口是否正确,如 HDMI 接口、USB 接口等。

(3)控制器设置问题。如果电源和连接都正常,但控制器仍然没有反应,可能是控制器设置问题。可以尝试按下控制器上的重置按钮,或者查看控制器的使用说明书,确认设置是否正确。

(4)控制器故障。如果以上 3 个问题都排除了,那么可能是控制器本身出现故障。可以尝试联系售后服务或维修中心进行维修或更换控制器。

四、系统功能测试验证

故障排除和修复完成后,对农机导航系统的功能进行全面测试验证。这包括信号接收质量、定位精度、导航功能等方面的测试。通过测试验证,确保系统已恢复正常工作状态,并满足使用要求。

五、记录总结与反馈

在整个任务实施过程中,应详细记录每一步的操作过程和结果。任务完成后,对整个过程进行总结和反思，提炼出有效的故障诊断和排除方法。同时，将任务实施过程中遇到的问题和解决方案反馈给相关部门或人员，为今后的类似任务提供参考和借鉴。

农机导航系统维修后的记录实施是确保设备维护质量、跟踪维修历史以及为未来的维护和优化提供数据支持的关键步骤。

任务测验

实践题

1. 如何查看农机导航系统的当前版本？

2. 为什么要升级农机导航系统？

3. 农机导航系统 NX300 控制器无法开机，应如何诊断与排除故障？

4. 起步过程中自动解除导航，应如何诊断与排除故障？

任务五　诊断与排除直线度故障

任务描述

春耕时节，小李驾驶着搭载有导航系统的农机进行播种作业。当农机行驶了一段距离后，发现农机出现偏离航线现象(图 6-55)。小李立即停下农机，向技术人员进行咨询。

图 6-55　农机出现偏离航线现象

作为导航技术股份有限公司技术人员，需要掌握哪些直线度故障诊断与排除相关知识和技能，才能确保完成本次工作？

任务目标

能力目标

- 能准确识别直线度故障现象。
- 能运用专业工具和设备进行故障检测与定位。
- 能根据制订的直线度故障排除方案快速排除故障。

知识目标

- 了解农机导航系统直线度作业的工作原理。
- 掌握农机导航系统直线度故障的各种表现形式。
- 掌握农机导航系统直线度故障的诊断与排除的基本理论与方法。

素养目标

- 在故障诊断与排除过程中，始终保持认真、细致的工作态度，确保每一步操作都准确无误，培养严谨、细致的工作态度。
- 团队成员共同协作，分享经验、知识和资源，共同解决直线度故障诊断与排除过程中的难题，培养良好的团队协作精神。

任务分析

直线度故障是一种常见的农机导航系统故障，也是一个相对复杂的问题，可能涉及多个方面。作为初入职场的农机导航与自动驾驶学徒，要想准确诊断与排除直线度故障，需要掌握以下知识和技能。

首先，明确直线度的基本概念是进行故障诊断的基础。直线度通常是指农机在导航系统的引导下，实际行驶轨迹与理论直线之间的偏差程度。一个性能良好的农机导航系统应能精确控制农机的行驶方向，使其保持稳定的直线行驶状态。

其次，了解直线度故障的表现形式是诊断过程中的关键步骤。直线度故障可能表现为农机行驶轨迹的明显偏离、波动不稳定或在特定区域内无法保持直线行驶等。这些表现形式提供了诊断故障的初步线索。

然后，深入分析直线度故障的原因是解决问题的核心。可能的原因包括但不限于导航传感器精度不足、控制器参数设置不当、执行机构响应滞后或偏差以及外部环境的干扰等。每个因素都可能对农机导航系统的直线度性能产生影响，因此需要进行逐一排查和分析。

在诊断与排除直线度故障时，需要遵循一定的基本步骤。通过观察和测试收集故障数据，包括农机的行驶轨迹、传感器信号、控制器输出等；利用这些数据对故障进行初步定位，确定可能的问题所在；通过进一步的测试和验证，确定故障的具体原因；根据故障原因采取相应的措施进行故障排除，如更换传感器、调整控制器参数、优化执行机构性能等。

在故障排除过程中，还需要注意一些细节和注意事项。例如，确保测试环境的稳定性和一致性，以避免外部因素的干扰。同时，对于复杂的故障情况，可能需要借助专业的故障诊断工具和技术进行更深入的分析和排查。

最后，为了提高农机导航系统直线度故障诊断与排除的效率和准确性，可以采取一些改进措施。例如，加强农机导航系统的日常维护和保养工作，定期检查和校准传感器和执行机构。同时，加强对农机操作人员的培训和教育，提高他们的操作技能和故障识别能力。

综上所述，农机导航系统直线度故障诊断与排除任务需要明确直线度的基本概念、了解故障表现形式、分析故障原因，并按照基本步骤进行针对性的故障排除。通过加强维护和培训等措施，可以进一步提高故障诊断与排除的效率和准确性。

知识学习

一、农机导航系统直线度概念

直线度是指一个物体或设备在运动中保持其路径为直线的程度。在机械、工程、导航等领域，直线度的保持至关重要，因为它关系到设备运行的精确性和效率。在农机导航系统中，直线度指的是农机在行驶过程中，能够稳定、准确地沿着预定直线路径行驶的能力。直线度的应用主要体现在以下几个方面：

(1)通过确保农机沿着直线行驶，导航系统能够实现精准耕作，使耕地更加均匀、细致，为作物生长提供良好的土壤环境。

(2)直线行驶能够减少农机的转弯和调整次数，从而节省时间和能源，提高作业效率。

(3)导航系统通过精确控制农机的行驶轨迹，减轻了驾驶员的操作负担，使作业过程更加轻松、舒适。

当农机出现直线度故障时，其运动轨迹将偏离预期的直线路径，需要及时进行故障诊断和排除。

二、故障现象识别

农机导航系统直线度故障是农机作业过程中常见的问题之一，通过直线度故障发生前后行驶轨迹比较，可以得出，当故障发生后，农机在行驶过程中无法保持预期的直线路径，出现明显的偏离、摆动或行驶不稳定的情况，需要及时识别和处理，如图 6-56 所示。

图 6-56 直线度故障前后行驶轨迹

在作业过程中，可以直观地感受到农机行驶轨迹的不规则性。正常情况下，农机应该沿着设定的直线路径稳定行驶，但当导航系统出现直线度故障时，农机可能会频繁偏离预定的路径，需要不断调整方向以纠正偏差。这种不断调整不仅增加了劳动强度，还会降低作业效率。

此外，可以通过导航系统显示的数据来识别直线度故障。农机导航系统通常会实时显示农机的位置、速度和行驶轨迹等信息。当导航系统出现直线度故障时，这些数据可能会出现异常波动或偏差。例如，行驶轨迹可能会显示为曲线而非直线，或者速度数据可能会出现不稳定的波动。通过观察这些数据的变化，可以及时发现导航系统的直线度故障。

三、故障原因分析

直线度故障的原因可能涉及导航系统硬件、软件或外部环境因素。常见原因包括传感器故障、控制器失效、导航算法错误、农机机械部件磨损或外部干扰等。深入分析故障现象，是确定具体原因的关键。

四、诊断工具与方法

诊断直线度故障需要使用特定的工具和方法。常见的诊断工具包括故障检测仪器、多功能表、传感器测试仪等。诊断方法则包括系统自诊断、参数检查、信号分析、软件调试等。正确的诊断工具和方法能帮助人们快速定位故障。

五、故障排除步骤

故障排除通常按照以下步骤进行：首先确认故障现象，然后利用诊断工具进行故障定位，接着根据分析结果修复或更换故障部件，最后进行验证测试，确保故障排除后的系统性能。

任务实施

一、任务准备

（一）材料清单准备

在进行农机导航系统直线度故障诊断与排除的任务实施前，首要任务是做好充分的准备。这包括明确任务目标、确定诊断与排除流程，并编制详细的材料清单。材料清单应包含所有必要的诊断与维修工具和设备，如螺丝刀、扳手、万用表、清洁剂、示波器、频谱分析仪以及相关维修备件等，以确保任务能够顺利进行。

（二）安全教育

安全始终是任务实施的第一要务。在任务开始前，必须对所有参与人员进行安全教育，强调农机导航系统直线度故障处理中的潜在风险和安全操作规程。同时，为参与人员提供必要的防护措施，如佩戴防护眼镜，穿戴防滑手套、安全鞋等，以减少意外伤害的风险。

二、任务实施

在耕地作业中，如果发生直线度故障，会导致农机在作业时产生 S 弯或偏离预定的直线路径，严重影响生产效率。引起直线度故障的主要原因有：农机作业地况问题、车辆本身引起的问题、系统信号异常、车辆参数设置有误、角度传感器异常及 IMU 故障。下面将进行直线度故障排除操作。

（一）农机作业地况问题

1. 农机作业地况问题导致直线度故障

如图 6-57 所示，无人驾驶农机的作业区域应当选择相对平整区域，地况复杂、地势起伏过大、沟壑较深、障碍物较多的地面会影响农机导航作业的精准度。在地况恶劣情况下，拖拉机行驶过程中容易发生机身颠簸。在发生较大的颠簸时，农机作业轨迹会产生明显的偏移。

地况平整

地况复杂

图 6-57　农机作业地况

2. 农机作业地况问题处理步骤

（1）调整悬架系统。

①注意操作安全。在调整悬挂系统时，确保农机处于静止状态，避免在行驶中调整。使用合适的工具和设备，确保操作安全。

②了解地形特点。在开始作业前，观察并分析地形，包括土壤类型、地面平整度、坡度等，确定地形对农机悬挂系统的特殊要求。

③检查农机悬挂系统。检查悬挂系统各部件是否完好，无损坏或磨损，确保悬挂系统液压或气压系统正常工作。

④调整悬挂高度。根据地形特点，调整悬挂机构的高度。例如，在崎岖地形上提高悬挂高度，确保农机与地面之间有适当的间隙，减少冲击。

⑤调节悬挂阻尼。根据地形和作业需求，调整悬挂系统的阻尼设置。在松软或不平坦地面上增加阻尼，减少农机震动。

⑥适应不同路况。针对不同的路况（如泥泞、砂石等），及时调整悬挂系统，在泥泞路面上，需要增加悬挂阻尼和高度，提高农机通过性。

（2）选择合适的作业速度。

①评估作业环境。在选择农机作业速度之前，首先要对作业环境进行全面评估。考虑地形、地势、地块大小、障碍物分布等因素，这些因素将直接影响农机的作业效率和速度选择。

②确定作物类型。不同的作物类型对农机的作业速度有不同的要求。例如，谷物作物可能需要较慢的作业速度以避免损伤谷物，而某些蔬菜作物则可能允许较快的作业速度。

③确定土壤条件。土壤的类型、湿度、坚实度等因素将影响农机的作业速度和效果。在土壤条件较差的情况下，应适当降低作业速度以减少农机对土壤的压实和损伤。

④考虑天气因素。天气条件，如温度、湿度、风速等将直接影响农机的作业效果和速度选择。在高温、高湿或大风等恶劣天气条件下，可能需要降低作业速度以避免农机过热或操作不稳定。

⑤参考农机性能。在选择作业速度时，应参考农机的性能参数和制造商的建议，了解农机的最大作业速度、最佳作业速度范围以及在不同条件下的性能表现。

⑥设定初步速度。根据以上评估和分析，设定一个初步的农机作业速度。这个速度应综合考虑作物类型、土壤条件、天气因素以及农机性能等因素，确保农机在作业过程中既能保持高效又能保护作物和土壤。

⑦实时调整速度。在实际作业过程中，应根据具体情况实时调整农机作业速度。通过观察作物反应、农机工作状态以及作业效果，及时调整速度以确保最佳作业效果。

(3)缓冲区的设置。

①确定缓冲区域范围。明确需要设置缓冲区的农机行驶轨迹范围,通常基于农田的实际边界、作业需求和农机的运动限制来确定。

②分析农机行驶数据。收集农机在特定区域内的行驶数据,包括速度、转向频率、行驶路径等。这些数据将帮助了解农机的行驶特性,并为缓冲区设置提供依据。

③选定缓冲区域形状。根据农机行驶轨迹的特点和作业需求,选择合适的缓冲区形状。常见的形状有矩形、椭圆形等,以确保农机在行驶中不会因为缓冲区的形状而影响作业效果。

④设定缓冲区域宽度。根据农机尺寸、行驶稳定性要求和周围环境的因素,设定缓冲区的宽度。缓冲区宽度应足够大,以确保农机在行驶中不会偏离预定轨迹。

⑤评估缓冲区效果。在设定缓冲区后,通过模拟或实际测试来评估缓冲区的效果,包括农机在缓冲区内的行驶稳定性、作业效率以及是否满足安全要求等。

⑥调整并优化设置。根据评估结果,对缓冲区的设置进行调整和优化。这可能涉及调整缓冲区的大小、形状或位置,以提高农机的作业效率和安全性。

⑦实施缓冲区域设置。在确定缓冲区域设置方案后,将方案付诸实施。这可能包括在农机上安装必要的标识、设置监控系统等。

⑧监控与定期更新。实施缓冲区域设置后,需要对其进行持续监控,并定期更新。这可以确保缓冲区域始终适应农机的行驶特性和作业需求的变化。

(4)人工干预。

①确定作业区域。通常基于农田的地理位置、地形特征以及农机作业的需求,明确需要进行平地作业的区域。确定作业区域有助于后续的规划和工作安排。

②清理障碍物。在开始平地作业之前,必须清理作业区域内的障碍物,包括石头、树枝、废弃物等。清理障碍物可以确保平地作业的顺利进行,并防止这些障碍物对农具造成损害。

③评估土壤状况。评估作业区域的土壤状况是人工干预平地作业的关键步骤之一。通过了解土壤的类型、湿度、有机质含量等信息,可以判断土壤是否适合进行平地作业,并制订相应的作业方案。

④设计平整方案。基于作业区域的土壤状况和其他因素,设计合适的平整方案。平整方案应明确平整的目标、方法、步骤等,确保平地作业能够按照预定的目标进行。

⑤准备工具设备。根据平整方案,准备必要的工具和设备,可能包括推土机、平地机、铲子等。确保工具设备齐全、性能良好,以满足平地作业的需求。

⑥开始平整作业。在准备好工具设备后,开始执行平整作业。按照平整方案进行操作,确保平整作业的准确性和效率。在作业过程中,应注意安全,避免发生意外事故。

⑦质量检查验收。完成平整作业后,进行质量检查验收。检查内容包括地面平整度、坡度、土壤状况等。通过质量检查验收,可以评估平整作业的效果,确保其完成预定的目标。

⑧清理作业现场。在质量检查验收合格后,清理作业现场。清理内容包括工具设备的归位、作业区域的杂物清理等。保持作业现场的整洁和有序,为后续的农机作业创造良好的环境。

(二)车辆本身问题

1. 车辆本身可能出现的问题

(1)马力与配重不匹配。

①马力不足。如果农机的马力不足,就会导致车辆在运行过程中没有足够的力量来维持稳定的作业轨迹。这种情况下,车辆可能会出现走不直、出现 S 弯等现象。

②配重不当。如果农机的配重不当,就会导致车辆的重心不稳定,从而使车辆在运行过程中产生颠簸和震动。这种情况下,车辆可能会出现作业轨迹偏移、不稳定等现象。

图 6-58　轮胎磨损

(2)车辆自身出现故障。

①刹车系统故障。如果农机的刹车系统出现故障,就会导致车辆在运行过程中刹车不均匀,从而产生颠簸和震动。

②转向系统故障。如果农机的转向系统出现故障,就会导致车辆的转向不灵活或者转向过度。

③轮胎磨损(图 6-58)。如果农机的轮胎磨损严重,就会导致车辆的抓地力下降,从而使车辆在运行过程中容易发生侧滑或偏移。

(3)车辆转向过重,转向间隙过大。

①车辆转向过重。如果农机的转向过重,就会导致车辆在运行过程中转向不灵活,车辆可能会发生路线偏移。

②转向间隙过大。如果农机的转向间隙过大,就会导致车辆在转向过程中产生明显的晃动或偏离。这种情况下,车辆可能会出现作业轨迹不稳定、不准确等现象。

2. 车辆本身问题处理步骤

(1)调整车辆配重,增加车辆马力。

①分析具体车型。不同型号的农机车辆有不同的配重需求和最佳重心位置。应首先了解自己车辆的具体型号和规格,以便进行合理的配重调整。

②根据作业需求调整配重。对于不同的作业任务,农机车辆的配重需求也会有所不同。例如,在进行深松作业时,可能需要增加后部的配重以提高土壤的穿透力;而在进行播种或施肥作业时,可能需要调整前后部的配重以保持车辆的稳定性。

③使用可调配重块。为了满足不同作业需求,可以在车辆上安装可调配重块。这些配重块可以根据需要轻松添加或移除,从而快速调整车辆的重心位置。

④考虑升级发动机。如果车辆的马力明显不足,可以考虑升级发动机。选择功率更大、性能更稳定的发动机,可以提高车辆的动力和作业效率。

⑤增加辅助动力设备。除了升级发动机外,还可以考虑增加辅助动力设备,如发电机、液压泵等。这些设备可以提供额外的动力支持,帮助车辆在马力不足的情况下完成作业任务。

(2)定期检查与维修。

①日常检查。应每天对农机车辆进行基本的检查,包括发动机、轮胎、制动系统、灯光、液压系统等。确保这些部件处于良好的工作状态,及时发现并处理潜在问题。

②周期性维修。除了日常检查外,还应根据农机车辆的使用情况和制造商的推荐,进行周期性维修,包括更换机油、清洗空气滤清器、调整气门间隙等。

③专业维修。对于复杂的故障或无法处理的问题,应及时联系专业的农机维修人员进行维修。避免因自行处理而引发更大的问题或安全隐患。

(3)检查和调整车辆的转向系统。

①视觉检查。进行转向系统的视觉检查。查看转向系统的各个部件,包括转向轮、转向拉杆、转向节、转向柱等,是否有明显的损伤、变形、裂纹或过度磨损。同时,检查转向油管、接头等是否有渗漏现象。

②功能测试。进行转向系统的功能测试。启动农机车辆,以低速行驶,观察转向系统的运行情况。检查转向是否顺畅,是否有卡顿、沉重或跳动的情况。同时,注意转向时车轮的响应是否及时,有无明显的延迟或偏差。

③参数调整。根据功能测试的结果,进行必要的参数调整。如果需要,可以调整转向拉杆的长

度，以确保车轮在直线行驶时处于正确位置。同时，检查并调整转向系统的间隙，包括转向柱间隙和转向节间隙，以确保转向系统的精度和稳定性。

④紧固和润滑。进行转向系统的紧固和润滑工作。检查转向系统各个部件的紧固情况，如有松动应及时紧固。同时，对转向系统的关键部位进行润滑，以减少磨损和摩擦，提高转向系统的使用寿命和性能。

（三）系统信号异常

系统信号异常导致直线度故障的诊断与排除如下：

检查显示屏右上角三项信号是否正常连接（图6-59）。如图6-60所示，进入【设置】→【RTK设置/网络设置】或进入【检测平台】→【场景信息】→【信号源详情】查看信号异常原因，信号断断续续/中断会导致农机导航线路发生偏移，保证信号稳定即可解决直线度不佳的问题。

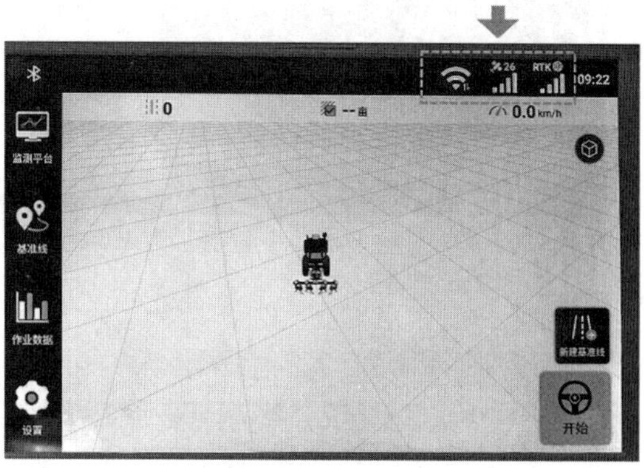

图6-59　系统信号

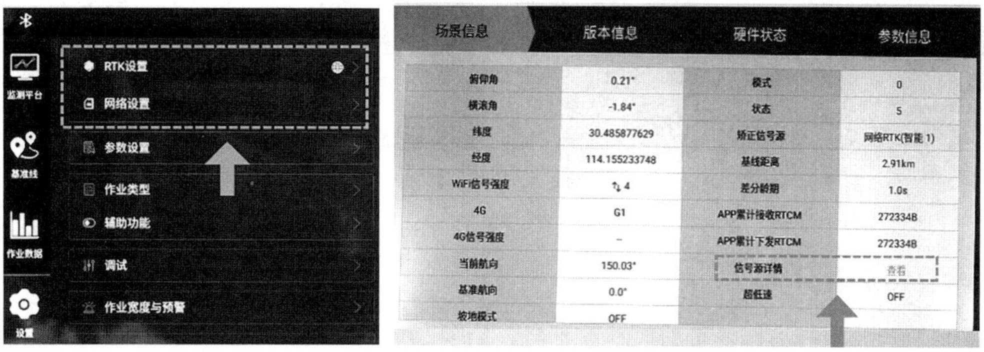

图6-60　信号源查询

（四）车辆参数设置有误

车辆的参数设置有误导致直线度故障的诊断与排除如下：

车辆参数设置有误（图6-61），会导致作业时，设定作业轨迹与实际作业操作轨迹出现偏差。点击【设置】→【参数设置】，逐步检查【车辆信息】【机具信息】填写数据是否正确，对不确定的参数进行再次测量。若未解决，可重新进行【整车标定】（图6-62）及【机具校准】（图6-63）。

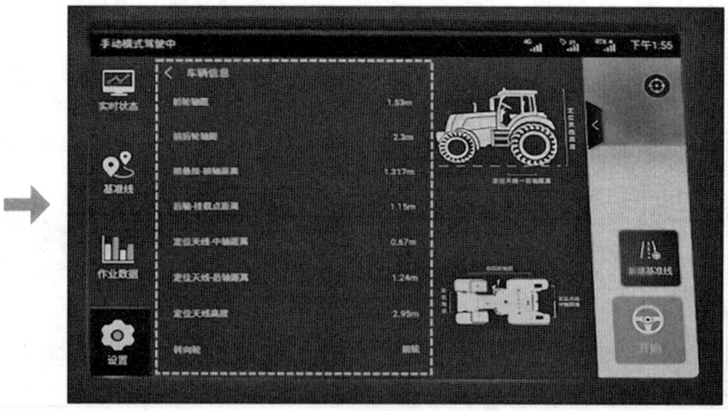

图6-61　车辆参数设置有误

图 6-62　整车标定

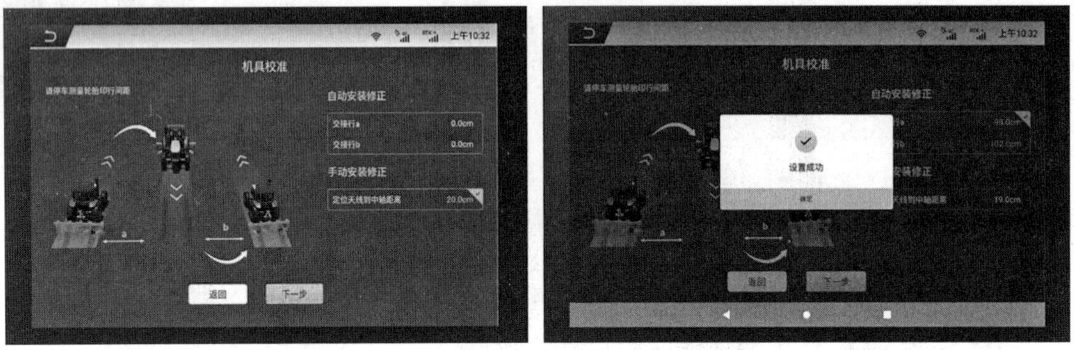

图 6-63　机具校准

(五)角度传感器异常

角度传感器异常导致直线度故障的诊断与排除如下：

首先，如图 6-64 所示，检查角度传感器安装位置是否正确，查看农机上角度传感器的位置，若安装位置为右轮，点击【设置】→【参数设置】，回到角度传感器校准页面，查看角度。传感器安装位置选择若与实际安装位置不同，点击【安装位置】切换按钮，即可重新选择正确的安装位置。

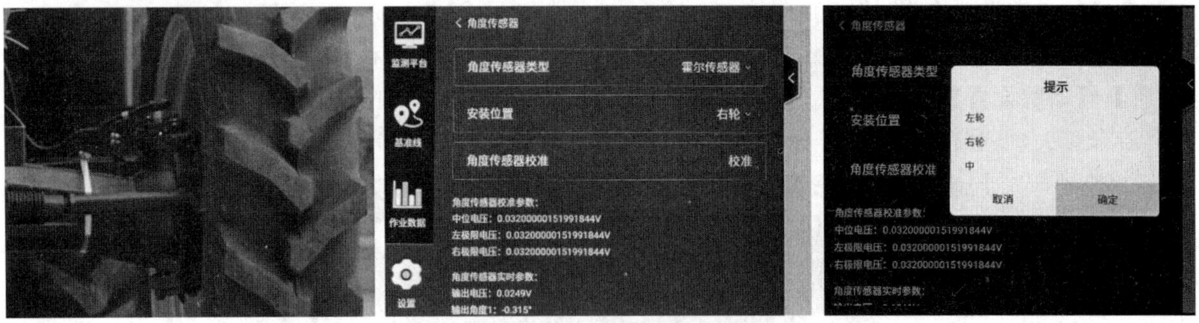

图 6-64　角度传感器安装位置核查

然后，检查连接线是否松动，如图 6-65 所示。查看农机上安装的角度传感器的连接线是否有松动现象，将连接线拆下后查看线路有无异常，排除异常后重新连接线路。最后，查看实时电压是否有变化，如图 6-66 所示，启动车辆，方向盘打向最左侧、最右侧、居中，查看校准界面实时电压是否有变化，若有请重新校准角度传感器，若无则更换新的角度传感器。

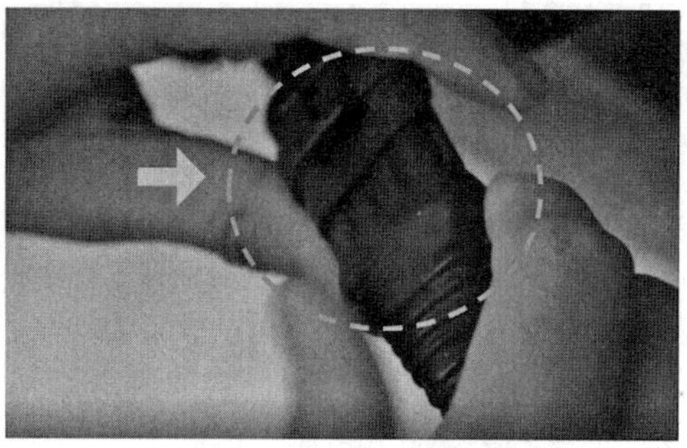

图 6-65　查看线路连接

图 6-66　查看实时电压变化

(六)IMU 故障

IMU 故障导致直线度故障的诊断与排除如下:

首先,检查车辆停止—实时状态,查看俯仰角和滚转角数值有无变化,若无变化,联系经销商升级 IMU 版本,重新整车标定,具体操作:点击【设置】→【参数设置】→【整车标定】,点击【开始校准】按钮,进行重新校准。然后,检查连接线是否正常,查看设备连接线是否松动、损坏,如果有,进行维修或更换。最后,检查安装位置是否符合要求,IMU 要水平放置,保证下方牢固、可靠。在车辆静止时,按动 IMU,俯仰角和滚转角几乎没有变化,车辆启动后,俯仰角和滚转角数值,跟着车辆姿态变化而变化,即符合安装要求。若安装错误,需重新安装,直到测试数据符合要求。图 6-67 为 IMU 故障排除步骤。

(七)稳线系数设定有误

稳线系数设定有误导致直线度故障的诊断与排除如下:

如图 6-68 所示,稳线系数影响农机的直线行驶精度,该系数越小,控制程度越高,但是不稳定性也会相应提高。一般默认数值为 1,可根据具体需求调整稳线系数数值。

三、记录总结与反馈

在整个任务实施过程中,应详细记录每一步的操作过程和结果。任务完成后,对整个过程进行总结和反思,提炼出有效的故障诊断和排除方法。同时,将任务实施过程中遇到的问题和解决方案反馈给相关部门或人员,为今后的类似任务提供参考和借鉴。

农机导航系统维修后的记录实施是确保设备维护质量、跟踪维修历史以及为未来的维护和优化提供数据支持的关键步骤。

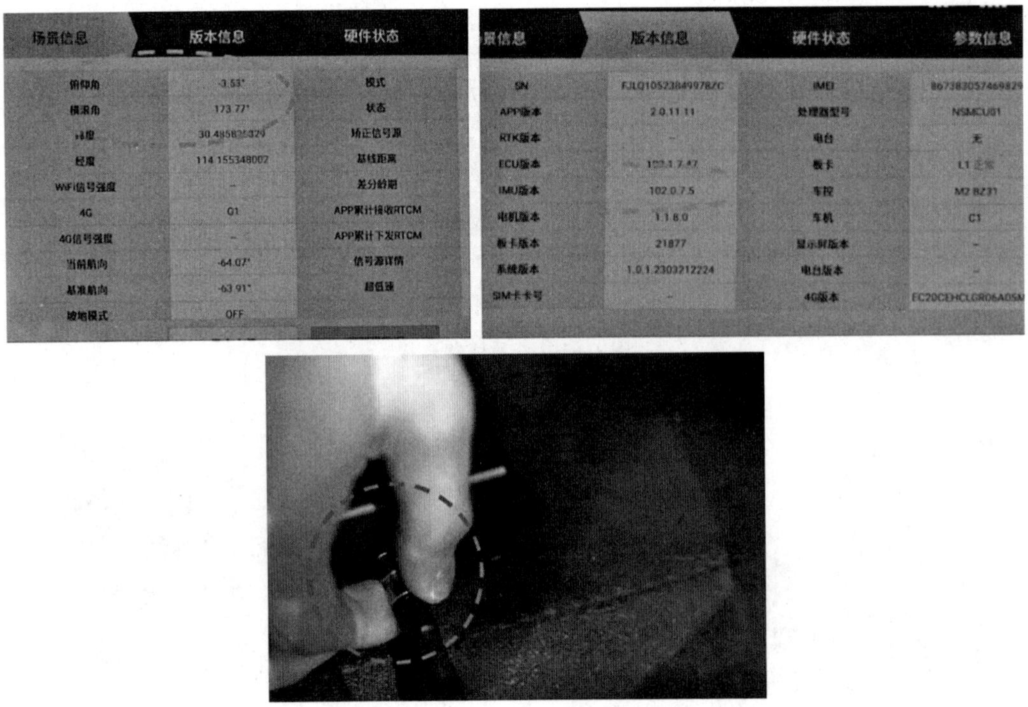

图 6-67　IMU 故障排除步骤

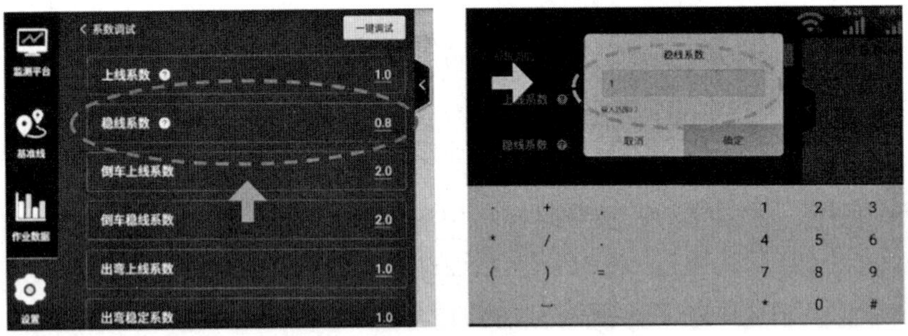

图 6-68　稳线系数设定步骤

知识拓展与提升

一、远程故障诊断技术

智能农机装备远程故障诊断技术是指借助现代信息技术手段，对农机装备的运行状态进行远程监测和诊断，旨在及时发现并解决装备运行过程中的故障问题。该技术对提升农机装备的可靠性、降低维修成本、提高农业生产效率具有重要意义。它改变了传统的故障诊断方式，使得农机装备的维护管理更加智能化、高效化。

智能农机装备远程故障诊断技术的工作原理主要包括数据采集、传输、处理和分析几个环节。首先，通过在农机装备上安装传感器，实时采集装备的运行数据；然后，利用无线通信技术将数据传输至远程故障诊断中心；接着，在诊断中心，通过大数据分析和机器学习算法对数据进行处理和分析，识别出潜在的故障模式；最后，根据诊断结果，给出相应的维修建议或报警信息。

智能农机装备远程故障诊断技术适用于各种农机装备，包括拖拉机、收割机、灌溉设备等。在农田作业中，这些装备常常面临复杂多变的工作环境，容易出现各种故障。通过应用远程故障诊断技术，可以实现对装备的实时监测和故障预警，及时发现问题并采取措施，避免因故障导致的生产延误和损失。

二、远程故障诊断技术的优势

智能农机装备远程故障诊断技术通过引入先进的算法和模型，提高了故障诊断的准确性。传感器采集的数据经过处理后，可以提供丰富的装备运行状态信息，为故障诊断提供有力支持。同时，机器学习算法的应用使系统能够不断学习和优化诊断模型，提高诊断的精确性和可靠性。传统的农机装备故障诊断往往需要专业人员到现场进行，不仅耗时耗力，而且可能因为诊断不及时而影响生产进度。而智能农机装备远程故障诊断技术可以实现实时监测和即时诊断，大大提高了故障诊断的实时性和效率。一旦出现故障，系统可以迅速发出警报并给出维修建议，使维修人员能够迅速响应并采取有效措施。

三、未来发展趋势

随着物联网、大数据、人工智能等技术的不断发展，智能农机装备远程故障诊断技术也在不断创新和完善。未来，该技术将更加注重数据的实时性和准确性，提升故障诊断的智能化水平。同时，通过与其他先进技术的融合应用，可以开发出更加高效、精准的远程故障诊断系统，为农业生产提供更加全面的技术支持。

智能农机装备远程故障诊断技术的发展将呈现智能化和集成化的趋势。一方面，通过引入更多的智能算法和模型，系统能够实现更加精准、高效的故障诊断；另一方面，随着技术的不断进步和应用的普及，智能农机装备远程故障诊断技术将与更多的农业信息化系统进行集成，形成更加完善、高效的农业智能化体系。这将有助于提升农业生产的整体效率和质量，同时，为农业生产带来更加便捷、高效的服务，推动农业现代化进程不断深入。

任务测验

一、选择题

1. 农机在行驶过程中，突然出现导航直线度偏差，可能的原因不包括(　　)。

   A. 导航系统传感器故障　　B. 轮胎气压不均

   C. 发动机功率不足　　D. 导航屏幕显示问题

2. 当农机导航的直线度出现问题时，不需要进行(　　)检查。

   A. 农机轮胎磨损情况　　B. 导航系统软件版本

   C. 导航系统天线连接情况　　D. 农机发动机运行状态

3. 农机导航直线度故障诊断中，使用(　　)可以帮助判断导航系统传感器是否正常工作。

   A. 万用表　　B. 气压计　　C. 转速表　　D. 里程计

二、填空题

1. 农机导航直线度故障的常见原因之一是____________出现故障，导致导航信号不稳定。

2. 在排除农机导航直线度故障时，如果发现导航系统传感器存在损坏，应该及时____________和____________传感器，以保证导航系统的正常运行。

3. 为了提高农机导航的直线度精度，可以采取的措施之一是____________，以减少外界干扰对导航系统的影响。

三、判断题

1. 农机导航直线度故障一定是由于导航系统硬件故障引起的。 （ ）
2. 在进行农机导航直线度故障诊断时，不需要考虑农机本身的机械故障。 （ ）
3. 如果农机导航直线度出现问题，应该检查导航系统的电源供应是否正常。 （ ）

四、实践题

1. 请设计一份农机导航直线度故障诊断与排除的实践操作方案，包括故障诊断步骤、所需工具、故障排除方法和注意事项等。

2. 请模拟进行农机导航直线度故障诊断与排除。

任务六 诊断与排除交接行故障

任务描述

春耕时节，小李驾驶着搭载有导航系统的农机进行耕地作业。当农机行驶了一段距离后，突然发现交接行一大一小现象。小李立即停下农机，向技术人员进行咨询。

作为导航技术股份有限公司技术人员，需要掌握哪些交接行故障诊断与排除相关知识和技能，才能确保完成本次工作？

任务目标

能力目标

◆ 熟练使用各种专业工具和设备，对交接行故障进行排除。

◆ 能对农机导航系统进行全面的验证和测试，确保交接行功能恢复正常。

知识目标

◆ 学习农机导航系统交接行功能原理。

◆ 掌握交接行故障类型与原因。

◆ 掌握交接行的测量方法。

素养目标

◆ 在发现问题时，及时采取措施，确保农机导航系统的稳定性和可靠性，具备责任意识。

◆ 在进行故障诊断和排除时，要严格遵守安全操作规程，确保人员和设备的安全，具备安全生产意识。

任务分析

交接行故障是一种常见的农机导航系统故障，也是一个相对复杂的问题，可能涉及多个方面。要准确诊断与排除交接行故障，需要明确交接行的基本概念，了解交接行故障的表现形式，并分析其原因，然后按照故障诊断与排除的基本步骤，针对性地进行故障排除。农机导航系统交接行故障诊断与排除任务是一个相对复杂且需要细致分析的过程。在这个过程中，明确交接行的基本概念以及了解交接行故障的常见表现形式和原因，是准确诊断与排除故障的关键前提。

明确交接行的概念对理解故障的本质至关重要。交接行是指农机作业过程中，不同作业区域之间或不同工作周期之间的过渡区域。在理想情况下，交接行应该平滑、连续，确保作业的一致性和连续性。

然而，在实际作业中，交接行故障常常出现，导致作业精度和效率下降。这些故障可能表现为交接行位置偏移、宽度不一致或不平直等。这些故障不仅影响作业质量，还可能增加作业成本和时间。

为了准确诊断交接行故障，需要深入分析其产生的原因。常见的故障原因包括农机导航系统的定位精度不足、导航参数设置不当、农机操作不当或环境因素干扰等。这些因素可能相互作用，导致交接行故障的发生。

在诊断过程中，可以通过收集农机导航系统的运行数据、观察作业过程、检查农机状态等方式来获取相关信息。这些数据和信息可以帮助人们识别故障的具体表现，并进一步分析故障原因。

一旦故障原因被明确，就可以有针对性地进行故障排除。这可能涉及调整导航参数、校准定位设备、优化农机操作或改进作业环境等。具体的排除方案应根据故障的具体情况和农机导航系统的实际特点来制订。

在故障排除过程中，还需要关注验证与测试环节。通过实地测试，可以验证故障排除的效果，确保交接行恢复正常。同时，还应总结经验教训，为今后的故障诊断与排除工作提供参考。

此外，为了预防交接行故障的发生，可以加强农机导航系统的日常维护和管理，提高操作人员的技能水平，并关注新技术的应用和发展趋势。这些措施可以有效提升农机导航系统的性能和稳定性，减少交接行故障的发生。

总之，明确交接行的基本概念，深入分析交接行故障的表现形式和原因，制订针对性的故障诊断与排除方案，并加强预防工作，是确保农机作业精度和效率的关键所在。通过不断地优化和改进农机导航系统的性能，可以为农业生产提供更加精准、高效的作业支持。

知识学习

一、农机导航系统交接行概念

交接行在农业作业中，特别是在使用农机进行自动驾驶时，是一个重要的概念。交接行是指往返作业时，在农具有效覆盖范围之外需要空出来的距离。在农机进行作业（如播种、施肥、收割等）时，交接行的处理是确保作业连续性和作业质量的关键环节。一个良好的交接行设置，能确保作业区域间的平滑过渡，减少农机在作业过程中的转弯和调整次数，从而节省时间和能源。还能避免重复作业和遗漏现象，从而提高整体作业效率和质量。因此，优化交接行处理对提高农机作业效率具有重要意义。

二、交接行故障常见现象及分析

交接行故障是农机导航系统在执行作业时遇到的常见问题之一，其表现多种多样，主要体现在作业过程中需要的交接行和实际的交接行大小不一（图 6-69）。下面介绍几种交接行常见故障现象。

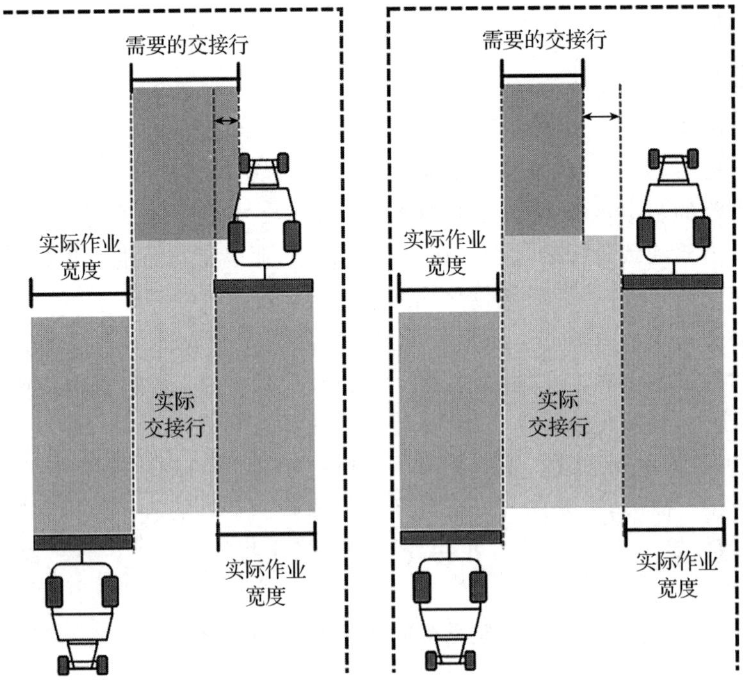

图 6-69 交接行大小不一

(1)两边交接行都大或都小且保持一致,例如,两边都大 5 cm 或两边都小 5 cm,这种情况可能是导航设置宽幅与实际农具宽幅不一致导致的。

(2)两边交接行都大且大的不一致,或者两边都小且小的不一致;交接行一边大一边小,并且大小不一致。这两种情况可能是导航设置宽幅与实际农具宽幅不一致,并且导航天线中心线或农具悬挂中心点不对称导致的。

(3)交接行一边大一边小,并且大小一致,例如,一边大 5 cm 一边小 5 cm,这种情况可能是导航天线中心线不对称导致的。

三、诊断工具与方法

诊断交接行故障需要使用特定的工具和方法。常见的诊断工具包括故障检测仪器、多功能表、传感器测试仪等。诊断方法则包括系统自诊断、参数检查、信号分析、软件调试等。正确的诊断工具和方法能帮助人们快速定位故障。

四、故障排除步骤

故障排除通常按照以下步骤进行:首先确认故障现象,然后利用诊断工具进行故障定位,接着根据分析结果修复或更换故障部件,最后进行验证测试,确保故障排除后的系统性能。

任务实施

一、任务准备

(一)材料清单准备

在进行农机导航系统直线度故障诊断与排除的任务实施前,首要任务是做好充分的准备。这包括明确任务目标、确定诊断与排除流程，并编制详细的材料清单。材料清单应包含所有必要的诊断与维修工具和设备，如螺丝刀、扳手、万用表、清洁剂、示波器、频谱分析仪以及相关维修备件等，以确保任务能够顺利进行。

（二）安全教育

安全始终是任务实施的第一要务。在任务开始前，必须对所有参与人员进行安全教育，强调农机导航系统信号故障处理中的潜在风险和安全操作规程。同时，为参与人员提供必要的防护措施，如佩戴防护眼镜，穿戴防滑手套、安全鞋等，以减少意外伤害的风险。

二、任务实施

在耕地作业中，如果发生交接行故障，会导致农机在作业时交接行大小不一，严重影响作业质量。引起交接行故障的主要原因有：车辆参数设置问题、机具参数设置问题、农机本身问题、导航问题及地况问题。下面将进行交接行故障排除操作。

（一）车辆参数设置问题排除操作

车辆的参数设置有误时，设定作业轨迹与实际作业操作轨迹会出现偏差。

车辆参数设置问题处理步骤：

如图 6-70 所示，点击【设置】→【车辆信息】，进入车辆信息详情，对以下参数进行逐个测量后，查看设定参数与实际参数是否一致，修改错误部分即可。

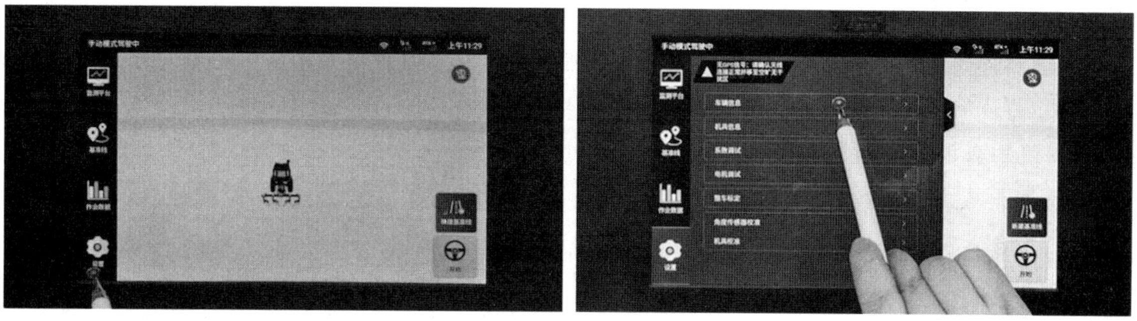

图 6-70　车辆参数设置

（1）前轮轴距。

（2）前后轮轴距。

（3）前悬挂—前轴距离。

（4）后轴—挂载点距离。

（5）定位天线—中轴距离。

（6）定位天线—后轴距离。

（7）定位天线高度。

（8）转向轮直径。

（二）机具参数设置问题排除操作

机具参数问题引起的交接行问题，首先注意幅宽计算可能存在问题，需要重新量取实际作业幅宽，进行修改，再进行左右交接行的调节。

机具参数设置问题处理步骤：

(1)统一右侧转,放下农具进行3次换行作业,分别测量右交接行和左交接行大小。

(2)打开导航仪,【设置】→【参数设置】→【机具校准】。

(3)当左交接行小于右交接行,机具左偏(注意,实际偏移数值为交接行差值除以4),输入偏移数值。

(4)当右交接行小于左交接行,机具右偏,输入偏移数值。

(5)在重新进行3次换行作业后进行微调。

(三)农机本身问题排除操作

1. 农机本身问题导致交接行故障

图6-71 农机和农具紧固不牢

(1)农机和农具紧固不牢(图6-71)。例如,有的采用三点悬挂的斜拉杆进行连接,当锁紧螺栓没有拧紧,螺母没有锁死,在作业过程中有明显松动,会导致农机在作业过程中左右摆动,交接行也不准确;农机和农具悬挂处有较大的间隙,作业过程中产生相对位移,会导致农具悬挂点偏离拖拉机的中心轴,导致交接行不准。

(2)配重不匹配。如果农机配重和后面农具的重量不匹配,当车辆起步或非匀速作业的情况下就会出现翘头;掉头时,前轮转向轮与地面的摩擦力减小,控制方向的效果就会变弱,会导致交接行不准。

(3)车辆自身出现故障。如果农机的刹车系统出现故障,就会导致车辆在运行过程中刹车不均匀,从而产生颠簸和震动;如果农机的转向系统出现故障,就会导致车辆的转向不灵活或转向过度;如果农机的轮胎磨损严重,就会导致车辆的抓地力下降,从而使车辆在运行过程中容易发生侧滑或偏移。

2. 农机本身问题处理步骤

(1)对于农机和农具紧固不牢问题,对农机和农具的紧固部件进行定期检查,确保其处于良好的紧固状态,特别是在每次作业前后,都要对关键部件进行检查和紧固。

(2)对于配重不匹配问题,在选择农机和农具时,要充分考虑其配重是否匹配,选择适合当地作业环境和作业需求的机型和农具。

(3)对于车辆自身出现故障,及时维修处理,定期检查机油、水、轮胎等关键部件,确保农机处于良好的工作状态,进行定期的大修和小修,以预防潜在故障,如图6-72所示。同时,熟悉农具的操作手册,并严格按照操作规程进行作业。

(四)导航问题排除操作

1. 导航问题导致交接行故障

(1)卫星信号接收问题。导航系统依赖于卫星信号进行定位。如果卫星信号接收不良,导航仪界面显示卫星颗数为0,这可能是未连接GNSS天线或天线接触不良导致的。信号接收问题会使农机无法准确获取位置信息,进而影响交接行的精度。

(2)定位精度下降。导航系统需要保持高精度的定位能力,以确保农机在交接行时的准确性。然而,由于环境因素(如遮挡物、电磁干扰等)或系统自身问题(如算法故障、传感器老化等),定位精度可能会下降,导致农机在交接行时偏离预定路径。

(3)路径规划错误。导航系统负责规划农机的作业路径(图6-73)。如果路径规划算法出现错误,或者由于操作不当导致规划的路径不合理,都可能导致农机在交接行时出现问题。

图 6-72　车辆定期维修

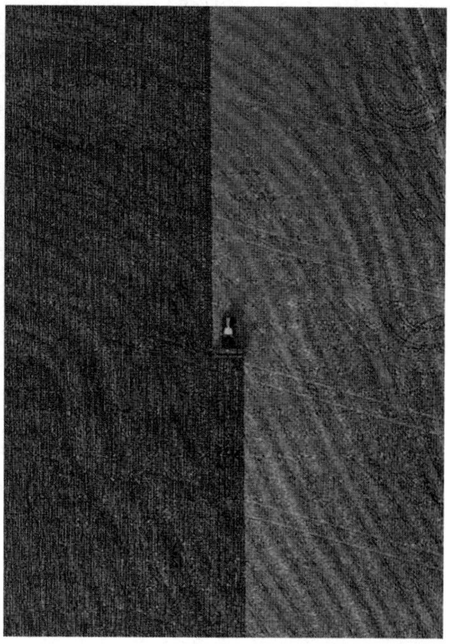

图 6-73　作业路径

2. 导航问题处理步骤

重新检查 GNSS 天线连接是否正常，注意农机作业场地遮挡物和电磁干扰。重新检查规划路径是否合理，及时排查导航故障。

(五)地况问题排除操作

1. 地况问题导致交接行故障

如图 6-74 所示，作业地块应尽可能平整，不要前后起伏过大或者左右倾斜过大，地块不平整可能会使农机作业时产生颠簸而导致交接行不稳定；作业地块软硬程度应尽可能一致，避免在作业过程中由于地块软硬度不一致，农具会向土质较软方向倾斜，导致作业效果不佳。

图 6-74　作业地况比较

2. 地况问题排除操作

根据不同地况，调整农机的底盘高度或悬挂系统，使其更好地适应地形，以提高农机的适应性；根据地况调整合适的速度，减少机身颠簸，提高农机稳定性；对于特别恶劣的地况，可能需要使用推土机、铲运机等设备进行平地，如图 6-75 所示。

图 6-75　地况问题排除操作

三、记录总结与反馈

在整个任务实施过程中，应详细记录每一步的操作过程和结果。任务完成后，对整个过程进行总结和反思，提炼出有效的故障诊断和排除方法。同时，将任务实施过程中遇到的问题和解决方案反馈给相关部门或人员，为今后的类似任务提供参考和借鉴。

农机导航系统维修后的记录实施是确保设备维护质量、跟踪维修历史以及为未来的维护和优化提供数据支持的关键步骤。

知识拓展与提升

智能农机装备故障预测技术是一个涵盖多个领域的综合性技术体系，其目标是通过对农机装备的运行状态和性能进行实时监测与分析，提前识别出潜在的故障，并采取相应的措施进行维修，以避免设备损坏和生产中断。下面对智能农机装备故障预测技术进行详细阐述。

一、智能农机装备故障预测技术概念和意义

智能农机装备故障预测技术是指利用先进的传感器、数据分析、机器学习等技术手段，对农机装备的运行状态进行实时监测和预测，以提前发现潜在的故障并采取相应的维修措施。这种技术不仅有助于提高农机装备的可靠性和使用寿命，降低维修成本，还能提高农业生产效率和质量，推动农业可持续发展。

二、智能农机装备故障预测技术方法

智能农机装备故障预测技术的方法主要包括以下几个方面：

(1)数据采集与处理。通过传感器网络实时采集农机装备的运行数据，包括温度、压力、振动、转速等参数，并对采集到的数据进行清洗、滤波、去噪等处理，以提高数据质量。

(2)特征提取与分析。从处理后的数据中提取出能够反映农机装备运行状态的特征，如波形特征、频谱特征、统计特征等，并进行深入分析，以识别出与故障相关的关键特征。

(3)故障模式识别。利用机器学习算法，如神经网络、支持向量机等，对提取出的特征进行训练和学习，建立故障模式识别模型，以实现对农机装备故障的自动识别。

(4)预测模型建立。基于历史故障数据和实时监测数据，利用预测算法建立农机装备故障预测模

型，以实现对未来一段时间内农机装备故障发生概率的预测。

三、智能农机装备故障预测技术应用

智能农机装备故障预测技术在农业生产中具有广泛的应用前景。例如，在拖拉机、收割机、灌溉设备等关键农机装备上应用该技术，可以实时监测设备的运行状态，及时发现潜在故障，并采取相应的维修措施，以避免设备损坏和生产中断。同时，该技术还可以提供维修建议和方案，帮助农民或维修人员更加高效地进行设备维修和保养。

四、智能农机装备故障预测技术未来发展趋势

随着人工智能、大数据、物联网等技术的不断发展，智能农机装备故障预测技术将呈现以下发展趋势：

(1)预测精度和可靠性不断提高。随着算法和模型的优化以及数据的积累，预测精度和可靠性将不断提升，为农业生产提供更加准确、可靠的故障预测服务。

(2) 实时性和智能化水平不断提升。通过引入更先进的传感器和通信技术，实现农机装备运行状态的实时监测和数据的快速传输，同时结合深度学习、强化学习等人工智能技术，提高故障预测和维修决策的智能化水平。

(3) 跨平台集成和协同化。未来智能农机装备故障预测技术将实现跨平台集成和协同化，与其他农业信息化系统(如精准农业、智能灌溉等)进行无缝对接，共同构建智慧农业生态系统。

(4) 绿色环保和可持续发展。随着环保意识的提高和可持续发展理念的普及，未来智能农机装备故障预测技术将更加注重环保性能的提升和资源的高效利用，推动农业绿色生产和可持续发展。

任务测验

一、选择题

1. 在发生农机导航系统交接行故障时中，(　　)不是其故障原因。

A. 农机行驶速度过慢　　B. 车辆参数设置问题

C. 机具参数设定问题　　D. 地况问题

2. 当农机导航在交接行时出现定位延迟，(　　)不能解决问题。

A. 更换信号接收器　　B. 提高农机行驶速度

C. 更换更高精度的传感器　　D. 增加卫星数量

3. 当发生农机导航系统交接行故障时，不应该检查的是(　　)。

A. 天线连接　　B. 农机发动机

C. 导航系统软件更新　　D. 农田环境

二、判断题

1. 农机导航交接行过程中，短暂的定位丢失不会影响农机的作业效果。　(　　)

2. 农机导航交接行出现故障时，需要检查车辆参数设置、机具参数设置。　(　　)

三、填空题

1. 农机导航在交接行时，如果农机的转向系统异常，可能导致农机出现________________。

2. 处理农机导航系统交接行问题，当左交接行大于右交换行，机具________________。

3. 在播种作业时，如果发生农机导航系统交接行故障，会出现____________________和____________________情况。

四、实践题

1. 请设计一份农机导航交接行故障诊断与排除的实践操作方案，包括故障诊断步骤、所需工具、故障排除方法和注意事项等。

2. 请模拟进行农机导航交接行故障诊断与排除。

任务七　诊断与排除车辆无法上线故障

任务描述

春耕时节，小李驾驶着搭载有导航系统的农机进行播种作业。当开启作业后，车辆始终向一边偏移，如图 6-76 所示。小李立即停下农机，向技术人员进行咨询。

作为一名技术人员，需要掌握哪些车辆无法上线故障诊断与排除相关知识和技能，才能确保完成本次工作？

图 6-76　车辆无法上线屏幕显示

任务目标

能力目标

- 能根据车辆表现和故障代码，准确识别导航系统存在的问题并进行定位。
- 具备熟练使用各种诊断工具的能力。
- 具备故障修复与验证的能力。

知识目标

◆ 了解农机车辆的基本结构。

◆ 熟悉车辆电子控制系统的组成和功能。

◆ 掌握车辆无法上线故障的一般排除方法。

素养目标

◆ 通过案例分析和讨论，理解故障排查与排除工作对农业生产安全、农民增收的重要意义，进一步增强社会责任感。

◆ 强调对农业生产的责任感，理解自动导航系统对提升农业生产效率和精准度的重要性，激发在面对故障时主动担当、积极解决问题的精神。

任务分析

农机自动导航系统车辆无法上线是一个复杂的问题，涉及多个系统组件和可能的故障原因。因此，该任务的目标是通过对车辆进行系统的故障诊断与排除，找到并解决导致无法上线的具体问题，确保车辆能够正常运行并应用于农业生产。

首先，收集车辆无法上线的具体表现，如导航系统无法启动、定位不准确等。对这些现象进行分析，初步判断可能的故障原因。

其次，根据初步判断，对农机自动导航系统的各个部分进行检查，包括硬件连接、传感器状态、电源供应等。使用诊断工具进行故障代码的读取和分析，定位具体的故障点。

然后，针对诊断出的故障点，制订相应的排除和修复方案。可能涉及的操作包括更换损坏的部件、重新校准传感器、调整系统参数等。在修复过程中，要确保操作规范，避免引入新的故障。

最后，修复完成后，对农机自动导航系统进行全面的测试，包括功能测试、性能测试等。确保车辆能够正常上线运行，并满足农业生产的需求。

通过对农机自动导航系统车辆无法上线故障诊断与排除任务的分析，可以更好地理解该任务的复杂性和重要性。在执行任务时，需要综合运用专业知识、实践经验和诊断工具，确保故障能够得到准确诊断和有效排除。同时，还需要注意操作规范和安全事项，保障任务的顺利完成。

知识学习

一、农机自动导航系统车辆无法上线故障现象识别

在农机自动导航系统的实际应用中，车辆无法上线是一个常见的故障现象。要准确识别这一问题，需要从多个方面观察和诊断系统的表现。以下是农机自动导航系统车辆无法上线现象的识别方法。

(1)启动过程中的异常表现。首先，需要观察车辆启动时的系统表现。导航系统无法正常启动，或者启动后显示屏没有反应，这通常是一个明显的故障信号。此外，如果启动过程中出现报错信息或警告提示，这也是系统存在问题的表现。

(2)定位信号的缺失或不稳定。定位信号的稳定性是自动导航系统的核心功能之一。如果系统无法锁定GPS信号，或者定位信号频繁丢失、跳动，这往往意味着导航系统存在故障。此时，可以通过观察导航界面上的定位指示或者使用专业的测试工具来检测定位信号的稳定性。

(3)传感器数据的异常。传感器是导航系统的重要组成部分，其数据异常通常会导致系统性能下降或无法正常工作。可以检查导航系统中与传感器相关的数据，如速度、方向、加速度等，如果发现数据异常或波动过大，这可能表明传感器存在问题。

(4)通信故障的表现。导航系统需要与其他车载设备或外部系统进行通信,以获取和交换数据。如果通信模块出现故障,可能导致数据无法正常传输,从而影响系统的正常运行。可以观察导航系统的通信状态,检查是否有通信中断或数据传输错误的情况。

(5)电源和供电系统的检查。电源和供电系统的稳定性对导航系统的正常运行至关重要。如果电源供应不足或存在电压波动等问题,可能导致导航系统无法正常工作。可以检查电源线和供电设备是否完好,以及电压是否稳定在正常范围内。

(6)报警和错误代码的分析。许多导航系统都具有报警和错误代码提示功能。如果系统出现故障,通常会显示相应的错误代码或发出报警提示。可以查阅系统的用户手册或技术文档,了解这些代码和提示的具体含义,从而定位故障的原因。

识别农机自动导航系统车辆无法上线的现象需要综合考虑多个方面的因素。通过对启动过程、定位信号、传感器数据、通信状态、电源和供电系统以及报警和错误代码的观察和分析,可以更准确地识别系统故障,为后续的故障排查和修复提供有力支持。

二、农机自动导航系统车辆无法上线故障原因分析

农机自动导航系统车辆无法上线是一个常见的故障现象,它可能由多种因素导致。

(1)系统软件故障。系统软件是农机自动导航系统正常运行的基础。如果软件存在缺陷、版本不兼容或配置错误等问题,都可能导致车辆无法上线。例如,软件中的逻辑错误、内存泄漏或界面卡顿等问题,都可能影响系统的稳定性和可靠性。

(2)硬件设备问题。硬件设备是农机自动导航系统的重要组成部分,包括传感器、控制器、显示屏等。如果硬件设备出现故障或损坏,将直接影响系统的功能实现。例如,传感器数据异常、控制器故障或显示屏无法显示等,都可能导致车辆无法上线。

(3)网络信号不佳。农机自动导航系统需要与外部设备或云端服务进行数据交换。如果网络信号不佳或存在连接问题,将导致数据无法传输或传输延迟,从而影响系统的正常运行。例如,网络断开、信号不稳定或数据传输速率过慢等,都可能导致车辆无法上线。

(4)地形环境干扰。农机作业环境复杂多变,地形起伏、遮挡物等因素都可能对导航系统的信号接收和定位精度造成影响。例如,在山区、树林等区域作业时,信号受到遮挡可能导致导航信号不稳定或丢失,从而使车辆无法上线。

(5)操作使用不当。操作人员的技能和素质对农机自动导航系统的正常运行具有重要影响。如果操作不当或误操作,可能导致系统进入错误状态或功能失效。例如,错误的参数设置、误触按键或未按照操作规范进行作业等,都可能导致车辆无法上线。

(6)线束及插头问题。农机自动导航系统的线束及插头是系统中非常重要的组成部分,负责将各个组件之间的电气信号进行传递。如果线束损坏、老化或插头松动、接触不良,可能导致信号传输中断或失真,从而影响系统的正常运行。

(7)定位导航信号问题。定位导航信号是农机自动导航系统实现精准定位的关键。如果定位信号不稳定、受到干扰或信号质量差,都可能导致定位精度下降或定位失败,从而使车辆无法上线。

(8)其他外部因素。除了上述因素外,还有一些其他外部因素可能导致农机自动导航系统车辆无法上线。例如,天气条件恶劣(如暴雨、大风等)可能影响信号的传播和接收;电磁干扰源(如高压线、无线电设备等)可能干扰导航系统的正常运行;供电不稳定等因素也可能对系统造成影响。

农机自动导航系统车辆无法上线的故障原因多种多样,涉及系统软件、硬件设备、网络信号、地形环境、操作使用、线束及插头、定位导航信号以及其他外部因素等多个方面。在实际操作中,需要根据具体情况逐一排查并排除这些故障,确保农机自动导航系统能够正常运行并实现精准作业。

三、故障诊断与排除相关工具

在农机自动导航系统车辆无法上线的故障诊断与排除过程中，使用合适的工具可以大大提高诊断的效率和准确性。以下是几种常用的诊断与排除工具：

1. 多功能诊断仪

多功能诊断仪是农机自动导航系统故障诊断的重要工具之一。它可以与导航系统建立通信，读取系统状态、故障代码和传感器数据等关键信息。通过诊断仪的显示界面，技术人员可以直观地了解系统的运行状况，快速定位故障点，并进行相应的排除操作。

2. 示波器

示波器用于检测和分析电路中的信号波形。在农机自动导航系统的故障诊断中，示波器可以帮助技术人员观察传感器信号、控制信号等关键电路节点的波形特征，从而判断信号是否正常，是否存在干扰或失真等问题。

3. 频谱分析仪

频谱分析仪主要用于分析信号的频谱特性。在农机自动导航系统中，频谱分析仪可以用来检测信号中的噪声、干扰和谐波等，从而判断信号质量是否满足系统要求。通过频谱分析，技术人员可以定位并解决信号传输过程中的问题。

4. 万用表

万用表是一种常用的电气测量工具，可以测量电压、电流、电阻等参数。在农机自动导航系统的故障诊断中，万用表可以用于检查电源线路、传感器线路等电气连接的通断状态，以及测量关键部件的电压和电阻值，从而判断其工作状态是否正常。

5. 专用测试软件

一些农机自动导航系统厂商会提供专用的测试软件，用于对系统进行全面的诊断和测试。这些软件通常具有图形化界面和丰富的测试功能，可以帮助技术人员快速定位故障点，并提供相应的修复建议。

6. 其他辅助工具

除了上述工具外，还有一些其他辅助工具可以帮助技术人员进行故障诊断与排除。例如，使用螺丝刀、扳手等工具可以方便地进行硬件部件的拆卸和安装；使用清洁剂可以清除传感器和接插件上的污垢和油脂，提高信号传输质量；使用绝缘胶带可以保护电路线路，防止短路和接触不良等问题。

农机自动导航系统车辆无法上线的故障诊断与排除需要使用多种工具。这些工具各有特点，可以针对不同的故障情况进行诊断和排除操作。技术人员应熟练掌握这些工具的使用方法，并结合实际情况灵活运用，以提高故障诊断与排除的效率和准确性。

四、农机自动导航系统车辆无法上线故障诊断与排除

1. 初步诊断

(1)查看错误代码与报警提示。应查看导航系统是否显示错误代码或发出报警提示。这些代码和提示通常能够直接指向故障的原因，为后续的排查提供线索。

(2)检查系统启动状态。观察导航系统是否能够正常启动，显示屏是否有反应。如果系统无法启动，可能是电源或硬件连接问题。

2. 定位信号检查

(1)GPS 信号接收。确认 GPS 天线是否完好，无遮挡物影响信号接收。同时，检查是否有其他外部

干扰因素(如高压线、高大建筑等)可能导致 GPS 信号失锁。

(2)信号稳定性测试。在多个地点和时间点测试 GPS 信号的稳定性,以确定问题是否与特定环境或时段有关。

3. 传感器诊断

(1)传感器状态检查。检查与导航系统相关的传感器(如陀螺仪、加速度计等)是否工作正常,无损坏或异常。

(2)数据校准与验证。对传感器数据进行校准,确保数据的准确性。同时,与其他正常工作的农机车辆进行对比测试,验证传感器数据的可靠性。

4. 通信模块测试

(1)通信线路检查。检查导航系统与其他车载设备之间的通信线路是否连接良好,无损坏或松动。

(2)通信协议验证。确认通信协议是否正确,确保数据能够在不同设备之间正确传输。

5. 电源及供电系统检查

(1)电源线路检查。检查电源线路是否连接正确,无短路或断路现象。

(2)电源电压测试。测试电源电压是否稳定,是否符合导航系统的工作要求。

6. 环境因素排查

(1)工作环境分析。分析农机工作环境的特点,如地形起伏、气候变化等,考虑这些因素可能对导航系统造成的影响。

(2)防护措施改进。针对环境因素,采取相应的防护措施,如增加天线防护罩、优化系统散热设计等。

7. 软件与固件更新

(1)软件版本检查。确认导航系统的软件版本是否为最新,是否需要更新以修复已知的故障或漏洞。

(2)固件升级。如果必要,进行固件升级,确保系统硬件与软件之间的兼容性。

8. 故障排除与验证

(1)故障点修复。根据诊断结果,对确定的故障点进行修复,如更换损坏的传感器、修复通信线路等。

(2)系统验证。在修复完成后,对农机自动导航系统进行全面的验证测试,确保所有功能正常、性能稳定。

农机自动导航系统车辆无法上线的故障诊断与排除需要综合考虑多个方面的因素。通过逐步排查、精确定位和有效修复故障点,可以使系统恢复到正常工作状态,提高农机作业的效率和精度。

任务实施

一、任务准备

(一)材料清单准备

在进行农机导航系统直线度故障诊断与排除的任务实施前,首要任务是做好充分的准备。这包括明确任务目标、确定诊断与排除流程,并编制详细的材料清单。材料清单应包含所有必要的诊断与维修工具和设备,如螺丝刀、扳手、万用表、清洁剂、示波器、频谱分析仪以及相关维修备件等,以确保任务能够顺利进行。

(二)安全教育

安全始终是任务实施的第一要务。在任务开始前,必须对所有参与人员进行安全教育,强调农机导航系统直线度故障处理中的潜在风险和安全操作规程。同时,为参与人员提供必要的防护措施,如佩戴防护眼镜,穿戴防滑手套、安全鞋等,以减少意外伤害的风险。

二、任务实施

当出现自动导航系统车辆无法上线问题时,具体操作如下。

(一)确认 IMU 状态

1. IMU 状态确定

(1)点击【设置】→点击【故障检测】。查看 IMU 状态,如果状态后面显示红色叉,可以确认是 IMU 状态问题,如图 6-77 所示。

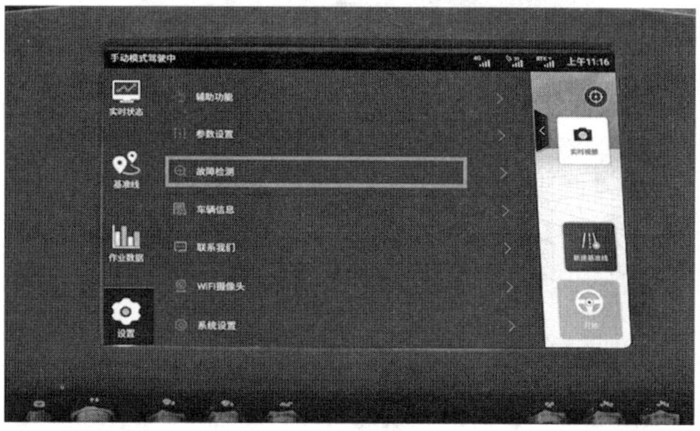

图 6-77　确认 IMU 状态

(2)检查车辆停止—实时状态,查看俯仰角和滚转角数值有无变化,若无变化,联系经销商升级 IMU 版本,如图 6-78 所示。

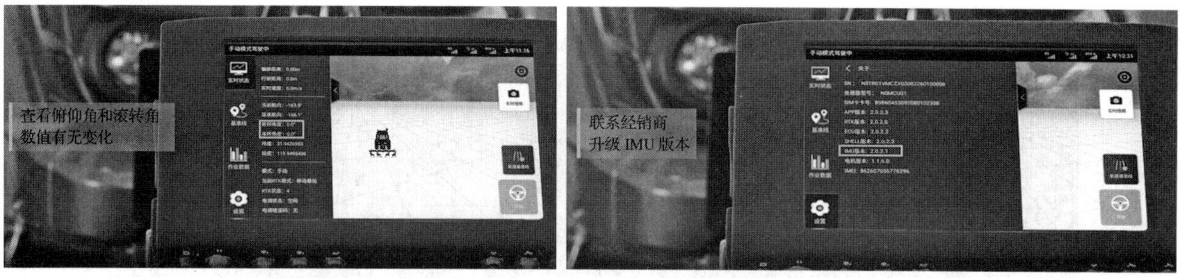

图 6-78　俯仰角数值变化及 IMU 版本

(3)重新整车标定状态。点击【设置】→点击【参数设置】→点击【开始校准】,如图 6-79 所示。

(4)检查连接线是否松动,如图 6-80 所示。

(5)测量电压是否为 5 V,如图 6-81 所示。

2. IMU 角度数值异常操作步骤

在平整地面上,观察 IMU 数值是否异常,正常的 IMU 数值接近 0,数值为其他值时则 IMU 数值异常。

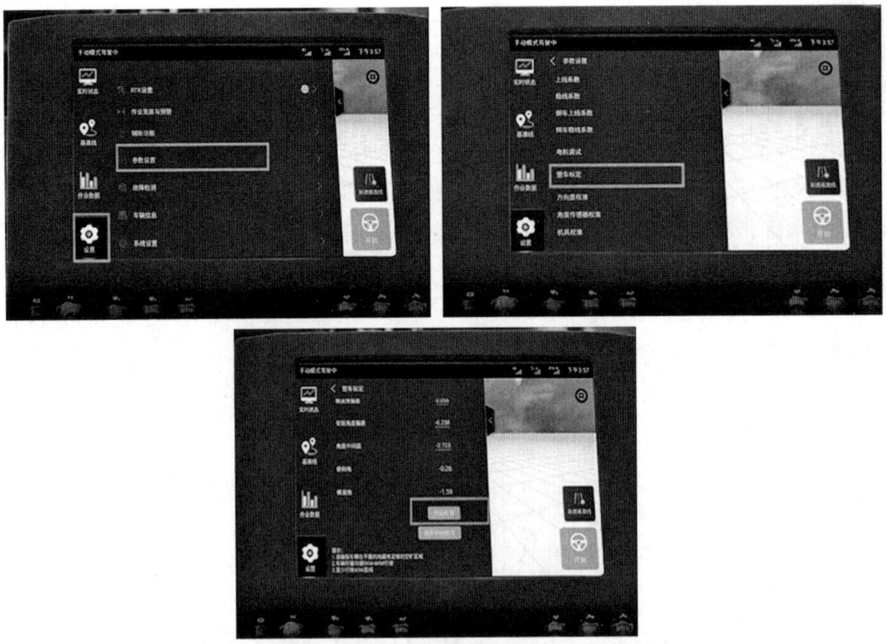

图 6-79　重新整车标定操作

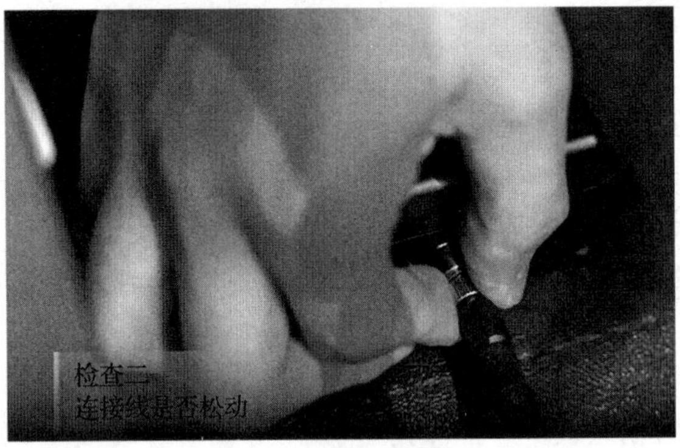

图 6-80　连接线检查

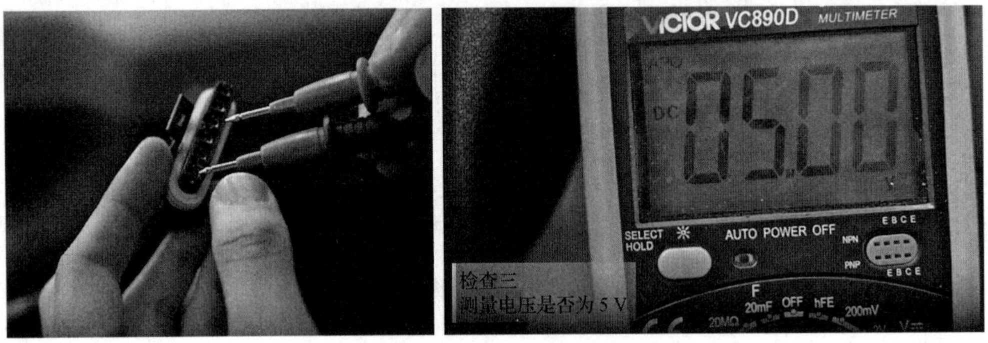

图 6-81　测量电压

(1)检查安装位置是否符合要求。

IMU 要水平放置(图 6-82),保证下方牢固、可靠。车辆静止时,按动 IMU,此时俯仰角和滚转角几乎没有变化,如图 6-83 所示。车辆启动后,俯仰角和滚转角数值跟着车辆姿态变化而变化,这种情况是符合安装要求的。

图 6-82 IMU 要水平放置

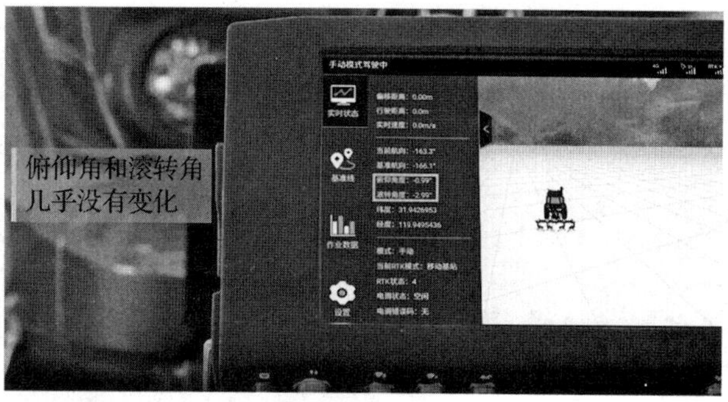

图 6-83 角度变化

(2)重新进行整车标定,如图 6-84 所示。

点击【设置】→【参数设置】→【整车标定】,将各类偏差数值和角度中间值改为 0 后,点击【开始校准】。

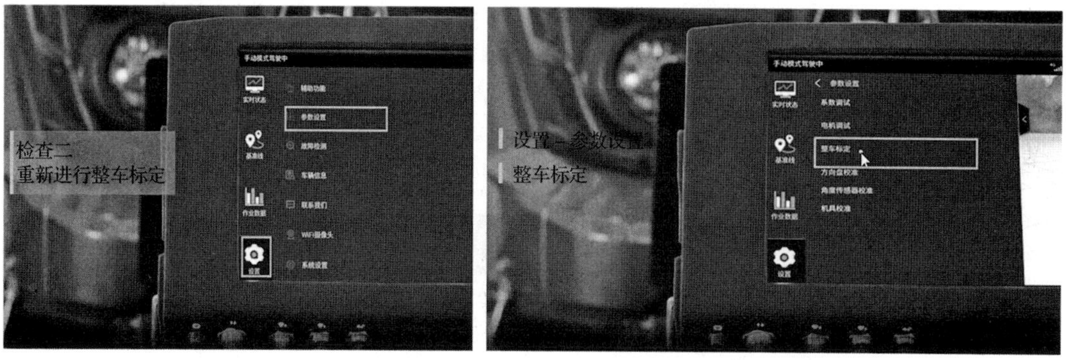

图 6-84 重新进行整车标定

(二)确定整车标定状态

整车标定操作步骤具体如下。

(1)进入主界面→选择设置中的【参数设置】→选择【整车标定】→点击【开始】,如图 6-85 所示。

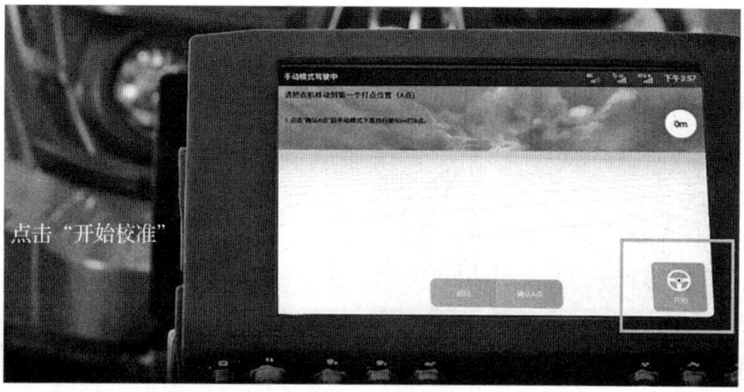

图 6-85 点击[开始]

(2)将农机移动至起始点,确认起始点为 A 点,手动驾驶农机直线行驶 50 m 后,确认 B 点,如图 6-86 所示。

图 6-86 确认 *A* 点、*B* 点

(3)手动操作方向盘将农机掉头，使农机回到刚才的 *B* 点，点击【开始】，如图 6-87 所示。

图 6-87 点击【开始】

(4)使农机在自动驾驶模式下行驶到刚才的 *A* 点，点击【结束】，如图 6-88 所示。

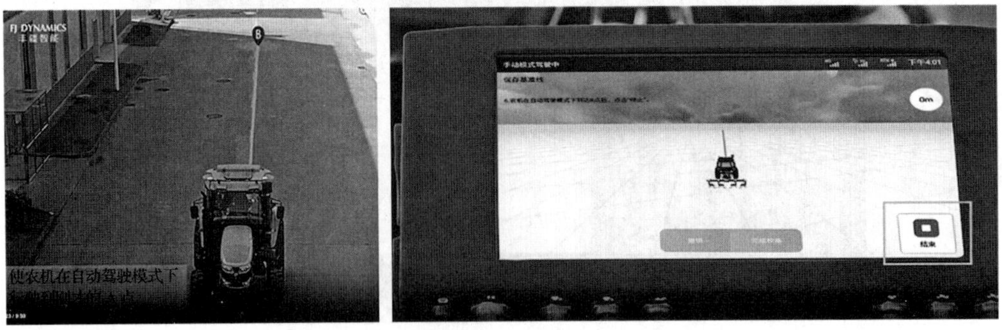

图 6-88 点击【结束】

(5)手动操作方向盘将农机掉头，使农机回到刚才的 *A* 点，点击【开始】，使农机在自动驾驶模式下行驶到刚才的 *B* 点，点击【结束】(显示校准成功)。

(三)确认角度传感器状态

1. 霍尔角度传感器异常操作步骤

(1)检查霍尔角度传感器安装位置。返回至角度传感器校准页面,点击【设置】→点击【参数设置】→点击【角度传感器校准】→查看【安装位置】→显示左轮。这里角度传感器安装右轮。修改角度传感器安装位置,点击【右轮】→点击【确定】,如图 6-89 所示。

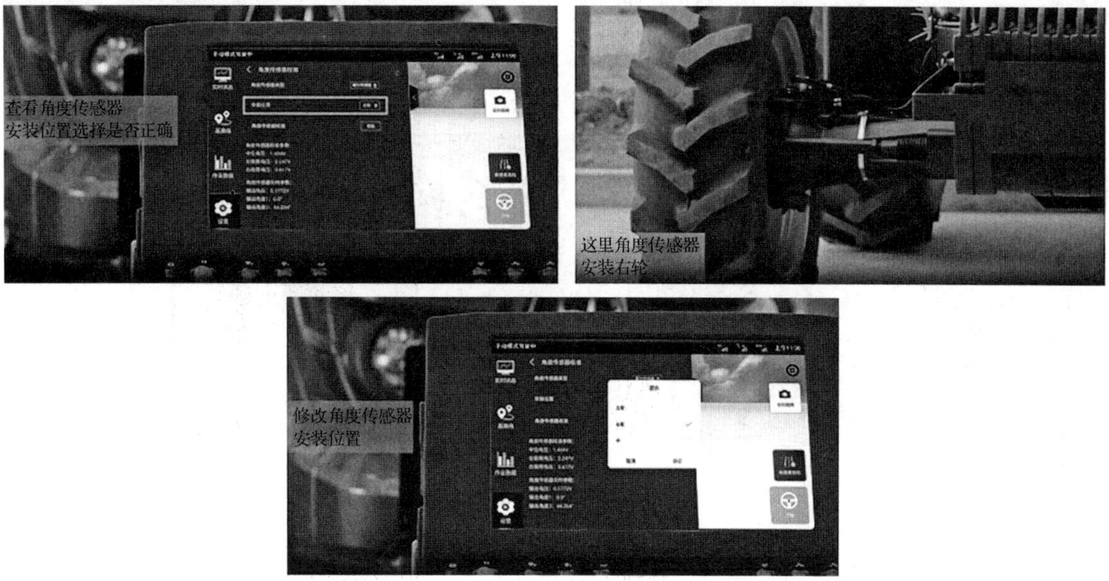

图 6-89　检查角度传感器安装位置

(2)检查连接线是否松动,如图 6-90 所示。

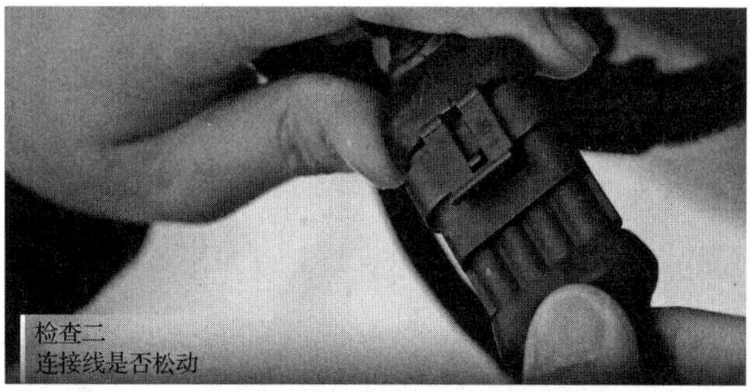

图 6-90　检查连接线是否松动

(3)检查实时电压是否有变化。查看角度传感器校准参数,启动车辆→方向盘打向最左侧、最右侧、居中→查看校准界面实时电压是否有变化。如果有变化,请重新校准角度传感器;如果没有变化,请更换新的角度传感器,如图 6-91 所示。

(4)问题现象表现为使用角度传感器时车辆走不直。如图 6-92 所示。

处理方法:排查磁块位置是否正确,如图 6-93 所示。

(1)如果磁块装在右轮,则将方向盘打到最左侧。查看角度传感器实时电压是否接近 2.5 V,角度为负数,如图 6-94 所示。

(2)将方向盘打到最右侧,查看角度传感器实时电压是否接近 1 V,角度为正数。

(3)将方向盘居中,查看角度传感器实时电压是否接近 1 V,角度为 0。

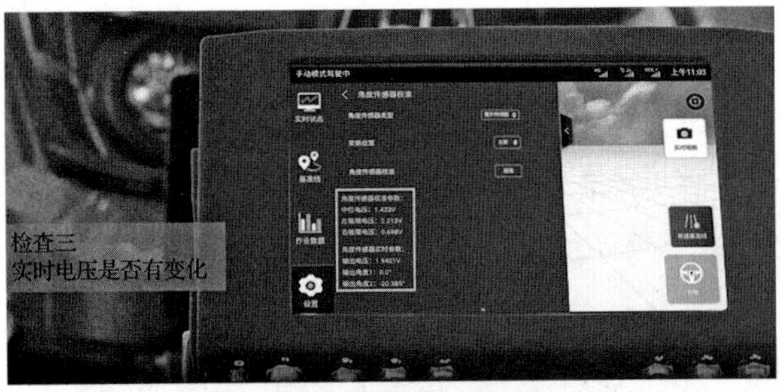

图 6-91　查看实时电压

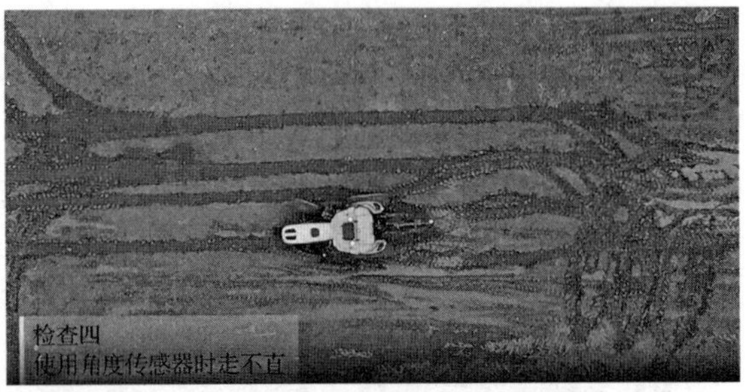

图 6-92　车辆走不直

图 6-93　排查磁块位置是否正确

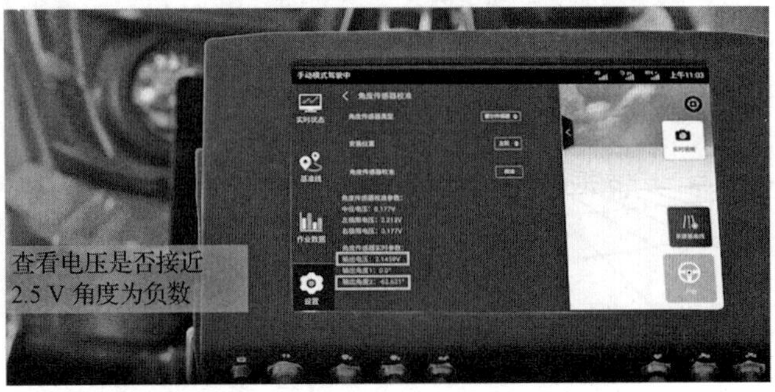

图 6-94　角度传感器实时电压

2. 姿态角度传感器异常操作步骤

(1)检查姿态角度传感器是否按照要求安装。注意,姿态角度传感器应安装在车辆前桥两边;需要与前轴中心线平行;安装中心点与前轮转轴同心。返回至角度传感器校准页面,点击【设置】→【参数设置】→【角度传感器校准】→【安装位置】,查看角度传感器安装位置是否正确,然后修改角度传感器安装位置。

(2)检查连接线是否连接正常。

(3)测量角度传感器线束插头 1/2 针脚电压是否为 5 V。

3. 无角度传感器异常操作步骤

(1)重新切换角度传感器,点击【设置】→【参数设置】→【角度传感器校准】→【角度传感器类型】→【无角度传感器】→【确定】,如图 6-95 所示。

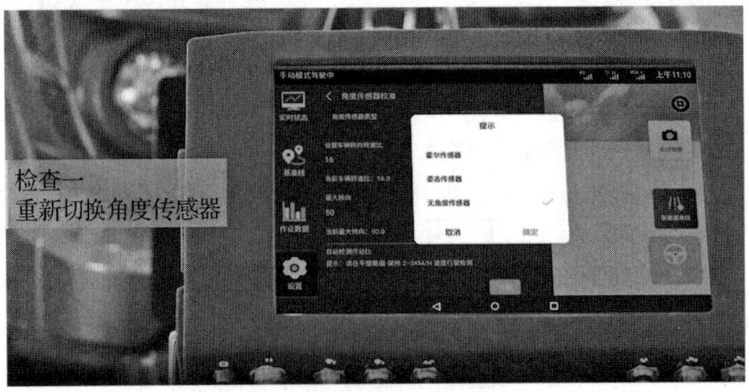

图 6-95　重新切换角度传感器

(2)重新检测,点击【检测】,农机在自动驾驶下,直线行驶大约 20 m,检测完成,如图 6-96 所示。

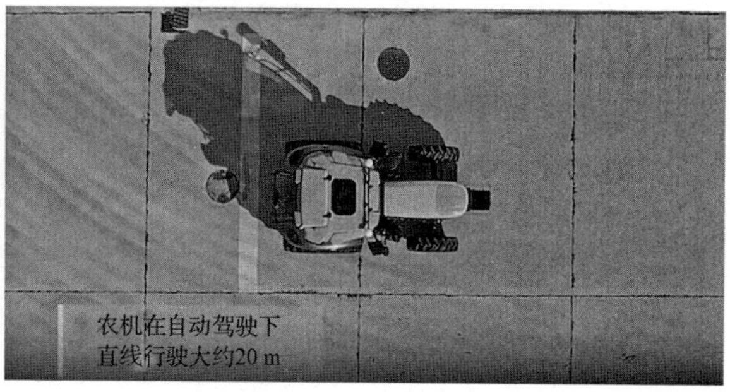

图 6-96　重新检测

(四)确认车辆参数

进入主界面,点击【设置】→【车辆信息】→进入车辆信息详情,测量车身各类参数。

(1)前轮轴距测量。找到角度传感器的中心点(实际测量),输入对应数值。

(2)前后轮轴距测量(实际测量)。找到前轮的中心点,输入对应数值。

(3)前悬挂—前轴距离和后轴—挂载点距离这 2 组数据是为后续开发的其他功能做的预留参数,暂时不需要测量及写入。

(4)定位天线—中轴距离测量。找到信号接收器中心,定位天线—中轴距离为 2 个定位天线距离的一半,输入对应的测量数值。

(5)定位天线—后轴距离测量。找到后轮中心点,定位天线—后轴距离是后轮中心点到天线垂直投影在地面上的垂直距离,输入对应数值。如果定位天线安装在后轮中心点后方,则测量的定位天线—后轴数值为负数。

(6)定位天线高度测量。找到定位信号接收器底面,定位天线高度是定位天线的信号接收器底面到地面的垂直距离,输入对应数值,根据车辆的转向方式选择转向轮,车辆参数设置完成。

(五)确认电机状态

1. 电机传感器故障操作步骤

点击【设置】→【故障检测】,查看电机是否异常:

(1)检查电机接口是否松动。

(2)检查电机线束是否正常供电(12 V)。

(3)打开设置系统确认软件版本是否为最新。

(4)以上步骤排查后仍未解决问题,则更换电机。

2. 电动方向盘重操作步骤

安装后打火状态下,手动转动方向盘沉重。

(1)检查电机中间花键套的安装是否卡住,重新安装电机下方的固定支架。

(2)检查车辆转向系统,点击【设置】→【参数设置】→【电机调试】,修改 P 值,P 值建议不超过 30,如果太高容易引起电机过热保护。

3. 电机不工作操作步骤

点击开始作业,电机不工作。

(1)查看整定参数,点击【设置】→【系统设置】→【技术支持】→【整定参数】。注意,密码默认为 20171212。重新设定整定参数为 4000,点击【下发参数】→方向盘自动转动调整→点击【结束整定参数】。

(2)检查控制盒电源线束是否接插牢固。

三、系统功能测试验证

故障排除和修复完成后，对农机导航系统的功能进行全面测试验证。通过测试验证，确保系统已恢复正常工作状态，并满足使用要求。

四、记录总结与反馈

在整个任务实施过程中，应详细记录每一步的操作过程和结果。任务完成后，对整个过程进行总结和反思，提炼出有效的故障诊断和排除方法。同时，将任务实施过程中遇到的问题和解决方案反馈给相关部门或人员，为今后的类似任务提供参考和借鉴。

农机导航系统维修后的记录实施是确保设备维护质量、跟踪维修历史以及为未来的维护和优化提供数据支持的关键步骤。

任务测验

一、选择题

1. 农机自动导航系统车辆无法上线，首先应该检查的是(　　)。
   A. 网络信号　B. 系统硬件　C. 传感器状态　D. 用户手册
2. 农机自动导航系统故障诊断中，用于读取系统状态、故障代码和传感器数据的工具是(　　)。
   A. 示波器　B. 万用表　C. 多功能诊断仪　D. 频谱分析仪
3. 在农机自动导航系统中，用于检测信号波形并判断信号质量的工具是(　　)。
   A. 万用表　B. 示波器　C. 频谱分析仪　D. 多功能诊断仪

二、填空题

1. 农机自动导航系统车辆无法上线时，可以通过__________来检测传感器输出信号是否准确。
2. 在农机自动导航系统故障诊断中，__________工具可以帮助技术人员观察电路中的信号波形。
3. 农机自动导航系统车辆无法上线，除了硬件和软件问题外，__________也可能是导致故障的原因之一。

三、简答题

1. 简述农机自动导航系统车辆无法上线时，进行故障诊断的一般步骤。

2. 在农机自动导航系统故障诊断中，多功能诊断仪的主要作用是什么？

3. 当农机自动导航系统车辆无法上线时，有哪些因素可能影响故障诊断的准确性？

项目七　维护保养农机导航系统

能力图谱

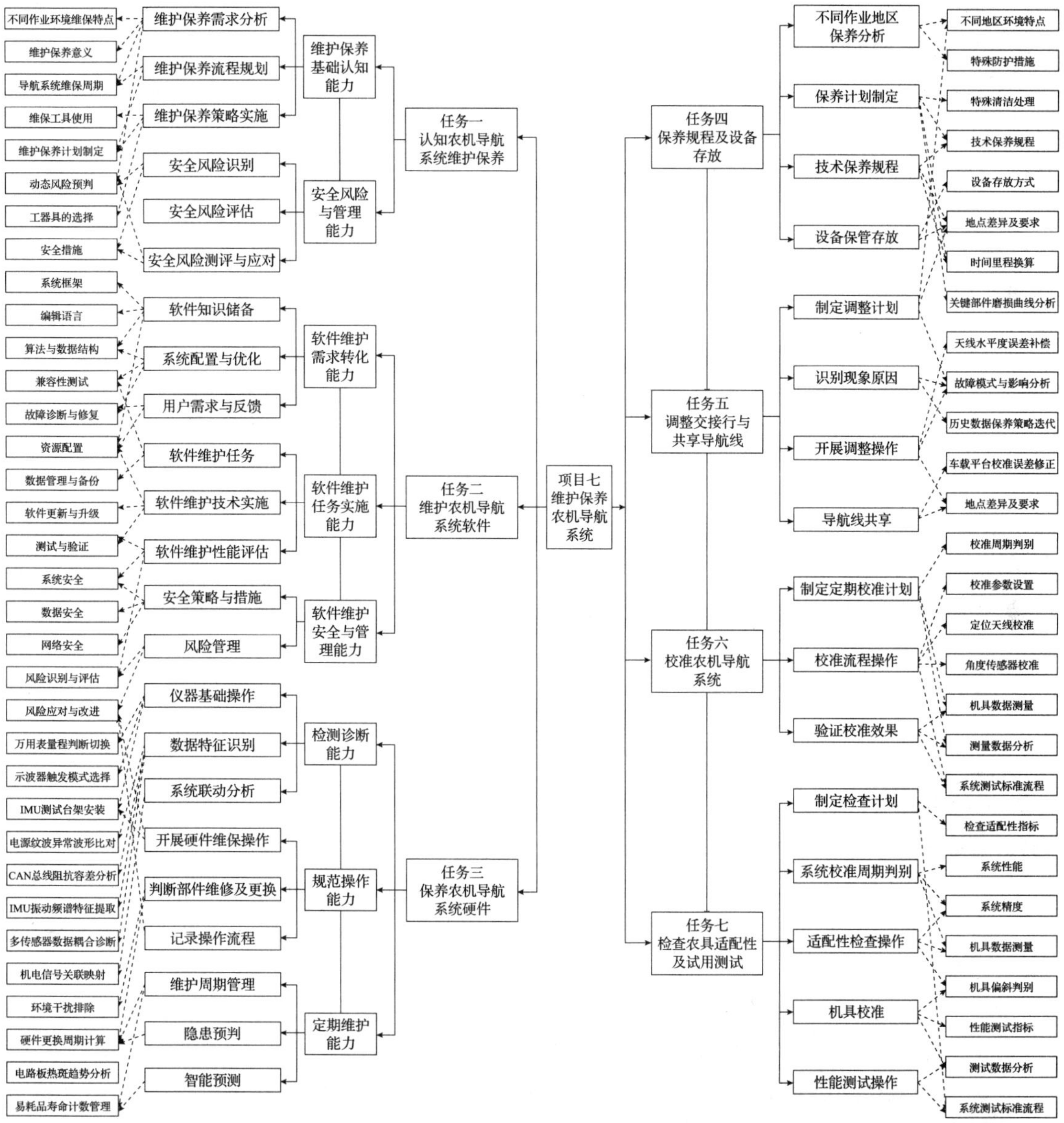

项目描述

随着科技的不断进步，农业机械化、智能化水平日益提升，农机导航与自动驾驶技术已成为推动现代农业生产的重要动力。这一技术的广泛应用，不仅显著提高了农业生产效率，降低了劳动力成本，还为实现精准农业、智慧农业提供了有力支撑。

在当前农业发展的新形势下，农机导航系统的维护与保养显得尤为重要。由于农机导航系统涉及复杂的机械、电子和传感器等部件，其稳定性和可靠性直接影响农机的作业效率和作业质量。因此，对于农机导航系统的维护与保养，需要具备专业的知识和技能，以确保其正常运行并延长使用寿命。然而，目前许多驾驶员对农机导航系统的维护与保养缺乏足够的认识和技能，导致在使用过程中经常出现各种故障和问题，影响了农机的正常使用和农业生产的顺利进行。因此，开展针对高职农机导航与自动驾驶技术课程的农机导航系统维护与保养项目，具有非常重要的现实意义和应用价值。

通过本项目的实施，将能系统地学习农机导航系统的结构、工作原理、日常维护、故障排查和处理等方面的知识和技能，提高实际操作能力和解决问题的能力。同时，也能提供一个实践平台，在实践中加深对理论知识的理解和掌握，提高综合素质和职业素养。

开展农机导航系统维护与保养项目，不仅符合当前农业发展的需求，也是提高实践能力和职业素养的重要途径。通过本项目的实施，将为推动现代农业生产的发展和进步做出积极的贡献。

任务一　认知农机导航系统维护保养

任务描述

维护保养是指对设备或系统进行定期检查、清洁、调整、存储和修理、维护，以确保它们能够正常、安全和高效地运行。农户小李新购买了一套农机导航系统，通过认真地学习，掌握了维护保养的具体要求和操作步骤，从而有效地指导操作者正确地执行任务，确保了农机导航系统能够长期、稳定的运行。

任务目标

能力目标

- 能按照农机维修人员的专业标准、遵照使用时的注意事项正确操作导航系统作业。
- 能按照农机行业规范和标准，及时、保质保量、有效地完成农机导航系统的维护与保养工作。

知识目标

- 了解农机导航系统维护保养的意义及重要性。
- 熟悉农机导航系统使用时的注意事项。
- 掌握农机导航系统作业前后及作业季前后的维护保养攻略。

素养目标

- 养成维护保养过程中“懂安全、重安全、要安全”的安全操作意识，形成自觉遵守企业安全操作规程的职业素养。
- 养成刻苦钻研的学习态度和严谨、认真的工作作风，强化吃苦耐劳的精神和团队协作意识。

任务分析

农机导航系统是现代农业发展的重要支撑技术，农机导航系统的维护与保养是农机管理中极其重要的一项工作。如果在使用农机导航系统的过程中缺乏使用和维护保养的相关知识，很可能会造成人为故障频发，带来不必要的损失。只有做好导航系统的维护保养工作，农机导航系统才可以更好地在农业生产中发挥高效、优质、低耗和安全生产的作用。

首先，需要了解维护保养农机导航系统的意义、现状和重要性。

其次，需要掌握农机导航系统使用时的注意事项。遵循这些注意事项可以帮助农机操作者更安全、更有效地使用农机导航系统，提高农业生产效率和作业质量。

最后，需要将之前所学习的理论知识应用于实践之中。通过具体的维护保养案例和详细的维护保养步骤，不断积累经验，进一步培养理论联系实际的综合技能，从而可以更加有效地维护和保养农机导航系统。

知识学习

一、维护保养的意义

随着我国农业生产领域的持续稳定发展，农机导航系统成为现代农业生产中不可或缺的一部分，它将最先进的科技应用于农业生产中，通过精确的定位和导航技术，达到科学合理利用农业资源、提高农作物产量、降低生产成本、削减环境污染、提高农业经济效益的目的。如图 7-1 所示，农机导航系统为实现农业现代化、智能化做出重大助力的前提下，它的保养和维护工作显得尤为重要。

图 7-1　农机导航系统实现农业现代化、智能化作业场景

农机导航系统的维护和保养，不仅关系到农机的正常运行和作业效率，还涉及农业作业的质量和成本控制，以及操作人员的安全。

首先，它确保了农机导航系统的精准度和稳定性。通过定期维护，可以在内部故障发生之前对设备部件进行保养、润滑、紧固或更换，从而最大限度地保证设备的作业精度。农机导航系统能够提供高精度的地理位置信息，根据田地的具体情况，规划出最优的作业路径，帮助农机按照预定的路径进行作业，确保播种、施肥、喷药等作业的均匀性和精确性，减少重复和遗漏，避免过量和不足，提高作物的产量和品质。

其次，它能有效延长系统使用寿命，降低设备更新的成本投入。定期的检查和保养工作，可以发现并解决导航系统存在的潜在问题，避免早期磨损，防止小问题演变成大故障，延长农机导航系统的使用寿命。通过预防性维护，可以避免因紧急修理和零件更换产生的昂贵费用，减少意外故障、维修次数和因设备故障导致的停机时间，降低设备的更换成本。

再次，它可以保护操作人员人身安全。伴随着农业现代化的进一步实现，农机导航系统的集成性越来越高，体积和动力也越来越大，出现外部故障时极易对操作人员的人身安全造成伤害。通过定期保养，尤其是安全性防护措施的定期检验、维护和保养，能提高农机导航系统的安全系数，减少农机发生大事故的概率，保证农机操作者的人身安全。

最后，它还可以适应智慧农业的发展，促进技术进步。随着信息技术的发展，农机智能导航技术受到越来越多的关注，保证作业安全与提高作业效率成为农机智能导航不同于传统自动导航的关键技术。维护保养有助于农机导航系统与智慧农业的融合，提高农业生产的智能化水平。随着维护保养的深入，可以不断引入新技术和改进方法，推动农业技术的发展。维护保养有助于实现农业的可持续发展，促使农业生产向更智能、更高效、更可靠的方向不断迈进。

总之，培养农业生产者形成良好的设备维护习惯，做好农机导航系统的规范维护、科学保养工作，提高农机操作人员在日常操作中的规范性和安全性，不仅对提升单个设备的性能至关重要，也对提升农业生产的整体效率、安全性和可持续性具有深远的影响。

二、维护保养现状

农业经济的快速发展，促进农业技术水平不断提高，农业机械随之越来越先进。农机导航系统的维护保养现状受诸多因素的影响，既有良好的机遇，同时也面临着严峻的挑战。

（1）技术发展和行业需求方面。随着北斗导航等卫星导航技术的革新，农机导航系统的定位能力和作业精度得到显著提升。这要求维护保养工作也要适应技术的发展，以确保系统的性能和精度。中国农机自动驾驶行业的销售规模在近年来持续增长，农机导航系统行业的竞争日益激烈，企业需要提供高质量的产品和服务，包括维护保养，以获得市场份额。相应地，维护保养需求也随之增加。

（2）作业环境和技术规范方面。农机作业环境恶劣，如灰尘大、泥土多，这些因素都可能对农机导航系统的传感器等部件造成损害，因此需要特别的维护保养措施。有关农机导航系统的技术规范和标准正在不断完善，如《农业机械卫星导航自动驾驶系统前装通用技术条件》等，这些规范对维护保养工作提出了具体要求。

（3）教育与培训方面。由于农业生产经营人员的教育程度普遍较低，对科技化、机械化、信息化等现代农业技术技能的掌握不足，缺乏专业知识和技能，可能无法正确维护农机导航系统，因此导致系统故障率提升和使用寿命缩短。这影响了农机导航系统的维护保养效果。

（4）政策支持和服务体系建设方面。中国政府高度重视农机自动驾驶行业的发展，出台了一系列政策支持技术创新和行业发展，这为农机导航系统的维护保养提供了良好的政策环境。为了提高农机导航系统的维护保养质量，相关企业正在加强服务体系建设，提供更专业、更系统的服务。

总体来看，农机导航系统的维护保养现状受到技术发展、行业需求、政策支持、教育培训、作业环境、技术规范和服务体系建设等多方面因素的影响。随着技术的进步和市场的发展，农机导航系统的维护保养工作将变得更加重要和复杂。

三、维护保养的重要性

农机导航系统的保养工作是一项从基础做起，增加导航系统的使用寿命，减少在使用过程中的故障率，做到硬件设备的保养、软件系统的升级保养、常见故障排查、清理、日常维护检查、定期集中保养等多方面的保养措施，旨在为安全生产、无故障作业、不出现降低使用寿命等问题打好基础。我国未来的农业机械自动导航技术，将逐步发展成智能化农业生产模式，并不断突破传统的农业生产，有机融入各种先进科技，推动我国农业实现机械自动化生产，最终强化农业机械综合水平。

农机导航系统维护保养的重要性不言而喻。只有充分分析这些故障，找到有效的维修手段并做好日常的维护保养工作，才能延长农机导航系统的使用寿命，保障农业生产的稳定。为保持、恢复导航系统良好的技术状态，降低导航系统的故障率，提高使用效率，满足农民抢农时、保质量、夺丰收的目标，需要认真、周全地做好农机导航系统的保养工作，制订详细的维护保养技术指南，有效地预防导航系统在工作中存在的设备生锈、变形、损坏等问题，为农机导航系统时刻处于最佳工作状态奠定坚实基础。

四、使用注意事项

如果在使用导航系统的过程中缺乏使用的相关知识，很可能会造成人为故障频发，带来不必要的损失，因此导航系统的正确使用也是维护保养中的一项非常重要的工作。在使用过程中，需要注意以下5点事项：

(1)农机安装了导航系统后，由于北斗卫星天线加装在车顶上方，因此农机进出车库或在限高处行驶时，需注意天线设备安全，防止碰撞损坏。

(2)日常使用时要在远离人、牲畜、障碍物、电线、高楼、机场、信号塔等的空旷地方行驶，防止干扰信号和影响作业。

(3)不要在暴雨、大雾、大雪、雷电、大风等恶劣天气下工作，或者将导航系统安装在有积水、渗水、滴水、结露等地方。

(4)启用自动驾驶时，驾驶员严禁上下车或离开驾驶室，整个驾驶过程必须由驾驶员实时监控，注意驾驶安全，确保及时地人为干预和介入，避开行驶路线上的障碍物。

(5)导航系统操作使用请参照使用说明书，若在使用中遇到问题，请及时联系经销商或服务人员。

任务实施

一、任务准备

(一)制订系统维护保养计划

根据农机导航系统的实际情况和维护保养要求，制订详细的农机导航维护保养计划。计划应包括维护保养的周期、内容、方法、步骤等，以确保维护保养任务能够全面、系统地执行。

(二)工具和设备准备

根据维护保养任务的需要，准备必要的工具和设备，如螺丝刀、扳手、万用表、清洁剂等。确保这些工具和设备处于良好的工作状态，以便在需要时能够正常使用。

(三)环境、安全防护

无论是作业前的维护保养还是作业后的维护保养，确保任务的实施是在安全的环境中进行。检查工作区域是否存在安全隐患，如电源是否关闭、设备是否固定等。同时，准备必要的安全防护用品，如手套、护目镜等，以确保人员安全。

二、任务实施

农机导航系统的维护与保养对确保设备的正常运行和延长使用寿命至关重要。为保持设备最佳的性能，需要完成作业前日常检查、作业后维护保养、作业季前维护检查、作业季后保养储存等操作。

（一）作业前日常检查

（1）在使用前应注意检查 GNSS 接收机、北斗卫星天线、4G 天线和基站天线是否有否松动、损坏或故障等现象，确保天线的机械结构完整无损。检查电缆和接线头是否有磨损或是腐蚀现象，天线与农机导航系统连接是否牢固、可靠，确保天线的所有连接正常，如图 7-2 所示。

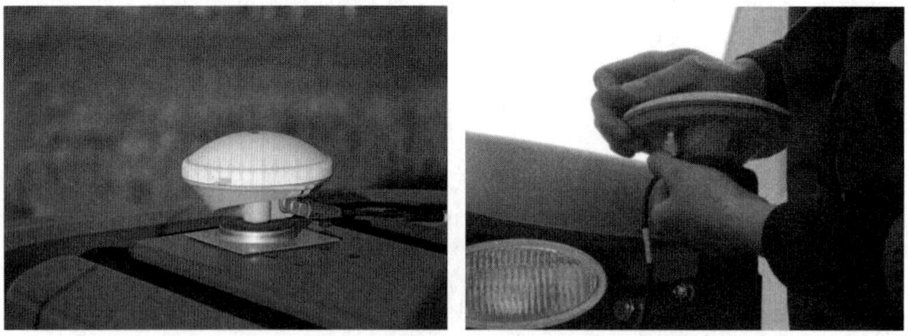

图 7-2　农机导航系统天线安全检查和连接

（2）应注意检查电源线的连接是否正确无误，确保没有裸露、松动或是老化、脱落等现象；电源线路中的保险丝没有熔断。检查电源供电电压是否符合要求。

（3）应注意检查通电后显控终端电源指示灯是否亮起，打开开关，查看故障检测里的检测项是否异常。

（4）应注意保障导航系统工作时处于适宜的温度和湿度条件下，作业时请勿在外部包裹棉布、防尘膜等。

（二）作业后维护保养

（1）作业结束后注意将显控终端关机，断开主线束上的开关，防止电瓶亏电。

（2）作业结束后及时检查角度传感器上是否有泥浆等异物，若有及时清理，如图 7-3 所示。

图 7-3　及时清理泥浆等异物

（3）作业结束后请将农机停放在阴凉、干燥的环境中，防止长期日晒雨淋腐蚀，导致线路老化短路。

（4）如冬季室外有雪，或者夏季阳光直晒，可对显控终端采取简单的遮盖措施。

（三）作业季前维护检查

（1）作业季开始前，要注意认真、仔细地检查导航系统的各个螺丝、线束、接头，一旦发现松动、脱落、破损、老化等情况，及时进行固定和处理。

(2)打开主线束开关，查看显示器控制终端电源键是否亮起。

(3)打开显示器控制终端，查看故障检测里的检测项是否正常。

(4)检查农机传动装置转动是否灵活，若发生卡滞现象及时排除故障后再运行。

(5)对车辆转向系统的状态进行检查，将车辆发动后左右方向满轮测试，观察方向盘是否轻盈、无卡顿现象。

(6)查看 RTK 和 SIM 卡费用是否到期，若到期需要续费，需及时联系官方电话进行操作。

(7)确保车辆状态正常后，打开导航设备，对导航设备进行调整，校验误差偏差满足要求。

(8)导航设备状态确认后，验证农具悬挂是否在车辆中心。调整好拉筋位置，确保农具悬挂在车辆中心。

(四)作业季后保养储存

(1)作业季结束后，注意将显控终端关机，确保关闭主线束开关，防止电瓶亏电。

(2)注意查看电机、角度传感器和显控终端上是否有浮土、泥浆和其他异物，及时清理，保持导航系统清洁。

(3)检查所有部件，更换损坏或磨损严重的部件，对需要润滑的部件进行润滑，防止生锈。

(4)注意将安装导航系统的农机存放在阴凉、干燥、通风的环境当中。

(5)记录本次维护保养的详细情况，为下次作业季做准备。

知识拓展与提升

农机导航系统维护保养的安全要求如下。

(一)电器设备设计和保护

农机自动导航系统的设计应遵循相关的安全标准，如 GB/T 15706—2012，以减少操作过程中可能产生的危险。农机导航系统的电器设备应具备过流、过压、短路、电源瞬间变化和偶然极性反接的保护功能。此外，电器接口应具备防静电功能。

(二)自动与手动操作控制器

在自动驾驶系统失灵或出现异常情况时，应立即限制或停止相关动作，使系统回到可控参数范围而不产生新的危险。所有农机自动导航系统的自动功能应只能通过单独采用操作控制器进行操作。当系统关闭时，自动功能应自动恢复到手动控制状态或关闭状态。

(三)操作人员权限和使用说明书

操作人员应随时能够撤销自动功能，自动功能只准许由操作人员重启。在使用手动控制功能时，自动导航功能的自动控制应自动解除。使用说明书应提供安全使用注意事项，明确标识安全搬运电子部件的注意事项，包括 RTK 基站的安装与拆卸等，并规定在自动导航状态下，操作人员应时刻观察前方障碍物并判断潜在危险。

(四)电器线路连接和安全警示

电器线路的连接应正确、可靠、无漏电。导线应捆扎成束，布置整齐，固定卡紧，接头牢固并有绝缘套。导线穿越孔洞时应设绝缘套管，避免摩擦和接触发热部件。农机自动导航系统的使用说明书中应明确写出显示器中给出的听觉或视觉或两者组合的安全警示含义。

（五）外观质量和铭牌信息

各部件装配应良好、紧固、无松动，调整、保养、更换零部件应方便自如，各操纵机构应灵活、方便、有效，控制器开关、按键的操作应灵活。在明显的位置安装字迹清楚、牢固的永久性铭牌，包含型号及名称、主要技术参数、出厂编号、制造商名称、地址、产品执行标准等信息。

农机自动导航系统应有三包凭证，包含产品品牌、型号规格、购买日期、产品编号、生产者名称、联系地址、电话等信息。

农机导航系统维护保养的安全要求是确保操作人员和设备安全的关键因素。遵循这些要求有助于保障农机导航系统在维护保养过程中的安全，减少事故风险，确保操作人员和设备的安全。

任务测验

一、选择题

1. （　　）不是农机导航系统的日常维护内容。
   A. 检查导航系统的各个螺丝、线束、接头
   B. 清洁电机、角度传感器和显控终端
   C. 更换机油和齿轮油
   D. 检查农机传动装置转动是否灵活

2. （　　）不是农机保养的注意事项。
   A. 检查轮胎气压是否足够
   B. 检查发动机启动后，在不同转速下是否工作正常
   C. 长时间停放农机时，应该将其存放在阴凉、潮湿的环境中
   D. 检查各连接部分及紧固件有无松动现象

3. 农机导航系统的维护保养通常不包括（　　）。
   A. 定期检查硬件连接
   B. 更新软件至最新版本
   C. 忽略任何错误警告
   D. 清洁外部设备

4. 农机导航系统的电池应（　　）检查一次。
   A. 每周　　B. 每月　　C. 每季度　　D. 每年

二、判断题

1. 农机在冬季放置时间较长，作业前不需要进行维护和保养。（　　）
2. 空气滤清器的保养对提高发动机使用寿命没有影响。（　　）
3. 农机导航系统的 GNSS 接收机和天线在使用前应该进行检查，确保没有松动、损坏、故障，连接正常。（　　）
4. 农机导航系统的维护保养只是为了提高系统性能。（　　）
5. 在农机导航系统出现故障时，应立即停止使用并进行检查。（　　）

三、填空题

1. 农机导航系统的各个螺丝、线束、接头在作业季开始前应该进行____________和处理。
2. 在作业季结束后，应该将显控终端____________，确保关闭主线束开关，防止电瓶亏电。
3. 农机传动装置转动是否灵活，如果发生____________现象，应该及时排除故障后再运行。
4. 农机导航系统的维护保养包括____________、____________和故障排除等内容。
5. 农机导航系统的____________是保证系统长期稳定运行的关键。

四、实践题

1. 简述农机导航系统维护保养的一般步骤。

2. 为什么说定期进行农机导航系统的维护保养是非常重要的?

任务二　维护农机导航系统软件

任务描述

小李购买的导航系统供应商发布了新的软件版本,包括漏洞修复、性能提升和新的功能。小李希望利用新版本的优势,提升农机导航系统的性能。在进行软件升级的过程中,为了确保数据安全,小李定期备份了农机导航系统的相关数据,同时采用远程协助请求技术人员,完成农机导航系统软件升级的相关技术支持。

任务目标

能力目标

- 能运用软件基础理论知识,在实际生产过程中完成导航系统软件的定期升级和版本更新。
- 掌握应用相应的设备完成导航系统数据备份和还原的方法。
- 具有掌握和运用农机导航系统远程协助的功能。

知识目标

- 了解导航系统软件定期更新升级的相关基础知识。
- 掌握农机导航系统数据备份、还原的作用和注意事项。
- 熟悉农机导航系统远程协助的概念和优势。

素养目标

- 养成爱岗敬业,干一行、爱一行的职业素养,在软件维护过程中形成爱学习、爱钻研、善于总结和巩固的良好学习习惯。
- 锻炼交流沟通能力和团队协作意识,通过小组合作完成任务的教学模式,不断提升个人领导力和团队领导力的技能。

任务分析

农机导航系统软件的维护是确保导航系统稳定运行的必要环节。

首先，通过对软件升级相关内容的学习，依据农机导航系统产品说明书和产品商家网址，及时定期更新软件系统，以引入新功能、修复先前版本上发现的错误和漏洞问题、提高系统性能和安全性；其次，按照维护保养的技术规范，认真、准确、及时地完成农机导航系统的数据备份和还原，这样不仅可以保护系统数据不因意外故障丢失，还可以确保系统故障时快速恢复重要数据；最后，充分利用远程协助的优势，解决使用过程中遇到的技术难题。

通过此任务，将掌握农机导航系统软件升级、数据备份与还原以及远程协助的维护保养要点，提高动手操作能力和分析问题、解决问题的能力。

知识学习

一、软件升级

农机导航系统软件升级是确保农机导航系统保持最新状态、增加新功能、修复已知问题和提高系统性能的重要措施。系统监控软件的版本更新，需要下载并安装最新的软件版本；确保升级过程不影响当前作业；在升级前后进行测试，验证新版本的稳定性和兼容性。

（一）软件升级基本知识

随着科技的发展，传统的农机行业正趋于饱和，新生事物层出不穷，无论是传统农机还是从业者都将面临如何转型升级的问题。农机导航自动驾驶系统是当下热点概念之一。相对来说，农机的自动导航要非常精准，才能有效提升农机的运行精度，所以作业的提质增效无论如何是离不开系统的升级更新的。农机导航系统软件升级通常涉及以下几个方面的内容。

(1)地图更新，算法优化。地图信息是农机导航系统的核心部分，随着田间环境的变化，如新的道路建设、田块的重新划分等，地图数据需要定期更新以反映这些变化。更新地图数据可以提高导航精度，确保农机按照正确的路径行驶。通过算法优化，可以提高系统的处理速度和作业效率。优化后的算法可以更好地处理复杂地形和多变的作业条件，减少燃油消耗和作业时间。

(2)功能增强，界面改进。软件更新可能带来新的功能，如更智能的作业模式，包括直线、曲线以及对角耙地、坡地模式等，以适应不同区域的作业类型；更便捷的操作界面，使得系统更加直观和易于操作，可以提升用户体验。

(3)自动更新，安全提升。软件可能具备自动更新功能，确保系统始终运行在最新版本，减少农户手动更新的麻烦。通过更新安全协议，加强系统安全，修复已知软件缺陷，保护用户数据不受未授权访问和外部攻击，减少系统崩溃或者错误的可能性，提高系统的整体稳定性。

(4)完善数据，远程维护。升级可能包括更好的数据管理功能，改进数据记录、存储和分析功能。比如，新增车辆库、机具库功能的管理，为农场管理提供更好的数据支持；实现远程诊断和软件修复，减少现场服务要求。提供更新的维护指南和培训手册，帮助用户更好地维护和使用系统。

（二）软件升级用户应当遵循的建议

(1)关注制造商的官方网站或通知，及时获取软件更新信息。

(2)在进行更新前，备份当前系统和重要数据，以防更新过程中出现问题。

(3)按照制造商的指导进行操作，确保更新过程的正确性。

(4)更新后，进行必要的测试，确保系统能正常运行并验证新功能能有效应用。

二、数据备份与还原

农机导航系统的数据备份与还原是确保系统数据安全和在系统出现故障时能够快速恢复的重要环

节,对确保农业生产的连续性和数据的安全性具有重要意义。以下是数据备份与还原的关键步骤和注意事项。

(一)数据备份

农机导航系统的数据备份是保障数据安全的首要步骤。数据备份方法主要包括定期备份、完整备份、增量备份和差异备份。在实际应用中,可以根据农机导航系统的特点选择合适的备份方法。

(1)定期备份。定期进行数据备份,避免因长时间未备份而导致数据丢失。制订一个备份计划,定期(如每周或每月)进行数据备份,以确保系统的最新状态得到保存。

(2)完整备份。确保备份数据的完整性,避免部分数据丢失。进行完整备份,包括系统设置、作业数据、地图信息、用户配置等所有关键数据。完整备份是指对整个系统数据进行全面的复制,适用于系统初始化或数据恢复。

(3)增量备份。增量备份是只备份自上次备份以来发生变化的数据,适用于数据量较大且变化频繁的情况。

(4)差异备份。差异备份则备份自上次完全备份以来发生变化的数据,适用于数据变化较为频繁但需要节省存储空间的情况。

(5)验证备份。备份完成后,要验证备份文件的完整性和可用性,确保在需要时能够成功恢复数据。

(二)数据还原

(1)明确需要还原的数据类型和范围。

(2)选择对作业影响最小的时段进行数据还原。

(3)从备份存储介质中找到需要还原的数据文件。

(4)在还原前,检查系统状态,确保没有正在进行的重要操作。

(5)按照系统要求,逐步还原数据,避免一次性加载过多数据导致系统不稳定。

(6)还原完成后,检查数据的完整性和系统功能是否正常。

(7)记录还原过程中的关键步骤和结果,以备后续参考。

(8)如果还原过程中出现问题,及时采取措施解决,必要时联系技术支持。

(三)数据安全存储

将备份数据存储在安全的地方,防止物理损坏或未经授权的访问。备份存储的选择直接关系到数据的安全性和可恢复性。常用的备份存储介质包括硬盘、磁带、光盘等。

(1)硬盘存储。具有读写速度快、容量大的特点,但可能受物理损坏影响数据安全。

(2)磁带存储。虽然速度较慢,但耐久性强、成本低,适合长期存储。

(3)光盘存储。介于前两者之间,适用于中短期存储。

(4)云存储。随着云计算技术的发展,云存储以其高可靠性、可扩展性和灵活性成为备份存储的新选择。

在选择备份存储时,需要综合考虑存储容量、安全性、成本和可维护性等因素。

三、远程协助

随着现代化进程的不断推进,远程协助功能在农业行业中得到了广泛的应用和普及。农机导航系统是一种利用现代信息技术和通信技术,对分布在不同地区或不同位置的农机进行远程监测、诊断和故障排除的系统。其中,远程协助是一个重要的功能,它允许用户在远离农机的情况下,通过网络连接对农机进行控制和监控。现在的远程协助功能可以解决许多问题,当遇到一些无法解决的问题,而且在农业作业的关键时刻，都可以通过远程协助功能求助于设备厂家的专家来进行处理。图 7-4 为智慧农业协同管理云服务平台。

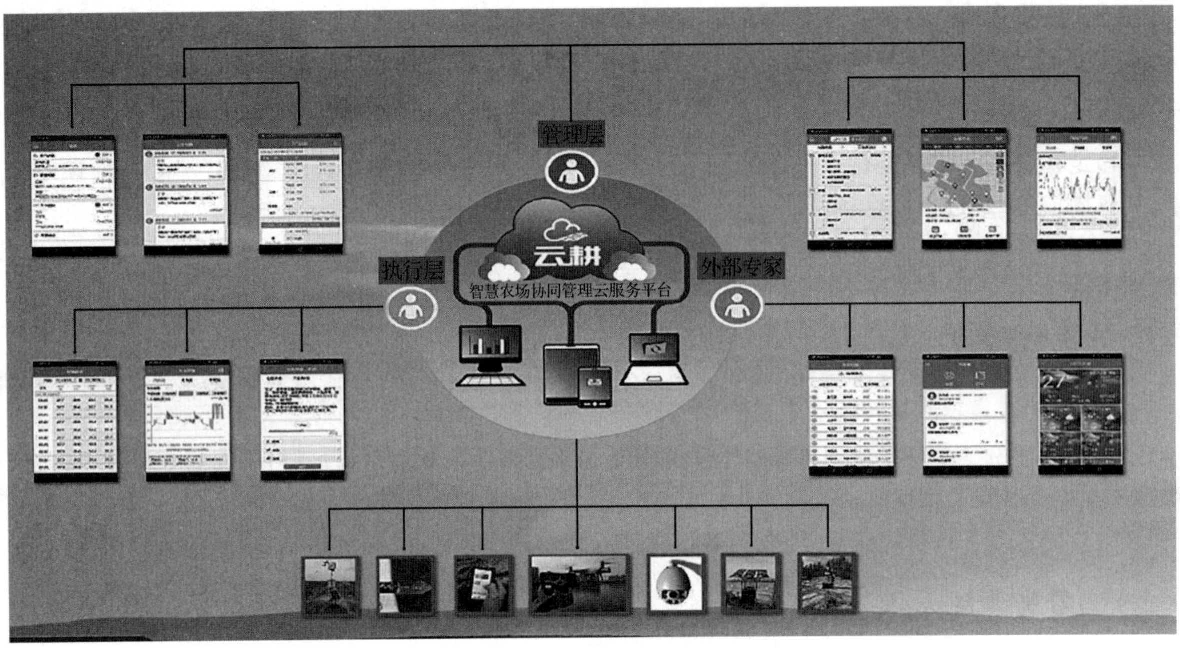

图 7-4 智慧农业协同管理云服务平台

（一）远程协助的定义和组成

农机导航系统的远程协助是指通过远程通信技术，由技术支持人员远程访问和操作农机导航系统，以提供故障排除、系统维护、升级指导等服务。它由数据采集与传输系统、数据处理与分析系统、人机交互系统和远程维护系统等组成。

（二）远程协助的优势

（1）维护更轻松。通过远程协助，技术人员可以远程调试系统，及时解决使用过程中的问题，减少现场维护的需求和成本。

（2）升级灵活。系统软件可以通过远程升级，快速部署新功能和性能改进，无须用户亲自操作。

（3）作业效率提升。远程协助可以确保农机导航系统始终处于最佳工作状态，减少停机时间，提高作业效率。

（4）技术支持。用户可以获得专业的技术支持和咨询服务，提高农机操作的准确性和安全性。

（三）远程协助的考虑因素

（1）网络连接。确保农机导航系统所在位置有稳定的网络连接，以支持远程协助。

（2）用户界面。远程协助工具应具有直观的用户界面，便于技术支持人员和农机操作人员使用。

（3）技术支持。技术支持人员应具备相应的技术知识和沟通技巧，以有效解决问题。

（4）法规遵守。在进行远程协助时，确保遵守相关的数据保护法规和隐私政策。

（5）用户隐私。在提供远程协助时，尊重农机操作人员的隐私，只在必要时访问系统。

通过实施有效的远程协助，可以减少现场服务的需求，缩短问题解决时间，并提高农机导航系统的可靠性和用户满意度。

四、作业报告生成

农机导航系统中的作业报告生成是一个关键功能。农机导航系统的作业报告是记录农机作业情况的重要文档，允许用户详细记录和分析农业机械的作业情况，可以帮助农户和农机操作人员了解作业效率、监控作业质量、规划未来的作业任务以及进行成本分析，从而优化作业流程、提高作业效率和质量。

(1)记录作业数据。作业报告能够记录农业机械在特定时间内完成的具体作业，包括作业面积、作业速度、作业路径等。

(2)分析作业效率。通过对作业数据的分析，用户可以评估作业效率和机械性能，识别潜在的问题和改进空间。

(3)成本管理。作业报告有助于计算作业成本，从而更好地管理农业生产成本。

(4)决策支持。详细的作业报告为农户和农业企业提供了有价值的数据支持，帮助他们做出更明智的农业管理和投资决策。

任务实施

一、软件升级

农机导航系统为了满足农户的作业要求，对软件进行全面优化升级。升级旨在提高作业效率、降低操作难度，并增加更多智能化功能。软件升级的具体操作步骤如下。

(1)用户通知。通过官方网站、用户论坛或直接邮件通知用户有关软件升级的信息。

(2)下载升级包。用户从该产品官网提供的官方链接或指定渠道下载最新的软件升级包。

(3)数据备份。在进行软件升级之前，建议用户根据指导备份现有系统的数据，以防万一升级过程中出现数据丢失。

(4)安装升级包。按照该厂商提供的安装指南或说明，用户需要安装下载的升级包。这可能包括解压文件、运行安装程序等步骤。

(5)系统重启。安装完成后，用户需要重启农机导航系统，以便新软件能够加载并运行。

(6)功能测试。系统重启后，用户应测试新软件的所有功能，确保升级成功且所有新功能均能正常运行。

(7)用户培训。对于新引入的功能，企业会根据需要提供在线培训或指导视频，帮助用户快速掌握。

(8)问题反馈。用户如果在升级过程中遇到任何问题，都可以联系该产品的技术支持团队获得帮助。

(9)后续支持。该产品企业还会提供持续的技术支持和系统维护，确保用户在使用新系统时能够得到必要的帮助。

农机导航系统的软件升级展示了一个成功的软件升级流程，它强调了用户参与、技术支持和持续改进的重要性。通过这样的升级，不仅提高了农机的作业效率和精准度，还提升了用户的满意度和系统的市场竞争力。

二、数据备份与还原

以华测导航系统的操作界面为例，完成该系统包含的手动备份、历史备份和网络备份的具体操作步骤，以便理解和掌握。

在主界面依次点击【设置】→【系统设置】→【备份与还原设置】，即可进入备份与还原界面。注意，设备调试完成后要求技术人员必须进行手动备份。备份文件分为“校准及设置参数”和“农场导航线数据”

两类,“校准及设置参数”中包含接收机设置、机械校准、农具设置、系统设置中的参数;“农场导航线数据”中包含农场、田块、任务、边界、导航线数据。

(一)手动备份

手动备份需进入备份与还原界面(图 7-5),点击【备份】,系统提示“备份成功”即完成备份操作。重新进入备份与还原界面即可看到备份文件。

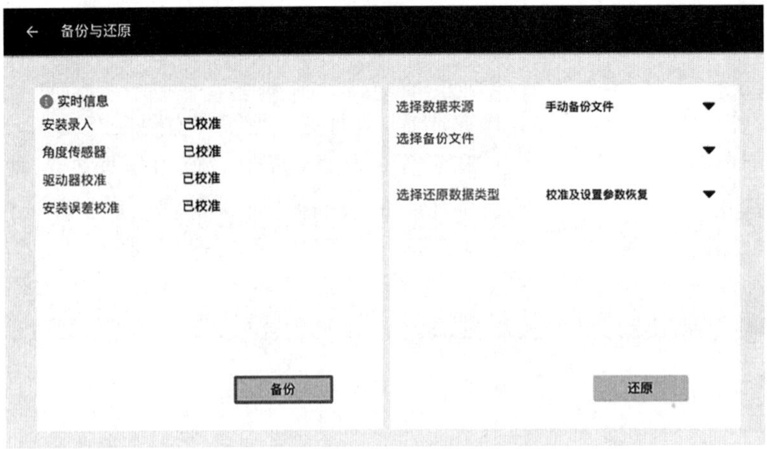

图 7-5　手动备份与还原界面

手动备份同时备份“校准及设置参数”和“农场导航线数据”。手动备份文件储存在显示器中,仅保留 1 份,再次手动备份时会覆盖之前文件。手动备份文件建议为正常调试后备份的文件,未重新校准时不要覆盖。

(二)历史备份

历史备份为系统运行 5 h 以上时自动保存,每日最多保存 1 份。如图 7-6 所示。历史备份会同时备份“校准及设置参数”和“农场导航线数据”。

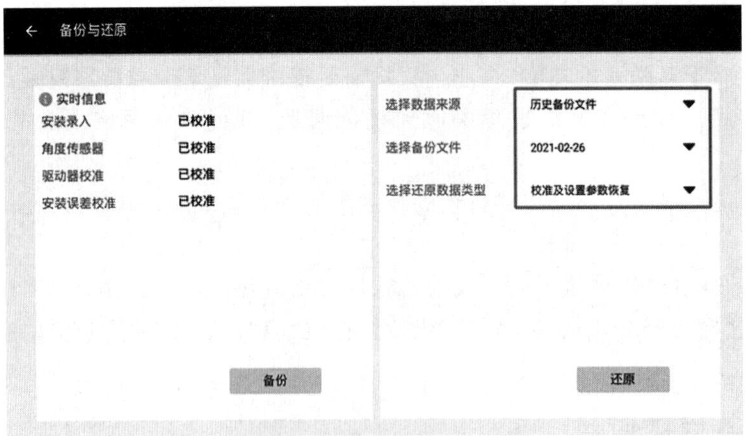

图 7-6　历史备份

历史备份文件储存在显示器中,最多可保留 30 份数据。在备份过程中出现 31 个文件时,第 31 个文件会覆盖第 1 个文件,依此类推。还原时可选择对应日期文件,单独恢复“校准及设置参数”或“农场导航线数据”。

(三)网络备份

每次修改参数时都会弹出一个“是否将新的配置信息上传至服务器”的提示框,选择“是”则会进行网络备份,如图 7-7 所示。

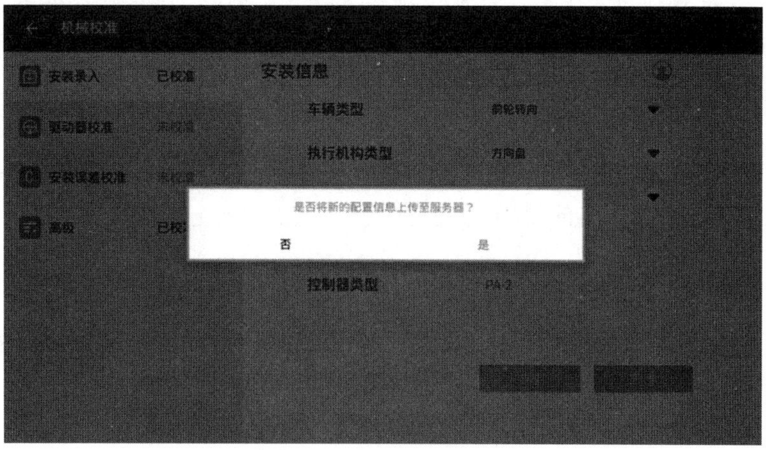

图 7-7　修改参数信息提示框

网络备份只备份“校准及设置参数”。网络备份必须在可正常上网时使用,文件储存在服务器上,最多可保留 3 份文件。网络备份以控制器 SN 号为识别码,即系统更换显示器但不更换控制器时可使用网络还原功能。做完安装误差校准后系统会自动进行网络备份。如图 7-8 所示,还原时可选择对应日期文件,只能恢复“校准及设置参数”数据。

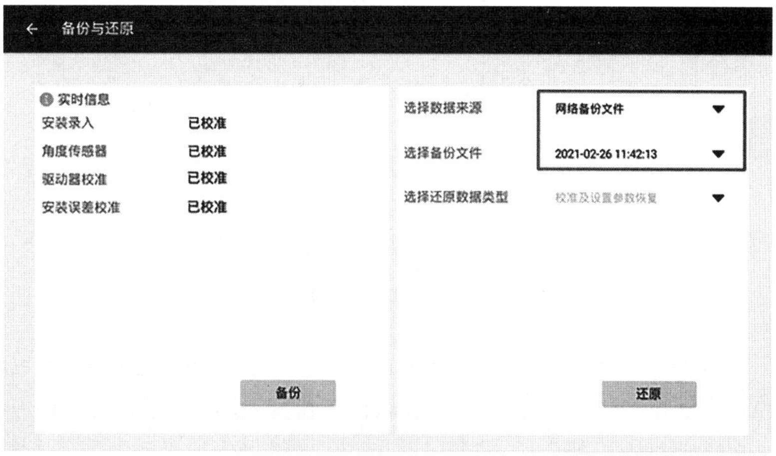

图 7-8　网络备份文件还原

三、远程协助

(1)建立连接。使用远程桌面软件或专用的远程支持系统建立与农机导航系统的连接。确保农机操作人员和技术支持人员都清楚如何建立和维护连接。

(2)授权和安全。确保远程访问过程符合安全标准,采取必要的加密措施保护数据安全。获取农机操作人员的授权进行远程操作。

(3)诊断问题。通过远程访问,技术支持人员可以查看系统状态、日志文件和错误信息。与农机操作人员沟通,了解问题发生的具体情况。

(4)提供解决方案。根据诊断结果，提供解决方案或进行故障排除。如果需要，进行远程配置更改或软件更新。

(5)执行维护任务。远程执行系统维护任务，如清理缓存、检查更新等。如果需要，远程安装补丁或升级软件。

(6)用户培训。在远程协助过程中，向农机操作人员解释操作步骤和解决方案。提供必要的培训，帮助操作人员更好地理解和使用系统。

(7)记录和反馈。记录远程协助的详细过程和结果。向农机操作人员提供反馈，并确保他们对解决方案满意。

(8)结束会话。完成远程协助后，确保正确结束会话，关闭所有远程访问通道。提醒农机操作人员更改任何在远程协助期间可能暴露的密码。

四、作业报告生成

(1)数据收集。在作业过程中，农机导航系统通过内置的传感器和 GPS 定位设备实时、自动地收集各种数据，如作业面积、作业速度、作业时间、燃油消耗、作业轨迹等。

(2)数据整理。对收集到的数据进行整理，确保数据的准确性和完整性。

(3)报告模板设计。设计作业报告的模板，包括报告的格式、需要展示的数据类型、图表和分析等。

(4)自动生成。利用农机导航系统的内置功能或第三方软件，根据模板自动生成作业报告(图 7-9)。

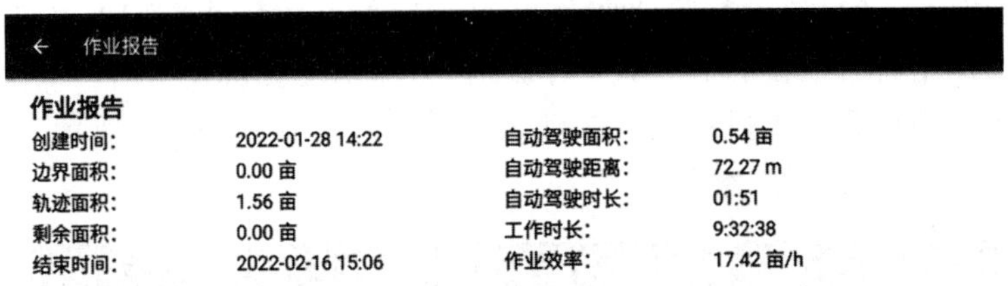

图 7-9 自动生成作业报告

(5)数据分析。对报告中的数据进行分析，识别作业效率、成本和质量控制的关键指标。

(6)图表和可视化。利用图表和可视化工具展示作业数据，使报告更直观易懂。

(7)人工审核。在自动化生成报告后，进行人工审核，确保报告的准确性和可读性。

(8)报告定制。根据用户的需求定制报告内容，如添加特定的分析、注释或建议。

(9)打印或导出。将生成的作业报告打印出来或导出为 PDF、Excel 等格式，方便分享和存档。

(10)存档和管理。将作业报告存档，建立电子或纸质档案系统，便于未来的查询和分析。

知识拓展与提升

在进行导航系统软件升级时，硬件兼容性检查是一个关键步骤，它确保升级后的软件能够在现有的硬件配置上正常运行。以下是进行硬件兼容性检查的一些建议和步骤。

1. 检查硬件规格

在软件升级前，查看制造商提供的系统要求，检查当前硬件的规格是否满足新软件版本的最低要求，包括处理器速度、内存大小、存储空间、传感器类型等在内的硬件规格都需要进行核对。

2. 确认硬件年限和状况

考虑硬件的使用时间和物理状况。长时间使用的硬件可能会有磨损，可能无法支持新的软件功能。检查硬件是否有损坏或即将到达寿命终点的迹象，必要时进行维修或更换。

3. 检查接口和连接

确保所有硬件接口和连接都是最新的，并且与新软件兼容。例如，如果新软件需要 USB 3.0 接口，而现有硬件只有 USB 2.0，则可能需要升级硬件。检查所有的外部设备和传感器连接，确保它们与新软件兼容。

4. 驱动程序和固件更新

确保所有相关的驱动程序和固件都是最新版本。制造商可能会发布与新软件版本兼容的更新。在软件升级前，先进行驱动程序和固件的更新，可以避免兼容性问题。

5. 测试新软件与硬件的兼容性

如果可能，与制造商联系获取新软件的测试版本，在不影响生产的情况下进行兼容性测试。通过模拟实际作业环境，测试新软件在现有硬件上的性能和稳定性。

6. 制造商支持和咨询

在进行硬件兼容性检查时，可以联系制造商的技术支持团队获取专业建议。制造商可能会提供硬件升级建议或推荐与新软件兼容的硬件配置。

任务测验

一、选择题

1. 农机导航系统软件升级后，(　　)是新增的功能。
   A. 提高了定位精度　　B. 增加了夜间作业模式
   C. 优化了用户界面　　D. 所有以上选项
2. 在农机导航系统软件升级测评中，(　　)是衡量系统性能的关键。
   A. 定位精度　　B. 操作界面友好度
   C. 软件兼容性　　D. 以上都是
3. 农机导航系统的数据备份功能通常在(　　)菜单下。
   A. 系统工具　　B. 系统安全
   C. 数据管理　　D. 系统维护
4. 农机导航系统远程协助功能允许技术支持人员执行(　　)操作。
   A. 远程监控农机状态　　B. 远程升级系统软件
   C. 远程诊断系统故障　　D. 所有以上选项均符合
5. 农机导航系统作业报告生成通常包括(　　)数据。
   A. 作业面积　　B. 作业速度
   C. 实时位置跟踪　　D. 所有以上选项均符合

二、判断题

1. 农机导航系统软件升级后，不再需要进行现场测试验证。 （ ）
2. 农机导航系统软件升级应确保不降低现有功能的执行效率。 （ ）
3. 农机导航系统的数据备份与还原功能是可选的，不是必需的。 （ ）
4. 在农机导航系统发生故障时，可以通过数据还原功能恢复系统的正常运行。 （ ）
5. 农机导航系统作业报告生成可以手动输入数据。 （ ）

三、填空题

1. 在进行农机导航系统软件升级测评时，需要关注系统的________________，以确保软件的稳定性。

2. 农机导航系统在进行数据备份时，应确保备份数据的________________，以防数据丢失或损坏。

3. 在农机导航系统的数据备份与还原测试中，需要验证备份数据的________________，以确保备份的有效性。

4. 在农机导航系统的远程协助下，技术人员可以进行________________，以确保系统软件保持最新状态。

5. 农机导航系统作业报告生成功能可以提供详细的作业数据，帮助农户________________。

四、实践题

1. 农机导航系统在进行数据备份时应注意哪些事项？

2. 农机导航系统软件升级后，在提高作业精度方面可能采取了哪些措施？

3. 简述农机导航系统数据备份的重要性。

任务三　保养农机导航系统硬件

任务描述

在农忙季节即将开始之际，赵师傅早早地来到了机库，准备对农机导航系统进行全面的检查与保养。小刘也在一旁协助，准备将农机驶入指定区域。该如何对农机导航系统硬件进行保养维护呢？

任务目标

能力目标

- 能按照不同机型对农机导航系统进行硬件的维护。
- 能完成农机导航系统硬件完整的保养流程。
- 能对不同作业场景下的农机导航系统进行维护与保养。

知识目标

- 了解农机导航系统维护与保养的意义。
- 理解农机导航系统硬件维护与保养中所涉及的相关概念和技术。
- 能描述硬件保养的过程,分析技术要点。

素养目标

- 通过农机导航与自动驾驶设备和拖拉机安全操作规范,培养遵守安全操作规程的意识,提高安全意识,确保在维护与保养过程中的人身安全和设备安全。
- 通过实际操作,培养实际操作能力和解决问题的能力。
- 在实践中学习如何运用所学知识解决实际问题,提高动手能力。
- 通过团队分工合作完成作业任务,有助于培养团队协作能力,提升在团队中的沟通、协调与领导能力。

任务分析

开展农机导航系统硬件保养工作:首先了解农机导航系统导航天线、陀螺仪姿态传感器、控制器、力矩电机、整机线束等组成部分;其次根据各部分特点制订保养计划选择不同的保养方式,如日常检查、农机清洗的注意事项;然后填写保养维修单;最后进行功能测试。

对农机导航系统硬件进行正确的维护与保养,以保障其正常运行并延长使用寿命。

知识学习

一、安全操作基本知识

(一)个人防护与工具使用

在进行农机导航系统硬件的维护保养任务时,首先要考虑个人防护。操作人员必须佩戴适当的防护装备,如防滑手套、安全鞋、护目镜等,这些装备能够在操作过程中有效防止手部被锐物割伤、脚部滑倒以及眼睛被飞溅物伤害。此外,使用合适的工具也是确保安全的关键。应选择与任务相匹配的工具,并确保其处于良好状态,避免使用破损或质量不合格的工具,这能够防止因工具不当导致的意外伤害。

(二)环境评估与电源管理

在开始保养工作之前,对环境进行全面的评估至关重要。检查工作区域是否平整、有无障碍物,确保有足够的空间进行操作。同时,要特别注意天气条件,避免在恶劣天气下作业,以减少安全风险。此外,电源管理也是不容忽视的一环。在接触电气部件之前,必须确保系统已经断电,相关电源已关闭。

在操作过程中，也要时刻注意防止触电事故的发生，避免在潮湿环境中进行电气工作。

（三）遵循操作手册与应急准备

遵循农机导航系统的操作手册和维护指南是确保安全操作的基础。操作人员应熟悉并严格按照手册中的步骤进行操作，不得随意改动或忽略任何步骤。这有助于避免因操作不当而导致的设备损坏或人员伤害。同时，做好应急准备也是必不可少的。操作人员应熟悉紧急应对措施，如触电急救、火灾扑救等，并准备好相应的急救设备和应急工具。在发生意外情况时，能够迅速、正确地应对，降低损失和风险。

通过这 3 点的详细讲解，操作人员可以更加全面地了解农机导航系统硬件维护保养前的安全操作基本知识，提高安全意识，确保维护保养工作的顺利进行。

二、农机导航系统硬件组成及作用

了解农机导航系统硬件组成及其作业，才能开展针对性的维护保养工作。农机导航系统硬件主要有卫星导航天线、平板电脑、陀螺仪姿态传感器、力矩电机及整机线束。

（一）卫星导航天线的作用

天线在卫星导航中是十分重要的部件，如图 7-10 所示。它不仅用于接收卫星信号，实现用户的定位和导航功能，还可用于接收差分信号和辅助信号，提高导航系统的精度和可靠性，同时还承担了信号传输的功能。通过天线的高效工作，卫星导航系统能够为用户提供准确、稳定和可靠的导航服务。

（二）平板电脑的作用

农机导航系统平板电脑是控制农机导航控制系统的主要组件，主要承担人机交互的功能，如图 7-11 所示。

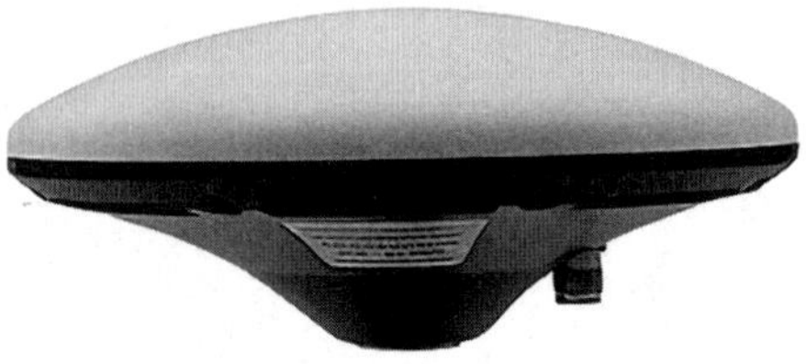

图 7-10　卫星导航天线

图 7-11　平板电脑

图 7-12　陀螺仪姿态传感器

（三）陀螺仪姿态传感器的作用

陀螺仪姿态传感器可以结合 GPS 技术，实现对农机在作业过程中的姿态感知和导航精度的提高，如图 7-12 所示。这能更准确地掌握机械的位置和方向，进而提高作业的精度。在农村地区，地形地貌复杂，农机作业中会遇到不同程度的颠簸或震动，这可能会影响传统的 GPS 系统的稳定性。而陀螺仪姿态传感器采用惯性导航原理，可以在部分不能接收 GPS 信号的情况下，仍然保持较稳定的作业状态。

(四)力矩电机的作用

力矩电机的输出特性稳定，通过控制力矩电机的输出力矩和转动角度，可实现对农机转向精确的位置控制，如图 7-13 所示。力矩电机的好坏直接决定了农机导航系统的作业精度，对于导航系统来说十分重要。

(五)整机线束的作用

农机导航系统整机线束是连接系统力矩电机、电脑、传感器等的主要组件，影响着农机导航系统运行的稳定性，如图 7-14 所示。

图 7-13 力矩电机

图 7-14 整机线束

任务实施

一、准备任务

1. 制订维护保养计划

根据农机导航系统的实际情况和维护保养要求，制订详细的维护保养计划。计划应包括维护保养的周期、内容、方法、步骤等，以确保维护保养任务能够全面、系统地执行。

2. 工具和设备准备

根据维护保养任务的需要，准备必要的工具和设备，如螺丝刀、扳手、万用表、清洁剂等。确保这些工具和设备处于良好的工作状态，以便在需要时能够正常使用。

3. 环境、安全防护

确保维护保养任务在安全的环境中进行。检查工作区域是否存在安全隐患，如电源是否关闭、设备是否固定等。同时，准备必要的安全防护用品，如手套、护目镜等，以确保人员安全。

二、任务实施

(一)检查农机导航系统各项功能

检查农机导航系统的各项功能是否正常，若发现功能异常，根据故障提示或检测进行排查和修复。

(二)对各部件进行针对性的保养维护

1. 卫星导航天线保养内容

(1)经常检查导航定位天线上方是否被泥巴树叶糊住,如果有,应及时清理擦净。否则可能引起卫星信号接收效果下降。

(2)经常检查天线连杆和天线底座间、天线连杆和导航定位天线之间是否有松动,如果有,应及时拧紧。否则可能引起作业精度下降,也可引起卫星信号时有时无,无法正常作业。

(3)经常检查天线底座与车辆驾驶舱顶部的3M胶粘贴是否有松动,如果有,应及时进行加固。如果需要摘下重新粘贴,则需确保粘贴位置与原位置完全重合。否则可能引起作业精度下降。

(4)经常检查导航定位天线和射频线缆是否有损毁,如果有,应及时联系销售商更换配件。否则有可能引起卫星信号无法接收,无法正常作业。涉及用户使用不当及质保期外的配件更换,用户需另外支付配件购买和安装调试费用。

2. 平板电脑保养内容

(1)经常检查平板计算机后部与线缆的连接是否松动,如果有,应及时拧紧,以免发生平板计算机无法点亮或通信故障。

(2)经常检查平板计算机支架的2个球头是否紧固,如果有,应及时拧紧,以免平板计算机"低头",不利于操作。

(3)经常检查平板计算机屏幕和机身是否被灰尘、泥巴糊住,如果有,应及时清理干净,以免平板计算机触摸操作失灵。

(4)经常检查平板计算机屏幕是否被尖利物品磕碰,产生伤痕。如果有,应及时联系销售商更换配件,以免出现故障,导致无法作业。涉及用户使用不当及质保期外的配件更换,用户需另外支付配件购买和安装调试费用。

(5)经常检查平板计算机4G天线是否松动,接口盖板是否盖紧,以免进水损坏内部电路元器件。

3. 陀螺仪姿态传感器保养内容

(1)经常检查传感器上是否被泥巴、植物茎叶糊住,如果有,应及时清理。

(2)经常检查传感器上的各类螺钉是否缺失或松动,如果有,应及时紧固。

(3)经常检查传感器线束接头是否松动和晃动,线束接头长期晃动有可能对线束接头部分造成永久的损坏。

(4)经常检查传感器各部组件(包括转向传感器伸出的线缆)是否有损毁,线束扎带是否牢固。如果有损坏,应及时联系销售商更换配件。如果长期不使用设备,可以将传感器拆下收好,拆下的同时要对线束接头做好防水保护,使用前按说明书要求安装即可使用。

4. 力矩电机保养内容

(1)经常检查力矩电机主体及方向盘是否晃动,如果有,应及时紧固或加强。

(2)经常检查力矩电机接线端子是否连接牢固,若不牢固,应及时拧紧,进行处理。

(3)定期检查方向盘中心固定螺母是否牢固,若不牢固,应使用工具进行紧固,否则可能损坏转向柱花键。

5. 整机线束维护保养内容

(1)经常检查驱动线束与蓄电池的连接点是否松动,如果有,应及时拧紧。

(2)经常检查驱动线束与惯导转向感器间的线上对插点是否松动,如果有,应及时紧固,并用绝缘胶带缠绕。

(3)经常检查线束扎带是否断裂,线束固定是否牢固,避免线束接触发动机过热过烫处,避免驾驶室内线束缠绕脚下，影响拖拉机制动及油门的踩踏。

(4)经常检查电源线束保险丝损耗情况，及时更换新的保险丝。

(5)经常检查线束上扩展口的保护是否有破损，如果有，应及时加固。

(6)经常检查线束上是否有尼龙套破损，如果有，应及时用绝缘胶带加固。

(7)经常检查角位移传感器的线束是否由于导向轮的转动而摩擦损坏。

(8)经常检查线束上是否有线缆破损、裸露出金属导线，如果有，应及时联系销售商更换配件。

6. 农机清洗的注意事项

当农具过脏需要清洗时，应注意对导航系统的保护。

(1)尽管农机导航设备的防水设计标准满足 IP65 级别，能防雨淋，但用户仍应尽量避免产品与水的接触。

(2)禁止用高压水枪直接冲击驾驶舱顶部的卫星导航天线。

(3)驾驶舱内部的平板计算机和电源盒应在洗车时用不透水的塑料袋进行包裹保护，以免浸水。禁止用高压水枪直接冲击包裹后的平板计算机和电源盒。

(4)禁止用高压水枪直接冲击力矩电机及驱动端子，以免进水短路。

(5)禁止用高压水枪冲击惯导转向测量机构。

(三)维护保养完成后进行测试验证

在维护保养完成后，对农机导航系统进行全面的测试验证，确保其各项功能和性能都符合要求。若发现问题或性能下降的情况，及时进行修复和调整，优化系统的性能和稳定性。

(四)记录保养过程

对维护保养过程进行详细的记录，包括发现的问题、采取的措施、更换的部件等。

(五)定期进行复查和维护保养

定期对农机导航系统进行复查和维护保养，确保其长期稳定运行。为用户提供必要的技术支持和帮助，解决他们在使用过程中遇到的问题和困难。

知识拓展与提升

对于农机导航系统硬件来说，姿态传感器与力矩电机是十分重要的组成部分，姿态传感器提供准确的导航依据，而力矩电机则确保农机能够按照预设的路径和速度进行高效、稳定的作业。

下面来学习姿态传感器与力矩电机的工作原理。

一、农机导航系统姿态传感器的组成及原理

(一)姿态传感器的组成

典型陀螺仪姿态传感器，如图 7-15 所示，主要包括以下几个部分。

图 7-15 典型陀螺仪姿态传感器

(1)陀螺仪。这是姿态传感器的核心部分，用于测量物体在三维空间中的角速度。通过检测农机在行驶过程中的角速度变化，陀螺仪能够确定其姿态和方向的变化。

(2)加速度计。加速度计用于测量农机在 3 个方向上的加速度。通过结合陀螺仪的数据，加速度计能够提供关于农机运动状态的更全面

的信息，从而更准确地确定其姿态。

(3)处理器。处理器负责接收来自陀螺仪和加速度计的数据，并进行处理和分析。它利用算法和数学模型将原始数据转换为有意义的姿态信息，如角度、倾斜度等。

(4)接口与通信模块。该模块负责将处理器处理后的姿态数据传输给农机导航系统的其他部分。它通常采用标准的通信协议和接口，以确保与其他设备的无缝连接和数据传输。

(5)电源模块。为整个姿态传感器提供稳定的电力供应，确保其能够长时间稳定工作。

农机导航系统陀螺仪姿态传感器通过集成陀螺仪、加速度计、处理器、接口与通信模块以及电源模块等关键部件，能够实时、准确地获取农机的姿态信息，为农机导航系统提供重要的输入数据。

(二)陀螺仪的原理及作用

在姿态传感器中，陀螺仪是十分重要的组成部分。通过测量角速度、确定物体姿态、提供精确的方向数据以及增强动态性能等方面，为姿态传感器提供准确、可靠的数据支持。

陀螺仪的工作原理主要基于科里奥利力。当一个物体在坐标系中直线移动时，如果坐标系发生旋转，那么这个物体将感受到一个垂直于原直线运动方向的力，即科里奥利力。这个力会导致物体产生垂直于原运动方向的加速度。

在陀螺仪中，陀螺转子(一个高速旋转的飞轮)是核心部件，如图 7-16、图 7-17 所示。当陀螺仪安装在移动的设备上时，如无人机、农机或智能手机，由于设备本身的运动或姿态变化，陀螺转子会感受到科里奥利力的作用。通过检测这个力的作用，陀螺仪能够确定设备的角速度变化，从而知道设备的姿态和运动状态。具体来说，陀螺仪内部的传感器会测量陀螺转子相对于固定框架的角位移或角速度。这些数据经过处理后，可以被转换为设备的姿态信息，如俯仰角、偏航角和滚动角等。这些姿态信息对于许多应用来说都是至关重要的，例如，无人机的自动驾驶、潜艇的导航、智能手机的方向感应等。

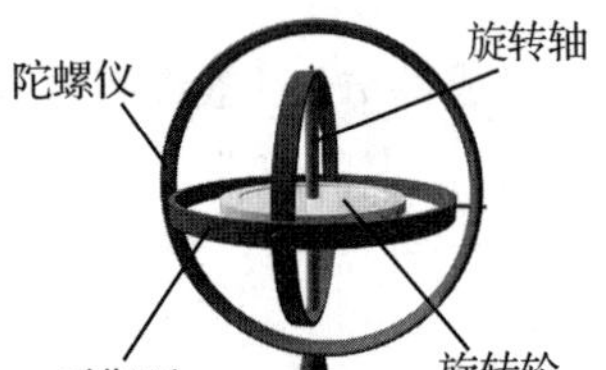

图 7-16　陀螺仪形态

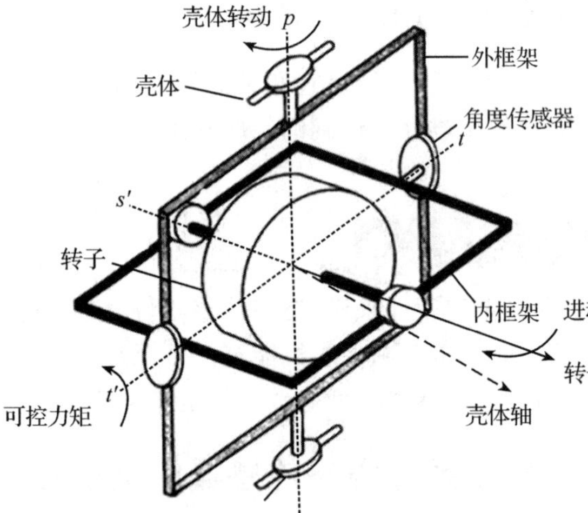

图 7-17　电子陀螺仪结构

陀螺仪的精度和稳定性对其性能至关重要。因此，现代陀螺仪通常采用先进的材料和制造工艺，以及复杂的校准和补偿算法，以提高其测量精度和减少误差。同时，随着技术的发展，陀螺仪的体积也在不断缩小，功耗逐渐降低，使它能够在更多的领域得到应用。

加速度计的工作原理基于牛顿第二定律，即力等于质量乘以加速度。其核心目的是测量物体的加速度。加速度计内部通常包含一个质量块，该质量块通过某种弹性连接(如弹簧)与固定框架相连。当物体受到加速度作用时，质量块会相对于固定框架产生位移。这个位移量与所施加的加速度成正比。

具体来说，当加速度计所在的物体加速时，质量块由于惯性会保持原来的运动状态，从而产生相对于固定框架的位移。这个位移会导致弹性连接发生形变，产生恢复力，试图将质量块拉回到原来的位置。通过测量这个恢复力或位移量，就可以推算出物体所经历的加速度。加速度计通常由微机电系统（MEMS）技术制造，如图 7-18 所示。这些微小的机械结构使得加速度计能够精确地测量加速度，并且体积小巧、功耗低，适用于各种移动设备和应用场景。

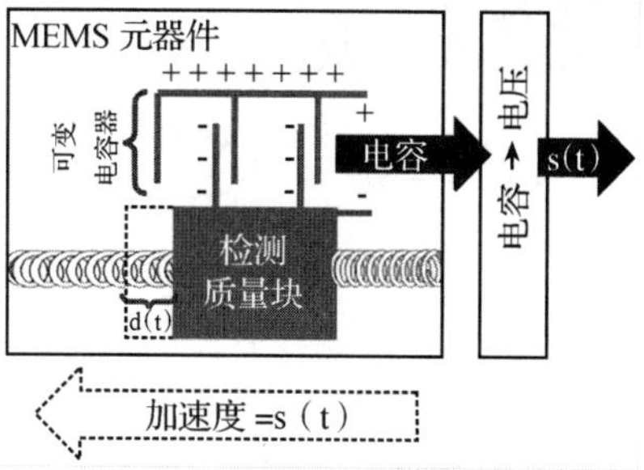

图 7-18　加速度计微机电系统组成

加速度计不仅用于测量直线加速度，还可以结合陀螺仪等传感器来测量物体的姿态变化，从而提供更全面的运动信息。在农机导航系统中，加速度计可以帮助确定农机的运动状态和方向，为导航和自动驾驶提供重要的数据支持。

二、农机导航系统力矩电机的作用及原理

力矩电机可以作为电动转向控制系统的一部分，通过控制力矩电机的输出力矩和转动角度，实现农机的转向控制。这种系统可以确保农机在行驶过程中保持稳定性和灵活性。

力矩电机的工作原理主要基于电磁感应原理。力矩电机是一种特殊的电机，其工作原理涉及电流和磁场之间的相互作用。

力矩电机由电枢、永磁体、减速器和测量元件等部分组成，如图 7-19 所示。在力矩电机的工作过程中，定子上的绕组通电后会产生磁场。当电流通过定子线圈时，会产生旋转磁场。同时，转子中的导体受到旋转磁场的作用，产生感应电流。这些感应电流与旋转磁场相互作用，从而产生电磁力矩，驱动转子进行旋转运动，如图 7-20 所示。

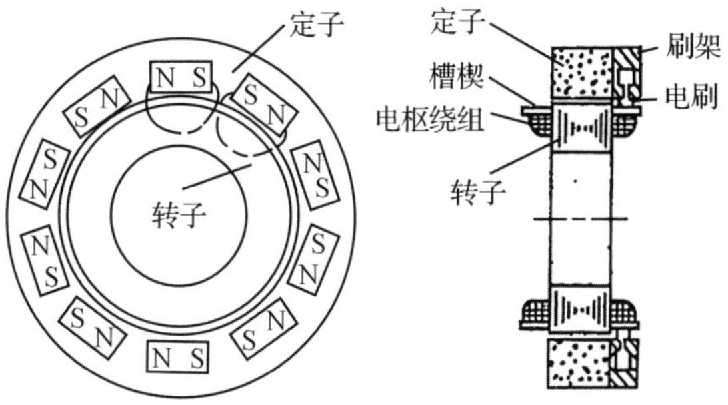

图 7-19　力矩电机结构

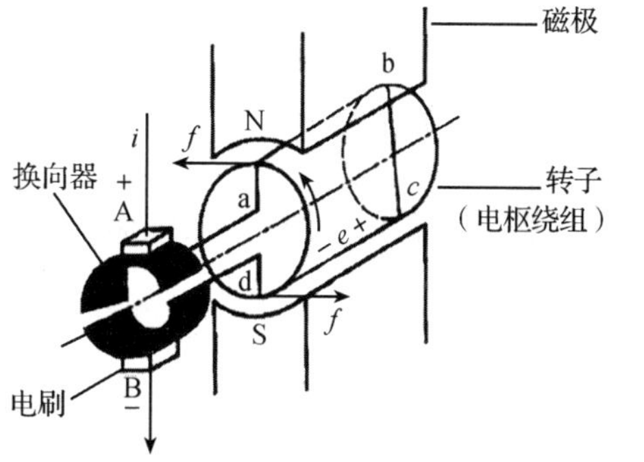

图 7-20　力矩电机工作原理

（a）导体 ab 处于 N 极下　（b）导体 ab 处于 S 极下

此外，力矩电机通常具有特殊的结构设计，以满足其特殊的工作需求。例如，直流力矩电机大多采用永磁励磁，并且为了获得大的输出转矩和低的转速，一般做成扁平结构。交流力矩电机则采用笼式转子结构，并通过增多极对数获得低的转速。这些设计使得力矩电机能够在大负载、低转速状态下运行，可长期运行在堵转状态。

通过精确的磁场产生和力矩转换，力矩电机能够提供大的转矩，承受大的负载，从而适用于一些要求大转矩的应用场合。在工业、交通、医疗等领域中，力矩电机因其高效率、低噪声、高精度和耐用性强的特点，得到了广泛的应用。

任务测验

一、选择题

1. 农机导航系统的天线在(　　)需要进行校准。

A. 每次使用后　　B. 天气变化时

C. 运输或碰撞后　　D. 每周固定时间

2. 农机导航系统在长时间不使用时,(　　)是不正确的。

A. 断开电源　　B. 覆盖防尘罩

C. 将设备存放在潮湿环境　　D. 定期检查电池电量

3. 关于农机导航系统的显示屏维护,(　　)是正确的。

A. 可以用水直接清洁显示屏　　B. 可以使用任何清洁剂清洁显示屏

C. 应使用专用的清洁布和清洁剂进行清洁　　D. 显示屏无须特殊维护

二、判断题

1. 农机导航系统在使用前无须进行任何校准或设置,直接开机即可使用。(　　)

2. 在农机导航系统维护过程中,可以随意更换不同型号的接收天线,不会影响导航效果。(　　)

3. 农机导航系统应存放在干燥、通风的环境中,避免阳光直射和高温。(　　)

三、填空题

1. 农机导航系统在进行日常保养时,应定期检查__________的清洁度和完整性,以确保信号的稳定接收。

2. 在进行农机导航系统维护时,需要注意__________的紧固情况,避免因松动导致的定位误差。

3. 农机导航系统的电池应定期__________,以保证电池的正常工作和延长使用寿命。

四、实践题

1. 简述农机导航系统日常检查中应注意的几个关键点。

2. 在农机导航系统出现故障时,如何进行初步的诊断和排查?

3. 简述完整的农机导航系统保养流程,包括所需工具、保养步骤和注意事项。

任务四　保养规程及设备存放

任务描述

当前为春耕时节，大型农业合作社拥有多台配备导航系统的农机设备。为了确保农机设备在春耕期间的高效运行，提高作业效率，减少故障率，合作社决定对农机导航系统进行一次全面的保养工作。

在作业全过程中，应该怎样保养农机导航设备呢？

任务目标

能力目标

- 能根据农机导航系统作业环境进行保养工作。
- 能根据农机导航系统使用条件制订保养计划。
- 能根据测量结果对农机导航系统进行定位误差的校正，调整相关参数，提高定位精度。

知识目标

- 了解农机导航系统不同作业环境保养特点。
- 了解导航系统保养规程。
- 了解导航系统存放注意事项。

素养目标

- 应具备强烈的责任感，对导航系统的维保工作负责，确保每一项保养任务都能认真执行和完成。
- 应保持对新技术、新方法的持续学习和探索，不断提高保养技能和知识水平。
- 应具备一定的创新能力，能在保养工作中提出新的思路和方法，不断优化保养流程和提高工作效率。

任务分析

学习农机保养的技术规程，通过了解插秧机的工作特点制订相应的保养计划。同时了解其他特殊工作情况下农机导航系统的保养特点及注意事项。

知识学习

农机导航系统经过正常的试运转以后，已具备了有利的使用条件，但在使用过程中，设备的技术状态将逐渐恶化，工作性能将逐渐下降。因此，在使用过程中，为维持机器的良好技术状态和工作能力，预防设备零部件加速损伤和发生故障，必须定期对机器各部分进行清洁、检查、紧固、调整、添加和更换易损零部件等作业，这些技术措施的综合称为技术保养。

一、设备的技术保养规程

在正常使用期间，动配合件的磨损强度越小，则使用寿命就越长，这就表明了做好技术保养工作的意义。为此，必须要有一套科学的技术保养规程，以便组织实施。

机器技术保养规程内容：技术保养制，即保养分级、执行周期、周期的计量单位；各级保养的作业项目、进行程序、技术要求和标准。

机器的技术保养规程是在预防为主的指导思想下制订的。根据各零部件恶化到极限值的时间不一，需要为它们确定不同的保养周期。以重要零部件的保养周期为基础来分级，再将保养周期相近的零部件分别归整，组织在周期成整数倍的级别内，以便定期执行。

农机导航系统的技术保养分为班保养和定期保养两种。班保养在每班作业前或结束后进行，定期保养在农机导航系统工作一定时间间隔之后进行。

各种型号品牌的农机导航系统由于结构、材料和制造上的差异，各级保养周期有所不同，但其作业内容大致相同。

(1)班保养。外部检查和紧固，日常清洁。

(2)定期保养。定期检查传感器等。

在执行各级保养时，必须结合技术诊断，查明设备的技术状态及排除发现的异常和缺陷。

二、农机导航系统的保管存放

许多事实表明，纵然对农机导航系统按规程进行了试运转和技术保养，但若不注意正确的使用和操作，设备的技术状态仍然会迅速恶化，甚至造成零部件的损坏和发生事故。另外，如作业机械的使用，由于受到季节的限制，每年作业的时间较短，如播种机、收割机等一年中仅作业十几天，而停放保管的时间则较长，如果保管不善，则机器在停放期间的损坏，将远远超过作业期间的损坏。为此，对农机导航设备的正确使用和保管，应予以足够的重视。

农业机器(特别是作业机械)由于受季节的限制，每年的作业时间较短而停放保管的时间较长。以长江流域的双熟制地区为例，估计在一年中作业机械平均不参加生产的持续时间：犁为 140～180 d，圆盘耙为 140～160 d，播种机为 280～320 d，收割机为 300～330 d，植保机械为 220～260 d。从上述数字可以看出，如何维护好停放期间的农业机器是一繁重且重要的工作。

1. 农业机器在保管期间损坏的原因

(1)霉烂。主要是纺织品类，如扎带等。这类制品不应在露天放置，应该拆下清洗晒干后，存放在室内干燥和能防止虫鼠为害的地方。

(2)锈蚀。金属受空气中的氧和水蒸气的作用，将发生锈蚀。露天放置的机器金属表面，向北的一面较向南的一面锈蚀程度大，这主要是由于向北的一面阳光照射少而潮气蒸发慢的缘放。总之，空气越潮湿，锈蚀速度越迅速，而沿海地区，锈蚀更厉害。锈蚀对加工的零件表面及厚度为 1～1.5mm 的薄钢板制件危害最大。如在露天放置的薄钢板，一年锈蚀的深度在 0.1～0.22 mm，几年就会报废。锈蚀对型钢也有一定危害，特别是较薄、易受潮积水的零部件。但锈蚀对铸铁件危害并不大。避免金属锈蚀的关键是隔离金属与水分的接触，所以应在金属表面涂覆防护剂。

(3)老化。橡胶件、塑料件由于空气中的氧和阳光的紫外线作用，易老化变质，弹性变差并容易折断。

(4)其他。如电气设备受潮、蓄电池的自行放电等。

2. 农机导航设备保管的方式

设备和零部件的保管主要有 3 种方式：遮蔽方式、露天方式和综合方式，主要根据机器的结构特点、自然气候条件、有无相应的库房和露天停放场地而定。

(1)遮蔽方式(机棚、机库、仓库)是最好的保管方式，因为它能可靠地使设备不受天气的影响。在库房内主要保管安装有导航系统的谷物收获机、清选机、农业药械以及其他复杂的机器。

(2)露天方式的特点是方便，但需要注意对农机导航设备进行遮蔽防护。长期在露天环境需将设备拆卸保存。

(3)综合方式比较常用，这种方式必须要有露天和遮蔽方式保管的条件，把复杂机器保管在机库内或机棚下，简单机器保管在露天、专门铺有坚固面层的场地上。机器露天保管时，从机器上按照一定程序拆下所有容易被露天环境损坏的零部件（蓄电池、传感器、摄像头等），放在机库和仓库内保管。同时，在机器上进行遮蔽。

3. 农机导航设备保管的技术措施

（1）技术措施主要包括清扫和清洗机器，拆下需要存入机库或仓库的零部件，把机器停放到保管地点指定的位置上。

（2）设备保管应有专人负责。保管之前，要检查机器的技术状态，并进行例行的技术保养。

（3）设备在进行保管和结束保管时，应填写专门登记簿，说明机器技术状态和完整性。从机器上拆下的总成、部件、零件、工具和附属品交送仓库保管时，要填写交接记录。装箱时，都应挂上标签，标明牌号和机器的编号。

（4）保管时设备的检查和技术保养。保管在露天场地和机棚下的机器，每月不少于 1 次检查，而在大风、雨雪之后，应立即检查；在机库内，每 2 个月进行 1 次。检查机器放置的稳定性、完整性，发现问题应立即排除。

（5）拆下的总成、部件和零件的保管，应定期检查，其中的纺织品零件，每 2～3 个月拿出室外晾一晾，重新放置，必要时干擦并扑上一些滑石粉。

4. 农机导航设备保管地点及安全防火

（1）在选择保管地点时，要考虑自然气候条件（注意风向应沿着机器）、场地排水条件（倾斜 2°～3°）、与修理厂（所）工作地点远近、机器结构特点、进行技术维护的机器数量等。

（2）根据防火规则，保管的机器设备布置距住房和生产厂房不少于 50 m，距存放易燃材料不少于 150 m。库房内应配备必要的消防器材。

任务实施

以搭载农机导航系统的插秧机为例，开展保养工作。

一、制订科学的保养计划

了解插秧机的工作特点，围绕工作环境、使用频率等特点制订保养计划。

（一）插秧机基本知识

插秧机是将稻苗植入稻田中的一种农业机械，如图 7-21 所示。进行种植时，首先以机械爪从苗床中取出数株稻苗植入田中的泥土，为了保持苗床与地面的角度为直角，机械爪的前端移动时必须采取椭圆形的动作曲线。动作是靠着旋转式或变形齿轮的行星机构来完成的，前进的引擎同时可以带动这些动作机械。

我国水稻栽种地区分布广泛，涵盖了从南到北、从东到西的多个省份和地区，主要分为五大稻区，每个地区具有鲜明的特点。

（1）华南稻区。主要省份包括广东、广西、福建、海南等，这些省份都位于我国最南部，气候温暖湿润，适合水稻的生长。华南稻区水稻种植历史悠久，是我国水稻的主产区之一，水稻可以一年多熟。

（2）长江流域稻区。主要省份包括湖南、江西、湖北、江苏、浙江、安徽等，这些省份地处我国中部，气候适宜，水资源丰富。水稻种植面积和产量均常年稳居全国前列。

（3）西南稻区。主要省份包括四川、云南、贵州、重庆等，位于我国西南部，气候多样，有山地、高原、盆地等多种地形。这里的水稻种植以梯田为主，耕作方式独特，具有鲜明的地域特色。

（4）黄淮稻区。主要省份包括河北、山东、河南、宁夏、天津等省份，位于我国黄河和淮河流域，气候适中，水资源丰富。这里的水稻种植以单季稻为主，部分地区也种植双季稻。

(5)北方稻区。主要省份包括黑龙江、吉林、辽宁、内蒙古等，位于我国最北部，气候寒冷，但夏季短暂而温暖。这里的水稻种植以单季稻为主，种植技术和管理水平较高，能够充分利用有限的生长期获取较高的产量。

不同的气候特点决定了水稻的种植频率。对于单季稻地区，插秧机只有在 4 月初开始作业，最晚到 5 月中下旬、小满之前结束作业。双季稻地区早稻的插秧时间一般在 4 月中旬播种，5 月初插秧。晚稻插秧(称为双抢)一般在立秋前结束。三季水稻地区自 3 月至 10 月分 3 次进行插秧作业。不同地区插秧机的使用时间不同，也决定了保养策略不同。

图 7-21　搭载农机导航系统的插秧机

(二)不同地区的插秧机农机导航设备的保养

1. 一般大田地区注意事项

(1)清洁与检查。

①定期清除插秧机及导航设备上的泥土、杂草等杂物，确保设备清洁。

②定期检查导航设备的螺丝、线束、接头等紧固件，确保无松动、脱落现象。

(2)电气系统检查。

①检查电源连接是否正常，电压是否稳定。

②定期检查电气线路是否有破损、老化、短路等现象。

(3)功能测试。

测试导航系统的定位精度、路径规划功能以及自动驾驶功能是否正常。

(4)存储与保养。

①在不使用农机时，应选择干燥、通风、无腐蚀的环境进行存储。

②定期启动农机，确保设备各部件处于良好状态。

2. 特殊地区注意事项

(1)恶劣环境(如山区、湿地等)。

①防水防潮。特别注意导航设备的防水防潮工作，确保设备内部无积水或潮湿现象。

②防尘防震。山区等颠簸路面作业时，应注意防尘防震，确保导航设备在恶劣环境中能够稳定运行。

③备用设备。在恶劣环境下作业时，建议准备一些备用的导航设备或关键零部件，以便在设备出现故障时能够及时更换。

(2)高温地区。

①过热保护。在高温环境下作业时，需特别注意农机导航设备的散热问题，避免过热导致设备损坏。

②定期维护。在高温环境下，农机导航设备的工作负荷较大，因此需要定期进行检查和维护，确保设备性能稳定。

(3)沿海地区。

防盐雾腐蚀。沿海地区空气中含有大量的盐分，容易对农机导航设备造成腐蚀。因此，需要定期对设备进行清洁和防腐处理。

3. 其他注意事项

(1)安全操作。在使用农机导航设备时，应遵守安全操作规程，避免发生意外事故。

(2)数据备份。定期备份农机导航设备中的数据，以防数据丢失或损坏。

(3)专业培训。对农机导航设备的操作人员进行专业培训，提高操作水平和设备使用效率。

(三)不同使用频率的插秧机农机导航设备的保养

1. 高频使用插秧机

(1)日常清洁。每天使用后，应及时清除插秧机及导航设备上的泥土、杂草等杂物，保持设备表面清洁。使用清水和干毛巾清洁机器，防止设备腐蚀。

(2)电气系统检查。每天检查电源连接是否稳固，电压是否稳定。检查电气线路是否有破损、老化、短路等现象，及时更换或修复。

(3)功能测试。每天作业前，测试导航系统的定位精度、路径规划功能以及自动驾驶功能是否正常。

(4)定期检查。定期检查紧固件是否松动，如螺丝、线束、接头等。定期检查天线、接收机等关键部件的连接，确保紧固可靠。

2. 低频使用插秧机

(1)深度清洁。在每次作业季使用前后都应进行深度清洁，确保设备无积尘和杂物。使用专用清洁剂进行清洁，防止设备锈蚀。

(2)电气系统全面检查。每次使用前都应进行电气系统的全面检查，确保无故障。

(3)功能全面测试。每次使用前都应进行功能全面测试，确保导航系统的各项功能正常。

(4)长期存储保养。长时间不使用时，应进行全面的保养和检查。

(5)定期启动。即使长时间不使用，也应定期启动设备，确保其处于良好状态。

3. 通用注意事项

(1)安全操作。无论使用频率如何，都应遵守安全操作规程，避免发生意外事故。

(2)数据备份。定期备份农机导航设备中的数据，以防数据丢失或损坏。

(3)专业培训。对农机导航设备的操作人员进行专业培训，提高操作水平和设备使用效率。

知识拓展与提升

在设计机器时，要根据同类零部件的使用经验和理论计算，拟定出技术保养作业项目、大概的执行周期和主要技术状态参数的极限值，然后在样机试验期间进行修正，并由此形成技术保养规程的初稿。再经过生产实践验证和修改完善，最后由制造厂制订出机器的技术保养规程。

技术保养在于预防故障，根据预测在机器发生故障之前进行保养。保养进行得过早，将造成浪费；保养进行得过晚，零部件可能过度损伤，甚至损坏而增大维修费用。因此，正确地确定技术保养各种作业的执行周期是一项重要的工作。在技术保养的各种作业中，清洁和一般外部检查等是每班(例行)保养必须进行的作业，不需要确定其执行周期，故在机器技术保养中，主要是确定检查、紧固、调整、润滑等作业的执行周期。为此，首先必须长期搜集积累机器运行和维修资料，从中找出机器零部件损伤和损坏规律，并在此基础上用数理统计法以及用技术经济法等确定保养周期。

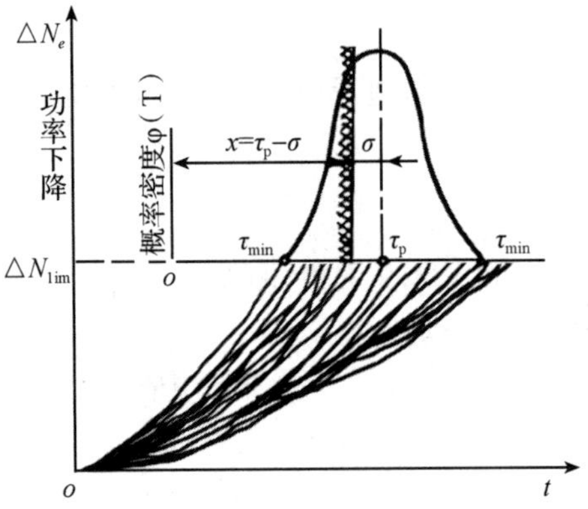

图 7-22　确定机器维护时间

1. 用数理统计法确定保养周期

确定零部件的保养周期，可以通过试验或实际调查，测定其技术状态恶化达到极限值所经历时间及其分布规律，然后进行统计分析求出最佳的保养周期。例如，重要的螺纹连接件，其紧固作业的执行周期，可选取足够数量的同型机器，对要考察的紧固件按规定扭矩拧紧，并做上记号，之后每工作一定间隔时间，检查紧固是否松脱，记载松弛数，最后绘制出分布曲线。而确定整机的保养周期，则是查明机器的生产率在达到极限允许值时的时间分布规律，同样在统计分析后求出最佳的保养周期。

如图 7-22，若该分布为正态分布，一般取平均值 τ_ρ，减去均方差 δ，即 $x=\tau_\rho$-δ。此时，仅有 15%～16%的机器(零部件)是在达到极限允许值之后才进行保养的。这样的周期是合理的，起到了预防的作用。

如果取 $x=\tau_\rho$，则保养进行得过晚，因为在这一时期内已有一半机器(零部件)达到极限状态；如果取 $x=\tau_\rho+2/3\delta$，则有 75%的机器(零部件)需要保养；而取 $x=\tau_\rho+3\delta$，则有 99.865%的机器(零部件)超过极限状态才进行保养，这样的保养已失去预防性质。

如果取 τ_{min}(图中 $\tau_{min}=\tau_\rho$-3δ)，则几乎所有机器(除了 0.135%)都未达到极限值，这样的保养周期比较短，保养进行得过早，因而显得频繁。

可见，采用 $x=\tau_\rho$-δ 确定的保养周期，可以认为是最佳的周期。

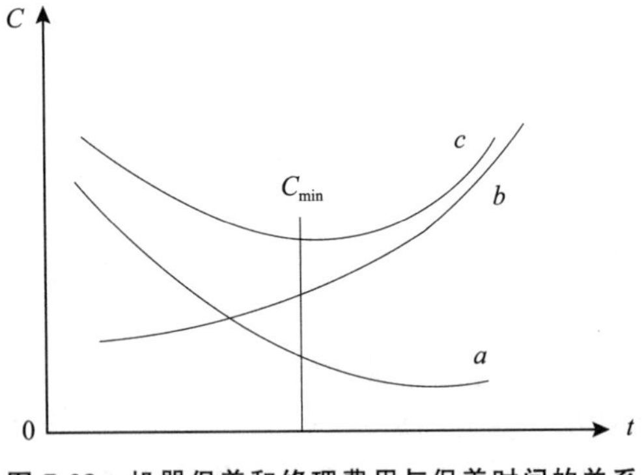

图 7-23　机器保养和修理费用与保养时间的关系

a. 单位行驶里程的保养费用及单位行驶里程的修理费用；b. 机器单位作业时间的修理费用；c. 单位行驶里程的保修费用

2. 用技术经济法验证所确定的保养周期

由一般规律可知，机器单位作业时间的保养费用是随着保养时间间隔的增长而减小的(图 7-23 中曲线 a)，但机器单位作业时间的修理费用，则随着保养时间间隔的增长而增大(曲线 b)。为确定某一保养时间间隔的保养、修理总费用，将 2 条曲线叠加起来，得到曲线 c，表示保养时间间隔与保养、修理费用的关系。曲线 c 的最低点 C_{min} 所对应的时间，即保养、修理费用最小的保养时间间隔。

作业里程：拖拉机在进行定期保养时所参考的累计工作小时数或里程数。

作业里程与保养时间的关系：使用频繁时，短时间内可能因达到规定里程需保养；使用不频繁时，虽时间长但未达里程也应考虑按时间间隔检查保养。

任务测验

一、选择题

1. 农机导航系统在作业前应进行的保养操作是(　　)。

A. 仅检查电源是否充满　　B. 检查所有传感器和天线是否清洁且无损坏

C. 无须任何保养，直接使用　　D. 仅检查 GPS 信号强度

2. 关于农机导航系统技术保养规程，(　　)是错误的。

A. 导航系统应定期进行软件更新　　B. 显示屏可以用任何清洁剂清洁

C. 电池应定期更换或充电　　D. 在恶劣天气后，应检查所有外部部件

3. 农机导航系统保管存放时，(　　)是不必要的。

A. 将系统存放在干燥、无尘的环境中　　B. 长期存放时，需定期充电以维持电池健康

C. 可以用塑料袋包裹整个系统以防止灰尘　　D. 存放时无须考虑系统的散热问题

二、判断题

1. 农机导航系统在每次作业前都应检查其固件和软件的版本是否为最新。(　　)

2. 在农机导航系统作业过程中，如果发现某个传感器工作异常，应立即关机并等待专业人员维修。(　　)

3. 农机导航系统保管存放时，可以将其与其他金属物品紧密堆叠，以节省空间。(　　)

三、填空题

1. 农机导航系统保养时，应使用____________清洁显示屏和外壳。

2. 在____________后，应对农机导航系统的所有外部部件进行检查和清洁。

3. 农机导航系统技术保养规程中，除了软件和硬件的检查，还应包括____________的检查。

四、实践题

1. 简述农机导航系统作业前的基本保养步骤。

2. 农机导航与自动驾驶系统有哪些分类？

任务五　调整交接行与共享导航线

任务描述

在一个大型农场，农户李明面临着提高作物种植效率和减少作业成本的挑战。为了实现这一目标，他决定采用先进的农机导航系统来优化农机作业。该农场有一块不规则形状的田地，面积约为 100 hm^2，主要种植小麦。传统的农机作业方式存在效率低下和作业重叠的问题，导致作物种植成本较高。李明与

农机导航系统供应商合作，明确提出提高作业效率和作业成本的需求。

任务目标

能力目标

- 通过对出现交接行不准理论知识的学习，能正确辨识出交接行不准的具体原因。
- 当交接行不准时，会熟练运用所学的交接行调节方式去调整交接行，让其恢复正常。
- 能熟练地运用导航线共享的方式完成不同农具作业期间的线路共享。

知识目标

- 了解交接行的概念以及出现交接行不准的原因。
- 掌握交接行不准时正确的调节方法。
- 了解导航线的类型与共享方式。

素养目标

- 不断提升安全意识，始终将安全放在操作的首要位置，遵守操作规程。
- 努力养成严谨细致、积极上进的学习态度，以及吃苦耐劳、不畏困难、勇于创新的实践精神。
- 养成自我更新知识的能力，不断学习新技术，提升个人综合素养和团队协作的能力。

任务分析

在农机作业过程中，由于农具和农机之间的非刚性连接以及地形等因素的影响，导致交接行可能会出现偏差，传统的处理方法需要人工多次地测量交接行数据，计算调整值，并手动输入到自动驾驶仪中，这一过程耗时且易出错。随着科学技术的发展，可以利用高精度定位仪与自动驾驶仪结合，实现自动调节交接行。该方法通过实时接收定位数据，自动调整农机行走轨迹，以适应交接行的变化，从而提高作业效率和准确性。为了确保多台农机能够在同一作业区域内高效协同作业，农机导航系统可以通过导航线共享实现多台农机之间的作业路径信息共享，避免重复作业和遗漏区域，降低人力需求，从而提高整个作业流程的效率并取得良好的效果。

农机导航系统交接行调整是农业机械化作业中的一个重要环节，调整的准确性直接影响到作业的连续性和作物的均匀覆盖，通常涉及自动驾驶系统在农田中进行精确定位和路径规划，确保作物种植、施肥、喷洒农药等作业的准确性和效率。在进行农机作业过程中，要学会准确辨识交接行不准的原因，然后对其做出相应的调整。随着农机在作业过程中的广泛使用和普及，为了提高作业效率、减少重复工作、优化资源分配，并确保农田作业的一致性和准确性，可以充分利用现代智能化的技术进行导航线共享，将农机作业的导航线路信息在不同的农机、操作人员或管理系统之间进行共享。

知识学习

一、交接行调整

农机导航系统中交接行的调整是一个技术性较强的过程，调整步骤极其关键，涉及对农业机械操作、导航系统功能以及田间作业需求的深入理解，以确保农机在田间作业时能够高效且准确地进行。

（一）交接行的定义

交接行通常是指农机在田间作业时，相邻两行作物的空间，即由相邻两次作业形成的重叠区域。理想状态下，这一重叠区域应当保持一定的宽度，这个空间对于作物的生长和农机的作业来说至关重要。

（二）交接行调整的重要性

正确的交接行宽度可以确保作物得到均匀的光照和养分，同时也影响农机作业的效率和准确性。农机导航系统中交接行调整的重要性体现在以下几个方面。

1. 提高作业效率

准确的交接行调整可以确保农机在田间作业时，避免重复作业和遗漏，从而提高作业效率。

2. 保证作物生长条件

合理的交接行宽度为作物提供了适宜的生长空间，有利于作物间的空气流通和光照，促进作物健康生长。

3. 提升作物产量

通过精确控制交接行，可以确保作物播种、施肥和收割的均匀性，有助于提高作物产量。

4. 降低生产成本

减少因交接行不准确导致的重复作业和资源浪费，从而降低农业生产成本。

5. 提高土地利用率

准确的交接行调整可以最大限度地利用土地资源，避免因作业不准确而浪费土地。

6. 减少人工干预

自动化的交接行调整减少了人工测量和调整的需求，降低了劳动强度。

7. 提升作业精度

农机导航系统通过精确的 GPS 定位和自动驾驶技术，能够实现厘米级的作业精度，这对于精准农业来说至关重要。

8. 增强农业竞争力

采用先进的农机导航系统和精确的交接行调整技术，可以提升农业生产的现代化水平，增强农业的国际竞争力。

9. 环境保护

减少因作业不准确导致的化肥和农药的过量使用，有助于保护土壤和水体，促进农业可持续发展。

10. 提升农户经济收益

通过提高作业效率和作物产量，降低生产成本，农户可以获得更高的经济收益。

因此，农机导航系统中交接行的准确调整对于现代农业生产具有重要的意义，是实现精准农业和提高农业竞争力的关键环节。

（三）出现交接行不准的原因

农机牵引农具进行往复式的作业，理论上农机的自动驾驶仪能够保证交接行的正确性。但是，农具与农机之间一般采用三点悬挂的方式，并非完全刚性连接，使得农具的中心和农机的中心轴并没有完全重合。加之倾斜地形对农具有影响，使得实际作业的交接行会出现较大的偏差，常常需要人工测量和调整。

出现交接行不准的原因主要有以下几个方面：

(1)农具挂偏。

(2)农具宽度测量不准确。

(3)中心偏移数值输入错误。

(4)天线未安装在中轴线上。

(5)接收机位置或角度发生变化。

(6)接收机实际位置与校准不匹配(校准不规范导致)。

(7)农具可调,发生变化。

(8)地形偏坡过大。

(9)地形软硬(整地效果不好导致)。

(10)北方冻土。

(四)交接行的调节方式

交接行的调节方式主要有标准调节法和快速调节法两种方式。

1. 标准调节法

农机导航自动驾驶系统中,根据作业需求和地形条件,自动调整农机在田间作业时相邻两行(或更多行)作物之间的标准距离,以确保作物种植的均匀性和作业的精准性。这一过程对于提高作业效率、作物生长的均匀性以及土地利用率都具有重要意义。

交接行标准调节是指利用农机导航系统中的高精度定位技术,根据预设的理想交接行宽度,自动调整农机在田间作业时的行走轨迹,以确保实际交接行宽度与理想状态一致。

(1)将高精度定位仪与农机的农具相连,并选取农具上的任一位置作为固定位置,将高精度定位仪固定到该位置上。

(2)量取并记录高精度定位仪到农具作业轨迹两端的距离(记为 $L1$ 和 $L2$)。

(3)启动农机自动驾驶仪,输入量取的距离 $L1$、$L2$,并设置理想交接行宽度 d。

(4)建立自动驾驶仪与高精度定位仪之间的通信连接,使自动驾驶仪能够实时接收定位数据。

(5)农机切换至自动驾驶状态,根据实时定位数据和预设的理想交接行宽度自动调节行走轨迹。

2. 快速调节法

农机导航系统交接行快速调节法是指利用农机导航系统中的自动驾驶技术,迅速调整农机在田间作业时相邻两行作物之间的距离,以适应不同的种植需求和田间条件。这种快速调节技术可以显著提高农业作业的效率和精准度,减少人工干预,降低作业成本。

(1)将高精度定位仪与农机的农具相连,并选取农具上的固定位置安装定位仪。

(2)量取并记录高精度定位仪到农具作业轨迹两端的距离($L1$ 和 $L2$)。

(3)在农机的自动驾驶仪中输入量取的距离 $L1$、$L2$,并设置理想交接行宽度 d。

(4)建立自动驾驶仪与高精度定位仪之间的通信连接,确保自动驾驶仪能够实时接收定位数据。

(5)农机切换至自动驾驶状态,自动驾驶仪根据实时接收的定位数据和预设的理想交接行宽度自动调节农机的行走轨迹。

二、导航线共享

农机导航是指一种专门为农业生产而设计的导航系统,农机导航系统中的导航线共享功能允许多个农机设备共享作业路径信息,它可以帮助农民在农田中更加准确地行驶农机,提高农业生产效率。在使用农机导航时,农民需要选择目的地和路径,设备根据 GPS 定位和地图信息提供准确的导航指引,帮助农民按照设备的提示进行准确的行驶,这样可以提高作业效率并减少重复劳动,避免浪费时间和资源。

(一)导航线的设定方式

1. *AB* 线法

在作业场地上选择两个位置点 A 点和 B 点,把通过 A 点和 B 点的虚拟直线作为自动导航系统的基准线。这种方式简单直观,适用于直线作业。

2. A-航向法

在作业场地上选择一个位置点 A 点和一个航向角,把通过 A 点和航向角的虚拟直线作为自动导航系统的基准线。这种方式适用于需要按特定方向作业的情况。

3. 导向路径法

根据 AB 线或 A-航向引导农业机械沿着已规划路径行驶的实际轨迹。这种方式可以生成更复杂的作业路径。

4. 在导航显示终端(如车载田间计算机)中设定导航线

通过方向轮转角传感器、GNSS 接收机、惯导系统等获取拖拉机的实时位置和姿态,实现精准导航。

5. 基于 GNSS 的农机自动导航路径搜索方法

基于 GNSS 的农机自动导航路径搜索方法,导航系统可以自动搜索最优作业路径。

6. 导航系统可以根据作业需求生成导航线

导航系统可以根据用户的作业需求生成导航线,并提供导航控制决策,为用户提供方便、准确的导航服务。

总的来说,农机导航系统导航线的设定方式需要根据具体的作业需求、作业环境和农机设备的性能来确定,以实现精准、高效的农业作业。

(二)导航线的类型

在导航线管理界面中点击【添加】,可以选择不同类型的导航线,选中并修改导航线名称后可以点击【创建】,各种导航线类型说明如下。

AB 线:两点式定线,以 A、B 两点连线并无限延伸形成的直线。这是最基本的导航线类型,农机沿着一条直线进行作业,适用于播种、施肥、喷洒农药等需要直线行走的作业。

A+线:一种新型的导航线,可以在原地生成基准线,打 A 点之后即可任一角度生成一条直线,避免下田空跑,压实土地。以车辆两个后轮中心为原点,以车头朝向为方向形成无限延伸的直线(需在设备航向正常时定线)。

曲边耙地线:框定边界后系统自动规划出适合耙地的曲线,在耙地曲线中自动驾驶到地头时系统会自动调头。

圆曲线(单点式):以车辆两个后轮中心为原点,以幅宽(农具宽+行间距)为间隔形成无数条圆形导航线。

圆曲线(三点式):三点式定圆,以 A、B、C 三点规划形成的圆。

90°线:选中一条 AB 线后将该条线 90°反转。

平行曲线:记录 A、B 两点之间的行驶轨迹,以 A、B 两点连线的垂直方向平行复制的曲线。

平移曲线:记录 A、B 两点之间的行驶轨迹,通过正交平移的方式形成的曲线。

平移曲线改进:在平移曲线的基础上做平滑处理,更适合高速曲线作业。

(三)导航线的共享方式

1. 作业线共享

一些农机导航系统允许用户在平台上共享作业线,这样不同的农机设备可以接收和使用同一条作业路径,无须每台设备都单独进行路径规划。

2. 平台下发作业

通过中央管理平台，可以下发作业任务到各个农机设备，实现作业任务的统一管理和调度。

3. 多车协同作业

导航线共享支持多台农机协同作业，提高作业效率，尤其是在大面积农田作业时，可以显著减少农机空跑和重复作业的情况。

4. 手持打点器地块打点

在一些系统中，还可以使用手持打点器进行地块打点，然后通过系统将这些打点信息转换为导航线，并共享给其他农机。

5. 信息平台一键定位农机位置

通过信息平台，可以轻松定位每台农机的实时位置，便于管理和调度。

6. 远程运维

一些系统支持远程下发授权码、远程升级和远程控制诊断，提高了农机的运维效率。

7. 作业永久保存

完成的作业信息可以被永久保存，农机之间可以相互共享这些信息，便于快速获取作业数据。

8. 智能规划路径

系统可以智能规划作业路径，并且作业线型、轨迹、数据可存储，可重复调用任务，避免重复打点规划。

通过这些功能，农机导航系统不仅提高了作业的精确性和效率，还通过减少重复工作和优化作业路径，帮助降低农业生产成本。

任务实施

一、导航线共享

某农业公司采用基于北斗卫星导航系统的农机导航系统，该系统支持导航线共享功能。通过中央管理平台，可以下发作业任务到各个农机设备，该系统能够实现全覆盖路径规划，确保农机作业不遗漏任何一块土地。实现作业任务的统一管理和调度。

（一）定向分享导航线

在主界面依次点击【设置】→【导航线】，可以进入导航线界面。如图 7-24 所示，导航线在显示器网络正常时可以分享。在导航线界面中选中需要分享的导航线（只支持分享 *AB* 线类型的导航线），点击右上角三个点的图标，再依次点击【导出】→【分享】，系统会形成一个识别码，用另一台设备进入导航线界面，依次点击右上角三个点的图标→【导入】→【获取分享】，输入识别码即可下载别车分享的导航线。

注意，打点器以分享码方式输出的导航线也以【获取分享】功能进行接收。

（二）自动共享附近导航线

在显示器可以正常上网时，所有定的导航线都会上传至服务器，任何车辆开到定导航线的附近时都可以在服务器上下载导航线。操作方法为进入导航线界面，点击右上角三个点的图标，再依次点击【导入】→【下载】，如图 7-25 所示，导航设备会自动下载附近 3km 的导航线。

注意，导航线下载时以导航线名称为识别符，如非特殊命名记录的线尽量不要下载，避免误用错误的导航线。

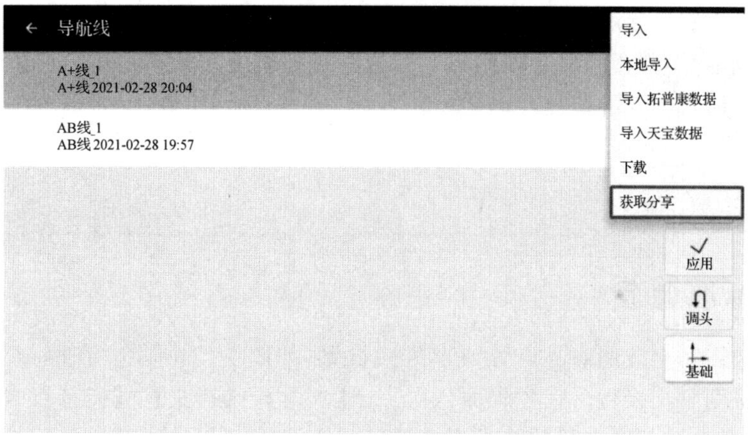

图 7-24　定向分享导航线操作界面

图 7-25　自动共享附近导航线操作界面

(三)U 盘导入、导出

在导航线界面点击右上角三个点的图标，再依次点击【导出】，可将导航线文件导出。文件储存在指定的文件夹内，可用 U 盘将文件拷出并复制到其他显示器中。导入时进入导航线界面，如图 7-26 所示，点击右上角三个点的图标，再依次点击【导入】→【本地导入】，选择相应的导航线文件即可。

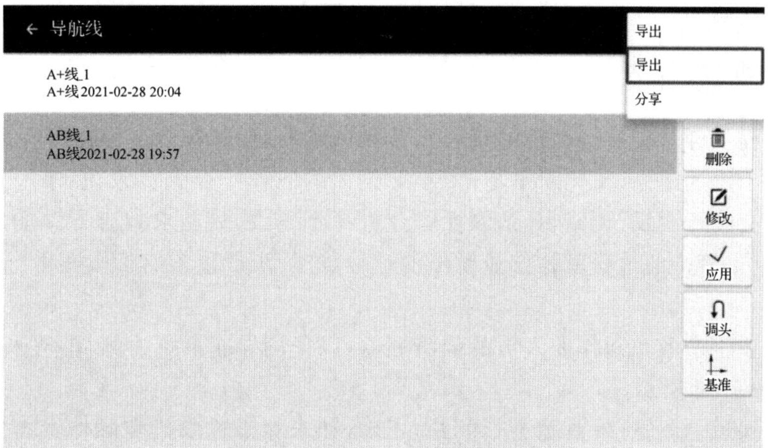

图 7-26　U 盘导入、导出操作界面

导航线共享功能在农机导航系统中发挥着重要作用，它不仅提高了农机作业的效率和精准度，还有助于降低农业生产成本，实现资源的合理利用。通过上述导航线共享实际操作步骤可以看出，导航线共享是提升农业生产智能化水平的关键技术之一。

知识拓展与提升

一、交接行标准调节

使用标准调节法需完全按照农具设置要求进行设置，如图 7-27 所示。在测量交接行时，需要自动驾驶行驶三行并测量两个交接行。在主界面依次点击【农具】→【幅宽】→【交接行自动计算】，进入交接行自动计算界面，选择自动驾驶三行的图示场景，输入 S1/S2 两个交接行数据（单位为 m），输入之后点击【完成】，系统即可自动计算交接行数据，并修改【农具宽】和【中心偏移】的数据。

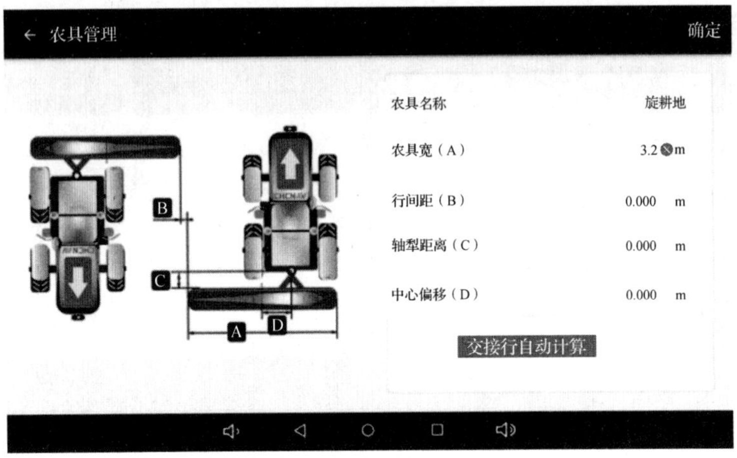

图 7-27　交接行设置界面

农具名称：根据实际情况进行填写。

农具宽(A)：输入农具实际工作有效宽度。

行间距(B)：是指往返作业时，在农具有效覆盖范围之外需要空出来的距离。

轴犁距离(C)：拖拉机转向轴—犁具悬挂点距离（一般使用默认值“0”）。

中心偏移(D)：农具偏离车辆中线的距离（农具挂偏会导致工作交接行不正常，该值正确测算并输入后可解决因农具挂偏导致的交接行问题，具体操作在下文的交接行计算中）。

二、交接行快速调节

人工调节的过程包含对交接行原理的理解和几何算数的运算，这个过程耗时耗力，严重影响农业作业的效率。而且对于偏远地区、文化水平不高、年龄偏大的农业作业人员来说，有一定困难。没有经验的拖拉机手常常将交接行调反、调错，导致农业作业进行不下去，只能求救于专业的农机自动驾驶产品的售后技术服务人员，等待的过程就是作业暂停的过程，进一步严重影响了作业生产效率和作业人员的经济利益。

为了不影响作业生产效率和作业人员的经济利益，以华测导航系统为例，讲解采用快速调节法调整交接行的步骤，如图 7-28 所示。

快速调节法需保证总幅宽（农具宽＋行间距）正确，如未测量过农具实际作业宽度不要使用快速调节法。

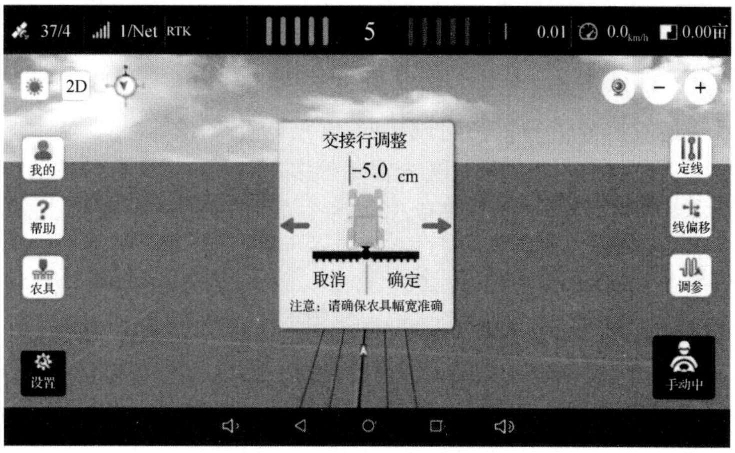

图 7-28　快速调节法调整交接行

快速调节交接行只需在主界面依次点击【农具】→【交接行】，系统会出现交接行调整的对话框。

点击<u>农具</u>，点击<u>交接行</u>，可进入交接行快速调整。

自动驾驶状态下跑过一行后，调头跑第二行，在行驶距离大于 20 m 后，量取两行之间的交接行宽度。

若交接行大于或小于目标值，以前进方向为基准，向左或向右偏移对应数值，实现交接行的快速调节。

车辆希望向哪个方向开，则点击该方向的箭头，调整对应的距离后点击【确定】即可，每次点击箭头时调整 1 cm。用快速调节法调整之后在不拆卸/挪动农具时无须再次调节。

例：左手边交接行大 10 cm，希望车辆向左挪，则点击【←】10 次，然后点击【确定】。

农机快速调节交接行的方法利用高精度定位仪与农机的自动驾驶仪结合，在农机掉头后，根据本次行走路径与上次行走路径的实际距离和理论距离进行自动调节，从而确保调节交接行的准确性。与背景技术手动调整相比，大大缩短了调整所需时间，避免了人力消耗，提高了农机的作业效率。而且，可避免手动调整出现的调反、调错问题，保证了农机作业的连续性，进一步提高了农机作业的效率，提高了作业人员的经济利益。

三、导航线共享的重要性

(1)提高作业效率。通过共享导航线，多台农机可以协同作业，减少重复作业区域，提高作业效率。精确的导航线共享可以减少化肥、农药等农资的浪费，提高土地利用率。

(2)提升作业质量。确保农机按照预定的路径作业，避免漏播、重播等问题，提升作物生长的均匀性。

四、导航线共享的实现方式

(1)无线通信技术。利用无线网络、卫星通信等技术实现农机之间的数据传输。

(2)云平台服务。通过云平台，中央服务器可以存储和管理导航线数据，农机通过互联网连接到云平台获取和上传数据。

(3)本地网络。在农场内部建立局域网，农机通过 Wi-Fi 或 RFID 等技术连接到本地网络进行数据交换。

五、导航线共享的关键技术

(1)GNSS 定位技术。提供农机的精确位置信息,是导航线共享的基础。

(2)差分定位技术。通过差分信号提高定位精度,常用的有 RTK 技术。

(3)传感器融合技术。结合 GNSS、INS、激光雷达等多种传感器,提高导航的稳定性和可靠性。

(4)路径规划算法。智能算法用于规划最优作业路径,减少转弯次数和作业时间。

六、导航线共享的应用场景

(1)大面积农场作业。在大面积农场中,多台农机协同作业,通过共享导航线实现作业的高效管理。

(2)跨区域作业。农机在不同区域作业时,可以通过共享导航线快速适应新的作业环境。

(3)多样化作物管理。对于种植不同作物的区域,农机可以根据共享的导航线进行针对性的精准作业。

七、导航线共享的挑战

(1)数据安全和隐私。在共享导航线时,需要确保农场的数据安全和隐私不被泄露。

(2)系统兼容性。不同品牌和型号的农机之间需要有良好的系统兼容性,以实现无缝的导航线共享。

(3)网络覆盖和稳定性。特别是在偏远地区,需要有稳定的网络覆盖来支持导航线的数据传输。农机导航系统导航线共享是实现精准农业的关键技术之一。随着技术的发展,导航线共享将更加智能化、自动化,为农业生产带来更高的效率和更好的质量。同时,也需要解决数据安全、系统兼容性和网络覆盖等挑战,以推动精准农业的进一步发展。

任务测验

一、选择题

1. 农机导航系统中,交接行调整的主要目的是(　　)。

A. 提高行驶速度　　B. 确保作业覆盖均匀

C. 减少燃油消耗　　D. 增强农机耐用性

2. 在农机导航系统中,如果实际交接行宽度大于理想宽度,农具应该(　　)。

A. 保持不变　　B. 向偏离的相反方向移动

C. 向偏离的方向移动　　D. 随机调整

3. 农机导航系统中,导航线共享的主要作用是(　　)。

A. 提高单机作业速度　　B. 减少农机数量

C. 协调多机作业,提高作业效率　　D. 降低农机购置成本

4. 在农机导航系统中,(　　)可以支持导航线共享。

A. GPS 定位　　B. RTK 差分技术

C. PPP 技术　　D. 惯性导航系统

二、判断题

1. PPP 技术可以仅通过单台 GNSS 接收机实现全球高精度绝对定位。(　　)

2. 在缺少 RTK 基准站或移动网络的地区,农机导航系统无法实现精准定位。(　　)

3. 使用星地一体服务的农机导航系统在无网络情况下无法进行导航线共享。（　）
4. 农机导航系统中的导航线共享可以由远程监控平台实现。（　）

三、填空题

1. 农机导航系统中，自动驾驶仪接收____________信号来实现精准定位。
2. 农机导航系统中，交接行宽度的自动调整依赖于__________和__________的组合。
3. 农机导航系统中，____________技术可以解决在缺少 RTK 基准站或移动网络的地区无法精准定位的问题。
4. 在多机协同作业模式中，____________模式是指以多机中的一台为主机，其他农机为从机，从机以预定的相对距离和角度跟随主机作业。

四、实践题

1. 为什么在农机导航系统中需要进行交接行的调整？简述农机导航系统中交接行调整的一般步骤。

2. 简述农机导航系统中导航线共享的一般过程。

3. 为什么在农机导航系统中需要实现导航线共享？讨论其对农业生产的影响。

任务六　校准农机导航系统

任务描述

在一个大型农场中，农机驾驶员李明正在使用先进的农机导航系统来完成大面积的播种任务。由于农场的面积广阔，因此农机导航系统对确保播种的准确性和效率至关重要。经过连续数日的作业，李明发现农机导航系统在某些区域的定位似乎有些偏移，尤其是在地形起伏较大的区域。为了确保接下来的播种工作能够准确进行，他决定对农机导航系统进行一次全面的校准。

那么该如何开展农机导航系统的校准工作呢？

任务目标

能力目标

- 能根据农机导航系统的技术手册和操作规范，正确执行校准流程。
- 能使用校准仪和测量工具对农机导航系统的定位误差进行准确测量和记录。
- 能根据测量结果对农机导航系统进行定位误差的校准，调整相关参数，提高定位精度。
- 能熟练地对农机导航系统中的各个传感器进行校准，确保其性能稳定和准确。

知识目标

- 掌握农机导航系统校准的基本原理和方法，了解校准的重要性和必要性。
- 熟悉农机导航系统中各个传感器的功能、特点和工作原理，理解传感器对导航系统精度的影响。
- 了解校准场地的选择和布置要求，掌握校准过程中需要使用的工具和设备的使用方法。

素养目标

- 在校准过程中，养成严谨的工作态度和科学的思维方法，注重细节。
- 在提高系统精确度过程中，提高分析问题和解决问题的能力，创新性地解决校准过程中遇到的问题。
- 养成对新技术和新知识的敏感度和学习能力，不断更新知识和技能，适应农机导航系统技术的发展变化。

任务分析

随着农机导航系统作业时间的增加，系统作业精确度下降。为使系统恢复到原有的性能，开展农机导航系统校准工作。首先，来学习关于农机导航系统校准相关基本概念。其次，了解静态校准、动态校准及差分定位校准 3 种方式与原理。最后，分别对定位天线、角度传感器进行校正校准操作。

知识学习

校准的主要目的是使导航设备的测量结果与真实值相一致，同时最大限度地减小误差。只有准确地校正校准才能保证导航设备在各种复杂环境条件下可靠运行。

农机导航系统一般极大简化了设备安装后的产品校准步骤，用户也可以很轻松地自行完成产品的校准。当用户完成了设备的设置后，只需要手动驾驶农机 3～5 min，即可完成设备的简易校准，如果用户希望对产品校准得更准确，也可以继续手动完成精细校准。

一、校准的方法与原理

农机导航系统校准有静态校准、动态校准及差分定位校准 3 种方式。

(一)静态校准

在农机静止状态下，通过测量农机上的已知点到地面某一固定点的距离，与导航系统计算出的距离进行比对，从而调整导航系统的参数，减小定位误差。

操作：在农机上设置已知点，使用测量工具（如卷尺、激光测距仪等）测量已知点到地面的距离，并输入导航系统中进行比对和调整。

（二）动态校准

在农机作业过程中，通过实时收集农机行驶轨迹和位置信息，与预设的作业路线进行比对，实时调整导航系统的参数，确保农机按照预设路线行驶。

操作：在农机作业前，预设作业路线和参数。在作业过程中，导航系统实时收集农机行驶数据，并进行比对和调整。

（三）差分定位校准

利用差分定位技术，通过已知位置的基准站接收卫星信号，并计算其与卫星之间的伪距误差，然后将这些误差信息发送给农机上的接收机，从而消除或减小农机接收机的定位误差。

操作：建立基准站，并接收卫星信号。基准站计算伪距误差，并将误差信息发送给农机接收机。农机接收机根据接收到的误差信息，调整其定位结果。

二、常用农机导航校准

（一）航向校准

（1）确保双天线输出的航向角与车辆真实的航向角一致。

（2）在平整的水泥路上开启自动驾驶，速度不低于 6 km/h，路的长度不低于 100 m。

（3）当自动驾驶状态变为"在线"后，观察主界面显示的横向偏差，时间大于 30 s，停止自动驾驶，人工估算这段时间的横向偏差平均值，填入左偏或右偏距离，点击【确定】。重复此步骤，直到横向偏差满足实际工作要求。

满足要求的标准：在平整的路面上，车速 6 km/h 左右，横向偏差应该保持在 ±1 cm 以内，且横向偏差出现左偏或右偏的概率基本相当。

（二）姿态校准

（1）确保农机设备在自动驾驶时具有正确的姿态。

（2）通常在水平的水泥地上进行校准，安装完成后进行。

（三）天线对中校准

（1）确保天线安装位置正确，以获取准确的定位信息。

（2）通常与姿态校准一起在安装完成后进行，在水平的水泥地上进行校准。

（四）农具交接行校准

（1）确保农具挂载后产生的交接行大小一致，满足实际作业需求。

（2）在正式作业前，选择邻近的 3 条线路进行自动驾驶，记录农具作业后产生的交接行数字，按照所需参数填写，点击【确定】，完成校准。

注意事项：自动驾驶一定要在 3 条相邻的路线上进行，并且要注意交接行的精确控制，如种植土豆时，垄与垄的接行应在 90 cm。

任务实施

农机导航系统的校准操作主要包含两部分，分别是定位天线标准与角度传感器校准。接下来学习这两部分的校准操作。

一、准备任务

(一)制订系统校准计划

根据农机导航系统的实际情况和维护保养要求，制订详细的系统校准计划。计划应包括校准的周期、内容、方法、步骤等，以确保校准任务能够全面、系统地执行。

(二)工具和设备准备

根据校准任务的需要，准备必要的工具和设备，如螺丝刀、扳手、万用表、清洁剂等。确保这些工具和设备处于良好的工作状态，以便在需要时能够正常使用。

(三)环境、安全防护

确保校准任务在安全的环境中进行。检查工作区域是否存在安全隐患，如电源是否关闭、设备是否固定等。同时，准备必要的安全防护用品，如手套、护目镜等，以确保人员安全。

二、任务实施

(一)定位天线间距校准的操作

(1)点击平板【新建基准线】按钮，进入基准线建立页面，如图 7-29 所示；确认基准线的 A 点，如图 7-30 所示，将农机开出一段距离后，确认 B 点，如图 7-31 所示，以 A 点至 B 点为参考，导入一条新的基准线，如图 7-32 所示。

检查农机导航系统的各项功能是否正常，若发现功能异常，根据故障提示或检测项进行排查和修复。

图 7-29　新建基准线

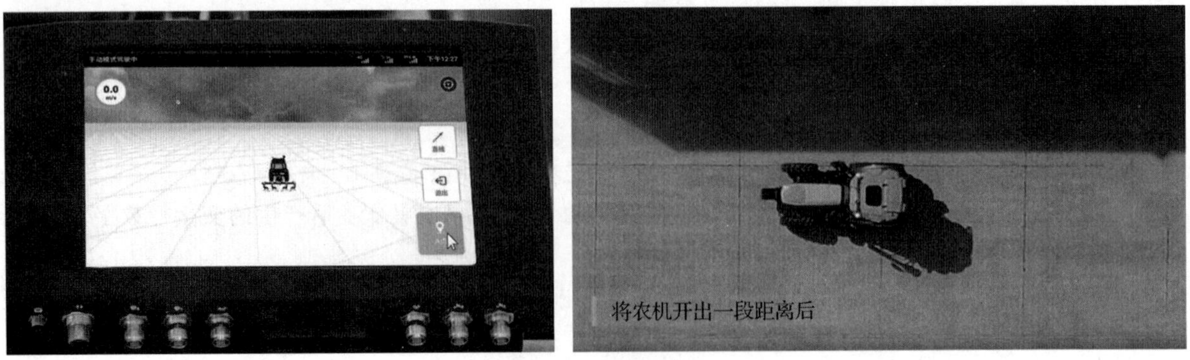

图 7-30　确认 A 点

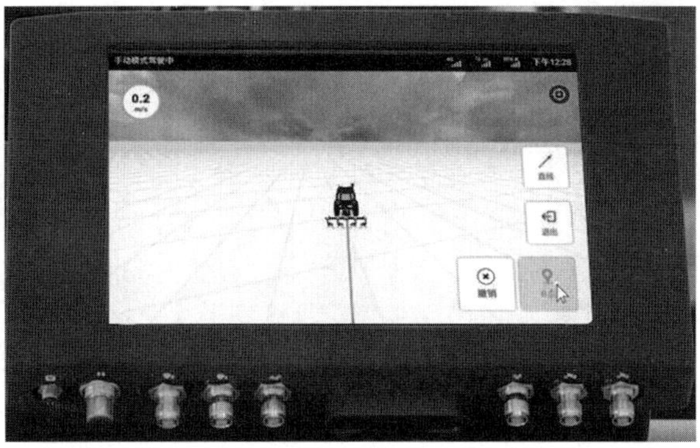

图 7-31　确认 *B* 点

图 7-32　导入新基准线

注意，此段校准需要在平整的路面上进行。

(2)点击平板【作业设置】按钮，将作业模式改成多线模式(图 7-33、图 7-34)。

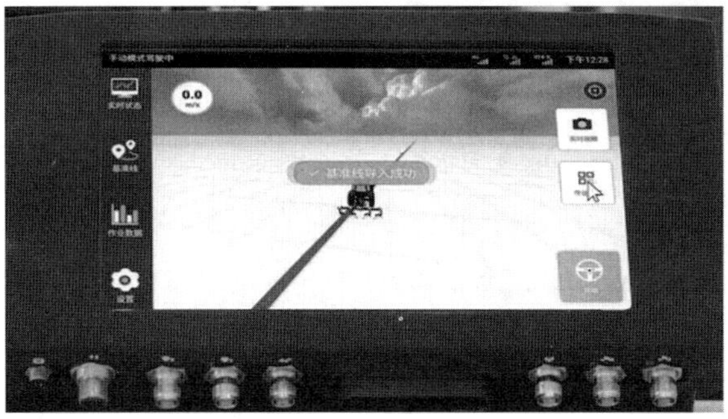

图 7-33　点击【作业设置】

图 7-34　作业模式改为多线模式

(3)点击平板【开始】按钮，农机自动进入自动驾驶模式，向前低速行驶(图 7-35 至图 7-37)。

图 7-35　点击【开始】

图 7-36　农机进入自动驾驶模式

(4)在农机低速向前行驶过程中，注意观察屏幕上方的偏移误差数值，当显示为 0 时，点击【暂停】，农机停止(图 7-38)。

(5)当农机停止后，需要技术人员在农机右后轮位置画出标识线 *L*1(图 7-39)。

(6)手动将车辆掉头，回到刚才的行驶路线，点击【继续作业】(图 7-40、图 7-41)。

(7)将农机行驶到标识线 *L*1 附近(图 7-42)，当偏移误差数值显示为 0 时，点击“暂停”(图 7-43)，技术人员在农机左后轮位置画出标识线 *L*2(图 7-44)。

图 7-37 农机向前低速行驶

图 7-38 屏幕显示误差为 0，点击【暂停】

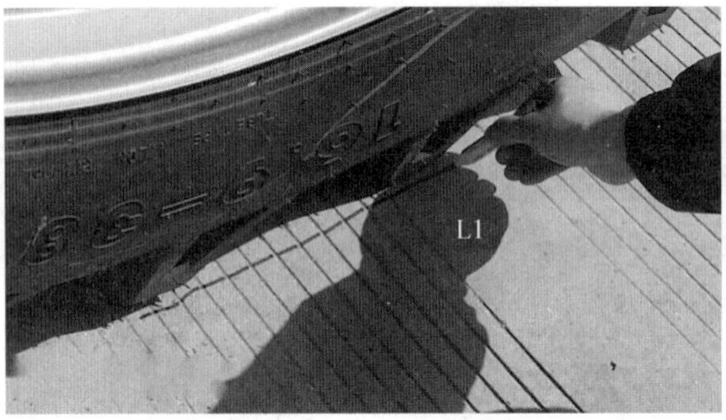

图 7-39 农机右后轮位置画出标识线 *L*1

图 7-40 将车辆掉头，回到刚才的行驶路线

图 7-41 点击【继续作业】

图 7-42 行驶到标识线 *L*1 附近

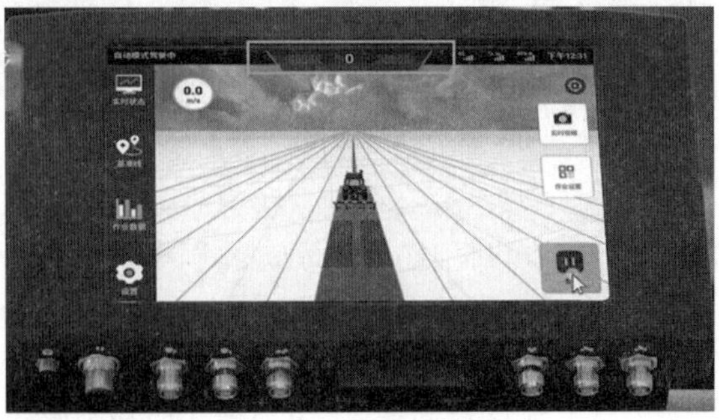

图 7-43 点击【暂停】

(8)测量 $L1$ 至 $L2$ 之间的距离为 a，若 $L2$ 在 $L1$ 左边，则 a 为负数(图 7-45)。

图 7-44　在左后轮位置画出标识线 $L2$

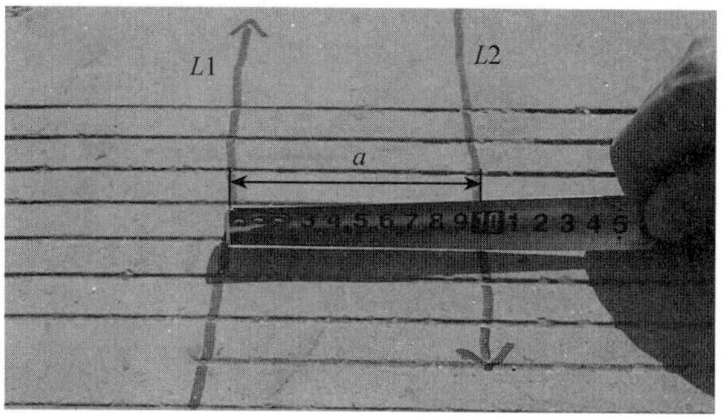

图 7-45　测量 L1 至 L2 之间的距离为 a

(9)回到设置，点击【车辆信息】(图 7-46)，选择修改定位天线，选择中轴距离，输入数值，数值公式为 $0.67+a/2$，定位天线间距校准完成(图 7-47)。

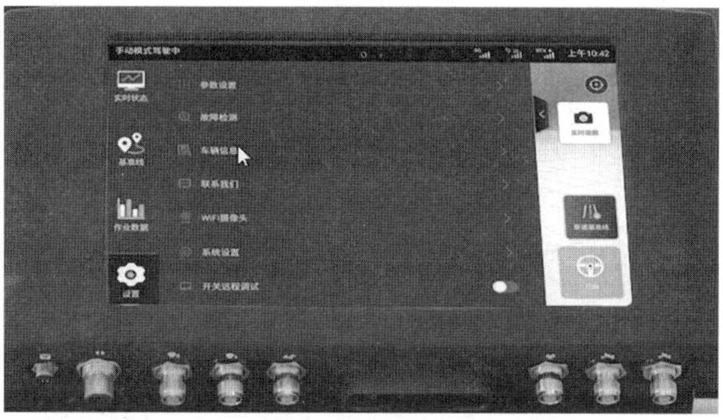

图 7-46　点击【车辆信息】

图 7-47　修改定位天线—中轴的距离

通过以上 9 个操作步骤即可完成定位天线间距校准的操作。

(二)角度传感器校准的操作

(1)点击平板主界面的【设置】按钮，点击【参数设置】，进入【角度传感器校准】详情页面(图 7-48)，传感器校准分为无传感器校准、姿态传感器校准及霍尔传感器校准，选择传感器类型(图 7-49)。

图 7-48　【角度传感器校准】详情页面

图 7-49　选择传感器类型

(2)若选择【无角度传感器】，将农机挂低速挡位，挂挡完成后点击界面中的【检测】(图 7-50)。踩下油门，使农机在 2～3 km/h 的低速状态下在平整路面上直线行驶 20 m 左右(图 7-51)，直到界面自动检测成功的提示，无传感器校准完成。

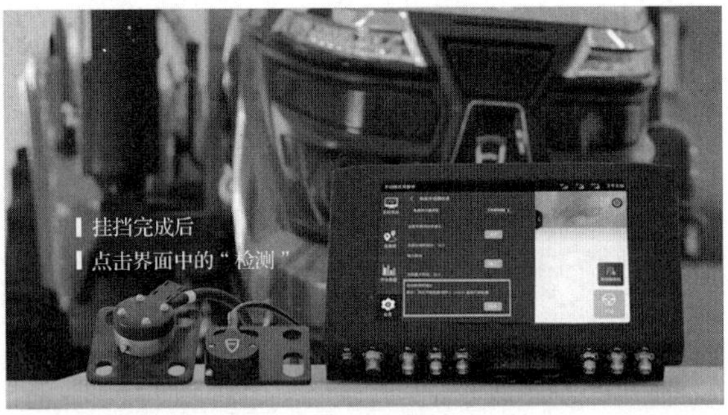

图 7-50　挂挡完成后点击界面中的【检测】

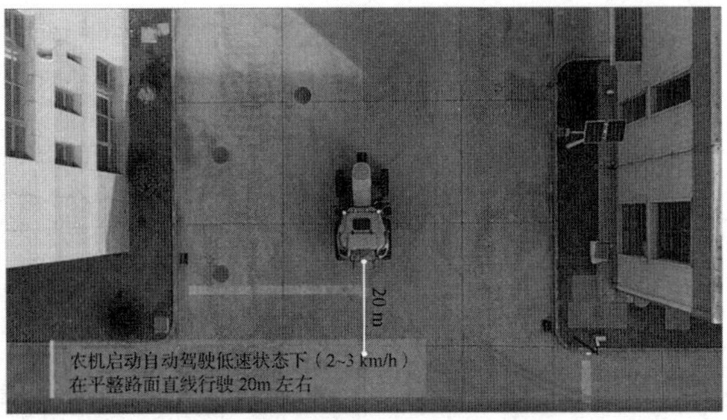

图 7-51　在平整路面上直线行驶 20 m 左右

（3）若选择【姿态传感器】，在【安装位置】中，选择所需校准的传感器位置，在手动模式下直线行驶15～20 m，陀螺仪姿态传感器校准完成。

注意，需要在整车标定前安装好陀螺仪传感器。

（4）若选择【霍尔传感器】，则需在【安装位置】中选择所需校准的角度传感器位置，点击【校准】，直接进入校准流程。

（5）将方向盘按流程“最左侧打死（图 7-52）→最右侧打死（图 7-53）→居中”操作，界面显示校准完成即可。

图 7-52　最左侧打死

图 7-53　最右侧打死

通过以上 5 个操作步骤即可完成传感器校准的操作。

（三）校准操作注意事项

（1）不同品牌操作不尽相同，具体需根据平板提示来进行操作。

（2）在校准时请预留至少 60 m 的空旷场地。

（3）可以不校准的情况。

①如果实在不具备校准条件可以不校准。

②不校准并不影响设备的直线精度，但可能会存在交接行大小行的问题，在作业时通过调节【交接行】功能也可以取得作业效果。

不校准的结果是自动驾驶的偏移均值不为 0，但是整体误差抖动很小，作业直线度很好，需要调节【交接行】功能。

（四）维护保养完成后进行测试验证

校准完成后自动驾驶，误差的均值在 0 附近，即校准效果良好。

(五)记录保养过程

对农机导航系统校准过程进行详细的记录。

(六)定期进行复查和维护保养

定期对农机导航系统定位天线、传感器等进行校准,确保农机导航系统运行的准确性。为用户提供必要的技术支持和帮助,解决他们在使用过程中遇到的问题和困难。

知识拓展与提升

(一)优化算法来提高农机导航系统的定位精度

1. 多传感器数据融合算法

利用卡尔曼滤波、粒子滤波等算法,结合来自多个传感器(如GPS、惯性测量单元IMU、激光雷达等)的数据,进行融合处理,以提高定位精度。通过对不同传感器数据的权重分配、噪声抑制和数据融合策略的优化,减少单一传感器带来的误差,提高整体定位精度。

2. 差分定位算法

引入差分定位算法(图7-54),如伪距差分、载波相位差分等,通过参考站(已知精确位置)的数据,对移动站(农机)的定位数据进行修正,减少大气延迟、多路径效应等误差对定位精度的影响。

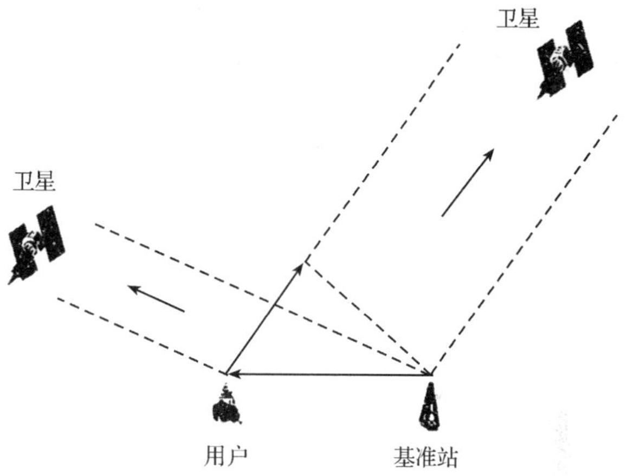

图7-54 差分定位算法

3. 卡尔曼滤波算法

在综合的导航定位系统中,采用卡尔曼滤波算法,对来自不同传感器或不同子系统的数据进行协同处理,实现更精确的状态估计和误差校正。卡尔曼滤波算法可以避免单一滤波器处理所有信息源数据时可能出现的系统方程庞大、计算量大等问题,提高系统的实时性和可靠性。

4. 自适应算法

根据农机作业环境、作业任务等因素的变化,自动调整定位算法的参数和策略,以适应不同的应用场景和需求。自适应算法(图7-55)可以提高农机导航系统的适应性和鲁棒性,进一步提高定位精度和作业效率。

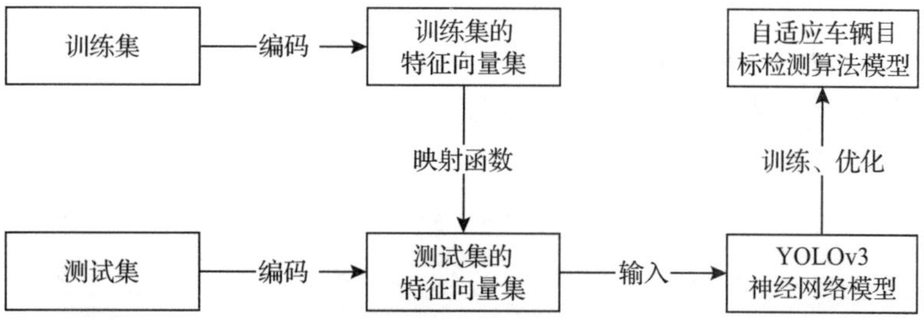

图7-55 自适应算法

(二)多传感器融合技术提高导航定位精度

多传感器融合技术在农机导航系统中的应用，主要体现在提高导航系统的准确性、稳定性和鲁棒性上。以下是多传感器融合技术在农机导航系统中应用的具体方式。

1. 提高定位精度

在传统的农机导航系统中，通常依赖单一的GNSS(全球卫星导航系统)进行定位。然而，在农田环境中，高大茂密的作物可能会遮挡卫星信号，导致定位精度降低。

多传感器融合技术可以通过结合GNSS、IMU和其他传感器(如视觉传感器、激光雷达等)的数据，对农机位置进行更精确的计算。例如，当GNSS信号受到干扰时，IMU可以基于其先前的运动状态进行短期预测，而视觉传感器和激光雷达则可以通过识别环境中的特征点或障碍物来辅助定位。

通过这种多源数据融合，农机导航系统可以在各种环境条件下保持较高的定位精度，从而更准确地指导农机进行作业。

2. 增强环境感知能力

在农田环境中，农机需要实时感知周围的道路、障碍物、地形等信息，以便进行路径规划和自主避障。

多传感器融合技术可以通过融合不同类型的传感器数据，如视觉传感器提供的图像信息、激光雷达提供的三维点云数据以及IMU提供的运动状态信息，来构建农田环境的全面感知。

这种全面的环境感知能力可以帮助农机更准确地识别道路边界、障碍物位置、地形起伏等信息，从而更智能地进行路径规划和自主避障。

此外，还可以提高导航系统的鲁棒性，在农田环境中，农机导航系统可能会面临各种挑战，如传感器故障、信号干扰等。多传感器融合技术可以通过融合多个传感器的数据来实现冗余备份和互补。当某个传感器出现故障或信号受到干扰时，其他传感器可以继续提供有效数据，确保导航系统继续正常工作。

多传感器融合技术还可以通过智能算法对传感器数据进行优化处理，降低噪声和干扰的影响，进一步提高导航系统的稳定性和可靠性。

3. 优化作业路径

在农田作业中，优化作业路径对提高作业效率、减少能源消耗具有重要意义。

通过融合地理信息系统(GIS)数据和其他传感器数据，农机导航系统可以获取田地的地形、土壤质地、地块划分等信息。这些信息可以帮助农机进行智能路径规划，选择最优的作业路径。

例如，根据地形起伏和土壤质地等信息，农机可以选择坡度较小、土壤肥力较高的区域进行作业。同时，根据地块划分信息，农机可以合理规划作业顺序和行驶路线，避免重复作业和无效行驶。

4. 实现精准作业

在精准农业中，对农作物的施肥、播种、喷药等作业需要精确控制。

通过融合多种传感器数据(如土壤湿度传感器、作物生长监测传感器等)，农机导航系统可以实时获取农田的土壤湿度、作物生长情况等信息。这些信息可以帮助农机进行精准作业决策，如根据土壤湿度调节喷灌量、根据作物生长情况调整播种密度等。

这种精准作业不仅可以提高农作物的产量和品质，还可以减少资源浪费和环境污染。

任务测验

一、选择题

1. 农机导航系统的天线在(　　)需要进行校准。
   A. 每次使用后　　B. 天气变化时
   C. 运输或碰撞后　　D. 每周固定时间
2. 在农机导航系统中,(　　)不是在校准过程中必须进行的。
   A. 检查传感器连接　　B. 启动发动机
   C. 放置校准目标物　　D. 等待校准完成
3. 当农机导航系统出现定位偏移时,(　　)可能无法有效解决问题。
   A. 重新进行 GNSS 校准　　B. 检查并清洁传感器
   C. 更改行驶速度　　D. 检查并调整 IMU 参数

二、判断题

1. 在进行农机导航系统的校准前,必须确保所有传感器都清洁且没有损坏。(　　)
2. 农机导航系统的校准可以在农机行驶过程中进行,以提高校准效率。(　　)
3. 当农机导航系统出现定位偏移时,只需要重新进行 GNSS 校准就可以完全解决问题。(　　)

三、填空题

1. 在农机导航系统中,进行 IMU 的校准前,需要确保农机处于________________状态,以避免初始误差。

2. 在进行 GNSS 接收器校准时,通常需要至少______________颗卫星的信号以进行准确校准。

3. 在农机自动驾驶过程中,若导航系统出现偏差,可以通过调整________________参数来校正行驶轨迹。

四、实践题

1. 简述农机导航系统 IMU 校准的完整步骤。

2. 如果在农机导航系统的使用过程中发现定位精度下降,如何进行排查和解决?

3. 在进行农机自动驾驶的实训中,如何确保农机按照预定的路径准确行驶?

任务七　检查农具适配性及试用测试

任务描述

随着智慧农业技术的快速发展，农业科技公司开发了一款全新的农机导航系统。该系统通过精准定位、路径规划及自动化控制，提高农机的作业效率和精准度。由于农机种类繁多，农具尺寸和接口各异，因此系统在推广前需进行广泛的农具适配性检查及试用测试。

任务目标

能力目标

- 能完成农具适配性的检查工作，包括尺寸测量、接口匹配等。
- 能操作导航、自动驾驶系统，进行农具的试用测试，并准确记录测试数据。
- 能对测试数据进行有效的分析和处理，提取关键信息，为农具适配性优化提供依据。

知识目标

- 了解农具测试基本知识。
- 掌握农具适配性检查的基本内容，包括农具尺寸、功能等方面的匹配性。
- 了解农具在导航、自动驾驶系统下的试用测试流程。

素养目标

- 在农具适配性检查及试用测试过程中，保持严谨、科学的态度，确保数据的准确性和可靠性。
- 具备良好的团队协作和沟通能力，能与其他成员有效配合，共同完成农具适配性检查及试用测试任务。
- 具备持续学习和创新的能力，能根据测试结果和实际需求，不断优化农具适配性，提高农业生产效率和安全性。

任务分析

农机导航系统的适配性检查及试用测试任务是一个相对复杂且需要细致分析的过程。

首先，明确交接行的概念。在之前的任务中已经详细学习过交接行的相关概念。交接行是指农机作业过程中，不同作业区域之间或不同工作周期之间的过渡区域。在理想情况下，交接行应该平滑、连续，确保作业的一致性和连续性。

然而，在实际作业中，因为农具悬挂而造成的交接行不一致会导致交接行位置偏移、宽度不一致或不平直等，所以需要在作业前进行农具的适配性检查工作。主要是检查农具是否与拖拉机匹配及农具校准。

此外，在安装、维修后需要进行农机导航系统的试用测试来确保农机导航系统在最佳的工作状态，从而高质量完成工作任务。主要包括测试不同运动下车辆行驶状态、不同运动下仪表显示的横向偏差及车辆上线情况。

总之，通过不断地优化和改进农机导航系统的性能，可以为农业生产提供更加精准、高效的作业支持。

知识学习

一、农具适配性检查的意义

牵引式农具的组成结构多样且复杂，以满足不同农业作业的需求。拖拉机在牵引部分农具时可能会出现农具整体不在拖拉机中轴位置(图 7-56)，造成农具相对于农机左偏或右偏的情况。如果不进行参数上的调整，则会使作业时交接行的不一致，造成过度或遗漏作业的情况。

图 7-56 农机具整体不在拖拉机中轴位置

适配性良好的农具能够确保与农机设备的无缝对接，减少因不匹配造成的停机调整时间，从而有效提高作业效率。适配性差的农具可能导致农机设备在作业过程中出现故障，增加维修成本和时间成本。通过适配性检查，可以及时发现并解决潜在问题，降低故障率。

通过实际试用测试，可以验证农具与农机设备的适配性，确保在实际作业中能够正常运行。试用测试过程中可能暴露出农机导航系统在安装、维修等过程中存在的问题。这些问题可以在正式作业前得到及时解决，避免影响作业进度和质量。根据试用测试的结果，可以对农具或农机设备进行优化调整，使其更加符合实际作业需求。

农具适配性检查及试用测试是确保农机作业高效、高质量进行的关键环节。通过适配性检查，可以确保农具与农机设备的高效协同；通过试用测试，可以验证农具的适配性并发现潜在问题。

二、农机导航系统试用测试基本知识

农机导航系统在维修、校准后，在作业前需进行系统试用测试。主要是为了确保其在实际应用中的可靠性、准确性和效率。

(一)试用测试目的

1. 验证系统性能

通过测试，可以验证农机导航系统的各项性能指标，如速度性能、平整度适应性能、坡地适应性、行距误差以及上线距离等。这些性能指标直接关系到系统在实际农田作业中的表现。

2. 确保系统精度

农机导航系统需要高精度地定位农机位置，并规划出最优的作业路径。通过测试，可以确保系统在

各种农田环境和作业条件下的定位精度和路径规划准确性。

3. 发现潜在问题

在测试过程中，可以发现系统可能存在的潜在问题，如信号覆盖范围不广、地形复杂导致导航不准确、设备老化导致系统不稳定等。这些问题可以通过测试提前发现并进行解决，避免在实际应用中出现故障或影响作业效率。

（二）试用测试相关概念

1. 横向偏差

车辆的横向偏差是指车辆质心到参考路径最近点的距离，通常用于描述车辆在行驶过程中相对于期望路径或车道的偏离程度。

横向偏差的大小直接影响到车辆的行驶稳定性和安全性。如果横向偏差过大，车辆可能会偏离期望路径，导致与其他车辆或障碍物发生碰撞的风险增加。因此，在车辆控制系统中，通常需要通过各种控制算法和策略来减小横向偏差，提高车辆的行驶稳定性和安全性。

2. 上线距离

上线距离是指在星基辅助驾驶系统控制农机向导航线行驶的过程中，从启动辅助驾驶模式的位置到进入稳定工作状态起始点的直线距离。

任务实施

一、准备任务

（一）制订系统校准计划

根据农机导航系统的实际情况和维护保养要求，制订详细的系统校准计划。计划应包括校准的周期、内容、方法、步骤等，以确保校准任务能够全面、系统地执行。

（二）工具和设备准备

根据校准任务的需要，准备必要的工具和设备，如螺丝刀、扳手、万用表、清洁剂等。确保这些工具和设备处于良好的工作状态，以便在需要时能够正常使用。

（三）环境、安全防护

确保校准任务在安全的环境中进行。检查工作区域是否存在安全隐患，如电源是否关闭、农机是否固定等。同时，准备必要的安全防护用品，如手套、护目镜等，以确保人员安全。

二、任务实施

（一）农具适配性检查

需检查农具是否与安装有农机导航系统的拖拉机匹配，具体包括以下几个方面：

(1)检查农机导航设备的型号和规格，确保其与所使用的农具相匹配。检查农具的尺寸和规格，包括宽度、高度、长度等，确保其符合农机导航设备的要求。

(2)检查农具的安装方式和固定位置，确保其能够稳定地安装在拖拉机上，且不会影响导航设备的正常工作和安全性。

(3)检查农具的动力输出方式和功率，确保其能够与拖拉机相匹配，且能够提供足够的动力支持。

(4)检查农具的操控方式和控制系统，确保其能够与农机导航设备相兼容，且能实现准确地控制和操作。

(二)机具校准的操作

一般在定位天线校准完成后，需要进行机具校准。

(1)统一右侧转，放下农具进行3次换行作业(图7-57)。

图7-57　统一右侧转，放下农具进行3次换行作业

(2)在车辆停止后，分别测量右交接行、左交接行大小(图7-58)。

注意，交接行分辨方法为，从拖拉机车尾方向看，左侧对左交接行，右侧对右交接行。

图7-58　分别测量右交接行、左交接行大小

(3)点击平板【设置】按钮，选择【参数设置】中的机具校准，在机具校准页面根据实际情况选择机具左偏或机具右偏，并设置相应偏移数值(图7-59、图7-60)。当左交接行小于右交接行时，为机具左偏。选择机具左偏，输入偏移数值，完成机具左偏校准设置。

注意，实际偏移数值为交接行差值除以4。

而当右交接行小于左交接行时，为机具右偏(图7-61)，同样设置偏移数值。

(4)在重复3行后进行微调(图7-62)。点击【退出】完成校准。

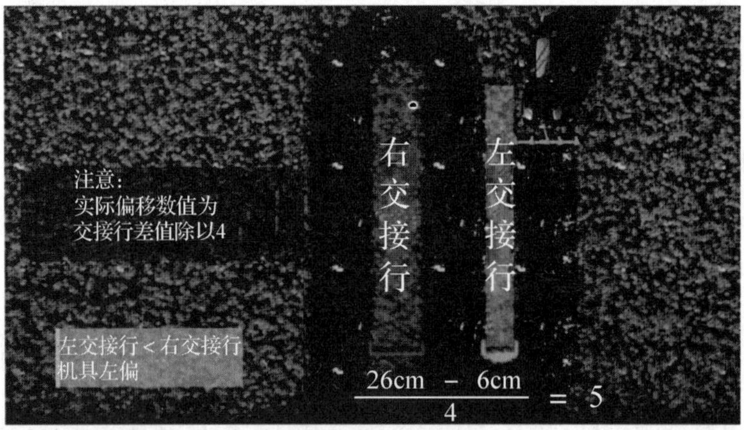

图 7-59 机具左偏

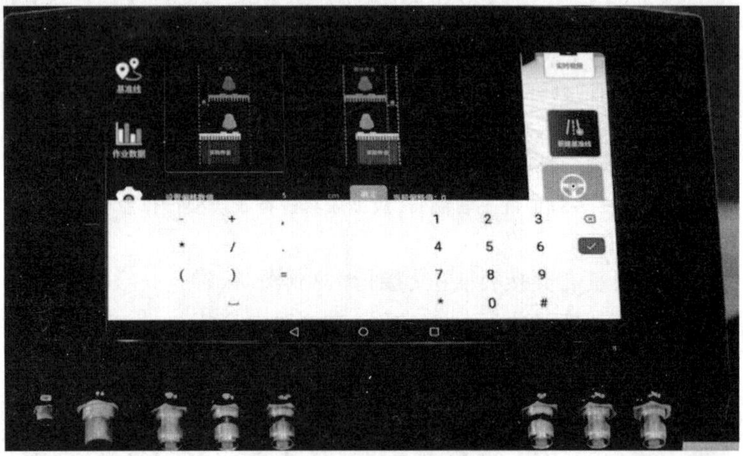

图 7-60 输入偏移数值

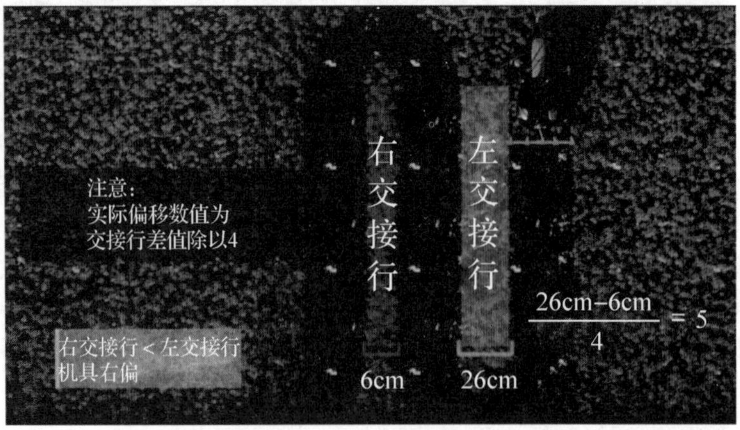

图 7-61 机具右偏

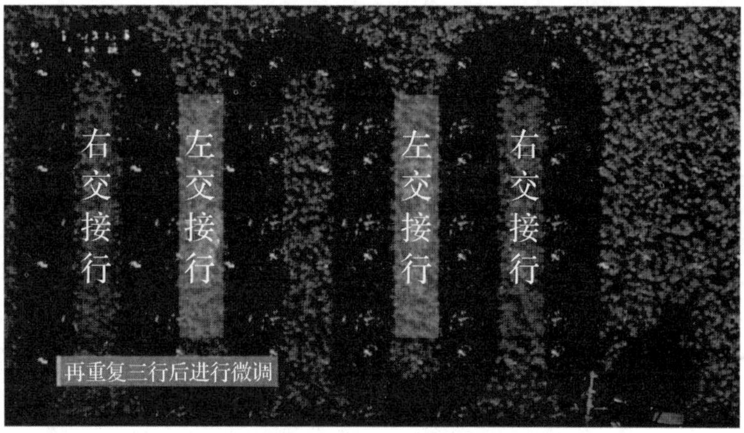

图 7-62　重复 3 行后微调

(三)机具校准操作的注意事项

(1)拖拉机同一条线来回轨迹不重合即农机偏差,农机偏差较小时也可以不校准,实际作业时调节【交接行】功能即可。

(2)即便农机偏差为 0,由于农具挂载偏也会导致交接行大小行,最终也要通过【交接行】功能进行调节,以取得作业效果,因此即便农机偏差几厘米也无影响。

(四)农机自动驾驶测试操作

在完成农机导航系统校准后进行农机自动驾驶测试,确保调试后的产品状态。

(1)观察不同运动下车辆行驶状态。以实际作业速度或者以 1 m/s、2 m/s、3 m/s 等多个行车速度进行自动驾驶,在各个速度下均能够实现稳定驾驶,行驶过程中车头不存在左右摆动,驾驶员无不适感。

(2)观察不同运动下仪表显示的横向偏差。驾驶过程中仪表显示横向偏差均值为 0 或者非常小,误差在±3 cm 以内,没有或者极少出现较大误差,无肉眼可辨的明显弯曲。

(3)观察上线情况。以 0.5m 横向偏差、1m 横向偏差、0°航向偏差、30°航向偏差的初始位置进行上线,在各种行驶速度下,均能快速上线,上线过程越过 *AB* 线最多 1 次,没有震荡着上线的现象,更没有上不了线的情况。

满足上述 3 项指标,该设备即可使用。

(五)记录测试过程

对农机导航系统测试过程进行详细的记录。

知识拓展与提升

农机导航系统作业性能检测试验条件及要求等如下。

(一)试验条件及要求

(1)测试场地平整度应不大于 3°,长度不小于 200 m,宽度不小于 50 m。

(2)测试场地内应有稳定的地基增强或星基增强厘米级差分信号源。

(3)试验操作人员应能熟练驾驶试验机械和操作导航驾驶系统,试验过程中无特殊情况不允许更换操作人员。

(二)轨迹跟踪最大误差与平均误差检测

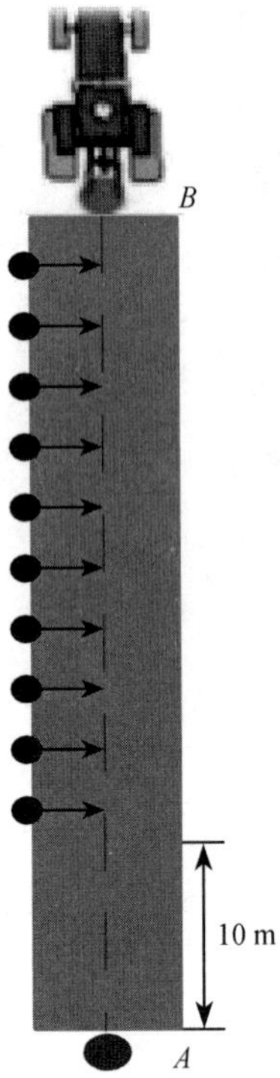

图 7-63　轨迹跟踪最大误差与平均误差检测方法

按图 7-63 中的点画线，这条线为预定作业路线，预先定位 A 点、B 点，长度不小于 100 m。以中速(7.0 km/h)作业，该行作业完成后，在 A 点、B 点间引一白线(即 A、B 两点所定的直线)作为基准。随后，在稳态直线跟踪段均匀提取作业区域的边界点 10 个，2 个边界点间距不小于 1 m，用卷尺量取边界点至白色基准线之间的距离，后用作业幅宽的一半减去该测量值，即边界点处的横向偏移误差。取 10 次横向偏移误差的绝对值的最大值作为该行最大跟踪误差，取 10 次横向偏移误差的平均值作为该行平均跟踪误差。

(三)作业轨迹间距平均误差检测

以中速(7.0 km/h)作业，作业距离至少 100 m。在 2 条相邻作业轨迹的稳态跟踪阶段(从作业起点开始 10 m 后)，测量机器在作业区域的左侧边界点 10 对，2 点间距不小于 3 m，用卷尺量取边界点之间的距离，减去预定作业行间距，获得 10 个作业轨迹间距误差，平均后即得该相邻作业轨迹的间距平均误差。如图 7-64 所示。

(四)上线距离检测

将导航驾驶系统操控至偏航误差不小于 30 cm 且不大于作业幅宽的一半、航向偏差小于 45°，以低速(3.0 km/h)启动导航驾驶系统，直至导航驾驶系统进入稳定工作状态，依据路径跟踪传感器记录上线距离。重复测试 3 次，计算平均值。如图 7-65 所示。

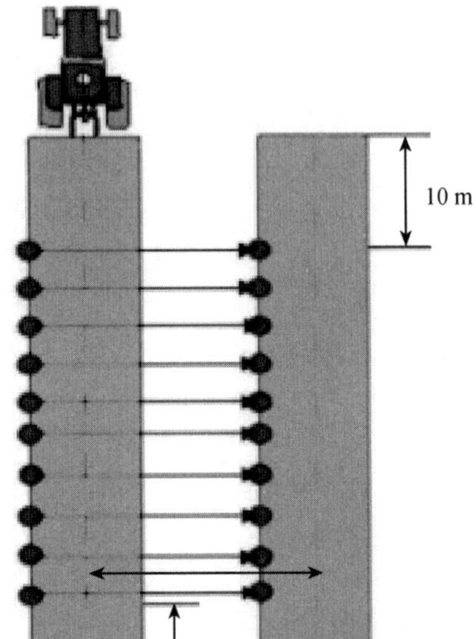

图 7-64　作业轨迹间距平均误差检测方法

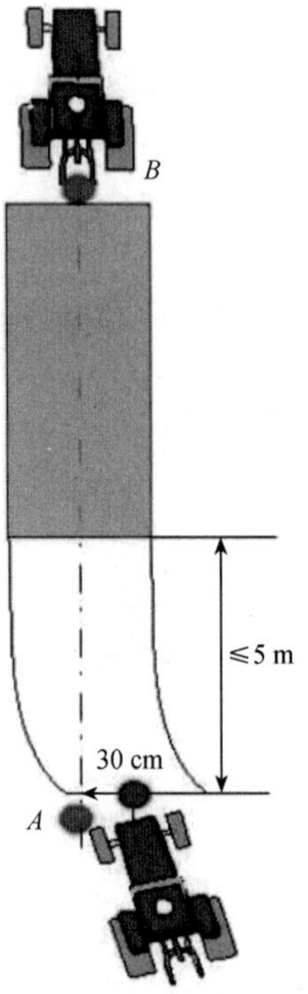

图 7-65　上线距离检测

任务测验

一、选择题

1. 在进行农具适配性检查时，(　　)不是需要考虑的因素。

A. 农具的尺寸与作业机械的匹配度　　B. 农具的重量对作业机械的影响

C. 农具的颜色与作业环境的协调度　　D. 农具的材质对作业效果的影响

2. 在试用测试农具时，(　　)是评估农具耐用性的重要指标。

A. 农具的外观美观度　　B. 农具的操作便捷性

C. 农具在连续作业后的性能变化　　D. 农具的制造成本

3. 农具适配性检查中，关于安装位置的检查，(　　)是正确的。

A. 安装位置只需考虑农具的尺寸

B. 安装位置固定后无须再次检查

C. 安装位置应确保农具在作业过程中不与其他部件干涉

D. 安装位置的选择对作业效果无影响

二、判断题

1. 农具适配性检查只需要在农具购买前进行，购买后无须再次检查。(　　)

2. 在试用测试农具时，需要模拟实际作业环境，以评估农具在实际作业中的性能。(　　)

3. 农具的适配性检查主要是对农具本身性能的评估，与作业机械无关。(　　)

三、填空题

1. 农具适配性检查中，需要确保农具的____________与作业机械相匹配，以保证作业效率和安全性。

2. 在试用测试农具时，应记录农具在____________下的性能表现，以便后续分析和改进。

3. 农具的____________是影响其作业效果和耐用性的重要因素之一。

四、实践题

1. 简述农具适配性检查流程。

2. 假设正在测试一款安装有农机导航系统的新型播种机，请写出测试过程中需要特别注意的几个方面，并说明原因。

3. 如果发现一款农具在试用过程中存在与作业机械不匹配的问题，如何调整或改进，才能确保其适配性？

参考文献

[1] 陈军,黄静华,安新源,等．卫星导航定位与抗干扰技术[M]. 北京:电子工业出版社,2016.

[2] 肖苏华．机器视觉技术基础[M]. 北京:化学工业出版社,2021.

[3] 景通桥,张满江,马芳霞．互联网+精准农业[M]. 北京:中国纺织出版社,2018.

[4] 张漫,刘刚,李民赞．农业机械智能导航技术[M]. 北京:中国农业大学出版社,2020.

[5] 吴才聪,苑严伟,韩云霞．北斗在农业生产过程中的应用[M]. 北京:电子工业出版社,2016.

[6] 曹冲．北斗与 GNSS 系统概论[M]. 北京:电子工业出版社,2016.

[7] 罗尤春．自动驾驶理论及在农机中的应用[M]. 北京:电子工业出版社,2020.

[8] 周荣．导航定位与精准农业[M]. 郑州:黄河水利出版社,2022.

[9] 吴才聪．导航定位原理及农业应用[M]. 北京:中国农业大学出版社,2020.

[10] 国家市场监督管理总局,中国国家标准化管理委员会．自走式农业机械导航系统作业性能要求及评价方法:GB/T 37164-2018[S]. 2018.

[11] 中国卫星导航系统管理办公室．农业机械北斗导航无人驾驶与自主作业系统:BD440088.1-2022.[S]. 2022.

附　录

学徒任务考核报告单

学徒姓名：____________________　　学习岗位：____________________

考核周期：________年________月________日至________年________月________日

一、考核维度与权重分配

考核维度	考核内容	权重	考核方式
过程性考核	学习态度、任务跟进、沟通协作	30%	□日志记录 □导师观察
成果性考核	任务完成质量、创新性、效率	40%	□项目验收 □数据量化
成长性考核	技能提升幅度、知识应用、职业素养	30%	□前后对比 □能力测评

二、过程性考核评分表(30%)

考核指标	评分标准	得分
学习态度	主动学习(3分)、按时提交任务(4分)、积极提问(3分)	
任务跟进	按计划推进(4分)、及时反馈问题(3分)、风险预判(3分)	
沟通协作	跨小组协作(3分)、团队贡献度(4分)、冲突解决能力(3分)	
总分	—	

三、成果性考核评分表(40%)

任务模块	考核指标	评分标准	得分
基础技能	设备操作合格率	合格率≥95%(10分)；合格率80%—94%(8分)；合格率<80%(5分)	
创新能力	流程改进采纳率	被采纳≥2项(10分)；1项(8分)；无(5分)	
综合成果	任务完成质量	超出预期(15分)；符合要求(12分)；需返工(8分)	
效率指标	任务完成时间	提前20%完成(5分)；按时完成(3分)；延迟(0分)	
总分	—	—	

四、成长性考核评分表(30%)

考核指标	评分标准	得分
技能提升	技能等级晋升(4分);独立操作能力提升(3分);故障处理速度提升(3分)	
知识应用	理论考试成绩进步幅度(6分);实践中应用新知识(4分)	
职业素养	责任心增强(4分);行业规范掌握度(3分);职业规划明确性(3分)	
总分	—	

五、综合评价与反馈

(一)学员自评

- 过程性亮点:________________
- 成果性突破:________________
- 需加强的成长方向:________________

(二)导师评语

____

____

____

(三)考核结果

- 总分:________分
- 等级:□优秀(≥90)　□良好(80-89)　□合格(60-79)　□不合格(<60)